개념원리 RPM
중학 수학 1-2

Love yourself 무엇이든 할 수 있는 나이다

공부 시작한 날   년   월   일

공부 다짐

발행일	2023년 4월 15일 2판 2쇄
지은이	이홍섭
기획 및 개발	개념원리 수학연구소

사업 총괄	안해선
사업 책임	황은정
마케팅 책임	권가민, 정성훈
제작/유통 책임	정현호, 조경수, 이미혜, 이건호
콘텐츠 개발 총괄	한소영
콘텐츠 개발 책임	오영석, 김경숙, 오지애, 모규리, 김현진, 송우제
디자인	스튜디오 에딩크, 손수영

펴낸이	고사무열
펴낸곳	(주)개념원리
등록번호	제 22-2381호
주소	서울시 강남구 테헤란로 8길 37, 7층(역삼동, 한동빌딩) 06239
고객센터	1644-1248

개념원리 **RPM**
중학 수학 1-2

한눈에
보이는
정답

1009

1010 풀이 참조
1011 20 %

1012 (1) 17명 (2) 3 (3) 35 m (4) 36 m
　　(5) 모든 자료들이 크기순으로 나열되어 있기 때문에 특정한 자료의
　　값의 상대적인 위치를 쉽게 파악할 수 있다.

1013 40 % **1014** (1) 9개 (2) 39시간 (3) 12명 **1015** 6명
1016 38분
1017 (1) 5 cm (2) 155 cm 이상 160 cm 미만 (3) 3 (4) 162.5 cm
1018 ① **1019** ⑤ **1020** 30 mm 이상 60 mm 미만
1021 20명 **1022** 40 % **1023** 30 %
1024 (1) $A=47$, $B=35$ (2) 28 %
1025 (1) 50 kg 이상 55 kg 미만 (2) 24 % **1026** 15 %
1027 ㄱ, ㄷ **1028** ⑤ **1029** ② **1030** 4배 **1031** 6명
1032 10명 **1033** 24명
1034 (1) 5분 (2) 10분 이상 15분 미만 (3) 7명 **1035** ①
1036 685 **1037** 120 **1038** ③ **1039** ③ **1040** 10명
1041 38 % **1042** ① **1043** ② **1044** ②, ④ **1045** ③
1046 300 **1047** ④ **1048** 160명 **1049** 0.3 **1050** ③
1051 ②
1052 (1) $A=0.3$, $B=12$, $C=0.2$, $D=30$, $E=1$ (2) 0.4 (3) 40 %
1053 (1) $A=0.24$, $B=0.16$ (2) 6명 **1054** 15 **1055** ⑤
1056 3명 **1057** A형 **1058** E동 **1059** ② **1060** ③
1061 21 : 32 **1062** ⑤ **1063** ③
1064 (1) 18명 (2) 0.45 (3) 6시간 이상 9시간 미만 (4) 75 %
1065 3개 **1066** ② **1067** 8개 **1068** 72가구 **1069** ③
1070 (1) 30명, 30명 (2) 28 % (3) 4개 **1071** ③ **1072** ②
1073 25 % **1074** 5명 **1075** 4 **1076** ④ **1077** 26 %
1078 (1) ① (2) 96 **1079** 14명 **1080** ① **1081** ④
1082 ③ **1083** (1) $A=2$, $B=0.25$ (2) 0.1 **1084** ②
1085 ② **1086** 36 **1087** 10명 **1088** ③ **1089** 2개
1090 ⑤ **1091** 40 % **1092** 20명 **1093** 11명 **1094** 24 %
1095 과학 동아리 **1096** 10 %

실력 UP⁺

01 기본 도형

01 ② **02** ① **03** 10 **04** 11 **05** ③
06 72° **07** 72° **08** 40 **09** 16 cm **10** 36
11 2시 $10\frac{10}{11}$분 **12** 132° **13** 72 cm

02 위치 관계

01 ①, ⑤ **02** 30 **03** ②, ④ **04** 10 **05** 180°
06 ② **07** 56.5° **08** ④ **09** ③ **10** ③
11 ⑤

03 작도와 합동

01 ④ **02** ②, ⑤ **03** 가능하지 않다. **04** ④
05 10 cm **06** 120° **07** 33 cm **08** 28° **09** 18 cm²
10 ④ **11** 8 cm **12** 3개

04 다각형

01 정육각형, 정팔각형 **02** X : 칠각형, Y : 오각형 **03** 20°
04 126° **05** 205° **06** 12개 **07** 200° **08** 30°
09 12 **10** 540° **11** 50° **12** 22개

05 원과 부채꼴

01 100° **02** $(\pi+12)$ cm **03** 21π cm² **04** 240π cm²
05 $9\pi-16$ **06** $(9\pi+30)$ cm² **07** 40 **08** 27π cm²
09 $(\pi+96)$ cm² **10** $(5\pi+6)$ cm **11** 96°
12 4 : 3

06 다면체와 회전체

01 ③ **02** ④ **03** ④ **04** 13 **05** ③
06 16π cm² **07** ③ **08** ①, ③ **09** 12π cm² **10** 6 cm
11 60개

07 입체도형의 겉넓이와 부피

01 1 cm **02** $\frac{256}{3}$ cm³ **03** 5통 **04** 100 cm³
05 $(45\pi-18)$ cm² **06** 384π cm² **07** $\frac{48}{5}\pi$ cm³
08 3 : 2 : 1 **09** 63π cm³ **10** 3 cm **11** 216개
12 264 cm²

08 자료의 정리와 해석

01 10 % **02** 30시간 **03** 68명 **04** 50가구 **05** 42 %
06 25.71 % **07** 28 : 39 **08** $\frac{7}{6}a+\frac{3}{4}b$ **09** 17개
10 16등 **11** 19명 **12** 14명

0813 3 cm   0814 (1) 108 cm² (2) $\dfrac{36}{5}$ cm

0815 칠면체   0816 정이십면체   0817 정팔면체

0818 24π cm²

07 입체도형의 겉넓이와 부피

0819 150 cm²   0820 84 cm² 0821 ㉠ 5, ㉡ 10π, ㉢ 12

0822 밑넓이 : 25π cm², 옆넓이 : 120π cm²

0823 170π cm²   0824 192π cm²

0825 130π cm²   0826 240 cm³   0827 60 cm³

0828 250π cm³   0829 96π cm³   0830 100 cm²

0831 240 cm²   0832 340 cm²

0833 ㉠ 9, ㉡ 3   0834 6π cm   0835 36π cm²

0836 39 cm²   0837 24π cm²   0838 72π cm³

0839 24π cm³   0840 3 : 1   0841 40 cm³

0842 147π cm³   0843 324π cm³   0844 12π cm³

0845 312π cm³   0846 16π cm²   0847 144π cm²

0848 108π cm²   0849 36π cm³

0850 $\dfrac{500}{3}$π cm³   0851 18π cm³   0852 36π cm³

0853 54π cm³   0854 1 : 2 : 3   0855 ④

0856 ⑤   0857 6 cm   0858 6   0859 ①   0860 20π cm²

0861 8 cm   0862 600π cm²   0863 ④   0864 95 cm³

0865 10 cm   0866 81 cm³   0867 ⑤   0868 6 cm   0869 60 cm³

0870 A   0871 ①   0872 54 cm³

0873 겉넓이 : 268 cm², 부피 : 240 cm³   0874 32π cm³

0875 ④   0876 ⑤   0877 (104π+84) cm²   0878 ③

0879 900 cm³   0880 572 cm³   0881 ⑤

0882 (1) 240π cm² (2) 352π cm³   0883 (216+16π) cm²

0884 98   0885 126π cm³

0886 (1) 72π cm² (2) 80π cm³   0887 (20π+42) cm²

0888 ②   0889 50 cm² 0890 189 cm²   0891 11

0892 ②   0893 132 cm²   0894 8 cm   0895 30π cm²

0896 ②   0897 5 cm   0898 20 cm³ 0899 9 cm

0900 100π cm³   0901 11 cm 0902 63π cm²

0903 4 : 7   0904 8 cm³ 0905 4 cm³ 0906 1391 cm³

0907 128 cm³   0908 500 cm³   0909 3

0910 1   0911 27분   0912 20   0913 104분

0914 36π cm²   0915 4 cm   0916 150°   0917 12 cm

0918 겉넓이 : 210π cm², 부피 : 200π cm³   0919 ⑤

0920 26π cm²   0921 52π cm²   0922 ③

0923 ⑤   0924 45π cm²   0925 141π cm²

0926 ④   0927 84 cm³ 0928 950 cm³   0929 28π cm³

0930 ③   0931 ②   0932 32π cm²   0933 33π cm²

0934 ⑤   0935 $\dfrac{128}{3}$π cm³   0936 64개   0937 16 cm

0938 36π cm²   0939 겉넓이 : 32π cm², 부피 : $\dfrac{64}{3}$π cm³

0940 겉넓이 : 153π cm², 부피 : 252π cm³

0941 겉넓이 : $\dfrac{675}{2}$π cm², 부피 : 810π cm³

0942 162π cm³   0943 겉넓이 : 27π cm², 부피 : 18π cm³

0944 52π cm²   0945 겉넓이 : 112π cm², 부피 : $\dfrac{160}{3}$π cm³

0946 원뿔 : 18π cm³, 원기둥 : 54π cm³   0947 1 : 2 : 3

0948 24π cm³   0949 288 cm³   0950 2

0951 ③   0952 36π cm³   0953 ③   0954 360 cm³

0955 ③   0956 ②   0957 112π cm³   0958 22π cm²

0959 ③   0960 577π cm³   0961 ④   0962 243 cm³

0963 겉넓이 : 150π cm², 부피 : 192π cm³   0964 24분

0965 $\dfrac{27}{16}$ cm 0966 ⑤   0967 ④   0968 ④   0969 27π cm³

0970 ⑤   0971 $\dfrac{392}{3}$π cm³   0972 144π cm²

0973 ②   0974 ⑤   0975 $\dfrac{16}{3}$π cm³   0976 48개

0977 겉넓이 : (78π+60) cm², 부피 : 90π cm³   0978 3 : 4

0979 겉넓이 : 172π cm², 부피 : 312π cm³   0980 260 cm³

0981 겉넓이 : 162π cm², 부피 : 168π cm³   0982 36π cm²

0983 288π cm³

08 자료의 정리와 해석

0984 2   0985 0, 2, 4, 7

0986 가장 많은 학생 : 39회, 가장 적은 학생 : 10회

0987

모은 우표 수

(1|0은 10장)

줄기	잎
1	0 3 4
2	1 2 2 5 6 7
3	3 5 5 7 8
4	0 1

0988 3명
0989 38장
0990 10명
0991 20개

0992 가장 작은 변량 : 3시간, 가장 큰 변량 : 16시간

0993

봉사 활동 시간(시간)		학생 수(명)
3이상 ~ 6미만	///	3
6 ~ 9	//// /	7
9 ~ 12	////	5
12 ~ 15	///	3
15 ~ 18	//	2
합계		20

0994 5명   0995 30 kg 이상 40 kg 미만

0996 10 kg, 5개   0997 7   0998 40 kg 이상 50 kg 미만

0999

1000 5 m, 6개   1001 30명   1002 55
1003 풀이 참조, 60
1004 2권, 6개
1005 40명

1006 4권 이상 6권 미만   1007 풀이 참조   1008 1

01 기본 도형

0001 ○ **0002** × **0003** × **0004** ○ **0005** 4개
0006 4개 **0007** 6개 **0008** 5개 **0009** 6개 **0010** 9개
0011 $\overline{AB}$ ($=\overline{BA}$) **0012** $\overrightarrow{BA}$ **0013** $\overrightarrow{AB}$ ($=\overleftarrow{BA}$)
0014

0015 $=$ **0016** $\neq$
0017 $=$ **0018** 7 cm
0019 5 cm **0020** 2
0021 4
0022 (1) 3 (2) 6 (3) 6

0023 $\angle a = \angle OAB$ ($= \angle BAO = \angle OAC = \angle CAO$)
$\angle b = \angle OBC$ ($= \angle CBO$)
$\angle c = \angle BCD$ ($= \angle DCB = \angle ACD = \angle DCA$)

0024 ㄱ, ㅁ **0025** ㄹ **0026** ㄴ, ㅂ **0027** ㄷ **0028** 평각
0029 예각 **0030** 직각 **0031** 둔각 **0032** 직각 **0033** 예각
0034 130° **0035** 60° **0036** ∠EOD (또는 ∠DOE)
0037 ∠EOF (또는 ∠FOE)
0038 ∠COD (또는 ∠DOC)
0039 ∠FOD (또는 ∠DOF) **0040** $\angle x = 60°$, $\angle y = 120°$
0041 $\angle x = 70°$, $\angle y = 70°$ **0042** $\angle x = 35°$, $\angle y = 85°$
0043 $\angle x = 90°$, $\angle y = 60°$ **0044** $\overline{AB} \perp \overline{CD}$ **0045** 점 O
0046 $\overline{AO}$ **0047** 점 A **0048** 변 AB **0049** 3 cm **0050** 3
0051 35 **0052** ③ **0053** (1) $\overrightarrow{CB}$, $\overrightarrow{AC}$ (2) $\overline{AB}$ (3) $\overrightarrow{CA}$
0054 9 **0055** (1) 6개 (2) 12개 (3) 6개 **0056** 4개
0057 직선 : 5개, 반직선 : 14개 **0058** ㄱ, ㄴ **0059** ⑤
0060 ②, ③ **0061** 16 cm **0062** 24 cm **0063** 8 cm **0064** 4 cm
0065 ③ **0066** 135° **0067** 52° **0068** $\angle x = 50°$, $\angle y = 40°$
0069 42° **0070** ④ **0071** 60° **0072** 72° **0073** ①
0074 100° **0075** 120° **0076** 25 **0077** (1) 115 (2) 55
0078 50 **0079** (1) $x = 35$, $y = 70$ (2) $x = 30$, $y = 40$
0080 72° **0081** 6쌍 **0082** ④ **0083** ⑤ **0084** ②
0085 ③ **0086** 18° **0087** $x = 50$, $y = 110$ **0088** 135
0089 75° **0090** 95° **0091** 1시 $\dfrac{420}{11}$ 분
0092 ㄷ, ㄹ, ㅂ **0093** 16 **0094** ⑤
0095 ㄴ, ㄷ, ㄹ, ㅂ **0096** 20개 **0097** 30 cm **0098** 6
0099 ③ **0100** ④ **0101** ② **0102** 32° **0103** 6
0104 직선 : 8개, 선분 : 10개, 반직선 : 18개 **0105** 42°
0106 15 cm **0107** 160°

02 위치 관계

0108 점 A, 점 B **0109** 점 B, 점 C **0110** 점 B
0111 점 C, 점 D, 점 E **0112** 점 A, 점 B
0113 면 ABC, 면 ABD, 면 BCD **0114** 면 ABD, 면 BCD
0115 점 D **0116** 직선 BC **0117** 직선 AB, 직선 DC
0118 × **0119** ○ **0120** ○ **0121** ○
0122 한 점에서 만난다. **0123** 꼬인 위치에 있다.
0124 평행하다. **0125** $\overline{DC}$, $\overline{EF}$, $\overline{HG}$

0126 $\overline{AD}$, $\overline{BC}$, $\overline{AE}$, $\overline{BF}$ **0127** $\overline{CG}$, $\overline{DH}$, $\overline{EH}$, $\overline{FG}$
0128 면 ABCD, 면 ABFE
0129 면 AEHD, 면 BFGC
0130 면 EFGH, 면 CGHD **0131** $\overline{AB}$, $\overline{BC}$, $\overline{CA}$
0132 면 ABC, 면 ABED **0133** 1개 **0134** 4개 **0135** 4 cm
0136 3 cm **0137** 면 ABFE, 면 BFGC, 면 CGHD, 면 AEHD
0138 면 EFGH
0139 면 ABCD, 면 BFGC, 면 EFGH, 면 AEHD **0140** $\overline{CD}$
0141 면 DEF
0142 면 ADEB, 면 BEFC, 면 ADFC
0143 면 ABC, 면 DEF, 면 ADFC, 면 BEFC
0144 면 ADEB, 면 ABC, 면 DEF
0145 ○ **0146** × **0147** × **0148** × **0149** $\angle e$
0150 $\angle g$ **0151** $\angle d$ **0152** $\angle h$ **0153** $\angle c$ **0154** 60°
0155 120° **0156** $\angle a = 125°$, $\angle b = 55°$, $\angle c = 55°$
0157 $\angle x = 70°$, $\angle y = 50°$, $\angle z = 60°$ **0158** 차례로 34°, 34°, 58°
0159 ⫰ **0160** // **0161** ⫰ **0162** // **0163** ⑤
0164 ⑤ **0165** ㄱ, ㄷ **0166** 7 **0167** ②, ⑤ **0168** ③
0169 ⑤ **0170** 1개 **0171** 4개 **0172** 7
0173 (1) 한 점에서 만난다. (2) 꼬인 위치에 있다. (3) 평행하다.
0174 ② **0175** ⑤ **0176** ⑤ **0177** ①, ③ **0178** ①
0179 $\overline{EH}$ **0180** 5 **0181** ④ **0182** 10 **0183** ㄷ, ㄹ
0184 ③ **0185** ③ **0186** (1) 3개 (2) 2개 (3) 1개
0187 $\overline{GH}$ **0188** ④ **0189** 15 cm
0190 (1) 3 cm (2) 6 cm (3) 4 cm **0191** ④ **0192** ①, ④
0193 (1) 1개 (2) 3개 (3) 3개 **0194** 4쌍 **0195** ①
0196 ②, ⑤ **0197** $\overline{AD}$, $\overline{DF}$, $\overline{CD}$
0198 (1) 면 BFGC (2) 면 ABC, 면 DEFG **0199** 2
0200 4 **0201** 10개 **0202** (1) 3개 (2) ① **0203** ②
0204 ③ **0205** ① **0206** ⑤
0207 (1) $\overline{JC}$, $\overline{HE}$ (2) $\overline{IJ}$, $\overline{IH}$, $\overline{CD}$, $\overline{DE}$ (3) $\overline{HE}$, $\overline{IH}$, $\overline{CE}$
0208 ④ **0209** ⑤ **0210** 220° **0211** ② **0212** ④
0213 (1) 40° (2) 50° **0214** ④ **0215** ② **0216** ⑤
0217 ⑤ **0218** 40° **0219** ④ **0220** ①
0221 (1) 58° (2) 95° **0222** 25 **0223** ①
0224 (1) 55° (2) 75° **0225** 15° **0226** 31
0227 (1) 100° (2) 120° **0228** 95° **0229** 235° **0230** 95°
0231 180° **0232** ② **0233** 45° **0234** 90° **0235** 60°
0236 125° **0237** 37° **0238** 66° **0239** 50° **0240** ③
0241 ⑤ **0242** ①, ③ **0243** 126° **0244** 75°
0245 $\angle a = 115°$, $\angle b = 50°$, $\angle c = 85°$ **0246** ① **0247** ⑤
0248 ③ **0249** ① **0250** ② **0251** ② **0252** ④
0253 $\overline{DF}$ **0254** ② **0255** ㄴ, ㄹ **0256** ②, ⑤ **0257** ②
0258 ④ **0259** ④ **0260** ① **0261** ② **0262** 260°
0263 ⑤ **0264** 24 **0265** 32° **0266** ⑤ **0267** ①
0268 60° **0269** ④
0270 $\angle a = 75°$, $\angle b = 40°$, $\angle c = 40°$, $\angle d = 70°$ **0271** 10
0272 8부분 **0273** 45° **0274** 65 **0275** 꼬인 위치에 있다.
0276 ②, ④ **0277** 80°

03 작도와 합동

0278 ㄴ, ㄹ 0279 ○ 0280 × 0281 ○ 0282 ×

0283 ❶ P ❷ 컴퍼스 ❸ 차례로 P, $\overline{AB}$, Q

0284 차례로 ㅂ, ㉠, ㉣ 0285 차례로 $\overline{OB}$, $\overline{PC}$, $\overline{PD}$ 0286 $\overline{CD}$

0287 ∠CPD 0288 차례로 ㉡, ㅂ, ㉢ 0289 동위각 0290 각

0291 $\overline{BC}$ 0292 $\overline{AC}$ 0293 ∠C 0294 × 0295 ×

0296 ○ 0297 $\overline{CA}$ 0298 차례로 $\overline{BC}$, $\overline{AC}$

0299 차례로 $\overline{BC}$, ∠C 0300 × 0301 ○ 0302 ○

0303 $x=4$, $y=7$, ∠$a=85°$, ∠$b=55°$ 0304 ○ 0305 ×

0306 ○ 0307 ○ 0308 △ABD≡△CBD, SSS 합동

0309 ③, ④ 0310 (1) 작도 (2) 눈금 없는 자 (3) 컴퍼스

0311 ③, ⑤ 0312 ㉠ → ㉢ → ㉡ 0313 ①

0014 ❶ 컴퍼스 ❷ $\overline{A'B'}$ ❸ 정삼각형 0315 ② 0316 ⑤

0317 ③ 0318 ㉡→ㅁ·㉠, ㅁ·ㅂ·㉢ 0310 ③

0320 ④ 0321 ㄴ, ㄷ 0322 ① 0323 3개 0324 ①

0325 ㉠ ∠XBY ⓒ c ⓒ a 0326 ㉢ → ㉠ → ㉡

0327 ①, ② 0328 ①, ⑤ 0329 ㄴ, ㄷ 0330 ③ 0331 ③

0332 ③ 0333 93 0334 ② 0335 ③ 0336 ③

0337 ㄱ과 ㅁ : SAS 합동, ㄴ과 ㄹ : ASA 합동, ㄷ과 ㅂ : SSS 합동

0338 ㄴ, ㄷ 0339 ①, ③ 0340 ⑤ 0341 ㄴ, ㄷ, ㄹ

0342 (가) $\overline{AC}$ (나) △ADC (다) SSS

0343 △ABC≡△CDA, SSS 합동

0344 (가) $\overline{O'B'}$ (나) $\overline{A'B'}$ (다) SSS

0345 (가) ∠COD (나) SAS 0346 (가) $\overline{BM}$ (나) ∠PMB (다) SAS

0347 ③

0348 (가) $\overline{OP}$ (나) ∠BOP (다) ∠AOP (라) ∠BOP (마) ASA

0349 △ABC≡△CDA, ASA 합동

0350 (가) $\overline{EC}$ (나) ∠CEF (다) ASA 0351 120°

0352 5 cm 0353 △EDC, SAS 합동 0354 ③ 0355 ⑤

0356 ③ 0357 ④ 0358 ㉢ → ㉡ → ㉠ 0359 ②

0360 ④ 0361 ④ 0362 ① 0363 9개 0364 ③

0365 ㄱ, ㄴ 0366 ④ 0367 ①, ③ 0368 ⑤ 0369 ⑤

0370 ④ 0371 ①, ④ 0372 4쌍 0373 SSS 합동

0374 ⑤ 0375 △ABE≡△FCE, ASA 합동

0376 400 m 0377 ⑤ 0378 SAS 합동 0379 ②

0380 60° 0381 $x>3$ 0382 $\overline{AB}$ 또는 $\overline{BC}$ 또는 $\overline{CA}$

0383 △DCE, SAS 합동 0384 36 cm² 0385 32 cm² 0386 ⑤

0387 12 cm 0388 180°

04 다각형

0389 ㄷ, ㅁ, ㅂ 0390 ○ 0391 ×

0392 130° 0393 55° 0394 정다각형

0395 정팔각형 0396 × 0397 × 0398 ○

0399 0개 0400 1개 0401 2개 0402 3개 0403 9개

0404 27개 0405 44개 0406 170개 0407 칠각형

0408 십각형 0409 십삼각형 0410 십오각형

0411 65° 0412 35° 0413 35 0414 25

0415 900° 0416 1260° 0417 1800° 0418 육각형

0419 팔각형 0420 십사각형 0421 135°

0422 100° 0423 360° 0424 360° 0425 110° 0426 53°

0427 135°, 45° 0428 140°, 40°

0429 144°, 36° 0430 정이십각형

0431 정십이각형 0432 정십오각형

0433 정십이각형 0434 ㄱ, ㄷ, ㅇ 0435 ⑤

0436 ④ 0437 ③ 0438 125° 0439 110° 0440 ③

0441 ①, ④ 0442 ④, ⑤ 0443 정구각형

0444 13개 0445 십오각형 0446 1 0447 ①

0448 65개 0449 ① 0450 ⑤ 0451 14개

0452 12개 0453 ③ 0454 정십각형 0455 ④

0456 ② 0457 10개 0458 21개 0459 ㉠ 0460 15

0461 30° 0462 30° 0463 15 0484 ④ 0465 90°

0466 (1) 44° (2) 123° 0467 ③ 0468 87°

0469 135° 0470 180° 0471 ③ 0472 60°

0473 130° 0474 40° 0475 35° 0476 40° 0477 ②

0478 120° 0479 40° 0480 92° 0481 ③ 0482 ④

0483 50° 0484 ④ 0485 ④ 0486 170° 0487 70°

0488 ③ 0489 44° 0490 ④ 0491 ④ 0492 15

0493 1080° 0494 ④ 0495 105° 0496 ①

0497 115° 0498 ⑤ 0499 ③ 0500 21 0501 ②

0502 ① 0503 30° 0504 1080 0505 6개 0506 ③

0507 ③ 0508 ④ 0509 ⑤ 0510 ③ 0511 ②

0512 ⑤ 0513 360° 0514 900° 0515 540° 0516 ②

0517 314° 0518 320° 0519 540° 0520 ④, ⑤

0521 ④, ⑤ 0522 1 0523 28개 0524 ④ 0525 ④

0526 ③ 0527 ⑤ 0528 31° 0529 26°

0530 120° 0531 ③ 0532 ⑤ 0533 ②

0534 정칠각형 0535 212° 0536 (1) 85° (2) 100°

0537 20° 0538 ② 0539 36° 0540 18

0541 335° 0542 330° 0543 60° 0544 71° 0545 5개

0546 120° 0547 75° 0548 126° 0549 152° 0550 ③

05 원과 부채꼴

0551 풀이 참조 0552 × 0553 × 0554 ○

0555 ∠AOB 0556 $\overparen{BC}$ 0557 $\overline{CD}$ 0558 부채꼴 0559 활꼴

0560 180° 0561 60° 0562 180° 0563 6 0564 60

0565 8 0566 120 0567 10 0568 70 0569 6

0570 100 0571 5 0572 20 0573 (1) ○ (2) ×

0574 둘레의 길이 : 10π cm, 넓이 : 25π cm²

0575 둘레의 길이 : 8π cm, 넓이 : 16π cm²

0576 3 cm 0577 6 cm 0578 6 cm 0579 7 cm

0580 둘레의 길이 : 22π cm, 넓이 : 33π cm²

0581 둘레의 길이 : 16π cm, 넓이 : 6π cm²

개념원리
RPM

중학 수학
1-2

많은 학생들은 왜

개념원리로 공부할까요?

정확한 개념과 원리의 이해,

수학의 비결

개념원리에 있습니다.

수학의 자신감은
개념과 원리를 정확히 이해하고
다양한 유형의 문제 해결 방법을 익힘으로써
얻어지게 됩니다.

이 책을 펴내면서

수학 공부에도 비결이 있나요?

예. 있습니다.
무조건 암기하거나 문제를 풀기만 하는 수학 공부는 잘못된 학습방법입니다.
공부는 많이 하는 것 같은데 효과를 얻을 수 없는 이유가 여기에 있습니다.

그렇다면 효과적인 수학 공부의 비결은 무엇일까요?

첫째. 개념원리 중학수학을 통하여 개념과 원리를 정확히 이해합니다.
둘째. RPM을 통하여 다양한 유형의 문제 해결 방법을 익힙니다.

이처럼 개념원리 중학수학과 RPM으로 차근차근 공부해 나간다면 수학의 자신감을 얻고 수학 실력이
놀랍게 향상될 것입니다.

• 구성과 특징 •

01 개념 핵심 정리

교과서 내용을 꼼꼼히 분석하여 핵심 개념만을 모아 알차고 이해하기 쉽게 정리하였습니다.

02 교과서문제 정복하기

학습한 정의와 공식을 해결할 수 있는 기본적인 문제를 충분히 연습하여 개념을 확실하게 익힐 수 있도록 구성하였습니다.

03 유형 익히기 / 유형 UP

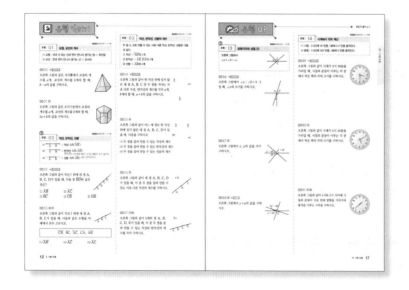

문제 해결에 사용되는 핵심 개념정리, 문제의 형태 및 풀이 방법 등에 따라 문제를 유형화하였습니다.

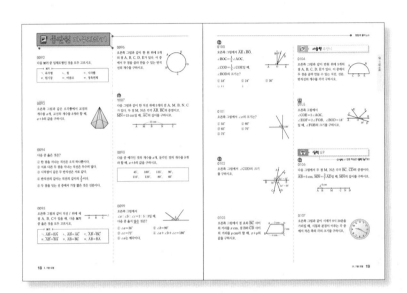

04 중단원 마무리하기

단원이 끝날 때마다 중요 문제를 통해 유형을 익혔
는지 확인할 수 있을 뿐만 아니라 실전력을 기를 수
있도록 하였습니다

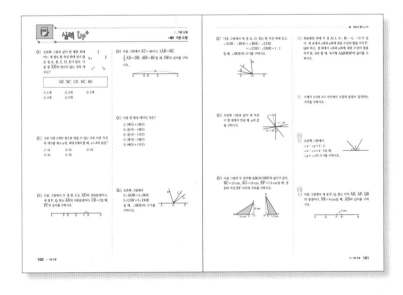

05 실력 UP⁺

중단원 마무리하기에 수록된 실력 UP 문제와 유사
한 난이도의 문제를 풀어 봄으로써 문제해결능력을
향상시킬 수 있도록 하였습니다.

• 차례 •

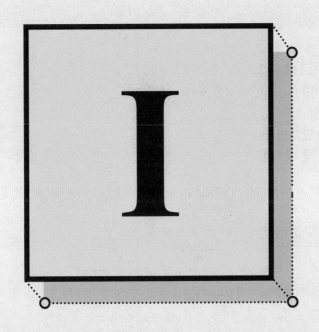

기본 도형

01 기본 도형

01-1 점, 선, 면

○ 개념플러스

(1) **도형의 기본**

① 점, 선, 면을 도형의 기본 요소라 한다.

② 점이 움직인 자리는 선이 되고, 선이 움직인 자리는 면이 된다.

(2) **교점과 교선**

① 교점 : 선과 선 또는 선과 면이 만나서 생기는 점

② 교선 : 면과 면이 만나서 생기는 선으로, 교선은 직선이 될 수도 있고 곡선이 될 수도 있다.

- 도형의 종류
  ① 평면도형 : 삼각형, 원과 같이 한 평면 위에 있는 도형
  ② 입체도형 : 정육면체, 삼각뿔과 같이 한 평면 위에 있지 않은 도형

참고 한 입체도형에서 교점의 개수는 꼭짓점의 개수와 같고, 교선의 개수는 모서리의 개수와 같다.

01-2 직선, 반직선, 선분

(1) **직선의 결정조건** : 한 점을 지나는 직선은 무수히 많지만 **서로 다른 두 점을 지나는 직선은 오직 하나뿐이다.**

(2) **직선, 반직선, 선분**

① 직선 AB($\overleftrightarrow{AB}$) : 서로 다른 두 점 A, B를 지나 양쪽으로 한없이 곧게 뻗은 선

② 반직선 AB($\overrightarrow{AB}$) : 직선 AB 위의 한 점 A에서 시작하여 점 B의 방향으로 한없이 뻗어 나가는 직선의 일부분

③ 선분 AB($\overline{AB}$) : 직선 AB 위의 두 점 A, B를 포함하여 점 A에서 점 B까지의 부분

- ① $\overleftrightarrow{AB}$와 $\overleftrightarrow{BA}$는 서로 같은 직선이다.
  ② $\overrightarrow{AB}$와 $\overrightarrow{BA}$는 시작점과 방향이 각각 다르므로 서로 다른 반직선이다.
  ③ $\overline{AB}$와 $\overline{BA}$는 서로 같은 선분이다.

01-3 두 점 사이의 거리

(1) **두 점 A, B 사이의 거리** : 두 점 A, B를 양 끝 점으로 하는 무수히 많은 선 중에서 **길이가 가장 짧은 선은 선분 AB**이고, **선분 AB의 길이**가 두 점 A, B 사이의 거리이다.

참고 $\overline{AB}$는 선분 AB를 나타내기도 하고, 선분 AB의 길이를 나타내기도 한다.

두 점 A, B 사이의 거리

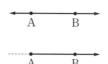

(2) **선분 AB의 중점** : 선분 AB 위에 있는 점으로 **선분 AB의 길이를 이등분하는 점 M**

⇨ $\overline{AM} = \overline{MB} = \dfrac{1}{2}\overline{AB}$

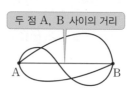

선분 AB의 중점

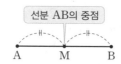

- 선분 AB의 삼등분점

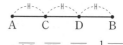

⇨ $\overline{AC} = \overline{CD} = \overline{DB} = \dfrac{1}{3}\overline{AB}$

01-1 점, 선, 면

[0001~0004] 다음 중 옳은 것은 ○표, 옳지 않은 것은 ×표를 하시오.

0001 점, 선, 면을 도형의 기본 요소라 한다. ( )

0002 점이 움직인 자리는 항상 직선이 된다. ( )

0003 교선은 선과 선이 만날 때 생긴다. ( )

0004 면과 면이 만나서 곡선이 생기기도 한다. ( )

[0005~0007] 오른쪽 그림과 같은 삼각뿔에 대하여 다음을 구하시오.

0005 면의 개수

0006 교점의 개수

0007 교선의 개수

[0008~0010] 오른쪽 그림과 같은 삼각기둥에 대하여 다음을 구하시오.

0008 면의 개수

0009 교점의 개수

0010 교선의 개수

01-2 직선, 반직선, 선분

[0011~0013] 다음 각 도형을 기호로 나타내시오.

0011
A ————————— B

0012
A ————————→ B

0013
←——— A ———— B ———→

0014 다음을 오른쪽 그림과 같은 세 점 A, B, C 위에 그림으로 나타내시오.

(1) $\overline{AB}$ (2) $\overrightarrow{BC}$

(3) $\overrightarrow{CA}$

[0015~0017] 오른쪽 그림을 보고, 다음 □ 안에 = 또는 ≠을 써넣으시오.

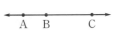

0015 $\overleftrightarrow{AC}$ □ $\overleftrightarrow{BC}$

0016 $\overrightarrow{BA}$ □ $\overrightarrow{BC}$

0017 $\overline{AB}$ □ $\overline{BA}$

01-3 두 점 사이의 거리

[0018~0019] 오른쪽 그림에서 다음을 구하시오.

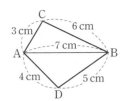

0018 두 점 A, B 사이의 거리

0019 두 점 B, D 사이의 거리

[0020~0021] 오른쪽 그림에서 $\overline{AB}$의 중점을 M, $\overline{AM}$의 중점을 N이라 할 때, □ 안에 알맞은 수를 써넣으시오.

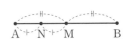

0020 $\overline{AB}=$□$\overline{AM}$

0021 $\overline{AB}=$□$\overline{NM}$

0022 오른쪽 그림에서 두 점 M, N이 $\overline{AB}$의 삼등분점일 때, 다음 □ 안에 알맞은 수를 써넣으시오.

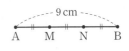

(1) $\overline{AM}=$□ cm

(2) $\overline{AN}=$□ cm

(3) $\overline{MB}=$□ cm

01 기본 도형

01-4 각

◊ 개념플러스

(1) **각 AOB** : 한 점 O에서 시작하는 두 반직선 OA, OB로 이루어진 도형

　　⇨ ∠AOB, ∠BOA, ∠O, ∠a

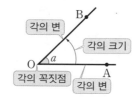

각의 변 / 각의 크기 / 각의 꼭짓점 / 각의 변

(2) **∠AOB의 크기** : ∠AOB에서 꼭짓점 O를 중심으로 $\overline{OA}$가 $\overline{OB}$까지 회전한 양

(3) **각의 분류**

　① **평각** : 각의 두 변이 꼭짓점을 중심으로 반대쪽에 있으면서 한 직선을 이루는 각

　② **직각** : 평각의 크기의 $\frac{1}{2}$인 각

　③ **예각** : 크기가 0°보다 크고 90°보다 작은 각

　④ **둔각** : 크기가 90°보다 크고 180°보다 작은 각

(평각)=180°　　(직각)=90°　　0°<(예각)<90°　　90°<(둔각)<180°

참고 ∠AOB는 도형인 각 AOB를 나타내기도 하고, 그 각의 크기를 나타내기도 한다.

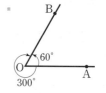

위의 그림에서 ∠AOB의 크기는 60° 또는 300°라 생각할 수 있다. 그러나 보통 ∠AOB는 작은 쪽의 각을 나타낸다.

01-5 맞꼭지각

(1) **교각** : 두 직선이 한 점에서 만날 때 생기는 네 개의 각

　　⇨ ∠a, ∠b, ∠c, ∠d

(2) **맞꼭지각** : 두 직선이 한 점에서 만날 때 서로 마주 보는 각

　　⇨ ∠a와 ∠c, ∠b와 ∠d

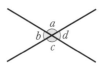

(3) **맞꼭지각의 성질** : 맞꼭지각의 크기는 서로 같다. ⇨ ∠a=∠c, ∠b=∠d

맞꼭지각의 성질

∠a+∠b=180°,
∠b+∠c=180°이므로
∠a=∠c
마찬가지로 ∠b=∠d

01-6 수직과 수선

(1) **직교** : 두 직선 AB와 CD의 교각이 직각일 때, 두 직선은 서로 **직교**한다고 하고, 기호로 $\overleftrightarrow{AB}\perp\overleftrightarrow{CD}$와 같이 나타낸다.

(2) **수직과 수선** : 직교하는 두 직선을 서로 **수직**이라 하고, 한 직선을 다른 직선의 **수선**이라 한다.

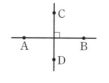

(3) **점과 직선 사이의 거리**

　① **수선의 발** : 직선 l 위에 있지 않은 점 P에서 직선 l에 수선을 그었을 때, 그 교점 H

　② **점과 직선 사이의 거리** : 직선 l 위에 있지 않은 점 P에서 직선 l에 내린 수선의 발을 H라 할 때, 이 선분 PH의 길이를 점 P와 직선 l 사이의 거리라 한다.

점 P와 직선 l 사이의 거리 / 수선의 발

참고 점 P와 직선 l 사이의 거리는 점 P와 직선 l 위의 점을 이은 선분 중에서 길이가 가장 짧은 $\overline{PH}$의 길이이다.

선분 AB의 수직이등분선

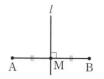

선분 AB의 중점 M을 지나고 선분 AB에 수직인 직선 l

⇨ $\overline{AM}=\overline{BM}=\frac{1}{2}\overline{AB}$,

　$l\perp\overline{AB}$

01-4 각

0023 오른쪽 그림에서 ∠a, ∠b, ∠c 를 점 O, A, B, C, D를 사용하여 각 각 나타내시오.

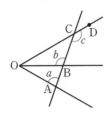

[0024~0027] 다음 각을 보기에서 모두 고르시오.

보기
ㄱ. 45°   ㄴ. 115°   ㄷ. 180°
ㄹ. 90°   ㅁ. 60°   ㅂ. 136°

0024 예각

0025 직각

0026 둔각

0027 평각

[0028~0033] 오른쪽 그림을 보고, 다음 각을 평각, 직각, 예각, 둔각으로 분류하시오.

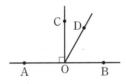

0028 ∠AOB

0029 ∠DOB

0030 ∠AOC

0031 ∠AOD

0032 ∠BOC

0033 ∠COD

[0034~0035] 다음 그림에서 ∠x의 크기를 구하시오.

0034

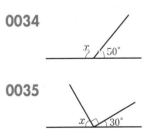

0035

01-5 맞꼭지각

[0036~0039] 오른쪽 그림을 보고, 다음 각 의 맞꼭지각을 구하시오.

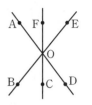

0036 ∠AOB

0037 ∠BOC

0038 ∠AOF

0039 ∠AOC

[0040~0043] 다음 그림에서 ∠x, ∠y의 크기를 각각 구하시오.

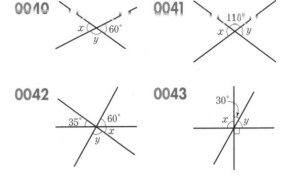

0040

0041

0042

0043

01-6 수직과 수선

[0044~0046] 오른쪽 그림에 대하여 다 음 물음에 답하시오.

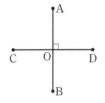

0044 선분 AB와 선분 CD의 관계를 기호로 나타내시오.

0045 점 B에서 선분 CD에 내린 수선의 발을 구하시오.

0046 점 A와 선분 CD 사이의 거리를 기호로 나타내시오.

[0047~0049] 오른쪽 그림과 같은 사다리꼴 ABCD에 대하여 다음을 구하시오.

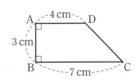

0047 점 D에서 변 AB에 내린 수선의 발

0048 변 AD와 수직인 변

0049 점 A와 변 BC 사이의 거리

개념원리 중학수학 1–2 12쪽

유형 | 01 교점, 교선의 개수

(1) 교점 : 선과 선 또는 선과 면이 만나서 생기는 점 ⇨ 꼭짓점

(2) 교선 : 면과 면이 만나서 생기는 선 ⇨ 모서리

0050 ●◀ 대표문제

오른쪽 그림과 같은 사각뿔에서 교점의 개
수를 a개, 교선의 개수를 b개라 할 때,
$b-a$의 값을 구하시오.

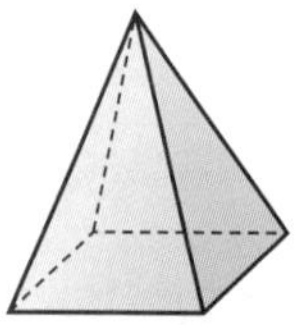

0051 중

오른쪽 그림과 같은 오각기둥에서 교점의
개수를 a개, 교선의 개수를 b개라 할 때,
$2a+b$의 값을 구하시오.

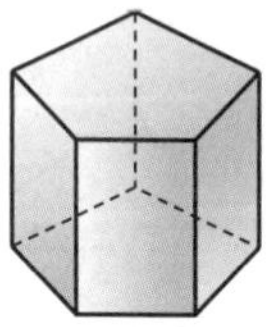

개념원리 중학수학 1–2 12쪽

유형 | 02 직선, 반직선, 선분

(1) 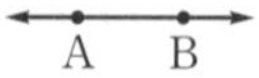 ◀———▶ ⇨ 직선 AB($\overleftrightarrow{AB}$)
    A   B

(2)  ·———▶ ⇨ 반직선 AB($\overrightarrow{AB}$)
    A   B   반직선은 시작점과 뻗어 나가는 방향이 모두 같아야

(3) ·———· ⇨ 선분 AB($\overline{AB}$) 같은 반직선이다.
    A   B

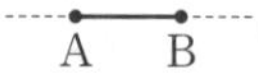

0052 ●◀ 대표문제

오른쪽 그림과 같이 직선 l 위에 네 점 A,
B, C, D가 있을 때, 다음 중 $\overrightarrow{BD}$와 같은
것은?

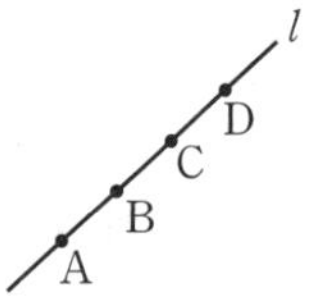

① $\overrightarrow{AB}$ ② $\overrightarrow{AC}$
③ $\overrightarrow{BC}$ ④ $\overrightarrow{CB}$ ⑤ $\overrightarrow{DB}$

0053 중 하

오른쪽 그림과 같이 직선 l 위에 세 점 A,
B, C가 있을 때, 다음과 같은 도형을 아
래에서 모두 고르시오.

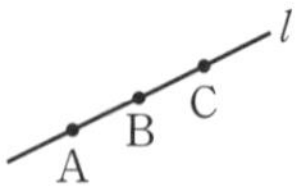

$\overleftrightarrow{CB}$, $\overrightarrow{BC}$, $\overrightarrow{AC}$, $\overrightarrow{CA}$, $\overline{AB}$

(1) $\overleftrightarrow{AB}$ (2) $\overrightarrow{AC}$ (3) $\overline{AC}$

개념원리 중학수학 1–2 13쪽

유형 | 03 직선, 반직선, 선분의 개수

두 점 A, B로 만들 수 있는 서로 다른 직선, 반직선, 선분은 다음
과 같다.

① 직선 ⇨ $\overleftrightarrow{AB}$의 1개

② 반직선 ⇨ $\overrightarrow{AB}$, $\overrightarrow{BA}$의 2개

③ 선분 ⇨ $\overline{AB}$의 1개

0054 ●◀ 대표문제

오른쪽 그림과 같이 한 직선 위에 있지 않
은 세 점 A, B, C 중 두 점을 지나는 서
로 다른 직선, 반직선의 개수를 각각 a개,
b개라 할 때, $a+b$의 값을 구하시오.

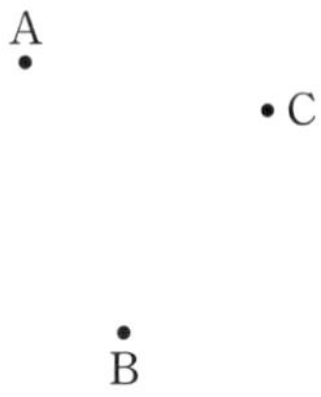

0055 중

오른쪽 그림과 같이 어느 세 점도 한 직선
위에 있지 않은 네 점 A, B, C, D가 있
을 때, 다음을 구하시오.

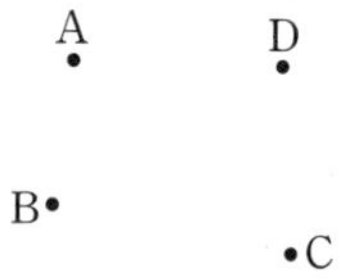

(1) 두 점을 골라 만들 수 있는 직선의 개수
(2) 두 점을 골라 만들 수 있는 반직선의 개수
(3) 두 점을 골라 만들 수 있는 선분의 개수

0056 중

오른쪽 그림과 같이 네 점 A, B, C, D
가 있을 때, 이 중 두 점을 골라 만들 수
있는 서로 다른 직선의 개수를 구하시오.

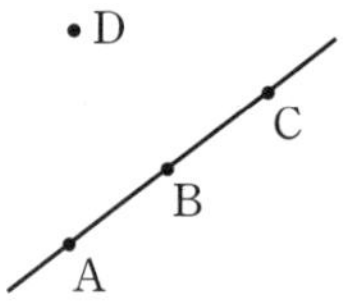

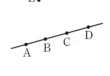

0057 상 중

오른쪽 그림과 같이 5개의 점 A, B,
C, D, E가 있을 때, 이 중 두 점을 골
라 만들 수 있는 직선과 반직선의 개
수를 각각 구하시오.

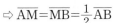 **유형 | 04** 선분의 중점

개념원리 중학수학 1-2 14쪽

점 M이 $\overline{AB}$의 중점일 때

$\Rightarrow \overline{AM}=\overline{MB}=\dfrac{1}{2}\overline{AB}$

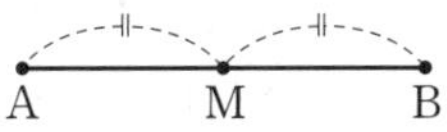

0058 ●대표문제

오른쪽 그림에서 점 M은 $\overline{AB}$의 중점이고, 점 N은 $\overline{MB}$의 중점이다. 다음 **보기** 중 옳은 것을 모두 고르시오.

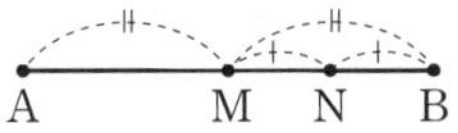

보기
ㄱ. $\overline{AM}=\overline{MB}$ ㄴ. $\overline{AB}=2\overline{AM}$
ㄷ. $\overline{NB}=2\overline{MB}$ ㄹ. $\overline{MN}=\dfrac{1}{3}\overline{AB}$

0059 중

오른쪽 그림에서 $\overline{AP}=\overline{PQ}=\overline{BQ}$일 때, 다음 중 옳지 <u>않은</u> 것은?

① $\overline{AP}=\overline{BQ}$ ② $\overline{AQ}=2\overline{BQ}$
③ $3\overline{PQ}=\overline{AB}$ ④ $\overline{PB}=2\overline{AP}$
⑤ $3\overline{AB}=2\overline{PB}$

0060 중

다음 그림과 같이 직선 l 위에 다섯 개의 점 A, M, B, N, C가 있다. $\overline{AB}$의 중점을 M, $\overline{BC}$의 중점을 N이라 할 때, 다음 중 옳지 <u>않은</u> 것을 모두 고르면? (정답 2개)

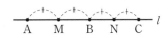

① $\overline{AM}=\overline{MB}$ ② $\overline{MN}=\dfrac{1}{3}\overline{AC}$
③ $\overline{MB}=2\overline{NB}$ ④ $\overline{CN}=\dfrac{1}{2}\overline{BC}$
⑤ $\overline{BN}=\overline{NC}$

중요 **유형 | 05** 두 점 사이의 거리

개념원리 중학수학 1-2 14쪽

두 점 M, N이 각각 $\overline{AC}$, $\overline{BC}$의 중점일 때

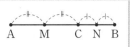

(1) $\overline{AM}=\overline{MC}$, $\overline{CN}=\overline{NB}$
(2) $\overline{AC}=2\overline{MC}$, $\overline{CB}=2\overline{CN}$
(3) $\overline{AB}=\overline{AC}+\overline{BC}=2(\overline{MC}+\overline{CN})=2\overline{MN}$

0061 ●대표문제

다음 그림에서 $\overline{BC}=\dfrac{1}{2}\overline{AB}$이고, 두 점 M, N은 각각 $\overline{AB}$, $\overline{BC}$의 중점이다. $\overline{MN}=12\,cm$일 때, $\overline{AB}$의 길이를 구하시오.

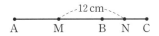

0062 중

다음 그림에서 점 M은 $\overline{AB}$의 중점이고, 점 N은 $\overline{AM}$의 중점이다. $\overline{NM}=6\,cm$일 때, $\overline{AB}$의 길이를 구하시오.

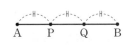

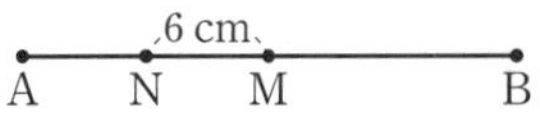

0063 상중

다음 그림에서 $\overline{AB}=3\overline{BC}$이고, 두 점 M, N은 각각 $\overline{AB}$, $\overline{BC}$의 중점이다. $\overline{AM}=6\,cm$일 때, $\overline{MN}$의 길이를 구하시오.

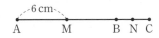

0064 상중 ●서술형

다음 그림에서 $\overline{AC}=2\overline{CD}$, $\overline{AB}=2\overline{BC}$이다. $\overline{AD}=18\,cm$일 때, $\overline{BC}$의 길이를 구하시오.

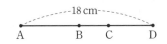

유형 | 06 평각을 이용하여 각의 크기 구하기

개념원리 중학수학 1-2 20쪽

∠AOC=180°일 때,
∠AOB=a°라 하면
∠BOC=180°−a°

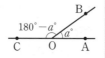

0065 •━대표문제

오른쪽 그림에서 x의 값은?

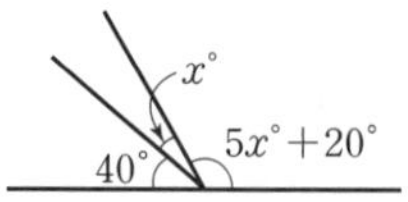

① 10   ② 15
③ 20   ④ 25
⑤ 30

0066 중

오른쪽 그림에서 ∠BOD의 크기
를 구하시오.

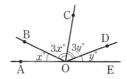

유형 | 07 직각을 이용하여 각의 크기 구하기

개념원리 중학수학 1-2 21쪽

∠AOC=90°일 때,
∠AOB=a°라 하면
∠BOC=90°−a°

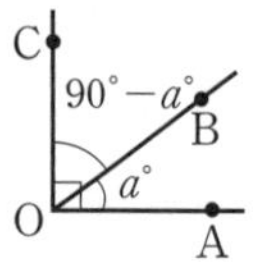

0067 •━대표문제

오른쪽 그림에서 ∠BOC의 크기를 구하
시오.

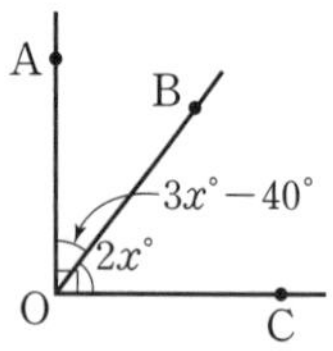

0068 중

오른쪽 그림에서 ∠x, ∠y의 크기를
각각 구하시오.

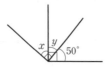

유형 | 08 각의 크기 사이의 조건이 주어진 경우 각의 크기 구하기

중요

개념원리 중학수학 1-2 21쪽

직각의 크기가 90°, 평각의 크기가 180°
임을 이용하여 식을 세운 후 각의 크기를
구한다.

⇨ ∠AOD=180°, ∠BOC=90°이면
∠AOB+∠COD=90°

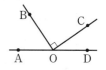

0069 •━대표문제

오른쪽 그림에서 $\overline{AE} \perp \overline{BO}$,
∠BOC=$\dfrac{1}{4}$∠AOC,
∠COD=$\dfrac{1}{5}$∠COE일 때, ∠BOD
의 크기를 구하시오.

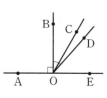

0070 중

오른쪽 그림에서 $\overline{OA} \perp \overline{OC}$,
$\overline{OB} \perp \overline{OD}$, ∠AOB+∠COD=50°
일 때, ∠BOC의 크기는?

① 50°   ② 55°
③ 60°   ④ 65°   ⑤ 70°

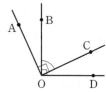

0071 상 중

오른쪽 그림에서
∠AOB=2∠BOC,
∠DOE=2∠COD일 때, ∠BOD
의 크기를 구하시오.

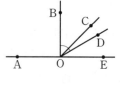

0072 상 중

오른쪽 그림에서
5∠AOB=3∠AOC,
5∠DOE=3∠COE일 때, ∠BOD
의 크기를 구하시오.

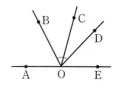

개념원리 중학수학 1-2 22쪽

유형 | 09 각의 크기의 비가 주어진 경우 각의 크기 구하기

오른쪽 그림에서
$\angle x : \angle y : \angle z = a : b : c$일 때

$\angle x = \dfrac{a}{a+b+c} \times 180°$

$\angle y = \dfrac{b}{a+b+c} \times 180°$

$\angle z = \dfrac{c}{a+b+c} \times 180°$

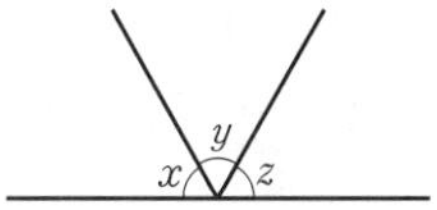

0073 대표문제

오른쪽 그림에서
$\angle x : \angle y : \angle z = 2 : 1 : 3$일 때,
$\angle y$의 크기는?

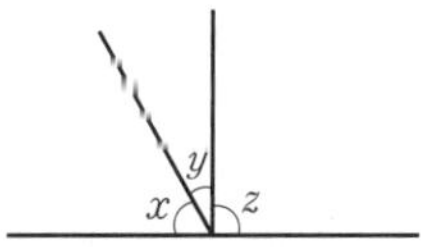

① 30°　　　② 40°　　　③ 50°

④ 60°　　　⑤ 70°

0074 중 하

오른쪽 그림에서
$\angle x : \angle y : \angle z = 1 : 3 : 5$일 때,
$\angle z$의 크기를 구하시오.

0075 중 서술형

오른쪽 그림에서 $\angle AOC = 100°$이고
$\angle AOB : \angle BOC = 3 : 2$일 때,
$\angle BOD$의 크기를 구하시오.

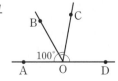

 중요

개념원리 중학수학 1-2 22쪽

유형 | 10 맞꼭지각의 성질 (1)

맞꼭지각의 크기는 서로 같다.

⇨ $\angle a = \angle c$

$\quad \angle b = \angle d$

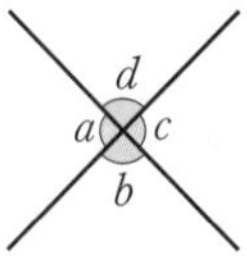

0076 대표문제

오른쪽 그림에서 x의 값을 구하시오.

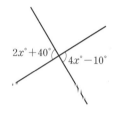

0077 중 하

다음 그림에서 x의 값을 구하시오.

(1)　　　　　　　　　　　　(2)

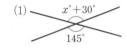 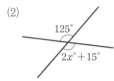

0078 중

오른쪽 그림에서 $y - x$의 값을 구하
시오.

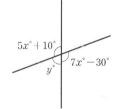

0079 중

다음 그림에서 x, y의 값을 각각 구하시오.

(1)　　　　　　　　　　　　(2)

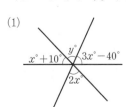 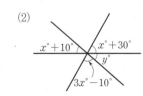

0080 중

오른쪽 그림에서 $\angle x : \angle y = 2 : 3$일 때, $\angle z$의 크기를 구하시오.

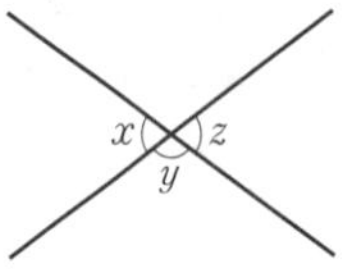

유형 | **11** 맞꼭지각의 쌍의 개수

개념원리 중학수학 1-2 23쪽

두 직선이 한 점에서 만날 때 생기는 맞꼭지각은
⇨ $\angle a$와 $\angle c$, $\angle b$와 $\angle d$
⇨ 2쌍

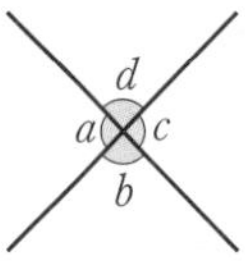

0081 ●●대표문제

오른쪽 그림과 같이 세 직선이 한 점 O에서 만날 때 생기는 맞꼭지각은 모두 몇 쌍인지 구하시오.

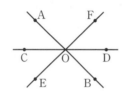

0082 중

오른쪽 그림과 같이 네 직선이 한 점에서 만날 때 생기는 맞꼭지각은 모두 몇 쌍인가?

① 4쌍　　　② 6쌍
③ 8쌍　　　④ 12쌍
⑤ 16쌍

유형 | **12** 수직과 수선

개념원리 중학수학 1-2 23쪽

(1) 직교 : $\overline{AH} \perp l$
(2) 점 A에서 직선 l에 내린 수선의 발
　　⇨ 점 H
(3) 점 A와 직선 l 사이의 거리
　　⇨ $\overline{AH}$의 길이

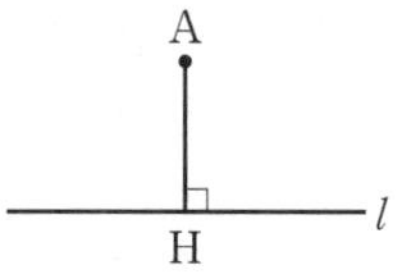

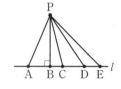

0083 ●●대표문제

다음 중 옳지 <u>않은</u> 것은?

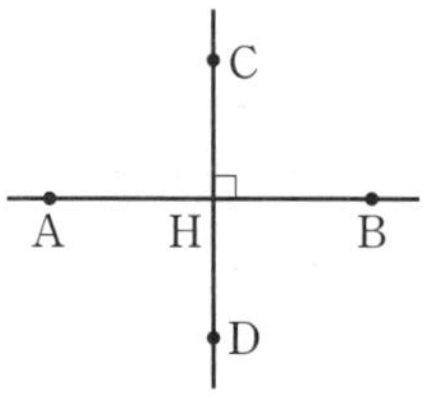

① $\overleftrightarrow{AB} \perp \overleftrightarrow{CD}$
② $\overleftrightarrow{CD}$는 $\overleftrightarrow{AB}$의 수선이다.
③ $\angle DHB = 90°$
④ 점 A에서 직선 CD에 내린 수선의 발은 점 H이다.
⑤ 점 C와 직선 AB 사이의 거리는 $\overline{BH}$의 길이이다.

0084 하

오른쪽 그림에서 점 P와 직선 l 사이의 거리는?

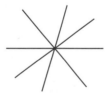

① $\overline{PA}$　　　② $\overline{PB}$
③ $\overline{PC}$　　　④ $\overline{PD}$
⑤ $\overline{PE}$

0085 중

오른쪽 그림과 같은 직사각형 ABCD에 대한 다음 설명 중 옳지 <u>않은</u> 것은?

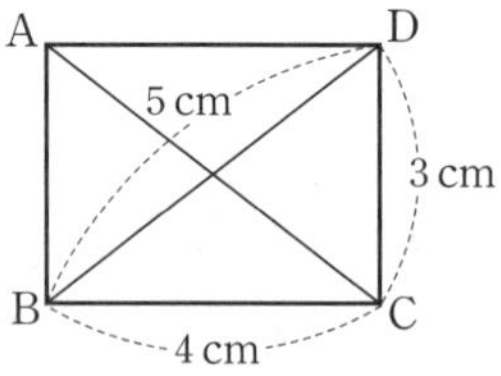

① $\overline{AB} \perp \overline{BC}$
② 점 D에서 $\overline{AB}$에 내린 수선의 발은 점 A이다.
③ 점 D와 $\overline{BC}$ 사이의 거리는 5 cm이다.
④ $\overline{AD}$의 수선은 $\overline{AB}$와 $\overline{DC}$이다.
⑤ 점 C와 $\overline{AB}$ 사이의 거리는 $\overline{BC}$의 길이이다.

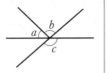

유형 UP

정답과 풀이 p.5

중요

개념원리 중학수학 1-2 22쪽

유형 13 맞꼭지각의 성질 (2)

오른쪽 그림에서
$\angle a+\angle b=\angle c$

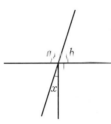

0086 대표문제

오른쪽 그림에서 $\angle a : \angle b=3 : 2$일 때, $\angle x$의 크기를 구하시오.

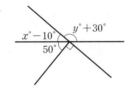

0087 중

오른쪽 그림에서 x, y의 값을 각각 구하시오.

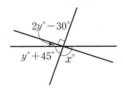

0088 중 서술형

오른쪽 그림에서 $x+y$의 값을 구하시오.

개념원리 중학수학 1-2 29쪽

유형 14 시계에서 각의 계산

(1) 시침 : 1시간에 30°만큼, 1분에 0.5°만큼 움직인다.
(2) 분침 : 1시간에 360°만큼, 1분에 6°만큼 움직인다.

0089 대표문제

오른쪽 그림과 같이 시계가 3시 30분을 가리킬 때, 시침과 분침이 이루는 각 중에서 작은 쪽의 각의 크기를 구하시오.

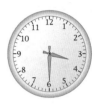

0090 중

오른쪽 그림과 같이 시계가 5시 10분을 가리킬 때, 시침과 분침이 이루는 각 중에서 작은 쪽의 각의 크기를 구하시오.

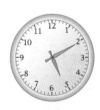

0091 상중

오른쪽 그림과 같이 1시와 2시 사이에 시침과 분침이 서로 반대 방향을 가리키며 평각을 이루는 시각을 구하시오.

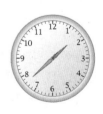

0092

다음 **보기** 중 입체도형인 것을 모두 고르시오.

┤ 보기 ├
ㄱ. 육각형   ㄴ. 원   ㄷ. 사각뿔
ㄹ. 원기둥   ㅁ. 마름모   ㅂ. 정육면체

0093

오른쪽 그림과 같은 오각뿔에서 교점의
개수를 a개, 교선의 개수를 b개라 할 때,
$a+b$의 값을 구하시오.

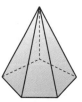

0094

다음 중 옳은 것은?

① 한 점을 지나는 직선은 오직 하나뿐이다.
② 서로 다른 두 점을 지나는 직선은 무수히 많다.
③ 시작점이 같은 두 반직선은 서로 같다.
④ 반직선의 길이는 직선의 길이의 $\frac{1}{2}$이다.
⑤ 두 점을 잇는 선 중에서 가장 짧은 것은 선분이다.

0095

오른쪽 그림과 같이 직선 l 위에 세
점 A, B, C가 있을 때, 다음 **보기**
중 옳은 것을 모두 고르시오.

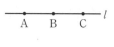

┤ 보기 ├
ㄱ. $\overrightarrow{AB}=\overrightarrow{BA}$ ㄴ. $\overrightarrow{AB}=\overrightarrow{AC}$ ㄷ. $\overleftrightarrow{AB}=\overleftrightarrow{BC}$
ㄹ. $\overline{AB}=\overline{BA}$ ㅁ. $\overline{AB}=\overline{BC}$ ㅂ. $\overrightarrow{AB}=\overrightarrow{BA}$

0096

오른쪽 그림과 같이 한 원 위에 5개
의 점 A, B, C, D, E가 있다. 이 중
에서 두 점을 골라 만들 수 있는 반직
선의 개수를 구하시오.

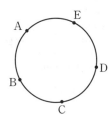

중요
0097

다음 그림과 같이 한 직선 위에 5개의 점 A, M, B, N, C
가 있다. 두 점 M, N은 각각 $\overline{AB}$, $\overline{BC}$의 중점이고,
$\overline{MN}=15$ cm일 때, $\overline{AC}$의 길이를 구하시오.

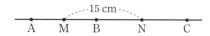

0098

다음 중 예각인 것의 개수를 a개, 둔각인 것의 개수를 b개
라 할 때, $a+b$의 값을 구하시오.

45°,	180°,	135°,	90°,
110°,	120°,	80°,	60°

0099

오른쪽 그림에서
$\angle a : \angle b : \angle c = 2 : 5 : 3$일 때,
다음 중 옳지 <u>않은</u> 것은?

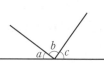

① $\angle a=36°$ ② $\angle b=90°$
③ $\angle c=72°$ ④ $\angle a+\angle b+\angle c=180°$
⑤ $\angle a$는 예각이다.

0100

오른쪽 그림에서 $\overline{AE} \perp \overline{BO}$,

$\angle BOC = \dfrac{1}{5} \angle AOC$,

$\angle COD = \dfrac{1}{5} \angle COE$일 때,

$\angle BOD$의 크기는?

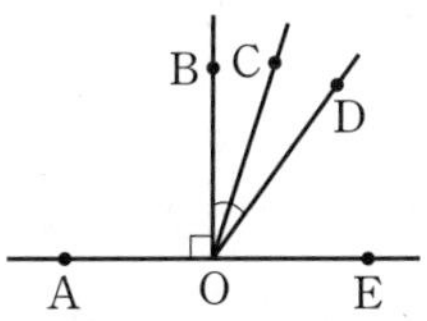

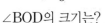

① 18°　　　② 24°　　　③ 30°

④ 36°　　　⑤ 42°

0101

오른쪽 그림에서 $\angle x$의 크기는?

① 55°　　　② 60°

③ 65°　　　④ 70°

⑤ 75°

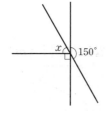

0102

오른쪽 그림에서 $\angle COD$의 크기를 구하시오.

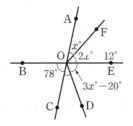

0103

오른쪽 그림에서 점 A와 $\overline{BC}$ 사이의 거리를 x cm, 점 B와 $\overline{CD}$ 사이의 거리를 y cm라 할 때, $x+y$의 값을 구하시오.

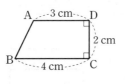

서술형 주관식

0104

오른쪽 그림과 같이 반원 위에 5개의 점 A, B, C, D, E가 있다. 이 중에서 두 점을 골라 만들 수 있는 직선, 선분, 반직선의 개수를 각각 구하시오.

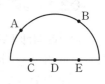

0105

오른쪽 그림에서

$\angle COE = 2\angle AOC$,

$\angle EOF = 2\angle FOB$, $\angle BOD = 18°$

일 때, $\angle FOB$의 크기를 구하시오.

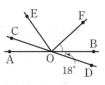

실력 UP

○ 실력UP 집중 학습은 실력 Up⁺로!!

0106

다음 그림에서 두 점 M, N은 각각 $\overline{BC}$, $\overline{CD}$의 중점이다. $\overline{AB} = 5$ cm, $\overline{MN} = \dfrac{3}{7}\overline{AD}$일 때, $\overline{MN}$의 길이를 구하시오.

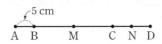

0107

오른쪽 그림과 같이 시계가 9시 20분을 가리킬 때, 시침과 분침이 이루는 각 중에서 작은 쪽의 각의 크기를 구하시오.

02 위치 관계

02-1 점과 직선, 점과 평면의 위치 관계

(1) **점과 직선의 위치 관계**

　① 점 A는 직선 l 위에 있다.

　② 점 B는 직선 l 위에 있지 않다.

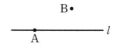

(2) **점과 평면의 위치 관계**

　① 점 A는 평면 P 위에 있다.

　② 점 B는 평면 P 위에 있지 않다.

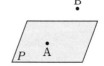

　　　└▶ 평면은 보통 평행사변형으로 그리고,
　　　　기호로 P와 같이 나타낸다.

○ 개념플러스

- 점이 직선 위에 있다는 것은 직선이 그 점을 지난다는 것을 의미한다.

- 점이 평면 위에 있다는 것은 평면이 그 점을 포함한다는 것을 의미한다.

02-2 평면에서 두 직선의 위치 관계

평면에서 두 직선 l, m의 위치 관계는 다음과 같다.

(1) **한 점에서 만난다.** 　(2) **평행하다. ($l /\!/ m$)** 　(3) **일치한다. ($l = m$)**

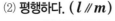

참고 다음과 같은 경우에 하나의 평면이 결정된다.

　① 한 직선 위에 있지 않은 서로 다른 세 점

　② 한 직선과 그 직선 밖의 한 점

　③ 한 점에서 만나는 두 직선

　④ 평행한 두 직선

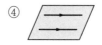

- 평면이나 공간에서 두 직선의 위치 관계를 알아볼 때에는 변 또는 모서리를 직선으로 연장하여 생각한다.

02-3 공간에서 두 직선의 위치 관계

(1) **꼬인 위치** : 공간에서 두 직선이 만나지도 않고 평행하지도 않을 때, 두 직선은 꼬인 위치에 있다고 한다.

(2) 공간에서 두 직선 l, m의 위치 관계는 다음과 같다.

　① **한 점에서 만난다.** 　② **일치한다. ($l = m$)** 　③ **평행하다. ($l /\!/ m$)** 　④ **꼬인 위치에 있다.**

- 꼬인 위치에 있는 두 직선은 한 평면 위에 있지 않다.

- ①, ②는 두 직선이 만나는 경우이고, ③, ④는 두 직선이 만나지 않는 경우이다. 또한, ①, ②, ③은 한 평면 위에 있고, ④는 한 평면 위에 있지 않다.

예 오른쪽 그림과 같은 직육면체에서 모서리 AB와 평행한 모서리는 $\overline{CD}$, $\overline{EF}$, $\overline{GH}$이고, 모서리 BC와 꼬인 위치에 있는 모서리는 $\overline{AE}$, $\overline{DH}$, $\overline{EF}$, $\overline{GH}$이다.

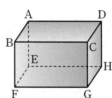

02-1 점과 직선, 점과 평면의 위치 관계

[0108~0110] 오른쪽 그림에서 다음을 구하시오.

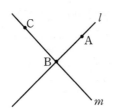

0108 직선 l 위에 있는 점

0109 직선 m 위에 있는 점

0110 직선 l과 m 위에 동시에 있는 점

[0111~0112] 오른쪽 그림에서 다음을 구하시오.

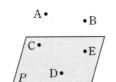

0111 평면 P 위에 있는 점

0112 평면 P 위에 있지 않은 점

[0113~0115] 오른쪽 그림의 삼각뿔에서 다음을 구하시오.

0113 점 B를 포함하는 면

0114 점 B와 점 D를 모두 포함하는 면

0115 면 ABC 위에 있지 않은 꼭짓점

02-2 평면에서 두 직선의 위치 관계

[0116~0117] 오른쪽 그림의 직사각형에서 다음을 구하시오.

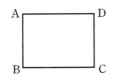

0116 직선 AD와 평행한 직선

0117 직선 AD와 한 점에서 만나는 직선

[0118~0121] 오른쪽 그림의 사다리꼴에 대하여 다음 설명이 옳으면 ○표, 옳지 않으면 ×표를 하시오.

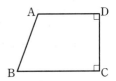

0118 $\overline{AB} /\!/ \overline{CD}$　　(　)

0119 $\overline{AD} /\!/ \overline{BC}$　　(　)

0120 $\overline{BC} \perp \overline{CD}$　　(　)

0121 $\overline{AD} \perp \overline{CD}$　　(　)

02-3 공간에서 두 직선의 위치 관계

[0122~0124] 오른쪽 그림의 삼각기둥에 대하여 다음 두 모서리의 위치 관계를 말하시오.

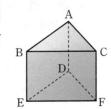

0122 모서리 AB와 모서리 BE

0123 모서리 BC와 모서리 DE

0124 모서리 AD와 모서리 CF

[0125~0127] 오른쪽 그림의 직육면체에서 다음을 구하시오.

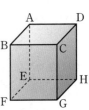

0125 모서리 AB와 평행한 모서리

0126 모서리 AB와 수직으로 만나는 모서리

0127 모서리 AB와 꼬인 위치에 있는 모서리

02-4 공간에서 직선과 평면의 위치 관계

○ 개념플러스

공간에서 평면 P와 직선 l의 위치 관계는 다음과 같다.

(1) **직선이 평면에 포함된다.**　　(2) **한 점에서 만난다.**　　(3) **평행하다. ($P /\!/ l$)**

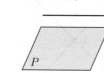

(직선 l은 평면 P 위에 있다.)

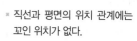

▪ 직선과 평면이 만나지 않을 때, 직선과 평면은 서로 평행하다고 한다.

▪ 직선과 평면의 위치 관계에는 꼬인 위치가 없다.

02-5 직선과 평면의 수직

(1) **직선과 평면의 수직** : 직선 l이 평면 P와 한 점 H에서 만나고 직선 l이 점 H를 지나는 평면 P 위의 모든 직선과 수직일 때, 직선 l과 평면 P는 서로 수직이라 하고, 기호로 $l \perp P$와 같이 나타낸다.

(2) **점과 평면 사이의 거리** : 평면 P 위에 있지 않은 점 A에서 평면 P에 내린 수선의 발 H까지의 거리, 즉 선분 AH의 길이

📖 오른쪽 그림의 직육면체에서
  (1) 면 ABCD와 수직인 모서리 ⇨ $\overline{AE}$, $\overline{BF}$, $\overline{CG}$, $\overline{DH}$
  (2) 점 A와 면 EFGH 사이의 거리 ⇨ 4 cm

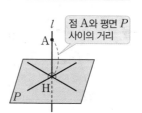

점 A와 평면 P 사이의 거리

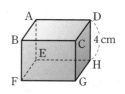

▪ 점과 직선 사이의 거리는 점에서 직선에 이르는 가장 짧은 선분의 길이이다.

02-6 공간에서 두 평면의 위치 관계

공간에서 두 평면 P, Q의 위치 관계는 다음과 같다.

(1) **한 직선에서 만난다.**　　(2) **평행하다. ($P /\!/ Q$)**　　(3) **일치한다. ($P = Q$)**

교선

▪ 한 평면에 평행한 모든 평면은 서로 평행하다.

참고 **두 평면의 수직**

평면 P가 평면 Q에 수직인 직선 l을 포함할 때, 평면 P는 평면 Q에 수직이라 하고, 기호로 $P \perp Q$와 같이 나타낸다.

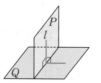

▪ 두 평면 사이의 거리

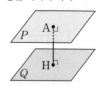

⇨ 평면 P 위의 점 A에서 평면 Q에 내린 수선의 발 H까지의 거리
  └→ $\overline{AH}$

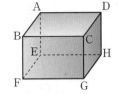

02-4 공간에서 직선과 평면의 위치 관계

[0128~0130] 오른쪽 그림의 직육면체에서 다음을 구하시오.

0128 모서리 AB를 포함하는 면

0129 모서리 AB와 수직인 면

0130 모서리 AB와 평행한 면

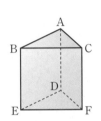

[0131~0132] 오른쪽 그림의 삼각기둥에서 다음을 구하시오.

0131 면 ABC에 포함된 모서리

0132 모서리 AB를 포함하는 면

02-5 직선과 평면의 수직

[0133~0136] 오른쪽 그림의 직육면체에서 다음을 구하시오.

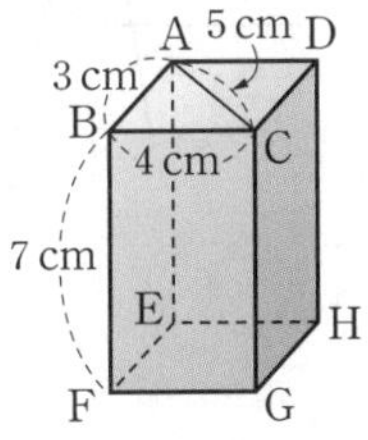

0133 $\overline{AC}$와 평행한 면의 개수

0134 면 BFGC와 수직인 모서리의 개수

0135 점 A와 면 CGHD 사이의 거리

0136 점 C와 면 AEHD 사이의 거리

02-6 공간에서 두 평면의 위치 관계

[0137~0140] 오른쪽 그림의 직육면체에서 다음을 구하시오.

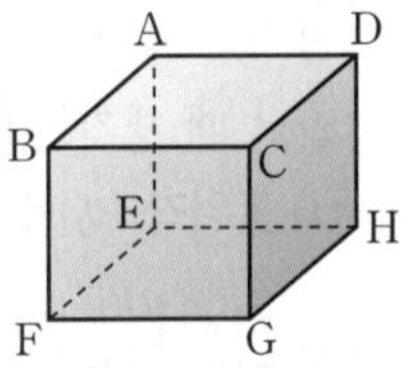

0137 면 ABCD와 만나는 면

0138 면 ABCD와 평행한 면

0139 면 ABFE와 수직인 면

0140 면 ABCD와 면 CGHD의 교선

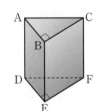

[0141~0144] 오른쪽 그림의 삼각기둥에서 다음을 구하시오.

0141 면 ABC와 평행한 면

0142 면 ABC와 수직인 면

0143 면 ADEB와 만나는 면

0144 면 BEFC와 수직인 면

[0145~0148] 공간에서 직선과 평면의 위치 관계에 대하여 다음 설명이 옳으면 ○표, 옳지 않으면 ×표를 하시오.

0145 만나지 않는 서로 다른 두 평면은 평행하다.

( )

0146 한 평면에 평행한 서로 다른 두 직선은 평행하다.

( )

0147 한 평면에 수직인 서로 다른 두 직선은 수직이다.

( )

0148 한 평면에 수직인 서로 다른 두 평면은 수직이다.

( )

02-7 동위각과 엇각

한 평면 위에 있는 서로 다른 두 직선 l, m이 다른 한 직선 n과
만날 때 생기는 8개의 교각 중에서

(1) **동위각** : 서로 같은 위치에 있는 두 각

$\Rightarrow$ $\angle a$와 $\angle e$, $\angle b$와 $\angle f$, $\angle c$와 $\angle g$, $\angle d$와 $\angle h$

(2) **엇각** : 서로 엇갈린 위치에 있는 두 각

$\Rightarrow$ $\angle b$와 $\angle h$, $\angle c$와 $\angle e$

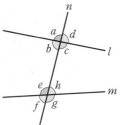

참고 서로 다른 두 직선과 다른 한 직선이 만나면 4쌍의 동위각과 2쌍의 엇각이 생긴다.

- 동위각과 엇각

- **동측내각** : 서로 다른 두 직선
이 다른 한 직선과 만나서 생
기는 각 중에서 같은 쪽에 있
는 안쪽의 두 각
$\Rightarrow$ $\angle b$와 $\angle e$, $\angle c$와 $\angle h$

02-8 평행선

(1) **평행선의 성질**

평행한 두 직선 l, m이 다른 한 직선 n과 만날 때

① 동위각의 크기는 서로 같다.

$\Rightarrow$ $l /\!/ m$이면 $\angle a = \angle b$

② 엇각의 크기는 서로 같다.

$\Rightarrow$ $l /\!/ m$이면 $\angle c = \angle d$

① 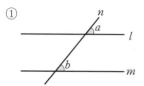 ②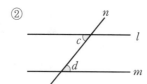

예 오른쪽 그림에서 $l /\!/ m$일 때,
엇각의 크기가 서로 같으므로 $\angle a = 75°$이고,
동위각의 크기가 서로 같으므로 $\angle b = 80°$이다.

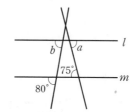

- 맞꼭지각의 크기는 항상 같지
만 동위각과 엇각의 크기는 두
직선이 평행할 때에만 같다.

- 평행한 두 직선 l, m이 다른
한 직선 n과 만날 때, 동측내각
의 크기의 합은 $180°$이다.

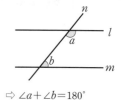

$\Rightarrow$ $\angle a + \angle b = 180°$

(2) **두 직선이 평행할 조건**

두 직선 l, m이 다른 한 직선 n과 만날 때

① 동위각의 크기가 서로 같으면 두 직선 l, m은 평행하다.

$\Rightarrow$ $\angle a = \angle b$이면 $l /\!/ m$

② 엇각의 크기가 서로 같으면 두 직선 l, m은 평행하다.

$\Rightarrow$ $\angle c = \angle d$이면 $l /\!/ m$

① 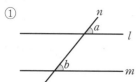 ②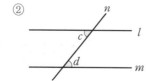

02-7 동위각과 엇각

[0149~0151] 오른쪽 그림과 같이 세 직선이 만날 때, 다음 각의 동위각을 구하시오.

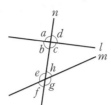

0149 $\angle a$

0150 $\angle c$

0151 $\angle h$

[0152~0153] 오른쪽 그림과 같이 세 직선이 만날 때, 다음 각의 엇각을 구하시오.

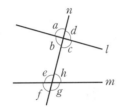

0152 $\angle b$

0153 $\angle e$

[0154~0155] 오른쪽 그림과 같이 세 직선이 만날 때, 다음을 구하시오.

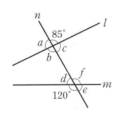

0154 $\angle a$의 동위각의 크기

0155 $\angle b$의 엇각의 크기

02-8 평행선

0156 오른쪽 그림에서 $l /\!/ m$일 때, $\angle a$, $\angle b$, $\angle c$의 크기를 각각 구하시오.

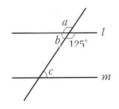

0157 오른쪽 그림에서 $l /\!/ m$일 때, $\angle x$, $\angle y$, $\angle z$의 크기를 각각 구하시오.

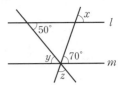

0158 오른쪽 그림은 $l /\!/ m$일 때 $\angle x$의 크기를 구하는 과정이다 □ 안에 알맞은 것을 써넣으시오.

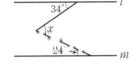

두 직선 l, m에 평행한 직선 n을 그으면 다음과 같다.

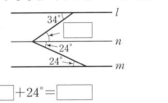

$$\therefore \angle x = \boxed{} + 24° = \boxed{}$$

[0159~0162] 다음 그림에서 두 직선 l, m이 서로 평행하면 $/\!/$를, 평행하지 않으면 $/\!\!\!/$를 □ 안에 써넣으시오.

0159

0160

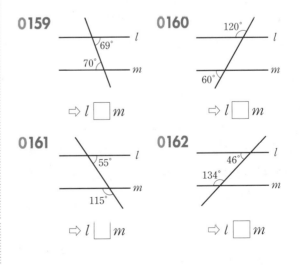

$\Rightarrow l \,\boxed{}\, m$

$\Rightarrow l \,\boxed{}\, m$

0161

0162

$\Rightarrow l \,\boxed{}\, m$

$\Rightarrow l \,\boxed{}\, m$

개념원리 중학수학 1-2 35쪽

유형 | 01 점과 직선, 점과 평면의 위치 관계

(1) 점과 직선의 위치 관계
  ① 점 A는 직선 l 위에 있다.
  ② 점 B는 직선 l 위에 있지 않다.

(2) 점과 평면의 위치 관계
  ① 점 A는 평면 P 위에 있다.
  ② 점 B는 평면 P 위에 있지 않다.

0163 ◀대표문제

오른쪽 그림에 대한 다음 설명 중 옳지 <u>않은</u> 것은?

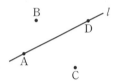

① 직선 l은 점 A를 지난다.
② 직선 l은 점 B를 지나지 않는다.
③ 점 C는 직선 l 위에 있지 않다.
④ 점 D는 직선 l 위에 있다.
⑤ 두 점 A와 D는 같은 직선 위에 있지 않다.

0164 중

오른쪽 그림에 대한 다음 설명 중 옳지 <u>않은</u> 것은?

① 점 A는 직선 l 위에 있다.
② 점 B는 직선 l 위에 있지 않다.
③ 두 점 A와 C를 지나는 직선은 l이다.
④ 점 B를 지나면서 직선 l에 평행한 직선은 하나뿐이다.
⑤ 세 점 A, B, C는 한 직선 위에 있다.

0165 중

오른쪽 그림과 같이 평면 P 위에 직선 l이 있을 때, 네 점 A, B, C, D에 대하여 다음 **보기**의 설명 중 옳은 것을 모두 고르시오.

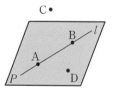

┤ 보기 ├
ㄱ. 직선 l 위에 있지 않은 점은 2개이다.
ㄴ. 평면 P 위에 있는 점은 2개이다.
ㄷ. 점 D는 평면 P 위에 있지만 직선 l 위에 있지 않다.

개념원리 중학수학 1-2 35쪽

유형 | 02 평면에서 두 직선의 위치 관계

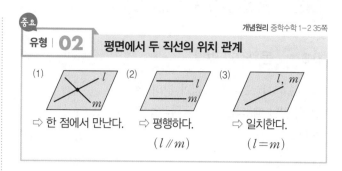

(1) ⇨ 한 점에서 만난다.
(2) ⇨ 평행하다. (l // m)
(3) ⇨ 일치한다. ($l = m$)

0166 ◀대표문제

오른쪽 그림의 정팔각형에서 $\overleftrightarrow{AB}$와 한 점에서 만나는 직선의 개수를 a개, 평행한 직선의 개수를 b개라 할 때, $a+b$의 값을 구하시오.

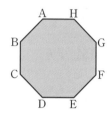

0167 중

오른쪽 그림에 대한 다음 설명 중 옳은 것을 모두 고르면? (정답 2개)

① $\overleftrightarrow{AB}$ // $\overleftrightarrow{CD}$
② $\overleftrightarrow{AB} \perp \overleftrightarrow{BC}$
③ $\overleftrightarrow{AD}$와 $\overleftrightarrow{BC}$는 한 점에서 만난다.
④ 점 B에서 $\overleftrightarrow{CD}$에 내린 수선의 발은 점 C이다.
⑤ 점 A와 $\overleftrightarrow{BC}$ 사이의 거리는 $\overline{AB}$의 길이이다.

0168 중

한 평면 위에 있는 서로 다른 세 직선 l, m, n에 대하여 l // m, $l \perp n$일 때, 두 직선 m, n의 위치 관계는?

① 일치한다.
② 평행하다.
③ 수직이다.
④ 두 점에서 만난다.
⑤ 알 수 없다.

정답과 풀이 p.9

개념원리 중학수학 1-2 33쪽

유형 03 평면이 하나로 정해지는 조건

(1) 한 직선 위에 있지 않은 서로 다른 세 점
(2) 한 직선과 그 직선 밖의 한 점
(3) 한 점에서 만나는 두 직선
(4) 서로 평행한 두 직선

참고 한 직선 위에 있는 세 점, 꼬인 위치에 있는 두 직선은 한 평면을 결정할 수 없다.

0169 대표문제

다음 중 한 평면을 결정하는 조건이 <u>아닌</u> 것은?

① 한 직선 위에 있지 않은 서로 다른 세 점
② 한 직선과 그 직선 위에 있지 않은 한 점
③ 한 점에서 만나는 두 직선
④ 평행한 두 직선
⑤ 꼬인 위치에 있는 두 직선

0170 중하

오른쪽 그림과 같이 직선 l 위에 있는 세 점 A, B, C와 그 직선 밖의 한 점 D로 결정되는 서로 다른 평면의 개수를 구하시오.

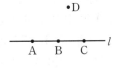

0171 중 서술형

오른쪽 그림과 같이 평면 P 위에 세 점 B, C, D가 있고, 평면 P 밖에 점 A가 있다. 이들 네 개의 점 중에서 세 개의 점으로 결정되는 서로 다른 평면의 개수를 구하시오.

(단, 네 점 중 어느 세 점도 한 직선 위에 있지 않다.)

중요

개념원리 중학수학 1-2 36쪽

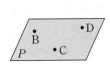

유형 04 공간에서 두 직선의 위치 관계

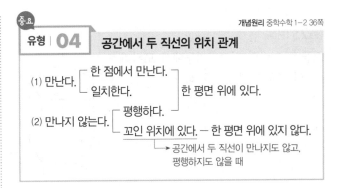

(1) 만난다. ┌ 한 점에서 만난다.
　　　　　　└ 일치한다.　　　　　　　　　한 평면 위에 있다.
(2) 만나지 않는다. ┌ 평행하다.
　　　　　　　　　└ <u>꼬인 위치에 있다.</u> — 한 평면 위에 있지 않다.

→ 공간에서 두 직선이 만나지도 않고, 평행하지도 않을 때

0172 대표문제

오른쪽 그림의 삼각기둥에서 모서리 AB와 평행한 모서리의 개수를 a개, 수직으로 만나는 모서리의 개수를 b개, 꼬인 위치에 있는 모서리의 개수를 c개라 할 때, $a+b+c$의 값을 구하시오.

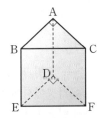

0173 중하

오른쪽 그림과 같이 밑면이 사다리꼴인 사각기둥에서 다음 두 모서리 사이의 위치 관계를 말하시오.

(1) 모서리 AB와 모서리 AE
(2) 모서리 EF와 모서리 CG
(3) 모서리 AD와 모서리 EH

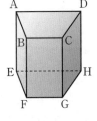

0174 중하

오른쪽 그림의 정오각기둥에 대한 다음 설명 중 옳지 <u>않은</u> 것은?

① 모서리 AB와 모서리 BC는 한 점에서 만난다.
② 모서리 AE와 모서리 FG는 평행하다.
③ 모서리 CD와 모서리 AF는 꼬인 위치에 있다.
④ 모서리 BC와 모서리 CH는 수직으로 만난다.
⑤ 모서리 EJ와 모서리 CH는 평행하다.

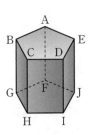

0175 중하

오른쪽 그림의 정오각기둥에서 모서리 BC와 위치 관계가 다른 하나는?

① $\overline{AB}$ ② $\overline{CD}$
③ $\overline{BG}$ ④ $\overline{CH}$
⑤ $\overline{GH}$

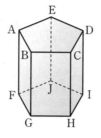

0176 중

오른쪽 그림과 같이 밑면이 정육각형 인 육각뿔에서 모서리 AB와 꼬인 위치에 있는 모서리가 아닌 것은?

① $\overline{OC}$ ② $\overline{OD}$
③ $\overline{OE}$ ④ $\overline{OF}$
⑤ $\overline{EF}$

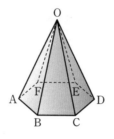

0177 중

오른쪽 그림의 삼각뿔에서 서로 꼬인 위치에 있는 모서리끼리 짝지은 것을 모두 고르면? (정답 2개)

① $\overline{AB}$와 $\overline{CD}$ ② $\overline{AC}$와 $\overline{AD}$
③ $\overline{AC}$와 $\overline{BD}$ ④ $\overline{AD}$와 $\overline{CD}$
⑤ $\overline{BC}$와 $\overline{CD}$

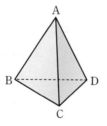

0178 중

오른쪽 그림의 직육면체에 대하여 다음 중 $\overline{AC}$와 위치 관계가 다른 하나는?

① $\overline{AE}$ ② $\overline{BF}$
③ $\overline{DH}$ ④ $\overline{EF}$
⑤ $\overline{GH}$

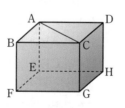

0179 중

오른쪽 그림의 직육면체에서 $\overline{AF}$, $\overline{CD}$와 동시에 꼬인 위치에 있는 모서 리를 말하시오.

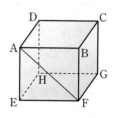

0180 중

오른쪽 그림의 정육각기둥에서 모서리 AF와 평행한 모서리의 개수를 a개, 수직으로 만나는 모서리의 개수를 b개 라 할 때, $a+b$의 값을 구하시오.

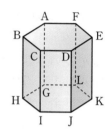

0181 상중

오른쪽 그림의 정오각기둥에서 모서리 AF와 꼬인 위치에 있는 모서리의 개수 를 a개, 모서리 BG와 평행한 모서리의 개수를 b개라 할 때, $a+b$의 값은?

① 7   ② 8
③ 9   ④ 10
⑤ 11

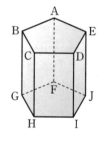

0182 상중 •서술형

오른쪽 그림의 입체도형은 정삼각형 8개로 이루어져 있다. 모서리 AB와 만나는 모서리의 개수를 a개, 꼬인 위 치에 있는 모서리의 개수를 b개라 할 때, $a+b$의 값을 구하시오.

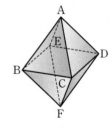

유형 | 05 공간에서 직선과 평면의 위치 관계

개념원리 중학수학 1-2 41쪽

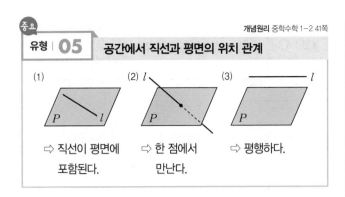

(1) ⇨ 직선이 평면에 포함된다.
(2) ⇨ 한 점에서 만난다.
(3) ⇨ 평행하다.

0183 ●대표문제
오른쪽 그림의 직육면체에 대하여 다음 **보기**의 설명 중 옳은 것을 모두 고르시오.

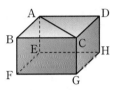

┃ 보기 ┃
ㄱ. 모서리 AB와 면 ABCD는 평행하다.
ㄴ. 모서리 AC와 면 EFGH는 꼬인 위치에 있다.
ㄷ. 모서리 FG와 평행한 면은 2개이다.
ㄹ. 모서리 BF와 수직인 면은 2개이다.

0184 중하
다음 중 공간에서 직선과 평면의 위치 관계가 될 수 없는 것은?

① 평행하다.　　② 수직이다.
③ 꼬인 위치에 있다.　　④ 한 점에서 만난다.
⑤ 직선이 평면에 포함된다.

0185 중하
오른쪽 그림의 직육면체에서 면 ABCD와 평행한 모서리의 개수는?

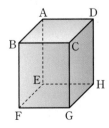

① 2개　　② 3개
③ 4개　　④ 5개
⑤ 6개

0186 중
오른쪽 그림과 같이 밑면이 직각삼각형인 삼각기둥에서 다음을 구하시오.

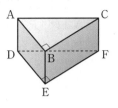

(1) 면 ABC와 평행한 모서리의 개수
(2) 면 ADEB와 수직인 모서리의 개수
(3) 모서리 CF와 평행한 면의 개수

0187 중 ●서술형
오른쪽 그림의 직육면체에서 다음 조건을 모두 만족시키는 모서리를 구하시오.

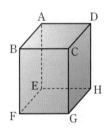

(개) 모서리 AE와 꼬인 위치에 있는 모서리
(내) 면 ABCD와 평행한 모서리
(대) 면 BFGC와 수직인 모서리

0188 상중
공간에서 직선과 평면의 위치 관계에 대한 다음 설명 중 옳은 것은?

① 한 직선에 수직인 서로 다른 두 직선은 평행하다.
② 한 직선에 평행한 서로 다른 두 평면은 평행하다.
③ 한 평면에 평행한 서로 다른 두 직선은 평행하다.
④ 한 평면에 수직인 서로 다른 두 직선은 평행하다.
⑤ 한 직선과 꼬인 위치에 있는 서로 다른 두 직선은 꼬인 위치에 있다.

유형 | **06**   점과 평면 사이의 거리

개념원리 중학수학 1-2 40쪽

점 A와 평면 P 사이의 거리

⇨ 선분 AH의 길이

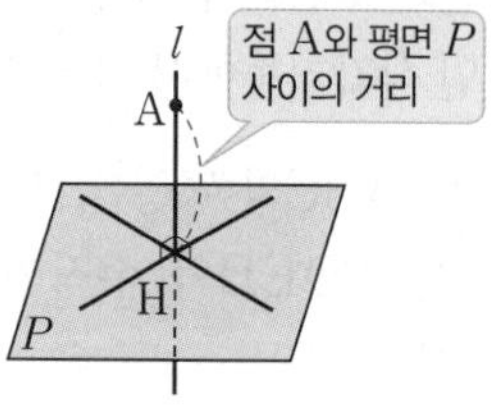

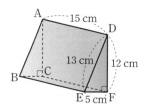

점 A와 평면 P 사이의 거리

0189 ◦◦ 대표문제

오른쪽 그림의 삼각기둥에서 점 A와 면 DEF 사이의 거리를 구하시오.

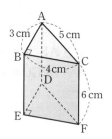

0190 중

오른쪽 그림의 삼각기둥에서 다음을 구하시오.

(1) 점 D와 면 BEFC 사이의 거리

(2) 점 A와 면 DEF 사이의 거리

(3) 점 F와 면 ABED 사이의 거리

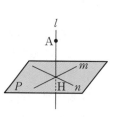

0191 중

오른쪽 그림에서 $l \perp P$이고 점 A와 평면 P 사이의 거리가 7 cm일 때, 다음 중 옳지 <u>않은</u> 것은?

① $l \perp m$ ② $l \perp n$

③ $\overline{\mathrm{AH}} = 7$ cm   ④ $m \perp n$

⑤ $\overline{\mathrm{AH}} \perp n$

유형 | **07**   공간에서 두 평면의 위치 관계

개념원리 중학수학 1-2 41쪽

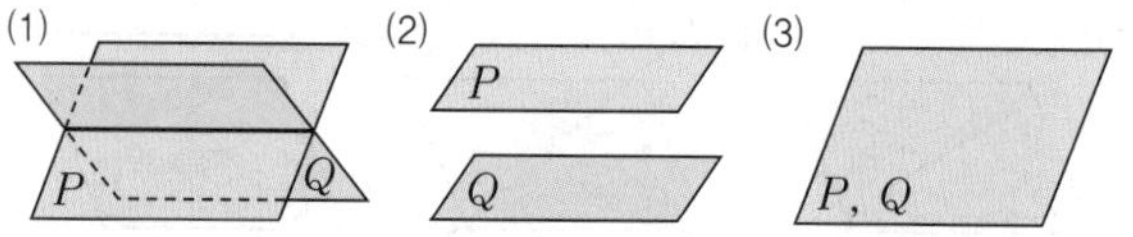

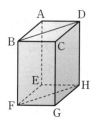

(1) ⇨ 한 직선에서 만난다.

(2) ⇨ 평행하다.

(3) ⇨ 일치한다.

0192 ◦◦ 대표문제

오른쪽 그림의 직육면체에서 면 BFHD와 수직인 면을 모두 고르면? (정답 2개)

① 면 ABCD   ② 면 AEHD

③ 면 BFGC   ④ 면 EFGH

⑤ 면 CGHD

0193 중 하

오른쪽 그림의 삼각기둥에서 다음을 구하시오.

(1) 면 ABC와 평행한 면의 개수

(2) 면 ABC와 수직인 면의 개수

(3) 면 BEFC와 수직인 면의 개수

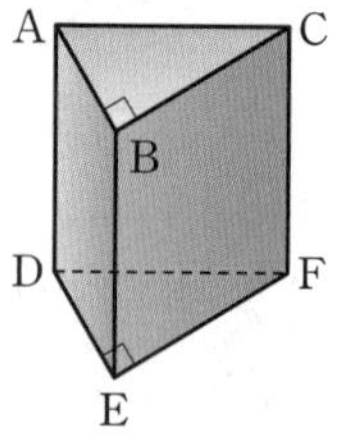

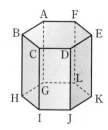

0194 중

오른쪽 그림의 정육각기둥에서 서로 평행한 두 면은 모두 몇 쌍인지 구하시오.

유형 | 08 일부를 잘라 낸 입체도형에서의 위치 관계

개념원리 중학수학 1-2 42쪽

주어진 입체도형에서 두 직선, 직선과 평면, 두 평면의 위치 관계를 살펴본다.

0195 ●대표문제

오른쪽 그림은 직육면체를 세 꼭짓점 A, C, E를 지나는 평면으로 잘라 내고 남은 입체도형이다. 다음 설명 중 옳은 것은?

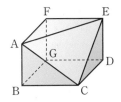

① $\overline{AB}$와 꼬인 위치에 있는 모서리는 4개이나.

② 면 CDE와 수직인 모서리는 2개이다.

③ $\overline{AC}$와 꼬인 위치에 있는 모서리는 없다.

④ 면 BCDG와 수직인 모서리는 4개이다.

⑤ $\overline{EF}$를 포함하는 면은 1개이다.

0196 중

오른쪽 그림은 직육면체에서 삼각기둥을 잘라 낸 것이다. 모서리 BC와 꼬인 위치에 있는 모서리가 아닌 것을 모두 고르면? (정답 2개)

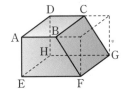

① $\overline{AE}$ ② $\overline{CG}$

③ $\overline{EF}$ ④ $\overline{HG}$ ⑤ $\overline{GF}$

0197 중

오른쪽 그림은 직육면체를 네 꼭짓점 A, B, E, F를 지나는 평면으로 잘라 내고 남은 입체도형이다. $\overline{BE}$와 꼬인 위치에 있는 모서리를 모두 구하시오.

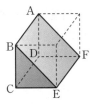

0198 중

오른쪽 그림은 직육면체를 세 꼭짓점 A, B, E를 지나는 평면으로 잘라 내고 남은 입체도형이다. 다음을 구하시오.

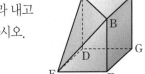

(1) 모서리 AE와 평행한 면

(2) 모서리 BF와 수직인 면

0199 중

오른쪽 그림은 정육면체를 세 꼭짓점 B, C, F를 지나는 평면으로 잘라 내고 남은 입체도형이다. 모서리 CF와 꼬인 위치에 있는 모서리의 개수를 a개, 면 CFG와 수직인 모서리의 개수를 b개라 할 때, $a-b$의 값을 구하시오.

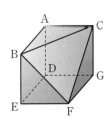

0200 중 ●서술형

오른쪽 그림은 직육면체에서 삼각기둥을 잘라 낸 것이다. 면 AEJI와 수직인 면의 개수를 a개, 면 AICD와 평행한 면의 개수를 b개라 힐 때, $a+b$의 값을 구하시오.

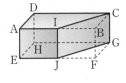

0201 상 중

오른쪽 그림은 큰 직육면체에서 작은 직육면체를 잘라 내고 남은 입체도형이다. 모서리 DG와 꼬인 위치에 있는 모서리의 개수를 구하시오.

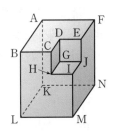

유형 | 09   전개도가 주어졌을 때의 위치 관계

전개도로 만들어지는 입체도형을 그린 후에 성질을 파악한다.

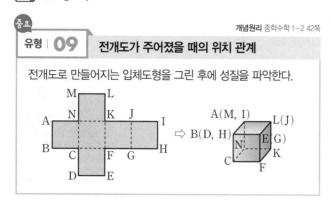

0202 ●대표문제

오른쪽 그림의 전개도로 만든 정육면체에 대하여 다음 물음에 답하시오.

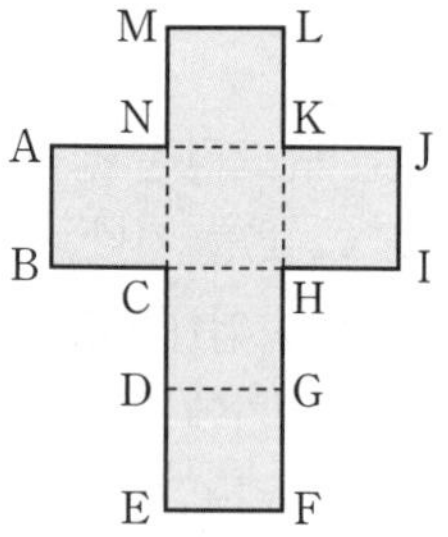

(1) 모서리 ML과 평행한 모서리의 개수를 구하시오.

(2) 다음 중 모서리 ML과 꼬인 위치에 있는 모서리가 아닌 것은?

① $\overline{AN}$　　　② $\overline{CN}$
③ $\overline{DC}$　　　④ $\overline{GH}$　　　⑤ $\overline{HK}$

0203 ⟨중⟩

오른쪽 그림의 전개도로 만든 삼각뿔에서 모서리 AB와 꼬인 위치에 있는 모서리는?

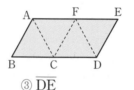

① $\overline{CD}$　　　② $\overline{CF}$　　　③ $\overline{DE}$
④ $\overline{DF}$　　　⑤ $\overline{EF}$

0204 ⟨중⟩

오른쪽 그림의 전개도로 만든 삼각기둥에서 다음 중 면 ABCJ와 평행한 모서리는?

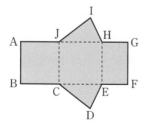

① $\overline{EF}$　　　② $\overline{GF}$
③ $\overline{HE}$　　　④ $\overline{HG}$
⑤ $\overline{JC}$

0205 ⟨중⟩

오른쪽 그림의 전개도로 만든 정육면체에서 면 D와 평행한 면은?

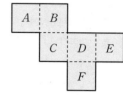

① 면 A　　　② 면 B
③ 면 C　　　④ 면 E
⑤ 면 F

0206 ⟨중⟩

오른쪽 그림의 전개도로 만든 정육면체에서 다음 중 면 ABCN과 수직인 면이 아닌 것은?

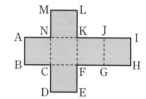

① 면 NCFK
② 면 MNKL
③ 면 CDEF
④ 면 JGHI
⑤ 면 KFGJ

0207 ⟨상⟩⟨중⟩ ●서술형

오른쪽 그림의 전개도로 만든 삼각기둥에 대하여 다음 물음에 답하시오.

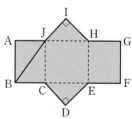

(1) 모서리 AB와 평행한 모서리를 모두 구하시오.

(2) 모서리 GF와 수직인 모서리를 모두 구하시오.

(3) 모서리 JB와 꼬인 위치에 있는 모서리를 모두 구하시오.

유형 | 10   동위각과 엇각

서로 다른 두 직선이 다른 한 직선과 만날 때

(1) 동위각 : 서로 같은 위치에 있는 두 각
  ⇨ $\angle a$와 $\angle e$, $\angle b$와 $\angle f$,
    $\angle c$와 $\angle g$, $\angle d$와 $\angle h$

(2) 엇각 : 서로 엇갈린 위치에 있는 두 각
  ⇨ $\angle c$와 $\angle e$, $\angle d$와 $\angle f$

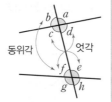

동위각   엇각

0208 ◀대표문제

오른쪽 그림과 같이 세 직선이 만날 때, 다음 설명 중 옳지 않은 것은?

① $\angle a$의 동위각은 $\angle e$와 $\angle l$이다.

② $\angle b$의 동위각은 $\angle f$와 $\angle i$이다.

③ $\angle c$의 엇각은 $\angle e$와 $\angle l$이다.

④ $\angle d$의 엇각은 $\angle f$와 $\angle i$이다.

⑤ $\angle h$의 엇각은 $\angle b$와 $\angle j$이다.

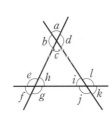

0209 중

오른쪽 그림에 대한 다음 설명 중 옳지 않은 것은?

① $\angle a$의 동위각은 $\angle d$이다.

② $\angle b$의 엇각은 $\angle g$이다.

③ $\angle c$의 맞꼭지각은 $\angle b$이다.

④ $\angle g$의 엇각의 크기는 85°이다.

⑤ $\angle d = 95°$이다.

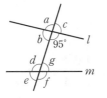

0210 중

오른쪽 그림에서 $\angle x$의 모든 동위각의 크기의 합을 구하시오.

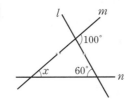

중요

유형 | 11   평행선에서 동위각, 엇각의 크기

평행한 두 직선과 다른 한 직선이 만날 때

(1) 동위각의 크기는 서로 같다.

(2) 엇각의 크기는 서로 같다.

0211 ◀대표문제

오른쪽 그림에서 $l /\!/ m$일 때, $\angle x$, $\angle y$의 크기를 각각 구하면?

① $\angle x = 65°$, $\angle y = 50°$

② $\angle x = 65°$, $\angle y = 70°$

③ $\angle x = 70°$, $\angle y = 45°$

④ $\angle x = 75°$, $\angle y = 60°$

⑤ $\angle x = 75°$, $\angle y = 70°$

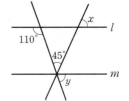

0212 중하

오른쪽 그림에서 $l /\!/ m$일 때, 다음 중 각의 크기가 다른 하나는?

① $\angle a$ ② $\angle c$

③ $\angle e$ ④ $\angle h$

⑤ $\angle g$

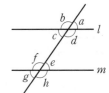

0213 중

다음 그림에서 (1)은 $l /\!/ m /\!/ n$이고 (2)는 $l /\!/ m$일 때, $\angle x - \angle y$의 크기를 구하시오.

(1)

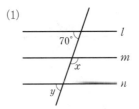

(2)

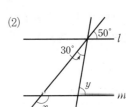

02 위치 관계

유형 | 12 두 직선이 평행하기 위한 조건

서로 다른 두 직선 l, m이 다른 한 직선과 만날 때
(1) 동위각의 크기가 같으면 ⇨ $l /\!/ m$
(2) 엇각의 크기가 같으면 ⇨ $l /\!/ m$

0214 ●대표문제

다음 중 두 직선 l, m이 평행하지 <u>않은</u> 것은?

①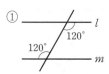
②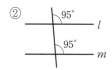
③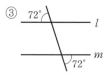
④
⑤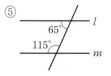

0215 중하

오른쪽 그림에서 평행한 두 직선은?

① l과 m ② l과 n
③ m과 n ④ p와 r
⑤ q와 r

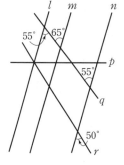

0216 중

오른쪽 그림에서 두 직선 l, m이 평행할 조건이 <u>아닌</u> 것은?

① $\angle a = 115°$
② $\angle b = 65°$
③ $\angle c = 115°$
④ $\angle a + \angle g = 180°$
⑤ $\angle g = 65°$

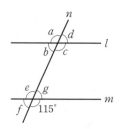

유형 | 13 평행선에서 각의 크기 구하기 —삼각형의 성질 이용

삼각형의 세 내각의 크기의 합은 180°이다.
⇨ $\angle x + \angle y + \angle z = 180°$

0217 ●대표문제

오른쪽 그림에서 $l /\!/ m$일 때, $\angle x$의 크기는?

① $40°$ ② $45°$
③ $50°$ ④ $55°$
⑤ $60°$

0218 중 ●서술형

오른쪽 그림에서 $l /\!/ m$일 때, $\angle x - \angle y$의 크기를 구하시오.

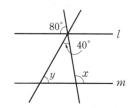

0219 중

오른쪽 그림에서 $l /\!/ m$일 때, $\angle x$의 크기는?

① $10°$ ② $15°$
③ $20°$ ④ $25°$
⑤ $30°$

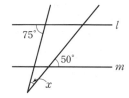

0220 중

오른쪽 그림에서 $l /\!/ m$일 때, x의 값은?

① 25 ② 30
③ 35 ④ 40
⑤ 45

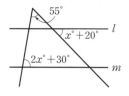

중요

개념원리 중학수학 1-2 51쪽

유형 | 14 평행선에서 각의 크기 구하기 – 평행한 보조선을 긋는 경우 (1)

꺾인 점을 지나면서 주어진 평행선과 평행한 직선을 긋고, 동위각과 엇각의 크기는 각각 같음을 이용한다.

$l /\!/ m$이면 $\angle x = \angle a + \angle b$

0221 대표문제

다음 그림에서 $l /\!/ m$일 때, $\angle x$의 크기를 구하시오.

(1)

(2)

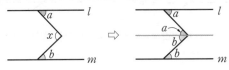

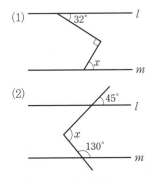

0222 중

오른쪽 그림에서 $l /\!/ m$일 때, x의 값을 구하시오.

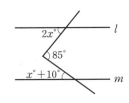

0223 상중

오른쪽 그림에서 $l /\!/ m$일 때, $\angle x$의 크기는?

① 50°　② 55°　③ 60°　④ 65°　⑤ 70°

개념원리 중학수학 1-2 51쪽

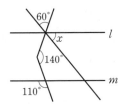

유형 | 15 평행선에서 각의 크기 구하기 – 평행한 보조선을 긋는 경우 (2)

꺾인 두 점을 지나면서 주어진 평행선과 평행한 직선 2개를 긋고, 동위각과 엇각의 크기는 각각 같음을 이용한다.

$l /\!/ m$이면 $\angle x = -\angle a + \angle b + \angle c$

0224 대표문제

다음 그림에서 $l /\!/ m$일 때, $\angle x$의 크기를 구하시오.

(1)

(2)

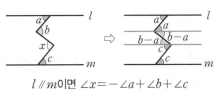

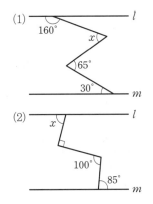

0225 중

오른쪽 그림에서 $l /\!/ m$일 때, $\angle x - \angle y$의 크기를 구하시오.

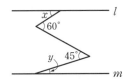

0226 상중

오른쪽 그림에서 $l /\!/ m$일 때, x의 값을 구하시오.

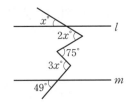

개념원리 중학수학 1-2 52쪽

유형 | 16 평행선에서 각의 크기 구하기
－평행한 보조선을 긋는 경우 (3)

꺾인 두 점을 지나면서 주어진 평행선에 평행한 직선 2개를 긋고, 동위각과 엇각의 크기가 각각 같음을 이용한다.

0227 ●대표문제
다음 그림에서 $l /\!/ m$일 때, $\angle x$의 크기를 구하시오.

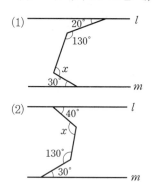

(1)

(2)

0228 중
오른쪽 그림에서 $l /\!/ m$일 때, $\angle x$의 크기를 구하시오.

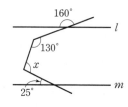

0229 중 ●서술형
오른쪽 그림에서 $l /\!/ m$일 때, $\angle x + \angle y$의 크기를 구하시오.

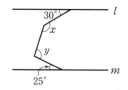

중요

개념원리 중학수학 1-2 58쪽

유형 | 17 평행선에서의 활용 (1)

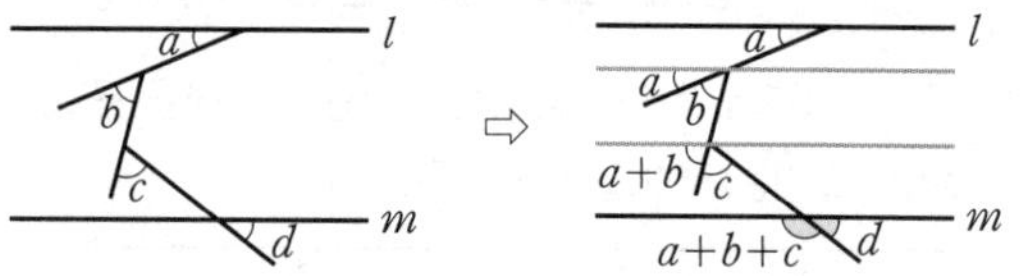

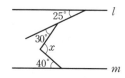

$l /\!/ m$이면 $\angle a + \angle b + \angle c + \angle d = 180°$

0230 ●대표문제
오른쪽 그림에서 $l /\!/ m$일 때, $\angle x$의 크기를 구하시오.

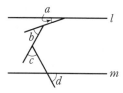

0231 중
오른쪽 그림에서 $l /\!/ m$일 때, $\angle a + \angle b + \angle c + \angle d$의 크기를 구하시오.

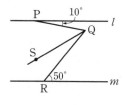

0232 상중
오른쪽 그림에서 $l /\!/ m$이고 $\angle PQS = 2\angle SQR$일 때, $\angle SQR$의 크기는?

① 15° ② 20°
③ 25° ④ 30°
⑤ 35°

개념원리 중학수학 1-2 59쪽

유형 | 18   평행선에서의 활용 (2)

오른쪽 그림에서 $l /\!/ m$이고,
$\angle DAC = \angle CAB$, $\angle EBC = \angle CBA$
이면 $\angle ACB = \times + \bullet$
삼각형 ACB의 세 내각의 크기의 합은
$180°$이므로

$2 \times + 2 \bullet = 180°$, $\times + \bullet = 90°$ $\therefore \angle ACB = 90°$

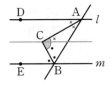

0233 ◦대표문제

오른쪽 그림에서 $l /\!/ m$이고
$4\angle DAC = \angle DAB$
$4\angle EBC = \angle EBA$일 때, $\angle ACB$
의 크기를 구하시오.

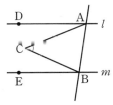

0234 상중

오른쪽 그림에서 $l /\!/ m$이고,
$\angle BAC = \angle CAD$,
$\angle ABD = \angle DBC$일 때, $\angle x$의
크기를 구하시오.

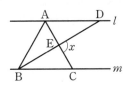

0235 상중

오른쪽 그림에서 $l /\!/ m$이고
$\angle BAC = \dfrac{2}{3}\angle BAD$,
$\angle ABC = \dfrac{2}{3}\angle ABE$일 때,
$\angle ACB$의 크기를 구하시오.

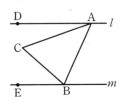

개념원리 중학수학 1-2 52쪽

중요

유형 | 19   직사각형 모양의 종이를 접은 경우

직사각형 모양의 종이를 접으면
① 접은 각의 크기가 같다.
  ⇨ $\angle DAC = \angle BAC$
② 엇각의 크기가 같다.
  ⇨ $\angle DAC = \angle ACB$

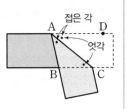

0236 ◦대표문제

오른쪽 그림과 같이 직사각형 모
양의 종이 ABCD를
$\angle EFG = 70°$가 되도록 접었을
때, $\angle x$의 크기를 구하시오.

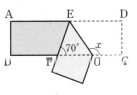

0237 중

폭이 일정한 종이 테이프를 오른
쪽 그림과 같이 접었을 때, $\angle x$의
크기를 구하시오.

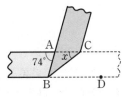

0238 중

직사각형 모양의 종이 테이프를 오
른쪽 그림과 같이 접었을 때, $\angle x$의
크기를 구하시오.

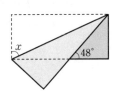

0239 상중 ◦서술형

오른쪽 그림과 같이 직사각형 모양
의 종이 ABCD를 $\overline{CF}$를 접는 선
으로 하여 접었을 때, $\angle x - \angle y$의
크기를 구하시오.

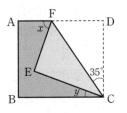

02 위치 관계

유형 UP

정답과 풀이 p.15

중요

개념원리 중학수학 1-2 43, 44쪽

유형 20 공간에서 여러 가지 위치 관계

공간에서 여러 가지 위치 관계
⇨ 직육면체를 그려서 각 면을 평면으로, 각 모서리를 직선으로 생각하여 위치 관계를 확인한다.

0240 대표문제

공간에서 서로 다른 세 직선 l, m, n과 서로 다른 세 평면 P, Q, R에 대한 다음 설명 중 옳은 것은?

① $l /\!/ m$, $l \perp n$이면 $m /\!/ n$이다.
② $l \perp m$, $m \perp n$이면 $l /\!/ n$이다.
③ $l \perp P$, $m \perp P$이면 $l /\!/ m$이다.
④ $P \perp Q$, $Q \perp R$이면 $P /\!/ R$이다.
⑤ $P /\!/ Q$, $Q \perp R$이면 $P /\!/ R$이다.

0241 상 중

공간에서 서로 다른 세 직선 l, m, n과 서로 다른 두 평면 P, Q에 대한 다음 설명 중 옳은 것은?

① $l /\!/ P$, $l /\!/ Q$이면 $P /\!/ Q$이다.
② $l /\!/ P$, $m /\!/ P$이면 $l /\!/ m$이다.
③ $l \perp m$, $l \perp n$이면 $m /\!/ n$이다.
④ $l \perp P$, $m \perp P$이면 $l \perp m$이다.
⑤ $l \perp P$, $l \perp Q$이면 $P /\!/ Q$이다.

0242 상 중

공간에서 직선과 평면의 위치 관계에 대한 다음 설명 중 옳은 것을 모두 고르면? (정답 2개)

① 한 직선에 평행한 서로 다른 두 직선은 평행하다.
② 한 직선에 수직인 서로 다른 두 직선은 평행하다.
③ 한 평면에 수직인 서로 다른 두 직선은 평행하다.
④ 한 평면에 평행한 서로 다른 두 직선은 평행하다.
⑤ 한 평면에 포함된 서로 다른 두 직선은 평행하다.

개념원리 중학수학 1-2 58쪽

유형 21 평행선에서의 활용 (3)

평행선이 2쌍 주어진 경우
⇨ 각각의 평행선에서 동위각과 엇각의 크기가 각각 같음을 이용한다.

0243 대표문제

오른쪽 그림에서 $l /\!/ m$, $\overline{BC} /\!/ \overline{ED}$이고, $\angle CBF = 54°$, $\angle BFA = 108°$일 때, $\angle DEF$의 크기를 구하시오.

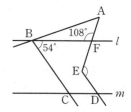

0244 상 중

오른쪽 그림에서 $\overline{AB} /\!/ \overline{CD}$이고, $\overline{BC} /\!/ \overline{DE}$일 때, $2\angle a - \angle b$의 크기를 구하시오.

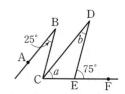

0245 상 중 서술형

오른쪽 그림에서 $k /\!/ n$, $l /\!/ m$일 때, $\angle a$, $\angle b$, $\angle c$의 크기를 각각 구하시오.

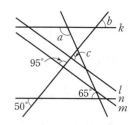

중단원 마무리하기

0246

오른쪽 그림에 대한 다음 설명 중 옳지 <u>않은</u> 것은?

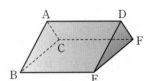

① 점 B는 직선 m 위에 있다.
② 점 D는 직선 m 위에 있다.
③ 점 A는 두 직선 l과 m의 교점이다.
④ 직선 n은 점 C를 지난다.
⑤ 두 직선 l과 n의 교점은 점 B이다.

0247

두 직선 l, m이 한 점 P에서 만날 때, 다음 중 옳지 <u>않은</u> 것은?

① 점 P는 직선 l 위에 있다.
② 점 P는 직선 m 위에 있다.
③ 직선 l은 점 P를 지난다.
④ 두 직선 l과 m의 교점은 점 P이다.
⑤ 두 직선 l과 m은 점 P 이외의 점에서도 만난다.

0248

오른쪽 그림과 같은 정육각형에서 $\overleftrightarrow{BC}$와 한 점에서 만나는 직선의 개수는?

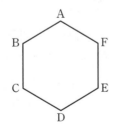

① 2개　　② 3개
③ 4개　　④ 5개
⑤ 6개

0249

한 평면 위에 있는 서로 다른 세 직선 l, m, n에 대하여 $l \perp m$, $m \perp n$일 때, 두 직선 l, n의 위치 관계는?

① $l /\!/ n$　　② $l \perp n$
③ $l = n$　　④ 꼬인 위치에 있다.
⑤ 알 수 없다.

0250

오른쪽 그림의 삼각기둥에서 모서리 AD와 꼬인 위치에 있는 모서리의 개수는?

① 1개　　② 2개
③ 3개　　④ 4개
⑤ 5개

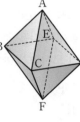 0251

오른쪽 그림과 같이 정삼각형 8개로 이루어진 입체도형에서 모서리 BC와 꼬인 위치에 있는 모서리의 개수를 a개, 평행한 모서리의 개수를 b개라 할 때, $a + b$의 값은?

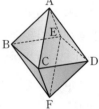

① 4　　② 5　　③ 6
④ 7　　⑤ 8

0252

오른쪽 그림은 정육면체를 세 꼭짓점 B, C, F를 지나는 평면으로 잘라서 만든 입체도형이다. 다음 중 $\overline{BF}$와 꼬인 위치에 있는 모서리가 <u>아닌</u> 것은?

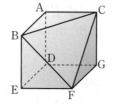

① $\overline{AC}$　　　② $\overline{CG}$
③ $\overline{DE}$　　　④ $\overline{FG}$　　　⑤ $\overline{DG}$

0253

오른쪽 그림의 전개도로 만든 입체도형에서 모서리 BE와 꼬인 위치에 있는 모서리를 구하시오.

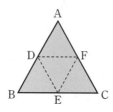

0254

오른쪽 그림의 전개도로 만든 입체도형에서 다음 중 면 MFGL과 수직인 모서리가 <u>아닌</u> 것은?

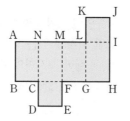

① $\overline{DE}$　　　② $\overline{EF}$
③ $\overline{IL}$　　　④ $\overline{KJ}$
⑤ $\overline{CF}$

0255

오른쪽 그림의 정오각기둥에 대한 다음 **보기**의 설명 중 옳은 것을 모두 고르시오.

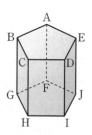

┤ 보기 ├

ㄱ. 모서리 DI와 꼬인 위치에 있는 모서리는 5개이다.
ㄴ. 면 BGHC와 수직인 면은 2개이다.
ㄷ. 면 ABGF와 수직인 모서리는 $\overline{BC}$, $\overline{AE}$, $\overline{GH}$, $\overline{FJ}$ 이다.
ㄹ. 면 CHID와 모서리 EJ는 평행하다.

0256

오른쪽 그림의 직육면체에 대한 다음 설명 중 옳지 <u>않은</u> 것을 모두 고르면? (정답 2개)

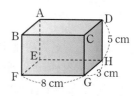

① 모서리 CG와 꼬인 위치에 있는 모서리는 4개이다.
② 모서리 AE와 수직인 모서리는 2개이다.
③ 면 ABCD와 수직인 모서리는 4개이다.
④ 면 ABFE와 수직인 면은 4개이다.
⑤ 점 E와 면 BFGC 사이의 거리는 8 cm이다.

0257

공간에서 서로 다른 세 직선 l, m, n과 서로 다른 세 평면 P, Q, R에 대한 다음 설명 중 옳은 것은?

① $l \perp m$, $m \perp n$이면 $l /\!/ n$이다.
② $l /\!/ P$, $l /\!/ Q$이면 $P /\!/ Q$이다.
③ $l /\!/ m$, $m \perp P$이면 $l \perp P$이다.
④ $P \perp Q$, $Q \perp R$이면 $P \perp R$이다.
⑤ $l /\!/ P$, $m /\!/ P$이면 $l /\!/ m$이다.

0258

오른쪽 그림에서 ∠b의 동위각을
모두 고른 것은?

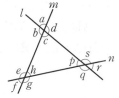

① ∠e, ∠p ② ∠g, ∠r
③ ∠h, ∠s ④ ∠f, ∠p
⑤ ∠f, ∠q

0259

오른쪽 그림에서 $l /\!/ m$일 때, 다음
중 옳지 <u>않은</u> 것은?

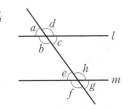

① ∠a＝∠e
② ∠c＝∠e
③ ∠b＋∠e＝180°
④ ∠b＝∠h
⑤ ∠d＋∠f＝180°

0260

오른쪽 그림에서 $l /\!/ m$일 때, ∠x
의 크기는?

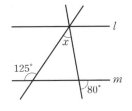

① 45°   ② 50°
③ 55°   ④ 60°
⑤ 65°

0261

오른쪽 그림에서 평행한 두 직선은?

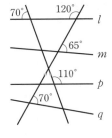

① l과 m ② l과 p
③ l과 q ④ m과 q
⑤ p와 q

0262

오른쪽 그림과 같이 직사각형 모양
의 종이 두 개를 겹쳐 놓았을 때,
∠x＋∠y의 크기를 구하시오.

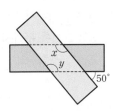

0263

오른쪽 그림에서 $l /\!/ m$일 때, ∠x의
크기는?

① 85°   ② 90°
③ 95°   ④ 100°
⑤ 105°

0264

오른쪽 그림에서 $l /\!/ m$일 때,
x의 값을 구하시오.

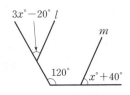

0265

오른쪽 그림에서 $l /\!/ m$일 때, $\angle x$의 크기를 구하시오.

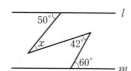

0268

오른쪽 그림에서 $\overleftrightarrow{XX'} /\!/ \overleftrightarrow{YY'}$이고 $\angle CAB = 2\angle CAX'$, $\angle CBA = 2\angle CBY'$일 때, $\angle x$의 크기를 구하시오.

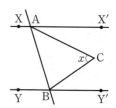

0266

오른쪽 그림에서 $l /\!/ m$일 때, $\angle x + \angle y$의 크기는?

① $225°$ ② $230°$

③ $235°$ ④ $240°$

⑤ $245°$

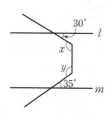

0269

폭이 일정한 종이 테이프를 오른쪽 그림과 같이 접었을 때, $\angle x$의 크기는?

① $60°$ ② $65°$

③ $70°$ ④ $75°$

⑤ $80°$

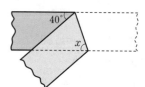

0267

오른쪽 그림에서 $l /\!/ m$일 때, $\angle x$의 크기는?

① $65°$ ② $70°$

③ $75°$ ④ $80°$

⑤ $85°$

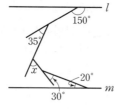

0270

직사각형 모양의 종이 테이프를 오른쪽 그림과 같이 접었을 때, $\angle a$, $\angle b$, $\angle c$, $\angle d$의 크기를 각각 구하시오.

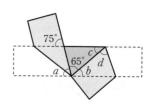

서술형 주관식

0271
오른쪽 그림의 직육면체에서 $\overline{AG}$와 꼬인 위치에 있는 모서리의 개수를 a개, 면 ABFE와 수직인 모서리의 개수를 b개라 할 때, $a+b$의 값을 구하시오.

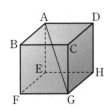

0272
공간에서 서로 다른 세 평면 P, Q, R가 $P \perp Q$, $Q \perp R$, $R \perp P$일 때, 세 평면에 의해 공간은 몇 부분으로 나누어지는지 구하시오.

0273
오른쪽 그림에서 $l /\!/ m$이고 삼각형 ABC가 정삼각형일 때, $\angle x$의 크기를 구하시오.

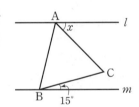

0274
오른쪽 그림에서 $l /\!/ m$일 때, x의 값을 구하시오.

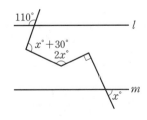

실력 UP

○ 실력 UP 집중 학습은 실력 Up+로!!

0275
오른쪽 그림의 전개도로 만든 정육면체에서 $\overline{CH}$와 $\overline{KN}$의 위치 관계를 말하시오.

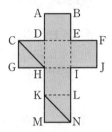

0276
공간에서 서로 다른 두 직선 l, m과 서로 다른 두 평면 P, Q에 대한 다음 설명 중 옳은 것을 모두 고르면? (정답 2개)

① $l /\!/ P$, $m /\!/ P$이면 $l /\!/ m$이다.
② $l \perp P$, $P /\!/ Q$이면 $l \perp Q$이다.
③ $l \perp P$, $P \perp Q$이면 $l \perp Q$이다.
④ $l \perp P$, $m \perp P$이면 $l /\!/ m$이다.
⑤ $l \perp P$, $l \perp m$이면 $m /\!/ P$이다.

0277
오른쪽 그림에서 $l /\!/ m$, $p /\!/ q$일 때, $\angle x$의 크기를 구하시오.

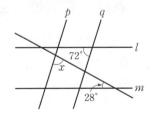

작도와 합동

03-1 작도

작도 : 눈금 없는 자와 컴퍼스만을 사용하여 도형을 그리는 것

▶ ① 눈금 없는 자 : 두 점을 연결하는 선분을 그리거나 선분을 연장할 때 사용
   ② 컴퍼스 : 원을 그리거나 선분의 길이를 재어서 다른 직선 위에 옮길 때 사용

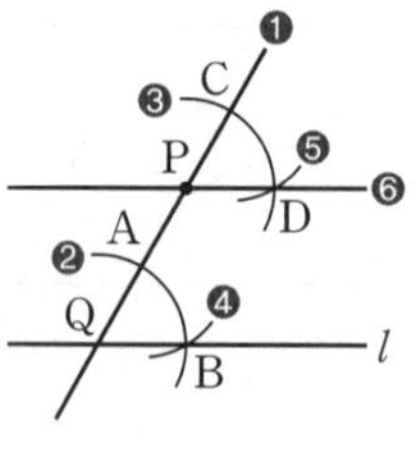

○ 개념플러스

▪ 작도에서 사용하는 '자'는 눈금이 없는 자이므로 선분의 길이를 잴 때에는 컴퍼스를 이용한다.

03-2 길이가 같은 선분의 작도

선분 AB와 길이가 같은 선분 PQ의 작도

❶ 자로 직선을 그리고, 이 직선 위에 점 P를 잡는다.
❷ 컴퍼스로 $\overline{AB}$의 길이를 잰다.
❸ 점 P를 중심으로 하고 반지름의 길이가 $\overline{AB}$인 원을 그려 직선과 만나는 점을 Q라 한다. ⇨ $\overline{AB}=\overline{PQ}$

▪ 길이가 같은 선분의 작도를 이용하여 정삼각형을 작도할 수 있다.

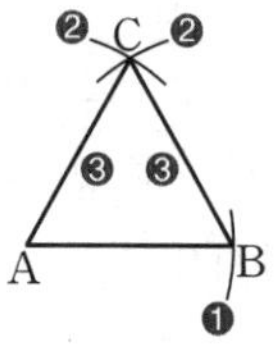

⇨ 삼각형 ABC는 정삼각형

03-3 크기가 같은 각의 작도

각 XOY와 크기가 같은 각의 작도

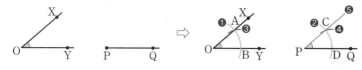

❶ 점 O를 중심으로 하는 원을 그려 $\overrightarrow{OX}$, $\overrightarrow{OY}$와의 교점을 각각 A, B라 한다.
❷ 점 P를 중심으로 하고 반지름의 길이가 $\overline{OA}$인 원을 그려 $\overrightarrow{PQ}$와의 교점을 D라 한다.
❸ 컴퍼스로 $\overline{AB}$의 길이를 잰다.
❹ 점 D를 중심으로 하고 반지름의 길이가 $\overline{AB}$인 원을 그려 ❷의 원과의 교점을 C라 한다.
❺ $\overrightarrow{PC}$를 그린다. ⇨ $\angle XOY = \angle CPD$

▪ 크기가 같은 각을 작도할 때 각도기는 사용하지 않는다.

▪ $\overline{OA}=\overline{OB}=\overline{PC}=\overline{PD}$이고 $\overline{AB}=\overline{CD}$이다.

03-4 평행선의 작도

직선 l 밖의 한 점 P를 지나고 직선 l과 평행한 직선의 작도

❶ 점 P를 지나는 직선을 그려 직선 l과의 교점을 Q라 한다.
❷ 점 Q를 중심으로 하는 원을 그려 직선 PQ, 직선 l과의 교점을 각각 A, B라 한다.
❸ 점 P를 중심으로 하고 반지름의 길이가 $\overline{QA}$인 원을 그려 직선 PQ와의 교점을 C라 한다.
❹ 컴퍼스로 $\overline{AB}$의 길이를 잰다.
❺ 점 C를 중심으로 하고 반지름의 길이가 $\overline{AB}$인 원을 그려 ❸의 원과의 교점을 D라 한다.
❻ 직선 PD를 그린다. ⇨ $l /\!/ \overrightarrow{PD}$

▪ '서로 다른 두 직선이 한 직선과 만날 때, 동위각(또는 엇각)의 크기가 같으면 두 직선은 평행하다.'는 성질을 이용하여 평행선을 작도할 수 있다.

03-1 작도

0278 다음 **보기** 중 작도할 때 사용하는 도구를 모두 고르시오.

> ┤ 보기 ├
>
> ㄱ. 각도기　　　　　ㄴ. 컴퍼스
>
> ㄷ. 눈금 있는 자　　ㄹ. 눈금 없는 자

[0279~0282] 작도에 대한 다음 설명 중 옳은 것에는 ○표, 옳지 않은 것에는 ×표를 하시오.

0279 선분의 길이를 옮길 때 컴퍼스를 사용한다. (　　)

0280 작도에서 사용하는 자는 눈금 있는 자이다. (　　)

0281 작도할 때에는 각도기를 사용하지 않는다. (　　)

0282 두 선분의 길이를 비교할 때는 눈금 없는 자를 이용한다. (　　)

03-2 길이가 같은 선분의 작도

0283 다음은 $\overline{AB}$와 길이가 같은 $\overline{PQ}$를 작도하는 과정이다. □ 안에 알맞은 것을 써넣으시오.

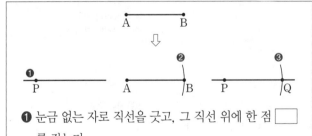

❶ 눈금 없는 자로 직선을 긋고, 그 직선 위에 한 점 □를 잡는다.

❷ □□□로 $\overline{AB}$의 길이를 잰다.

❸ 점 □를 중심으로 하고 반지름의 길이가 □인 원을 그려 직선과의 교점을 □라 한다.

03-3 크기가 같은 각의 작도

[0284~0287] 다음 그림은 ∠XOY와 크기가 같은 각을 $\overrightarrow{PQ}$를 한 변으로 하여 작도하는 과정이다. □ 안에 알맞은 것을 써넣으시오.

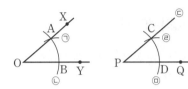

0284 작도 순서는 ⓒ → □ · □ → □ → ⓒ이다.

0285 $\overline{OA}$=□=□=□

0286 $\overline{AB}$=□

0287 ∠XOY=□

03-4 평행선의 작도

[0288~0290] 오른쪽 그림은 점 P를 지나고 직선 l과 평행한 직선을 작도하는 과정이다. □ 안에 알맞은 것을 써넣으시오.

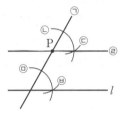

0288 작도 순서는 ⓒ → ⓞ → □ → □ → □ → ⓔ이다.

0289 위의 작도 과정은 '서로 다른 두 직선이 한 직선과 만날 때, □□□의 크기가 같으면 두 직선은 평행하다.'는 성질을 이용한 것이다.

0290 위에서 크기가 같은 □의 작도가 사용되었다.

03-5 삼각형의 세 변의 길이 사이의 관계

삼각형의 두 변의 길이의 합은 나머지 한 변의 길이보다 크다.

$\Rightarrow a+b>c,\ b+c>a,\ c+a>b$

▶ 세 변의 길이가 주어졌을 때 삼각형이 될 수 있는 조건
(가장 긴 변의 길이)<(나머지 두 변의 길이의 합)

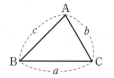

○ 개념플러스

▪ 삼각형 ABC를 기호로
$\Rightarrow \triangle ABC$
① 대변 : 한 각과 마주 보는 변
② 대각 : 한 변과 마주 보는 각

03-6 삼각형의 작도

다음과 같은 세 경우에 삼각형을 하나로 작도할 수 있다.
└▶ 삼각형이 하나로 정해질 조건

세 변의 길이가 주어질 때	두 변의 길이와 그 끼인각의 크기가 주어질 때	한 변의 길이와 그 양 끝 각의 크기가 주어질 때
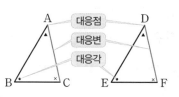		

▶ $\overline{AB}$의 길이와 ∠B, ∠C의 크기가 주어지면 ∠A=180°−(∠B+∠C)이므로 한 변의 길이와 그 양 끝 각의 크기가 주어진 경우가 되어 삼각형을 하나로 작도할 수 있다.

▪ 삼각형이 하나로 정해지지 않는 경우
① 두 변의 길이의 합이 나머지 한 변의 길이보다 작거나 같은 경우
② 두 변의 길이와 그 끼인각이 아닌 다른 한 각의 크기가 주어진 경우
③ 세 각의 크기가 주어진 경우

03-7 도형의 합동

(1) **합동** : 한 도형을 모양이나 크기를 바꾸지 않고 다른 도형에 완전히 포갤 수 있을 때, 두 도형을 서로 합동이라 하고, 기호 ≡로 나타낸다.
(2) **대응** : 합동인 두 도형에서 서로 포개어지는 꼭짓점, 변, 각은 서로 대응한다고 한다.

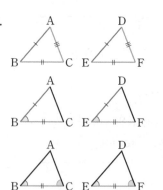

▪ $\triangle ABC \equiv \triangle DEF$와 같이 두 도형의 합동을 나타낼 때, 대응하는 꼭짓점의 순서를 맞추어 쓴다.

▪ **합동인 도형의 성질**
두 도형이 서로 합동이면
① 대응변의 길이가 같다.
② 대응각의 크기가 같다.

03-8 삼각형의 합동 조건

두 삼각형 ABC와 DEF는 다음의 각 경우에 서로 합동이다.
(1) 대응하는 세 변의 길이가 각각 같을 때(SSS 합동)
$\Rightarrow \overline{AB}=\overline{DE},\ \overline{BC}=\overline{EF},\ \overline{CA}=\overline{FD}$
(2) 대응하는 두 변의 길이가 각각 같고, 그 끼인각의 크기가 같을 때(SAS 합동)
$\Rightarrow \overline{AB}=\overline{DE},\ \overline{BC}=\overline{EF},\ \angle B=\angle E$
(3) 대응하는 한 변의 길이가 같고, 그 양 끝 각의 크기가 각각 같을 때(ASA 합동)
$\Rightarrow \overline{BC}=\overline{EF},\ \angle B=\angle E,\ \angle C=\angle F$

▪ 세 변
Ⓢ Ⓢ Ⓢ

두 변
Ⓢ Ⓐ Ⓢ
└ 끼인각

한 변
Ⓐ Ⓢ Ⓐ
└ 양 끝 각

03-5 삼각형의 세 변의 길이 사이의 관계

[0291~0293] 오른쪽 그림의 △ABC에서 다음을 구하시오.

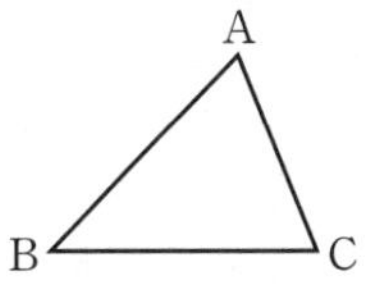

0291 ∠A의 대변

0292 ∠B의 대변

0293 변 AB의 대각

[0294~0296] 세 선분의 길이가 다음과 같을 때, 삼각형을 만들 수 있으면 ○표, 만들 수 없으면 ×표를 하시오.

0294 2 cm, 3 cm, 5 cm ( )

0295 3 cm, 4 cm, 8 cm ( )

0296 7 cm, 8 cm, 9 cm ( )

03-6 삼각형의 작도

[0297~0299] 다음은 주어진 조건을 이용하여 △ABC를 작도하는 과정이다. □ 안에 알맞은 것을 써넣으시오.

0297

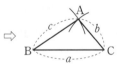

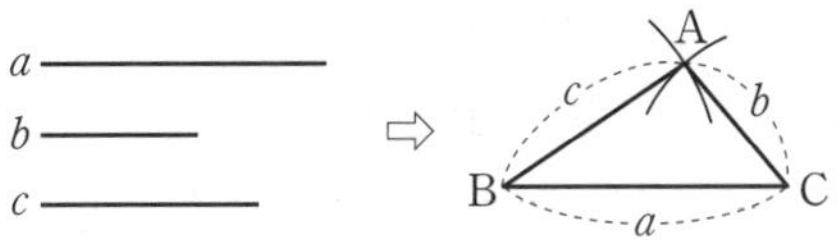

작도 순서 : $\overline{BC}$ → □ → $\overline{AB}$

0298

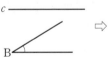
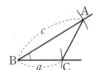

작도 순서 : ∠B → □ → $\overline{BA}$ → □

0299

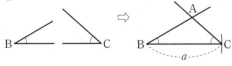

작도 순서 : □ → ∠B → □

03-7 도형의 합동

[0300~0302] 두 도형이 합동인 것은 ○표, 합동이 아닌 것은 ×표를 하시오.

0300 한 변의 길이가 같은 두 삼각형 ( )

0301 반지름의 길이가 같은 두 원 ( )

0302 넓이가 같은 두 정사각형 ( )

0303 다음 그림에서 △ABC≡△DEF일 때, x, y의 값과 ∠a, ∠b의 크기를 각각 구하시오.

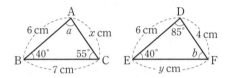

03-8 삼각형의 합동 조건

[0304~0307] 다음 그림의 △ABC와 △DEF가 주어진 조건을 만족할 때, 합동이면 ○표, 합동이 아니면 ×표를 하시오.

0304 $\overline{AB}=\overline{DE}$, $\overline{BC}=\overline{EF}$, $\overline{CA}=\overline{FD}$ ( )

0305 ∠A=∠D, ∠B=∠E, ∠C=∠F ( )

0306 $\overline{AB}=\overline{DE}$, $\overline{AC}=\overline{DF}$, ∠A=∠D ( )

0307 $\overline{BC}=\overline{EF}$, ∠B=∠E, ∠A=∠D ( )

0308 오른쪽 그림에서 합동인 두 삼각형을 찾아 기호로 나타내고, 합동 조건을 말하시오.

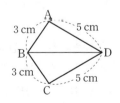

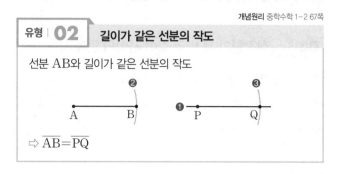

유형 | **02**　　**길이가 같은 선분의 작도**

선분 AB와 길이가 같은 선분의 작도

⇨ $\overline{AB}=\overline{PQ}$

유형 | **01**　　**작도**

(1) 작도 : 눈금 없는 자와 컴퍼스만을 사용하여 도형을 그리는 것
(2) 눈금 없는 자 : 두 점을 연결하는 선분을 그리거나 선분을 연
장할 때
(3) 컴퍼스 : 원을 그리거나 선분의 길이를 다른 직선 위에 옮길 때

0309 ◀대표문제

작도에 대한 다음 설명 중 옳지 <u>않은</u> 것을 모두 고르면?

(정답 2개)

① 눈금 없는 자와 컴퍼스만을 사용하여 도형을 그리는 것
을 작도라 한다.
② 선분을 연장할 때는 눈금 없는 자를 사용한다.
③ 선분의 길이를 다른 직선 위에 옮길 때 눈금 없는 자를
사용한다.
④ 두 점을 지나는 직선을 그릴 때 컴퍼스를 사용한다.
⑤ 원을 그릴 때에는 컴퍼스를 사용한다.

0310 중 하

다음 ☐ 안에 알맞은 것을 써넣으시오.

(1) 눈금 없는 자와 컴퍼스만을 사용하여 도형을 그리는
것을 ☐☐라 한다.
(2) 작도에서 ☐☐☐☐☐는 두 점을 연결하는 선분을
그리거나 선분을 연장할 때 사용한다.
(3) 작도에서 ☐☐☐는 원을 그리거나 선분의 길이를 다
른 직선 위에 옮길 때 사용한다.

0311 중 하

다음 중 작도할 때 눈금 없는 자의 용도로 옳은 것을 모두
고르면? (정답 2개)

① 각의 크기를 측정한다.
② 원을 그린다.
③ 선분의 길이를 연장한다.
④ 선분의 길이를 옮긴다.
⑤ 두 점을 지나는 선분을 그린다.

0312 ◀대표문제

다음은 선분 AB를 점 B의 방향으로 연장한 반직선 위에
$\overline{AC}=2\overline{AB}$가 되도록 선분 AC를 작도하는 과정이다. 작
도 순서를 나열하시오.

㉠ $\overline{AB}$를 점 B의 방향으로 연장한다.
㉡ 점 B를 중심으로 하고 반지름의 길이가 $\overline{AB}$인 원을
그려 $\overline{AB}$의 연장선과의 교점을 C라 한다.
㉢ 컴퍼스로 $\overline{AB}$의 길이를 잰다.

0313 중 하

다음 그림과 같이 두 점 A, B를 지나는 직선 l 위에
$3\overline{AB}=\overline{AC}$인 점 C를 작도할 때 사용하는 도구는?

A　　B　　　　C　　l

① 컴퍼스　　　② 각도기　　　③ 삼각자
④ 눈금 있는 자　　⑤ 눈금 없는 자

0314 중

다음은 $\overline{AB}$를 한 변으로 하는 정삼각형을 작도하는 과정이
다. ☐ 안에 알맞은 것을 써넣으시오.

❶ ☐☐☐로 $\overline{AB}$의 길이를 잰다.
❷ 두 점 A, B를 중심으로 하고 반
지름의 길이가 ☐☐☐인 원을 각
각 그려 두 원의 교점을 C라 한다.
❸ $\overline{AC}$, $\overline{BC}$를 그으면 △ABC는
$\overline{AB}$를 한 변으로 하는 ☐☐☐☐이다.

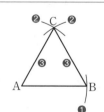

개념원리 중학수학 1-2 67쪽

유형 03 크기가 같은 각의 작도

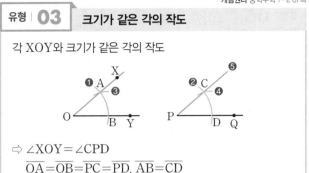

각 XOY와 크기가 같은 각의 작도

⇨ ∠XOY=∠CPD

$\overline{OA}=\overline{OB}=\overline{PC}=\overline{PD}$, $\overline{AB}=\overline{CD}$

0315 대표문제

다음 그림은 ∠XOY와 크기가 같은 각을 $\overrightarrow{PQ}$를 한 변으로 하여 작도하는 과정이다. 작도 순서를 바르게 나열한 것은?

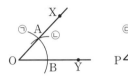

① ㉠ → ㉡ → ㉢ → ㉣ → ㉤
② ㉠ → ㉢ → ㉡ → ㉣ → ㉤
③ ㉠ → ㉡ → ㉤ → ㉢ → ㉣
④ ㉤ → ㉠ → ㉡ → ㉢ → ㉣
⑤ ㉤ → ㉠ → ㉢ → ㉡ → ㉣

0316 중

다음 그림은 ∠XOY와 크기가 같은 각을 $\overrightarrow{PQ}$를 한 변으로 하여 작도한 것이다. **보기** 중 옳지 않은 것을 모두 고른 것은?

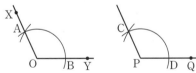

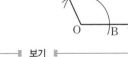

보기

ㄱ. $\overline{OA}=\overline{OB}$　　ㄴ. $\overline{AB}=\overline{CD}$
ㄷ. $\overline{PC}=\overline{CD}$　　ㄹ. ∠AOB=∠PDC

① ㄱ, ㄴ　② ㄱ, ㄷ　③ ㄴ, ㄷ
④ ㄴ, ㄹ　⑤ ㄷ, ㄹ

중요

개념원리 중학수학 1-2 68쪽

유형 04 평행선의 작도

직선 l 밖의 한 점 P를 지나고 직선 l과 평행한 직선의 작도

⇨ $l \,/\!/\, \overleftrightarrow{PQ}$

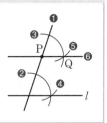

0317 대표문제

오른쪽 그림은 직선 l 밖의 한 점 P를 지나고 직선 l에 평행한 직선 m을 작도한 것이다. 다음 중 옳지 않은 것은?

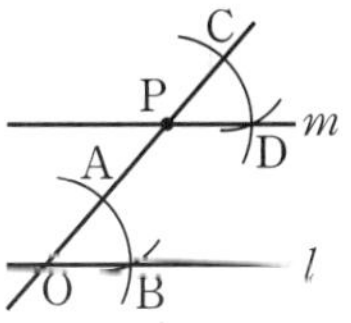

① $\overline{OA}=\overline{OB}$　② $\overline{OA}=\overline{PD}$
③ $\overline{OB}=\overline{CD}$　④ $\overleftrightarrow{OB} \,/\!/\, \overleftrightarrow{PD}$
⑤ ∠CPD=∠AOB

0318 중

오른쪽 그림은 직선 l 밖의 한 점 P를 지나고 직선 l에 평행한 직선을 작도한 것이다. 작도 순서를 나열하시오.

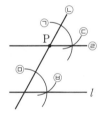

0319 중

오른쪽 그림은 직선 l 밖의 한 점 P를 지나면서 직선 l과 평행한 직선 m을 작도한 것이다. 이때 사용된 성질은?

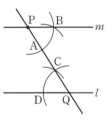

① 한 직선에 수직인 두 직선은 서로 평행하다.
② 맞꼭지각의 크기가 같은 두 직선은 서로 평행하다.
③ 동위각의 크기가 같은 두 직선은 서로 평행하다.
④ 엇각의 크기가 같은 두 직선은 서로 평행하다.
⑤ 두 직선 사이의 거리가 같으면 두 직선은 서로 평행하다.

개념원리 중학수학 1-2 73, 74쪽

유형 05 삼각형의 세 변의 길이 사이의 관계

삼각형의 두 변의 길이의 합은 나머지 한 변의 길이보다 크다.
⇨ (가장 긴 변의 길이) < (나머지 두 변의 길이의 합)

0320 대표문제

삼각형의 세 변의 길이가 4 cm, 8 cm, x cm일 때, 다음 중 x의 값이 될 수 있는 자연수의 개수는?

① 4개　② 5개　③ 6개
④ 7개　⑤ 8개

0321 중

삼각형의 두 변의 길이가 5 cm, 10 cm일 때, 다음 **보기** 중 나머지 한 변의 길이가 될 수 있는 것을 모두 고르시오.

보기

ㄱ. 5 cm　ㄴ. 8 cm
ㄷ. 10 cm　ㄹ. 16 cm

0322 중

삼각형의 세 변의 길이가 x, $x-2$, $x+5$일 때, 다음 중 x의 값이 될 수 <u>없는</u> 것은?

① 7　② 8　③ 9
④ 10　⑤ 11

0323 상 중 서술형

길이가 5 cm, 8 cm, 9 cm, 13 cm인 네 개의 막대기가 있다. 이 중 세 개를 뽑아서 삼각형을 만들 때, 서로 다른 삼각형을 몇 개 만들 수 있는지 구하시오.

개념원리 중학수학 1-2 74, 75쪽

유형 06 삼각형의 작도

다음의 각 경우에 삼각형을 하나로 작도할 수 있다.
(1) 세 변의 길이가 주어질 때
(2) 두 변의 길이와 그 끼인각의 크기가 주어질 때
(3) 한 변의 길이와 그 양 끝 각의 크기가 주어질 때

0324 대표문제

오른쪽 그림과 같이 한 변 BC와 그 양 끝 각 ∠B, ∠C가 주어졌을 때, 다음 중 △ABC의 작도 순서를 바르게 나열한 것은?

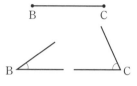

① $\overline{BC}$ → ∠B → ∠C　② ∠B → ∠C → $\overline{BC}$
③ ∠C → ∠B → $\overline{BC}$　④ ∠A → $\overline{BC}$ → ∠B
⑤ ∠B → $\overline{BC}$ → ∠A

0325 중

다음은 두 변의 길이와 그 끼인각의 크기가 주어졌을 때 삼각형을 작도하는 과정이다. □ 안에 알맞은 것을 써넣으시오.

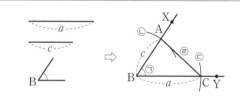

㉠ ∠B와 크기가 같은 [　　] 를 작도한다.
㉡ 점 B를 중심으로 하고 반지름의 길이가 [　] 인 원을 그려 반직선 BX와 만나는 점을 A라 한다.
㉢ 점 B를 중심으로 하고 반지름의 길이가 [　] 인 원을 그려 반직선 BY와 만나는 점을 C라 한다.
㉣ $\overline{AC}$를 그으면 △ABC가 작도된다.

0326 중

다음 그림은 세 변의 길이가 주어졌을 때, 직선 l 위에 삼각형을 작도하는 과정을 나타낸 것이다. 작도 순서를 나열하시오.

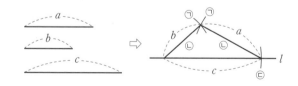

유형 | 07 삼각형이 하나로 정해지는 조건

개념원리 중학수학 1-2 76쪽

다음의 각 경우에 삼각형이 하나로 정해진다.
(1) 세 변의 길이가 주어질 때
(2) 두 변의 길이와 그 끼인각의 크기가 주어질 때
(3) 한 변의 길이와 그 양 끝 각의 크기가 주어질 때

0327 • 대표문제

다음 중 △ABC가 하나로 정해지는 것을 모두 고르면?
(정답 2개)

① $\overline{AB}=10$ cm, $\overline{BC}=5$ cm, $\overline{CA}=7$ cm
② $\overline{BC}=5$ cm, $\angle B=60°$, $\angle C=50°$
③ $\overline{AB}=10$ cm, $\overline{BC}=3$ cm, $\overline{CA}=7$ cm
④ $\angle A=20°$, $\overline{AB}=7$ cm, $\overline{BC}=5$ cm
⑤ $\angle A=70°$, $\angle B=45°$, $\angle C=65°$

0328 중

다음 중 △ABC가 하나로 정해지지 <u>않는</u> 것을 모두 고르면? (정답 2개)

① $\overline{AB}=4$ cm, $\overline{BC}=9$ cm, $\overline{CA}=5$ cm
② $\overline{AB}=6$ cm, $\overline{AC}=9$ cm, $\angle A=40°$
③ $\overline{AC}=5$ cm, $\angle B=36°$, $\angle C=75°$
④ $\overline{BC}=5$ cm, $\angle B=20°$, $\angle C=50°$
⑤ $\angle A=30°$, $\angle B=60°$, $\angle C=90°$

0329 중

$\overline{AB}$의 길이가 주어졌을 때, 다음 **보기** 중 △ABC가 하나로 정해지기 위해 더 필요한 조건을 모두 고르시오.

┌─── 보기 ───
ㄱ. $\overline{BC}$, $\angle C$ ㄴ. $\angle B$, $\angle C$
ㄷ. $\angle B$, $\overline{BC}$ ㄹ. $\overline{AC}$, $\angle B$

0330 중

$\angle A=38°$, $\overline{AB}=3$ cm로 주어졌을 때, 다음 중 △ABC가 하나로 정해지기 위해 더 필요한 조건이 <u>아닌</u> 것은?

① $\angle B=75°$ ② $\overline{AC}=5$ cm   ③ $\overline{BC}=2$ cm
④ $\angle C=45°$ ⑤ $\overline{AC}=3$ cm

유형 | 08 합동인 도형의 성질

개념원리 중학수학 1-2 81쪽

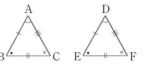

△ABC≡△DEF이면
(1) 대응변의 길이가 서로 같다.
⇨ $\overline{AB}=\overline{DE}$, $\overline{BC}=\overline{EF}$, $\overline{CA}=\overline{FD}$

(2) 대응각의 크기가 서로 같다.
⇨ $\angle A=\angle D$, $\angle B=\angle E$, $\angle C=\angle F$

0331 • 대표문제

다음 그림에서 두 사각형 ABCD, EFGH가 합동일 때, 옳은 것은?

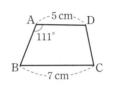

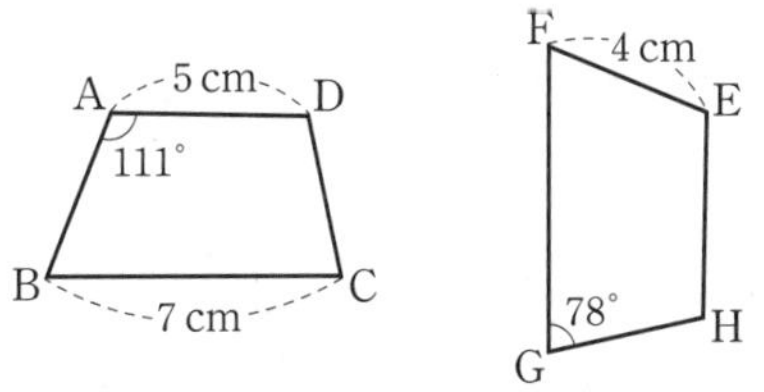

① $\angle F=111°$ ② $\overline{GH}=5$ cm   ③ $\angle C=78°$
④ $\overline{DC}=4$ cm   ⑤ $\overline{EH}=7$ cm

0332 중 하

다음 그림에서 △ABC≡△DEF일 때, 옳지 <u>않은</u> 것은?

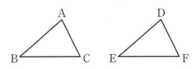

① $\overline{AC}=\overline{DF}$
② $\angle A=\angle D$
③ 점 B의 대응점은 점 F이다.
④ △ABC와 △DEF는 완전히 포개어진다.
⑤ △ABC와 △DEF의 둘레의 길이는 같다.

0333 중

오른쪽 그림에서 △ABC≡△DEF일 때, $x+y$의 값을 구하시오.

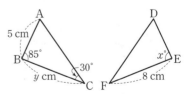

개념원리 중학수학 1-2 82쪽

유형 | 09 합동인 삼각형 찾기

다음의 각 경우에 두 삼각형은 서로 합동이다.

(1) SSS 합동 : 대응하는 세 변의 길이가 각각 같을 때

(2) SAS 합동 : 대응하는 두 변의 길이가 각각 같고, 그 끼인각의 크기가 같을 때

(3) ASA 합동 : 대응하는 한 변의 길이가 같고, 그 양 끝 각의 크기가 각각 같을 때

0334 •○대표문제

다음 **보기** 중 합동인 것끼리 바르게 짝지은 것은?

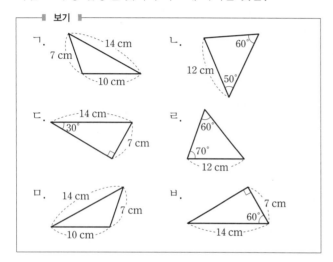

① ㄱ과 ㄷ   ② ㄱ과 ㅁ   ③ ㄴ과 ㄷ

④ ㄷ과 ㄹ   ⑤ ㄹ과 ㅂ

0335 중

다음 중 오른쪽 그림의 삼각형과 합동인 것은?

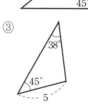

①

②

③

④

⑤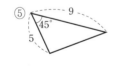

0336 중

다음 중 나머지 넷과 합동이 <u>아닌</u> 것은?

① 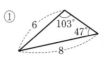   ②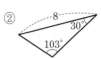

③   ④

⑤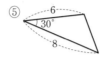

0337 중

다음 **보기** 중 합동인 두 삼각형을 모두 찾고, 이때 사용된 합동 조건을 말하시오.

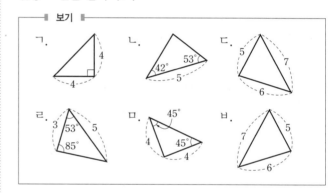

0338 중

오른쪽 그림의 △ABC와 합동인 삼각형을 다음 **보기**에서 모두 찾으시오.

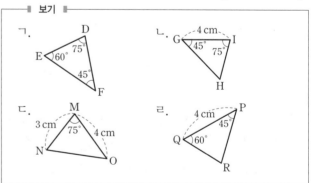

유형 | 10 두 삼각형이 합동이 되기 위한 조건

개념원리 중학수학 1–2 83쪽

(1) 두 변의 길이가 같을 때
　⇨ 나머지 한 변의 길이 또는 그 끼인각의 크기가 같아야 한다.
(2) 한 변의 길이와 양 끝 각 중 한 각의 크기가 같을 때
　⇨ 그 각을 끼고 있는 다른 한 변의 길이 또는 다른 각의 크기가 같아야 한다.
(3) 두 각의 크기가 같을 때
　⇨ 한 변의 길이가 같아야 한다.

0339 ●대표문제

오른쪽 그림에서
$\overline{AB}=\overline{DE}$, $\overline{BC}=\overline{EF}$일
때, 다음 중
△ABC≡△DEF가 되
기 위해 더 필요한 하나의 조건을 모두 고르면? (정답 2개)

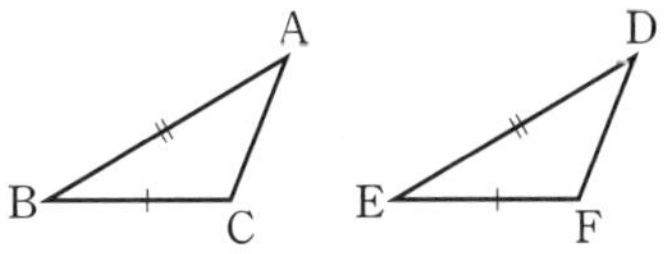

① $\overline{AC}=\overline{DF}$　　② ∠A=∠D　　③ ∠B=∠E
④ ∠C=∠F　　⑤ $\overline{AB}=\overline{EF}$

0340 중

오른쪽 그림에서 $\overline{AB}=\overline{DE}$
이고 ∠A=∠D일 때,
△ABC≡△DEF가 되기
위해 더 필요한 하나의 조건
으로 옳은 것은?

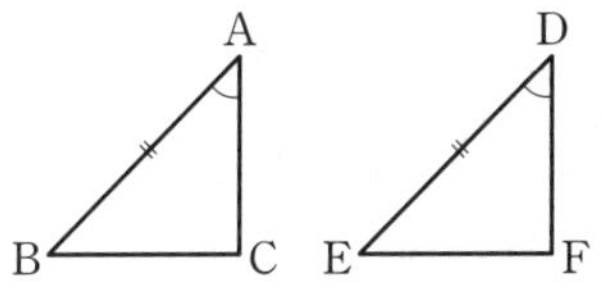

① $\overline{AC}=\overline{EF}$　　② ∠B=∠F　　③ $\overline{BC}=\overline{DF}$
④ ∠C=∠D　　⑤ $\overline{AC}=\overline{DF}$

0341 중

다음 그림에서 $\overline{AB}=\overline{DE}$, ∠B=∠E일 때, △ABC와
△DEF가 합동이 되기 위한 조건을 **보기**에서 모두 고르시오.

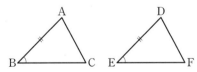

━━┃ 보기 ┃━━
ㄱ. $\overline{AC}=\overline{DF}$　　　　　　ㄴ. ∠A=∠D
ㄷ. $\overline{BC}=\overline{EF}$　　　　　　ㄹ. ∠C=∠F

유형 | 11 삼각형의 합동 조건 – SSS 합동

개념원리 중학수학 1–2 83쪽

대응하는 세 변의 길이가 각각 같을 때
⇨ $\overline{AB}=\overline{PQ}$, $\overline{BC}=\overline{QR}$,
　$\overline{AC}=\overline{PR}$이면
　　△ABC≡△PQR
　　　　　(SSS 합동)

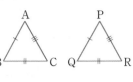

0342 ●대표문제

다음은 오른쪽 그림과 같이 $\overline{AB}=\overline{AD}$,
$\overline{BC}=\overline{DC}$인 사각형 ABCD에서
△ABC와 △ADC가 합동임을 보이는
과정이다. ㈎, ㈏, ㈐에 알맞은 것을 써넣
으시오.

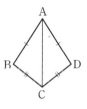

△ABC와 △ADC에서
$\overline{AB}=\overline{AD}$, $\overline{BC}=\overline{DC}$, ［㈎］는 공통
∴ △ABC≡［㈏］ (［㈐］ 합동)

0343 중 ●서술형

오른쪽 그림과 같이 사각형 ABCD
에서 $\overline{AB}=\overline{CD}$, $\overline{BC}=\overline{DA}$일 때,
합동인 두 삼각형을 찾아 기호로 나
타내고, 이때 합동 조건을 말하시오.

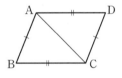

0344 중

다음은 ∠XOY와 크기가 같고 반직선 O′Y′을 한 변으로
하는 각을 작도하였을 때, △AOB≡△A′O′B′임을 보이
는 과정이다. ㈎, ㈏, ㈐에 알맞은 것을 써넣으시오.

△AOB와 △A′O′B′에서
$\overline{OA}=\overline{O'A'}$,
$\overline{OB}=$［㈎］,
$\overline{AB}=$［㈏］
∴ △AOB≡△A′O′B′(［㈐］ 합동)

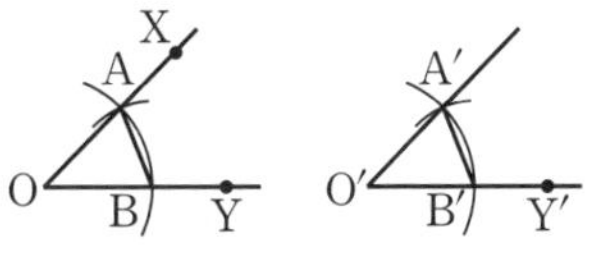

개념원리 중학수학 1−2 84쪽

유형 | 12 삼각형의 합동 조건 − SAS 합동

대응하는 두 변의 길이가 각각 같고, 그 끼인각의 크기가 같을 때

⇨ $\overline{AB}=\overline{PQ}$, $\overline{BC}=\overline{QR}$,

　　∠B = ∠Q이면

　　△ABC≡△PQR

　　　　　　(SAS 합동)

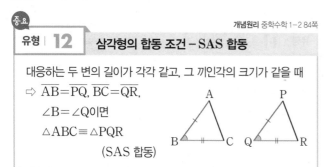

0345 ●대표문제

다음은 $\overline{OA}=\overline{OC}$, $\overline{OB}=\overline{OD}$일 때, △OAB≡△OCD임을 보이는 과정이다. ㈎, ㈏에 알맞은 것을 써넣으시오.

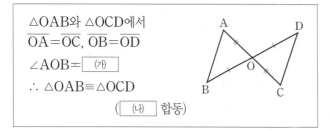

△OAB와 △OCD에서
$\overline{OA}=\overline{OC}$, $\overline{OB}=\overline{OD}$
∠AOB = [㈎]
∴ △OAB≡△OCD
　　　([㈏] 합동)

0346 중

다음은 점 P가 $\overline{AB}$의 수직이등분선 l 위의 한 점일 때, △PAM≡△PBM임을 보이는 과정이다. ㈎, ㈏, ㈐에 알맞은 것을 써넣으시오.

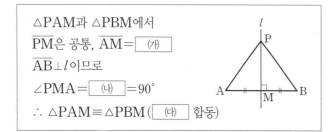

△PAM과 △PBM에서
$\overline{PM}$은 공통, $\overline{AM}=$ [㈎]
$\overline{AB}\perp l$이므로
∠PMA = [㈏] = 90°
∴ △PAM≡△PBM([㈐] 합동)

0347 중

오른쪽 그림에서 $\overline{OA}=\overline{OC}$, $\overline{AB}=\overline{CD}$일 때, 다음 중 옳지 <u>않은</u> 것은?

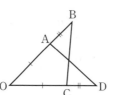

① $\overline{AD}=\overline{CB}$ 　　② $\overline{OB}=\overline{OD}$
③ $\overline{OC}=\overline{CB}$ 　　④ ∠OAD = ∠OCB
⑤ ∠OBC = ∠ODA

개념원리 중학수학 1−2 84쪽

유형 | 13 삼각형의 합동 조건 − ASA 합동

대응하는 한 변의 길이가 같고, 그 양 끝 각의 크기가 각각 같을 때

⇨ $\overline{BC}=\overline{QR}$, ∠B = ∠Q,

　　∠C = ∠R이면

　　△ABC≡△PQR

　　　　　　(ASA 합동)

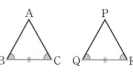

0348 ●대표문제

다음은 ∠XOY의 이등분선 위의 한 점 P에서 $\overrightarrow{OX}$, $\overrightarrow{OY}$에 내린 수선의 발을 각각 A, B라 할 때, $\overline{AP}=\overline{BP}$임을 보이는 과정이다. ㈎~㈒에 알맞은 것을 써넣으시오.

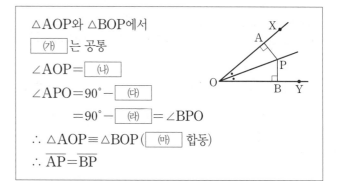

△AOP와 △BOP에서
[㈎]는 공통
∠AOP = [㈏]
∠APO = 90° − [㈐]
　　　 = 90° − [㈑] = ∠BPO
∴ △AOP≡△BOP([㈒] 합동)
∴ $\overline{AP}=\overline{BP}$

0349 중 ●서술형

오른쪽 그림에서 $\overline{AD}/\!/\overline{BC}$, $\overline{AB}/\!/\overline{CD}$일 때, 합동인 두 삼각형을 찾아 기호로 나타내고, 이때 합동 조건을 말하시오.

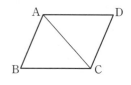

0350 중

다음은 $\overline{AB}/\!/\overline{EF}$, $\overline{DE}/\!/\overline{BC}$이고 점 E가 $\overline{AC}$의 중점일 때, △ADE≡△EFC임을 보이는 과정이다. ㈎, ㈏, ㈐에 알맞은 것을 써넣으시오.

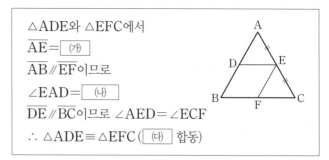

△ADE와 △EFC에서
$\overline{AE}=$ [㈎]
$\overline{AB}/\!/\overline{EF}$이므로
∠EAD = [㈏]
$\overline{DE}/\!/\overline{BC}$이므로 ∠AED = ∠ECF
∴ △ADE≡△EFC([㈐] 합동)

유형 | 14 **삼각형의 합동의 활용**

개념원리 중학수학 1-2 85쪽

다음 성질을 이용하여 합동인 두 삼각형을 찾는다.

(1) 정삼각형의 성질

⇨ 세 변의 길이가 같고, 세 내각의 크기가 모두 60°임을 이용

(2) 정사각형의 성질

⇨ 네 변의 길이가 같고, 네 내각의 크기가 모두 90°임을 이용

0351 ◀대표문제

오른쪽 그림에서 삼각형 ABC
와 삼각형 ECD는 정삼각형이
고, 점 C는 $\overline{BD}$ 위의 점일 때,
∠x의 크기를 구하시오.

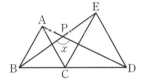

0352 중

오른쪽 그림에서 사각형
ABCD와 사각형 ECFG가 모
두 정사각형일 때, $\overline{DF}$의 길이
를 구하시오.

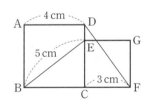

0353 중

오른쪽 그림에서 사각형 ABCD는
정사각형이고 △EBC는 정삼각형
일 때, △EAB와 합동인 삼각형을
찾고, 이때 합동 조건을 말하시오

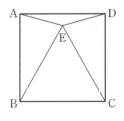

0354 상 중

오른쪽 그림의 정사각형 ABCD에서
$\overline{BE}=\overline{CF}$일 때, ∠APF의 크기는?

① 80°　　② 85°

③ 90°　　④ 95°

⑤ 100°

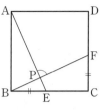

0355 상 중

오른쪽 그림에서 △ABC는 정삼각
형이고, $\overline{AD}=\overline{BE}=\overline{CF}$일 때, 다음
중 옳지 않은 것은?

① $\overline{AF}=\overline{CE}$

② $\overline{DF}=\overline{DE}$

③ ∠DEB=∠FDA

④ ∠AFD=∠CEF

⑤ ∠DAF=∠DEB

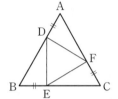

0356 상 중

오른쪽 그림은 △ABC의 두 변
AB, AC를 각각 한 변으로 하는
정삼각형 DBA와 ACE를 만든
것이다. 다음 중 옳지 않은 것은?

① $\overline{DC}=\overline{BE}$　　② ∠DAC=∠BAE

③ $\overline{AB}=\overline{AC}$　　④ ∠ACD=∠AEB

⑤ △ADC≡△ABE

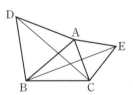

0357

작도에 대한 다음 설명 중 옳은 것은?

① 두 선분의 길이를 비교할 때는 눈금 없는 자를 사용한다.

② 작도할 때에는 눈금 있는 자와 컴퍼스만을 사용한다.

③ 길이를 잴 때는 자를 사용한다.

④ 두 점을 지나는 직선을 그릴 때 눈금 없는 자를 사용한다.

⑤ 선분을 연장할 때에는 컴퍼스를 사용한다.

0358

다음은 $\overline{AB}$와 길이가 같은 $\overline{PQ}$를 작도하는 과정이다. 작도 순서를 나열하시오.

> ㉠ 점 P를 중심으로 하고 반지름의 길이가 $\overline{AB}$인 원을 그려 직선 *l*과 만나는 점 Q를 잡는다.
>
> ㉡ 컴퍼스로 $\overline{AB}$의 길이를 잰다.
>
> ㉢ 눈금 없는 자로 점 P를 지나는 반직선을 그린다.

0359

다음 그림은 ∠XOY와 크기가 같은 각을 $\overrightarrow{PQ}$를 한 변으로 하여 작도한 것이다. 옳지 <u>않은</u> 것은?

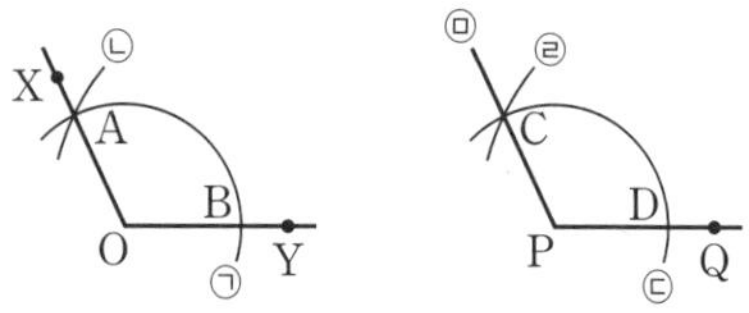

① $\overline{OA}=\overline{OB}$ ② $\overline{OA}=\overline{AB}$

③ $\overline{AB}=\overline{CD}$ ④ $\overline{OB}=\overline{PC}$

⑤ 작도 순서는 ㉠ → ㉢ → ㉡ → ㉣ → ㉤이다.

0360

오른쪽 그림은 점 P를 지나고 직선 *l* 과 평행한 직선을 작도한 것이다. 다음 중 옳지 <u>않은</u> 것은?

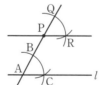

① $\overline{AC}=\overline{PQ}$ ② $\overline{BC}=\overline{QR}$

③ $\overline{PR}=\overline{QR}$ ④ $\overleftrightarrow{AC} /\!/ \overleftrightarrow{PR}$

⑤ ∠BAC=∠QPR

0361

오른쪽 그림의 △ABC에서 ∠A의 대변과 $\overline{AC}$의 대각을 차례로 구하면?

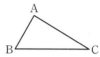

① $\overline{AB}$, ∠A ② $\overline{AB}$, ∠B

③ $\overline{AC}$, ∠A ④ $\overline{BC}$, ∠B

⑤ $\overline{BC}$, ∠C

0362

다음 중 삼각형의 세 변의 길이가 될 수 <u>없는</u> 것은?

① 2 cm, 7 cm, 4 cm ② 6 cm, 4 cm, 3 cm

③ 5 cm, 8 cm, 10 cm ④ 7 cm, 3 cm, 5 cm

⑤ 10 cm, 6 cm, 6 cm

0363

길이가 다음 **보기**와 같은 선분들 중 서로 다른 3개의 선분을 선택하여 만들 수 있는 삼각형의 개수를 구하시오.

보기		
ㄱ. 3 cm	ㄴ. 4 cm	ㄷ. 5 cm
ㄹ. 6 cm	ㅁ. 7 cm	

0364

오른쪽 그림과 같이 두 변의 길이와 그 끼인각의 크기가 주어질 때, △ABC를 작도하려고 한다. 맨 마지막에 작도하는 과정은?

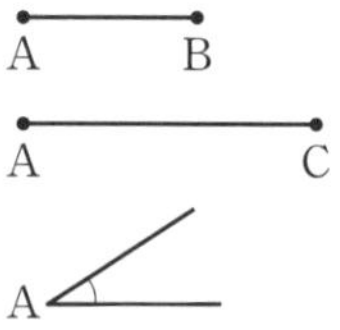

① $\overline{AB}$를 긋는다. ② $\overline{AC}$를 긋는다.

③ $\overline{BC}$를 긋는다. ④ ∠A를 작도한다.

⑤ ∠C를 작도한다.

중요
0365

다음 **보기** 중 △ABC가 하나로 정해지는 것을 모두 고르시오.

> **보기**
>
> ㄱ. $\overline{AB}=15$ cm, $\overline{BC}=10$ cm, $\overline{CA}=24$ cm
> ㄴ. ∠A=30°, $\overline{AB}=4$ cm, ∠C=68°
> ㄷ. $\overline{BC}=8$ cm, ∠C=30°, $\overline{AB}=5$ cm
> ㄹ. ∠A=54°, ∠B=42°, ∠C=84°

0366

오른쪽 그림과 같이 ∠B=53°로 주어졌을 때, 다음 중 △ABC가 하나로 정해지기 위해 더 필요한 조건이 아닌 것은?

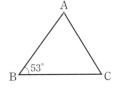

① ∠A와 $\overline{AB}$ ② ∠C와 $\overline{AC}$ ③ $\overline{AB}$와 $\overline{BC}$
④ $\overline{AB}$와 $\overline{AC}$ ⑤ $\overline{BC}$와 ∠A

0367

다음 중 두 도형이 합동인 것을 모두 고르면? (정답 2개)

① 한 변의 길이가 같은 두 정사각형
② 두 변의 길이가 같은 두 이등변삼각형
③ 둘레의 길이가 같은 두 원
④ 둘레의 길이가 같은 두 직사각형
⑤ 반지름의 길이가 같은 두 부채꼴

중요
0368

다음 그림의 두 사각형 ABCD, EFGH가 합동일 때, 옳은 것은?

 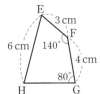

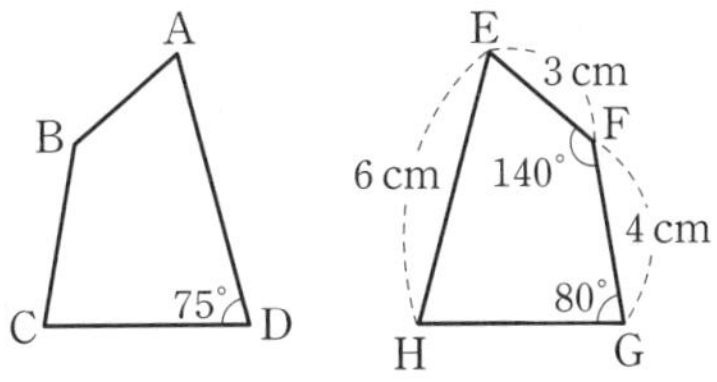

① ∠D의 대응각은 ∠G이다.
② 변 AB의 대응변은 변 EH이다.
③ ∠B의 대응각은 ∠E이다.
④ $\overline{BC}$의 길이는 3 cm이다.
⑤ ∠A의 크기는 65°이다.

0369

다음 중 나머지 넷과 합동이 <u>아닌</u> 것은?

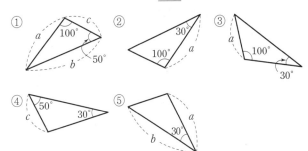

0370

다음 중 △ABC≡△DEF라고 할 수 <u>없는</u> 것은?

① $\overline{AB}=\overline{DE}$, ∠A=∠D, ∠B=∠E
② $\overline{BC}=\overline{EF}$, ∠A=∠D, ∠B=∠E
③ $\overline{AB}=\overline{DE}$, $\overline{BC}=\overline{EF}$, $\overline{AC}=\overline{DF}$
④ $\overline{AB}=\overline{DE}$, $\overline{AC}=\overline{DF}$, ∠C=∠F
⑤ $\overline{AB}=\overline{DE}$, $\overline{AC}=\overline{DF}$, ∠A=∠D

중요
0371

오른쪽 그림에서 $\overline{AB}=\overline{DE}$, $\overline{BC}=\overline{EF}$일 때, △ABC≡△DEF가 되기 위해 필요한 나머지 한 조건과 이때의 합동 조건을 바르게 짝지은 것을 모두 고르면? (정답 2개)

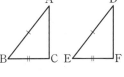

① $\overline{AC}=\overline{DF}$, SSS 합동   ② ∠A=∠D, SAS 합동
③ $\overline{AC}=\overline{DE}$, SSS 합동   ④ ∠B=∠E, SAS 합동
⑤ ∠C=∠F, ASA 합동

0372

오른쪽 그림과 같이 평행사변형 ABCD의 두 대각선의 교점을 O라 할 때, 합동인 삼각형은 모두 몇 쌍인지 구하시오.

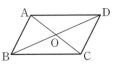

0373

오른쪽 그림의 사각형 ABCD는 마름모이고, △ABC와 △ADC는 합동이다. 이때 사용된 합동 조건을 말하시오.

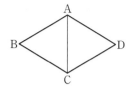

0374

오른쪽 그림과 같은 사각형 ABCD에서 두 대각선 AC, BD의 교점이 O이다. $\overline{AO}=\overline{CO}$, $\overline{BO}=\overline{DO}$일 때, 다음 중 옳지 <u>않은</u> 것은?

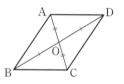

① $\overline{AB}=\overline{CD}$ ② $\overline{AD}=\overline{BC}$

③ ∠BOC=∠DOA   ④ ∠AOB=∠COD

⑤ ∠ABC=∠BCD

중요
0375

오른쪽 그림과 같은 □ABCD에서 $\overline{AB}$∥$\overline{DC}$, $\overline{AD}$∥$\overline{BC}$이고 점 E가 $\overline{BC}$의 중점일 때, 합동인 두 삼각형을 찾아 기호로 나타내고, 이때 합동 조건을 말하시오.

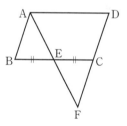

0376

다음 그림에서 호수 둘레의 두 지점 A, B 사이의 거리를 구하시오.

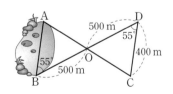

중요
0377

오른쪽 그림의 정삼각형 ABC에서 변 BC의 연장선 위에 점 D를 잡고, $\overline{AD}$를 한 변으로 하는 정삼각형 ADE를 그렸다. $\overline{BC}=5$ cm, $\overline{CD}=6$ cm일 때, 다음 중 옳지 <u>않은</u> 것은?

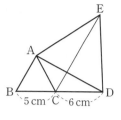

① $\overline{CE}=11$ cm   ② ∠ADB=∠AEC

③ △ABD≡△ACE   ④ ∠BAD=∠CAE

⑤ △ACD≡△CAE

0378

오른쪽 그림의 정사각형 ABCD에서 $\overline{AF}=\overline{CE}$일 때, △ABF와 △CBE는 합동이다. 이때 사용된 합동 조건을 말하시오.

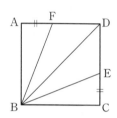

0379

오른쪽 그림에서 점 E는 정사각형 ABCD의 대각선 AC 위의 점이고 ∠CED=65°일 때, ∠x의 크기는?

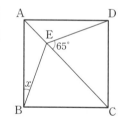

① 15°   ② 20°

③ 25°   ④ 30°

⑤ 35°

0380

오른쪽 그림의 정사각형 ABCD에서 점 E는 대각선 BD 위의 점이고, 점 F는 $\overline{AE}$, $\overline{BC}$의 연장선의 교점이다. ∠F=30°일 때, ∠BCE의 크기를 구하시오.

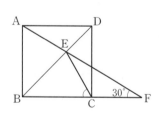

서술형 주관식

0381
삼각형의 세 변의 길이가 $(x+3)$ cm, x cm, 9 cm일 때, x의 값의 범위를 구하시오.

종요
0382
∠A와 ∠C의 크기가 주어졌을 때, △ABC가 하나로 정해지기 위해 더 필요한 나머지 한 조건을 모두 말하시오.

0383
오른쪽 그림의 정사각형 ABCD에서 $\overline{EA}=\overline{ED}$일 때, △ABE와 합동인 삼각형을 찾고, 이때 사용된 합동 조건을 말하시오.

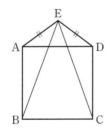

0384
오른쪽 그림과 같이 한 변의 길이가 12 cm인 두 정사각형이 있다. 한 정사각형의 대각선의 교점 O에 다른 정사각형의 한 꼭짓점이 있을 때, 사각형 OHCI의 넓이를 구하시오.

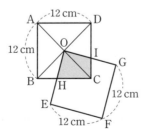

실력 UP

○ 실력 UP 집중 학습은 실력 Up⁺로!!

0385
오른쪽 그림은 직사각형 모양의 종이 테이프를 $\overline{AC}$를 접는 선으로 하여 접은 것이다. 접기 전의 종이 테이프의 넓이를 구하시오.

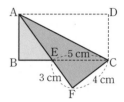

0386
오른쪽 그림과 같이 정삼각형 ABC의 한 변 BC 위에 점 D를 잡고 $\overline{AD}$를 한 변으로 하는 정삼각형 ADE를 그릴 때, 다음 중 옳지 않은 것은?

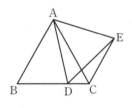

① $\overline{BD}=\overline{CE}$ ② ∠BAD=∠CAE
③ △ABD≡△ACE ④ ∠ADB=∠AEC
⑤ △CDE≡△DCA

종요
0387
오른쪽 그림과 같이 $\overline{AB}=\overline{AC}$인 직각이등변삼각형 ABC의 꼭짓점 A를 지나는 직선 l이 있다. 점 B, C에서 직선 l에 내린 수선의 발을 각각 D, E라 하고, $\overline{DE}=18$ cm, $\overline{EC}=6$ cm일 때, $\overline{BD}$의 길이를 구하시오.

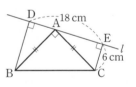

0388
오른쪽 그림의 정사각형 ABCD에서 $\overline{BE}=\overline{CF}$일 때, ∠BFC+∠GEC의 크기를 구하시오.

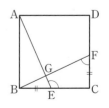

소망을 이루는 마음의 법칙

첫째, 원하는 것을 가능한 구체적으로 상세히 정할 것.

만나기를 원하는 사람, 어떤 물건,
스스로 되고 싶은 존재나 상태 등,
어떤 것을 원하든 마찬가지다.
진정으로 이루기를 원하고 간절히 소망하는
그것에 관해 상세히 정해보라.
이럴 때 막연히 생각만 하기 보다는
글로 적어보는 일은 훨씬 더 큰 도움이 된다.

둘째, 마음의 힘을 모을 것.

마음의 힘을 통해 이루어질 수 있는 것은
반드시 진정으로 원하는 것이어야 한다.
잠시 잠깐 마음이 향했다가, 또 다른 것을 원했다가,
자신이 그것을 정말로 원하기나 하는 것인지를 의심했다가,
마음을 다시 되돌리곤 하는 산만한 마음이어서는 곤란하다.
이러한 마음은 인생에서 오직 혼란스러운 제로섬 게임만을 낳을 뿐이다.
결과는 아무 것도 이루어지지 않게 될 뿐이다.

원하는 것을 구체적으로 정하고
그것에 온 마음을 모아 집중하라!
그렇게 간절히 소망하는 것은
반드시 이루어지고야 마는 것이다.

– 전용석의 「아주 특별한 성공의 지혜」 중에서 –

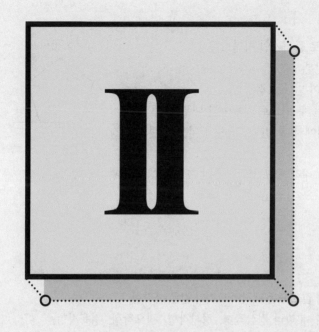

평면도형

04 다각형

04-1 다각형

(1) **다각형** : 여러 개의 선분으로 둘러싸인 평면도형
(2) **변** : 다각형을 이루는 각 선분
(3) **꼭짓점** : 다각형의 변과 변이 만나는 점
(4) **내각** : 다각형에서 이웃하는 두 변으로 이루어진 내부의 각
(5) **외각** : 다각형의 각 꼭짓점에서 한 변과 그 변에 이웃한 변의 연장선으로 이루어진 각

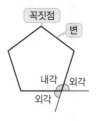

참고 다각형의 한 꼭짓점에서 내각의 크기와 외각의 크기를 더하면 평각이므로
(내각의 크기)+(외각의 크기)=$180°$

개념플러스

- 다각형에서 한 내각에 대하여 외각은 2개가 있으나 서로 맞꼭지각으로 그 크기가 같으므로 둘 중 어느 것으로 생각해도 상관없다.

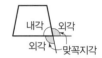

04-2 정다각형

(1) **정다각형** : **모든 변의 길이가 같고 모든 내각의 크기가 같은** 다각형
(2) **정다각형의 분류** : 변의 개수에 따라 정삼각형, 정사각형, 정오각형, 정육각형, …이라 한다.

주의 (1) 변의 길이가 모두 같다고 해서 정다각형인 것은 아니다.

예 ⇦ 마름모는 정다각형이 아니다.

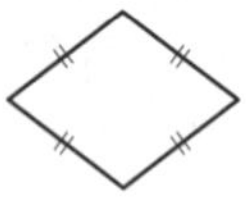

(2) 내각의 크기가 모두 같다고 해서 정다각형인 것은 아니다.

예 ⇦ 직사각형은 정다각형이 아니다.

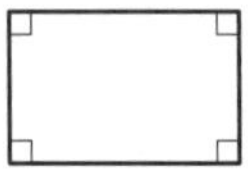

04-3 다각형의 대각선

(1) **대각선** : 다각형에서 이웃하지 않는 두 꼭짓점을 이은 선분
(2) **대각선의 개수**

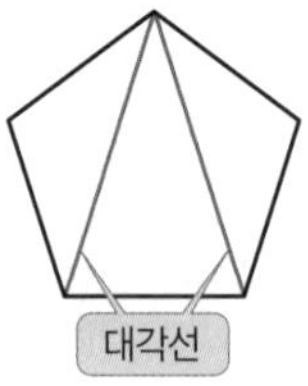

① n각형의 한 꼭짓점에서 그을 수 있는 대각선의 개수
⇨ $(n-3)$개 (단, $n\geq4$)

② n각형의 대각선의 개수 ⇨ $\dfrac{n(n-3)}{2}$개 (단, $n\geq4$)
(n → 꼭짓점의 개수, $(n-3)$ → 한 꼭짓점에서 그을 수 있는 대각선의 개수, 2 → 한 대각선을 중복하여 센 횟수)

예 팔각형의
① 한 꼭짓점에서 그을 수 있는 대각선의 개수는 $8-3=5$(개)
② 대각선의 개수는 $\dfrac{8\times(8-3)}{2}=20$(개)

- n각형의 한 꼭짓점에서 자신과 이웃하는 2개의 꼭짓점으로는 대각선을 그을 수 없으므로 한 꼭짓점에서 그을 수 있는 대각선의 개수는 $(n-3)$개이다.
- n각형의 한 꼭짓점에서 대각선을 모두 그었을 때 생기는 삼각형의 개수
⇨ $(n-2)$개 (단, $n\geq4$)

04-1 다각형

0389 다음 **보기**에서 다각형이 <u>아닌</u> 것을 모두 고르시오.

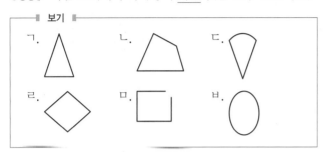

[0390~0391] 다각형에 대한 다음 설명 중 옳은 것에는 ○표, 옳지 않은 것에는 ×표를 하시오.

0390 한 꼭짓점에 대하여 외각은 2개가 있다. (   )

0391 다각형의 한 꼭짓점에서 내각의 크기와 외각의 크기의 합은 360°이다. (   )

[0392~0393] 다음 다각형에서 꼭짓점 A에 대한 외각의 크기를 구하시오.

0392

0393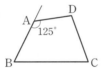

04-2 정다각형

[0394~0395] 다음 □ 안에 알맞은 말을 써넣으시오.

0394 모든 변의 길이가 같고 모든 내각의 크기가 같은 다각형을 □□□□□이라 한다.

0395 변의 개수가 8개인 정다각형을 □□□□□이라 한다.

[0396~0398] 정다각형에 대한 다음 설명 중 옳은 것에는 ○표, 옳지 않은 것에는 ×표를 하시오.

0396 네 변의 길이가 같은 사각형은 정사각형이다.
(   )

0397 네 내각의 크기가 같은 사각형은 정사각형이다.
(   )

0398 정다각형은 모든 변의 길이가 같다. (   )

04-3 다각형의 대각선

[0399~0402] 다음 다각형의 한 꼭짓점에서 그을 수 있는 대각선의 개수를 구하시오.

0399   **0400**

0401   **0402**

[0403~0406] 다음 다각형의 대각선의 개수를 구하시오.

0403 육각형 **0404** 구각형

0405 십일각형 **0406** 이십각형

[0407~0410] 대각선의 개수가 다음과 같은 다각형의 이름을 말하시오.

0407 14개 **0408** 35개

0409 65개 **0410** 90개

04-4 삼각형의 내각과 외각

(1) **삼각형의 내각의 크기의 합** : 삼각형의 세 내각의 크기의 합은 180°이다.

　　⇨ △ABC에서 ∠A+∠B+∠C=180°

(2) **삼각형의 외각의 크기** : 삼각형의 한 외각의 크기는 그와 이웃하지 않는 두 내각의 크기의 합과 같다.

　　⇨ ∠ACD=∠A+∠B

참고 삼각형의 세 외각의 크기의 합은 360°이다.

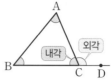

○ **개념플러스**

■ 삼각형의 세 내각의 크기의 합이 180°임을 알아보자.

[방법 1]

[방법 2]

[방법 3]

04-5 다각형의 내각의 크기의 합과 외각의 크기의 합

(1) **다각형의 내각의 크기의 합**

① n각형의 한 꼭짓점에서 대각선을 그으면 이 대각선에 의하여 n각형은 $(n-2)$개의 삼각형으로 나누어진다.

② n각형의 내각의 크기의 합은 $\boxed{180°} \times \boxed{(n-2)}$이다.
　한 삼각형의 내각의 크기의 합 ←　　→ 삼각형의 개수

예 오각형은 한 꼭짓점에서 그은 대각선에 의해 3개의 삼각형으로 나누어지므로 내각의 크기의 합은
$$180° \times (5-2) = 180° \times 3 = 540°$$

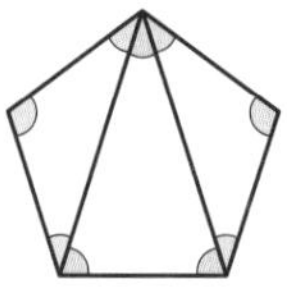

(2) **다각형의 외각의 크기의 합은 항상 360°이다.**

■ n각형의 한 꼭짓점에서 대각선을 모두 그었을 때 생기는 삼각형의 개수

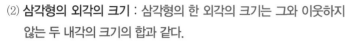

⇨ $(n-2)$(개) (단, $n \geq 4$)

■ (n각형의 외각의 크기의 합)
$= 180° \times n - 180° \times (n-2)$
$= 360°$

⇨ 다각형의 내각의 크기의 합은 변의 개수에 따라 다르지만 외각의 크기의 합은 변의 개수에 상관없이 항상 360°이다.

04-6 정다각형의 한 내각의 크기와 한 외각의 크기

(1) 정n각형의 한 내각의 크기는 $\dfrac{180° \times (n-2)}{n}$이다.

(2) 정n각형의 한 외각의 크기는 $\dfrac{360°}{n}$이다.

■ 정n각형의 모든 내각과 모든 외각의 크기는 각각 같으므로 내각의 크기의 합과 외각의 크기의 합을 각각 n으로 나누어 한 내각의 크기와 한 외각의 크기를 각각 구하면 된다.

참고

정다각형	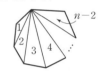			
	정삼각형	정사각형	정오각형	정육각형
한 내각의 크기	$\dfrac{180° \times (3-2)}{3} = 60°$	$\dfrac{180° \times (4-2)}{4} = 90°$	$\dfrac{180° \times (5-2)}{5} = 108°$	$\dfrac{180° \times (6-2)}{6} = 120°$
한 외각의 크기	$\dfrac{360°}{3} = 120°$	$\dfrac{360°}{4} = 90°$	$\dfrac{360°}{5} = 72°$	$\dfrac{360°}{6} = 60°$

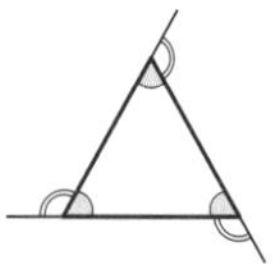

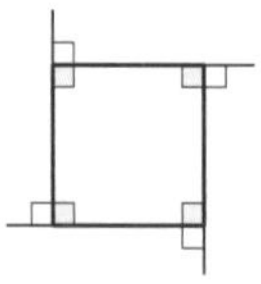

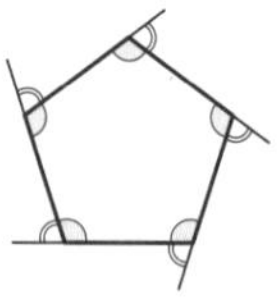

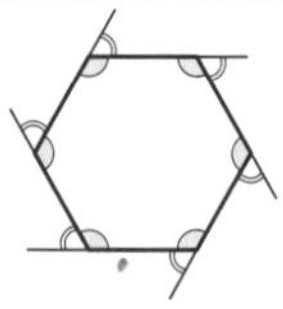

04-4 삼각형의 내각과 외각

[0411~0412] 다음 그림에서 ∠x의 크기를 구하시오.

0411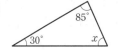

0412

[0413~0414] 다음 그림에서 x의 값을 구하시오.

0413

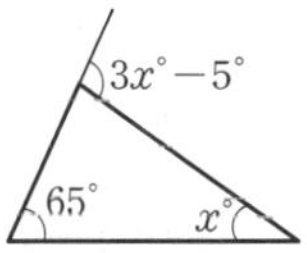

0414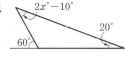

04-5 다각형의 내각의 크기의 합과 외각의 크기의 합

[0415~0417] 다음 다각형의 내각의 크기의 합을 구하시오.

0415 칠각형

0416 구각형

0417 십이각형

[0418~0420] 내각의 크기의 합이 다음과 같은 다각형의 이름을 말하시오.

0418 720°

0419 1080°

0420 2160°

[0421~0422] 다음 그림에서 ∠x의 크기를 구하시오.

0421

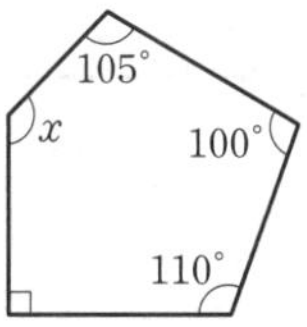

0422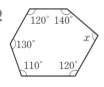

[0423~0424] 다음 다각형의 외각의 크기의 합을 구하시오.

0423 팔각형

0424 십이각형

[0425~0426] 다음 그림에서 ∠x의 크기를 구하시오.

0425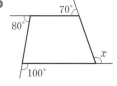

0426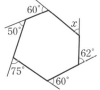

04-6 정다각형의 한 내각의 크기와 한 외각의 크기

[0427~0429] 다음 정다각형의 한 내각의 크기와 한 외각의 크기를 차례로 구하시오.

0427 정팔각형

0428 정구각형

0429 정십각형

[0430~0433] 다음 조건을 만족시키는 정다각형의 이름을 말하시오.

0430 한 내각의 크기가 162°

0431 한 내각의 크기가 150°

0432 한 외각의 크기가 24°

0433 한 외각의 크기가 30°

유형 익히기

개념원리 중학수학 1-2 101쪽

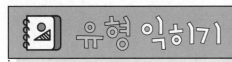

유형 01 다각형

(1) 다각형 : 여러 개의 선분으로 둘러싸인 평면도형

(2) 다각형이 아닌 것

① 전체 또는 일부가 곡선일 때

② 선분의 일부가 끊어져 있을 때

③ 입체도형

0434 대표문제

다음 **보기** 중 다각형인 것을 모두 고르시오.

보기		
ㄱ. 삼각형	ㄴ. 오각기둥	ㄷ. 팔각형
ㄹ. 삼각뿔대	ㅁ. 원	ㅂ. 정육면체
ㅅ. 원뿔	ㅇ. 정십각형	ㅈ. 사각뿔

0435 하

다음 **보기** 중 다각형이 아닌 것은 모두 몇 개인가?

보기			
직각삼각형	정육면체	마름모	원
부채꼴	사다리꼴	활꼴	평행선

① 1개　② 2개　③ 3개　④ 4개　⑤ 5개

0436 중하

다음 중 다각형에 대한 설명으로 옳지 않은 것은?

① 오각형의 변의 개수는 5개이다.

② 변과 변이 만나는 점을 꼭짓점이라 한다.

③ 구각형의 꼭짓점의 개수는 9개이다.

④ 다각형을 이루는 각 선분을 모서리라 한다.

⑤ 한 다각형에서 꼭짓점의 개수와 변의 개수는 항상 같다.

개념원리 중학수학 1-2 101쪽

유형 02 다각형의 내각과 외각

(1) 내각 : 다각형에서 이웃하는 두 변으로 이루어진 내부의 각

(2) 외각 : 다각형의 각 꼭짓점에서 한 변과 그 변에 이웃한 변의 연장선으로 이루어진 각

(3) 다각형의 한 꼭짓점에서

(내각의 크기)+(외각의 크기)$=180^\circ$

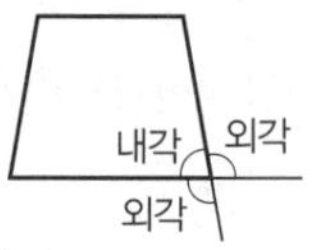

0437 대표문제

오른쪽 그림의 사각형 ABCD에서 $\angle x+\angle y$의 크기는?

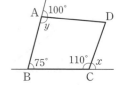

① 140°　② 148°　③ 150°　④ 160°　⑤ 175°

0438 하

어떤 다각형의 한 꼭짓점에서 내각의 크기가 55°일 때, 이 내각에 대한 외각의 크기를 구하시오.

0439 하

오른쪽 그림의 사각형 ABCD에서 $\angle B$의 외각의 크기를 구하시오.

0440 중하

오른쪽 그림의 $\triangle ABC$에서 x의 값은?

① 40　② 45　③ 50　④ 55　⑤ 60

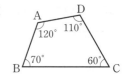

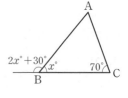

개념원리 중학수학 1-2 102쪽

유형 03 정다각형

정다각형 : 모든 변의 길이가 같고 모든 내각의 크기가 같은 다각형

주의
- 변의 길이가 모두 같다고 해서 정다각형인 것은 아니다.
  예) 마름모
- 내각의 크기가 모두 같다고 해서 정다각형인 것은 아니다.
  예) 직사각형

0441 대표문제

다음 중 옳은 것을 모두 고르면? (정답 2개)

① 정다각형은 모든 외각의 크기가 같다.
② 네 변의 길이가 모두 같은 사각형은 정사각형이다.
③ 내각의 크기가 모두 같은 다각형은 정다각형이다.
④ 세 내각의 크기가 모두 같은 삼각형은 정삼각형이다.
⑤ 정다각형은 내각의 크기와 외각의 크기가 같다.

0442 중

다음 중 정육각형에 대한 설명으로 옳지 않은 것을 모두 고르면? (정답 2개)

① 변의 개수는 6개이다.
② 모든 내각의 크기가 같다.
③ 모든 외각의 크기가 같다.
④ 모든 대각선의 길이가 같다.
⑤ 한 꼭짓점에서 내각과 외각의 크기의 합은 $360°$이다.

0443 중

다음 조건을 모두 만족시키는 다각형의 이름을 말하시오.

(가) 9개의 선분으로 둘러싸여 있다.
(나) 모든 변의 길이가 같다.
(다) 모든 내각의 크기가 같다.

개념원리 중학수학 1-2 102쪽

유형 04 다각형의 대각선

(1) n각형의 한 꼭짓점에서 그을 수 있는 대각선의 개수
⇨ $(n-3)$개 (단, $n\geq4$)
(2) n각형의 한 꼭짓점에서 대각선을 모두 그었을 때 생기는 삼각형의 개수 ⇨ $(n-2)$개 (단, $n\geq4$)
(3) n각형의 내부의 한 점에서 각 꼭짓점에 선분을 그었을 때 생기는 삼각형의 개수 ⇨ n개

0444 대표문제

꼭짓점의 개수가 16개인 다각형의 한 꼭짓점에서 그을 수 있는 대각선의 개수를 구하시오.

0445 하

한 꼭짓점에서 그을 수 있는 대각선의 개수가 12개인 다각형의 이름을 말하시오.

0446 중 서술형

십이각형의 한 꼭짓점에서 그을 수 있는 대각선의 개수를 a개, 이때 생기는 삼각형의 개수를 b개라 할 때, $b-a$의 값을 구하시오.

0447 중

어떤 다각형의 내부의 한 점에서 각 꼭짓점에 선분을 그었을 때 생기는 삼각형의 개수가 9개이다. 이때 이 다각형의 한 꼭짓점에서 그을 수 있는 대각선의 개수는?

① 6개 ② 7개 ③ 8개
④ 9개 ⑤ 10개

중요

개념원리 중학수학 1-2 103쪽

유형 05 다각형의 대각선의 개수

(1) 다각형이 주어진 경우

n각형의 대각선의 개수 ⇨ $\frac{n(n-3)}{2}$개 (단, $n \geq 4$)

(2) 다각형이 주어지지 않은 경우

조건을 이용하여 다각형을 먼저 구한 후 대각선의 개수를 구한다.

0448 대표문제

한 꼭짓점에서 그을 수 있는 대각선의 개수가 10개인 다각형의 대각선의 개수를 구하시오.

0449 중

십사각형의 한 꼭짓점에서 그을 수 있는 대각선의 개수를 a개, 십사각형의 대각선의 개수를 b개라 할 때, $b-a$의 값은?

① 66 ② 67 ③ 68
④ 69 ⑤ 70

0450 중

한 꼭짓점에서 그을 수 있는 대각선의 개수가 육각형의 대각선의 개수와 같은 다각형은?

① 팔각형 ② 구각형 ③ 십각형
④ 십일각형 ⑤ 십이각형

0451 상중

어떤 다각형의 내부의 한 점에서 각 꼭짓점에 선분을 그으면 7개의 삼각형이 생긴다. 이 다각형의 대각선의 개수를 구하시오.

중요

개념원리 중학수학 1-2 103쪽

유형 06 대각선의 개수가 주어질 때 다각형 구하기

대각선의 개수가 주어지면

⇨ 구하는 다각형을 n각형이라 하고 식을 세운 다음, 조건을 만족시키는 n의 값을 구한다.

예 대각선의 개수가 9개인 다각형

⇨ $\frac{n(n-3)}{2}=9$, $n(n-3)=18=6\times3$ $\therefore n=6$

따라서 구하는 다각형은 육각형이다.

0452 대표문제

대각선의 개수가 90개인 다각형의 한 꼭짓점에서 그을 수 있는 대각선의 개수를 구하시오.

0453 중

대각선의 개수가 20개인 다각형은?

① 육각형 ② 칠각형 ③ 팔각형
④ 구각형 ⑤ 십각형

0454 중

다음 조건을 모두 만족시키는 다각형의 이름을 말하시오.

> (가) 변의 길이가 모두 같다.
> (나) 내각의 크기가 모두 같다.
> (다) 대각선의 개수는 35개이다.

0455 중

대각선의 개수가 65개인 다각형의 한 꼭짓점에서 대각선을 모두 그었을 때 생기는 삼각형의 개수는?

① 8개 ② 9개 ③ 10개
④ 11개 ⑤ 12개

유형 | 07 다각형의 대각선의 개수의 활용

원형의 탁자에 앉은 n명의 사람들이

(1) 양옆에 앉은 사람을 제외한 모든 사람들과 서로 한 번씩 악수를 하는 횟수

$$\Rightarrow \frac{n(n-3)}{2} \longleftarrow n각형의 대각선의 개수$$

(2) 양옆에 앉은 사람을 포함한 모든 사람들과 서로 한 번씩 악수를 하는 횟수

$$\Rightarrow n+\frac{n(n-3)}{2} \longleftarrow (n각형의 변의 개수)$$
$$+(n각형의 대각선의 개수)$$

0456 ●대표문제

오른쪽 그림과 같이 원탁에 6명이 앉아 있다. 양옆의 사람을 제외한 모든 사람과 서로 한 번씩 악수를 할 때, 악수는 모두 몇 번 하게 되는가?

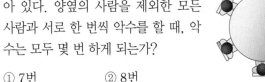

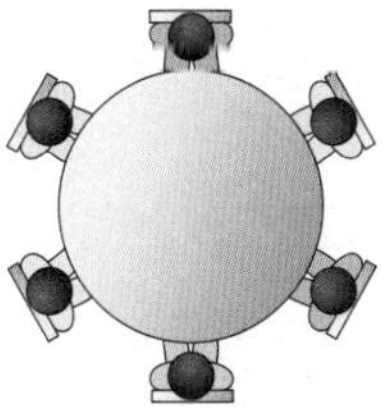

① 7번　　　② 8번

③ 9번　　　④ 10번　　　⑤ 11번

0457 상중

오른쪽 그림과 같이 위치한 다섯 도시 A, B, C, D, E에 다른 도시를 거치지 않고 직접 왕래할 수 있는 도로를 각각 하나씩 건설할 때, 만들어지는 도로의 개수를 구하시오.

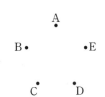

0458 상중

원 위에 서로 다른 7개의 점이 있다. 이 점들을 연결하여 만들 수 있는 선분의 개수를 구하시오.

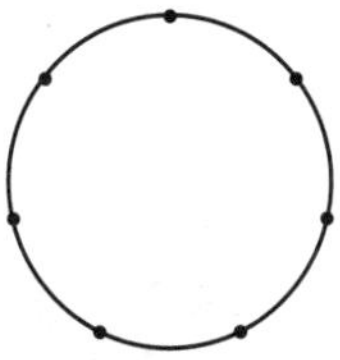

중요 **유형 | 08** 삼각형의 세 내각의 크기의 합

삼각형의 세 내각의 크기의 합은 180°이다.

$\Rightarrow \triangle ABC$에서 $\angle A+\angle B+\angle C=180°$

0459 ●대표문제

오른쪽 그림에서 $\angle x$의 크기는?

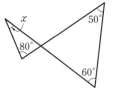

① 25°　　　② 30°

③ 35°　　　④ 40°

⑤ 45°

0460 중하

오른쪽 그림에서 x의 값을 구하시오.

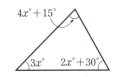

0461 중 ●서술형

오른쪽 그림과 같은 $\triangle ABC$에서 $\angle C$의 크기는 $\angle B$의 크기의 3배이고, $\angle A$의 크기는 $\angle B$의 크기보다 30°만큼 크다고 한다. 이때 $\angle B$의 크기를 구하시오.

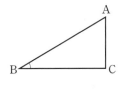

0462 중

삼각형의 세 내각의 크기의 비가 2 : 3 : 7일 때, 가장 작은 각의 크기를 구하시오.

중요
유형 | 09 삼각형의 외각의 성질

삼각형의 한 외각의 크기는 그와 이웃하
지 않는 두 내각의 크기의 합과 같다.

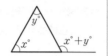

0463 •대표문제

오른쪽 그림에서 x의 값을 구하시오.

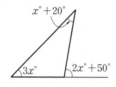

0464 중하

오른쪽 그림에서 $\angle x$의 크기는?

① 110°   ② 120°
③ 125°   ④ 130°
⑤ 140°

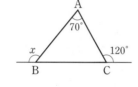

0465 중하

오른쪽 그림에서 $\angle x$의 크기를
구하시오.

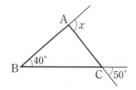

0466 중

다음 그림에서 $\angle x$의 크기를 구하시오.

(1)

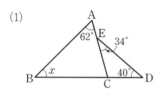

(2)

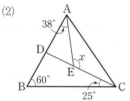

유형 | 10 삼각형의 한 내각의 이등분선이 이루는 각

△ABC에서 $\overline{AD}$가 ∠A의 이등분선일 때
(1) △ABD에서
　$\angle y = \angle x + \angle a$
(2) △ADC에서
　$\angle z = \angle y + \angle a$

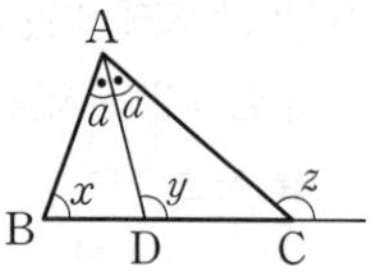

0467 •대표문제

오른쪽 그림의 △ABC에서 $\overline{AD}$
는 ∠A의 이등분선일 때, $\angle x$의
크기는?

① 77°   ② 80°
③ 83°   ④ 86°
⑤ 89°

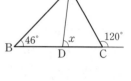

0468 중

오른쪽 그림의 △ABC에서 $\overline{AD}$는
∠A의 이등분선일 때, $\angle x$의 크기
를 구하시오.

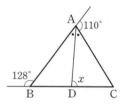

0469 중

오른쪽 그림의 △ABC에서 $\overline{BD}$는
∠B의 이등분선일 때, $\angle x$의 크기
를 구하시오.

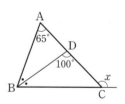

0470 중

오른쪽 그림의 △ABC에서 $\overline{AD}$
는 ∠A의 이등분선일 때,
$\angle x + \angle y$의 크기를 구하시오.

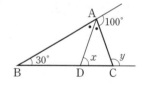

유형 | **11**   삼각형의 두 내각의 이등분선이 이루는 각

개념원리 중학수학 1−2 110쪽

$\triangle ABC$에서 $\angle B$와 $\angle C$의 이등분선의
교점을 I라 할 때
$\triangle ABC$에서
$2\angle a+2\angle b=180°-\angle A$
$\therefore \angle a+\angle b=90°-\dfrac{1}{2}\angle A$ ……㉠

$\triangle IBC$에서
$\angle a+\angle b=180°-\angle x$ ……㉡

㉠, ㉡에서 $\angle x=90°+\dfrac{1}{2}\angle A$

0471 내표문제

오른쪽 그림의 $\triangle ABC$에서 점 I는
$\angle B$와 $\angle C$의 이등분선의 교점이고
$\angle A=70°$일 때, $\angle x$의 크기는?

① 115° ② 120°
③ 125° ④ 130°
⑤ 135°

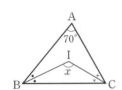

0472 중

오른쪽 그림의 $\triangle ABC$에서 점 I는
$\angle B$와 $\angle C$의 이등분선의 교점이고
$\angle BIC=120°$일 때, $\angle x$의 크기를
구하시오.

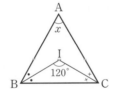

0473 중

오른쪽 그림의 $\triangle ABC$에서 점 I는
$\angle B$와 $\angle C$의 이등분선의 교점이고
$\angle A$의 외각의 크기가 100°일 때,
$\angle x$의 크기를 구하시오.

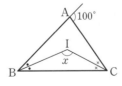

유형 | **12**   삼각형의 한 내각의 이등분선과 한 외각의
이등분선이 이루는 각

개념원리 중학수학 1−2 110쪽

$\triangle ABC$에서 $\angle B$의 이등분선과 $\angle C$의 외
각의 이등분선의 교점을 D라 할 때
$\triangle ABC$에서
$2\angle b=2\angle a+\angle A$
$\therefore \angle b=\angle a+\dfrac{1}{2}\angle A$ ……㉠

$\triangle DBC$에서
$\angle b=\angle a+\angle x$ ……㉡

㉠, ㉡에서 $\angle x=\dfrac{1}{2}\angle A$

0474 대표문제

오른쪽 그림의 $\triangle ABC$에서 점 D는
$\angle B$의 이등분선과 $\angle C$의 외
각의 이등분선의 교점이다. $\angle A=80°$일
때, $\angle x$의 크기를 구하시오.

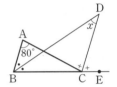

0475 중

오른쪽 그림에서
$\angle ABE=\angle CBE$,
$\angle ACD=\angle DCF$일 때, $\angle x$의 크
기를 구하시오

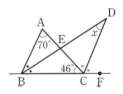

0476 중 서술형

오른쪽 그림의 $\triangle ABC$에서 점 D는
$\angle B$의 이등분선과 $\angle C$의 외각의
이등분선의 교점이다. $\angle D=20°$일
때, $\angle x$의 크기를 구하시오.

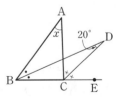

중요

개념원리 중학수학 1-2 111쪽

유형 13 이등변삼각형의 성질을 이용하여 각의 크기 구하기

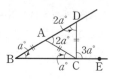

$\overline{AB}=\overline{AC}=\overline{CD}$일 때, 이등변삼각형과 삼각형의 외각의 성질에 의하여

(1) $\triangle ABC$에서
$\angle ABC=\angle ACB=a^\circ$

(2) $\triangle CDA$에서 $\angle CAD=\angle CDA=2a^\circ$

(3) $\triangle DBC$에서 $\angle DCE=\angle DBC+\angle CDB=3a^\circ$

0477 대표문제

오른쪽 그림에서 $\overline{AB}=\overline{AC}=\overline{CD}$이고 $\angle DCE=105^\circ$일 때, $\angle x$의 크기는?

① 32° ② 35° ③ 40°
④ 42° ⑤ 44°

0478 중

오른쪽 그림에서 $\overline{AB}=\overline{AC}=\overline{CD}$이고 $\angle B=40^\circ$일 때, $\angle x$의 크기를 구하시오.

0479 상 중

오른쪽 그림에서 $\overline{AB}=\overline{AC}=\overline{CD}$이고 $\angle ADE=145^\circ$일 때, $\angle x$의 크기를 구하시오.

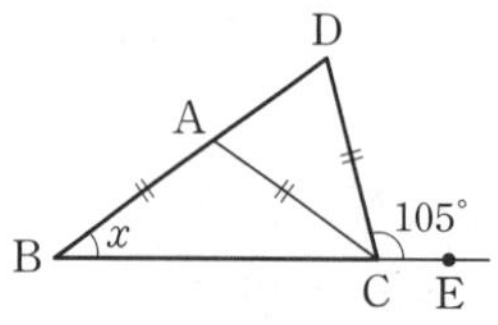

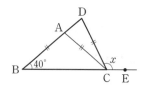

0480 상 중

오른쪽 그림에서 $\overline{AB}=\overline{AC}=\overline{CD}=\overline{DE}$이고 $\angle B=23^\circ$일 때, $\angle x$의 크기를 구하시오.

개념원리 중학수학 1-2 111쪽

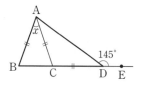

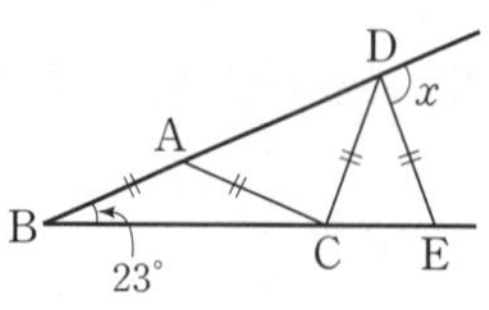

유형 14 △ 모양의 도형에서 각의 크기 구하기

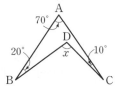

$\overline{BC}$를 그으면

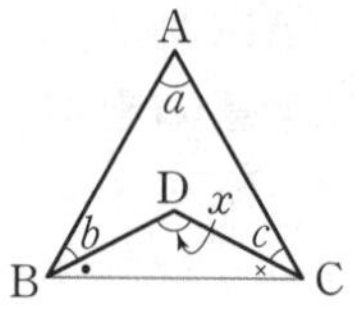

$\triangle ABC$에서
$\bullet+\times=180^\circ-(\angle a+\angle b+\angle c)$ ⋯ ㉠
$\triangle DBC$에서
$\bullet+\times=180^\circ-\angle x$ ⋯ ㉡
㉠, ㉡에서 $\angle x=\angle a+\angle b+\angle c$

0481 대표문제

오른쪽 그림에서 $\angle x$의 크기는?

① 96° ② 98°
③ 100° ④ 110°
⑤ 115°

0482 중

오른쪽 그림에서 $\angle x$의 크기는?

① 20° ② 25°
③ 30° ④ 35°
⑤ 40°

0483 중

오른쪽 그림에서 $\angle x$의 크기를 구하시오.

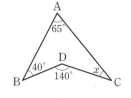

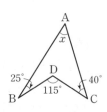

유형 | 15 별 모양의 도형에서 각의 크기 구하기

개념원리 중학수학 1-2 112쪽

적당한 삼각형을 찾아 삼각형의 외각의 성질을 이용한다.
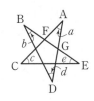
$\triangle$FCE에서 $\angle$AFG$=\angle c+\angle e$
$\triangle$BDG에서 $\angle$AGF$=\angle b+\angle d$
➪ $\triangle$AFG에서
$\angle a+\angle b+\angle c+\angle d+\angle e=180°$

0484 ●◦대표문제

오른쪽 그림에서 $\angle x$의 크기는?

① 20° ② 25°
③ 30° ④ 35°
⑤ 40°

0485 중

오른쪽 그림에서 $\angle x$의 크기는?

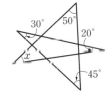

① 90° ② 95°
③ 100° ④ 105°
⑤ 110°

0486 중 ●◦서술형

오른쪽 그림에서 $\angle x+\angle y$의 크기를 구하시오.

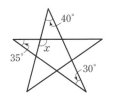

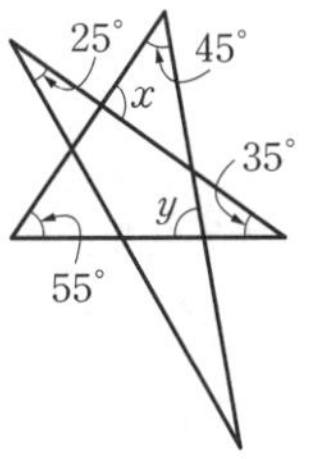

유형 | 16 삼각형의 두 외각의 이등분선이 이루는 각

개념원리 중학수학 1-2 112쪽

$\triangle$ABC에서 $\angle$A와 $\angle$C의 외각의 이등분선의 교점을 D라 할 때
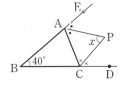
$\triangle$ABC에서
$\angle$BAC$+\angle$BCA$=180°-\angle$B
$(180°-2\angle a)+(180°-2\angle b)=180°-\angle$B
$\angle a+\angle b=90°+\dfrac{1}{2}\angle$B
➪ $\angle x=180°-(\angle a+\angle b)=90°-\dfrac{1}{2}\angle$B

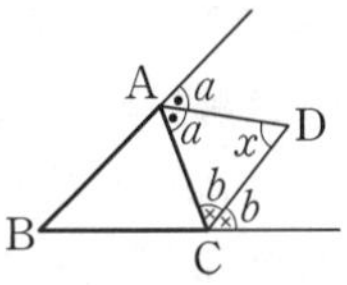

0487 ●◦대표문제

오른쪽 그림과 같은 $\triangle$ABC에서 점 P는 $\angle$A와 $\angle$C의 외각의 이등분선의 교점이다. $\angle$B$=40°$일 때, $\angle x$의 크기를 구하시오.

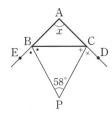

0488 상 중

오른쪽 그림에서 $\angle$BPC$=58°$, $\angle$EBP$=\angle$PBC, $\angle$BCP$=\angle$DCP일 때, $\angle x$의 크기는?

① 60° ② 62°
③ 64° ④ 66°
⑤ 68°

0489 상 중

오른쪽 그림의 $\triangle$ABC에서 점 P는 $\angle$A와 $\angle$C의 외각의 이등분선의 교점이다. $\angle$APC$=68°$일 때, $\angle x$의 크기를 구하시오.

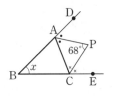

중요

개념원리 중학수학 1-2 117쪽

유형 17 다각형의 내각의 크기의 합

n각형의

(1) 한 꼭짓점에서 그을 수 있는 대각선의 개수

⇨ $(n-3)$개 (단, $n \geq 4$)

(2) 한 꼭짓점에서 그은 대각선에 의하여 생기는 삼각형의 개수

⇨ $(n-2)$개 (단, $n \geq 4$)

(3) 내각의 크기의 합 ⇨ $180^\circ \times (n-2)$ (단, $n \geq 3$)

0490 대표문제

한 꼭짓점에서 그을 수 있는 대각선의 개수가 8개인 다각형의 내각의 크기의 합은?

① 1260° ② 1440° ③ 1620°
④ 1800° ⑤ 1980°

0491 중

내각의 크기의 합이 1800°인 다각형의 한 꼭짓점에서 그은 대각선에 의하여 나누어지는 삼각형의 개수는?

① 9개 ② 10개 ③ 11개
④ 12개 ⑤ 13개

0492 중

내각의 크기의 합이 1260°인 다각형의 변의 개수를 a개, 한 꼭짓점에서 그을 수 있는 대각선의 개수를 b개라 할 때, $a+b$의 값을 구하시오.

0493 중 서술형

오른쪽 그림은 팔각형의 내부의 한 점에서 각 꼭짓점에 선분을 그은 것이다. 삼각형의 내각의 크기의 합이 180°임을 이용하여 팔각형의 내각의 크기의 합을 구하시오.

중요

개념원리 중학수학 1-2 117쪽

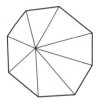

유형 18 다각형의 내각의 크기 구하기

① 주어진 다각형의 내각의 크기의 합을 먼저 구한다.

⇨ $180^\circ \times (n-2)$ (단, $n \geq 3$)

② 다각형의 내각의 크기의 합을 이용하여 구하고자 하는 내각의 크기를 구한다.

0494 대표문제

오른쪽 그림에서 $\angle a$의 크기는?

① 100° ② 110°
③ 115° ④ 120°
⑤ 125°

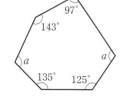

0495 중하

오른쪽 그림에서 $\angle x$의 크기를 구하시오.

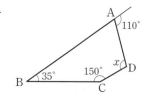

0496 중

오른쪽 그림에서 x의 값은?

① 53 ② 58
③ 63 ④ 68
⑤ 73

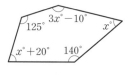

0497 중

오른쪽 그림과 같은 사각형 ABCD에서 $\angle B$와 $\angle C$의 이등분선의 교점을 O라 할 때, $\angle x$의 크기를 구하시오.

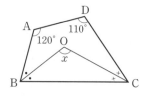

개념원리 중학수학 1-2 118쪽

유형 | 19   다각형의 외각의 크기 구하기

(1) 다각형의 한 꼭짓점에서 내각의 크기와 외각의 크기의 합은 180°이다.

(2) 다각형의 외각의 크기의 합은 항상 360°이다.

0498 ●◀대표문제

오른쪽 그림에서 ∠x+∠y의 크기는?

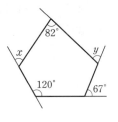

① 135°   ② 128°

③ 125°   ④ 120°

⑤ 117°

0499 중 하

오른쪽 그림에서 ∠x의 크기는?

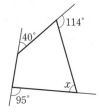

① 62°   ② 65°

③ 69°   ④ 70°

⑤ 73°

0500 중

오른쪽 그림에서 x의 값을 구하시오.

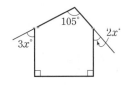

0501 중

오른쪽 그림에서 ∠x의 크기는?

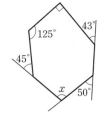

① 100°   ② 103°

③ 105°   ④ 107°

⑤ 110°

중요

유형 | 20   정다각형의 한 내각의 크기와 한 외각의 크기

개념원리 중학수학 1-2 119, 120쪽

(1) 정n각형의 한 내각의 크기 ⇨ $\dfrac{180° \times (n-2)}{n}$

(2) 정n각형의 한 외각의 크기 ⇨ $\dfrac{360°}{n}$

0502 ●◀대표문제

다음 중 대각선의 개수가 20개인 정다각형에 대한 설명으로 옳지 <u>않은</u> 것은?

① 한 내각의 크기는 140°이다.

② 내각의 크기의 합은 1080°이다.

③ 한 꼭짓점에서 대각선을 모두 그으면 6개의 삼각형으로 나누어진다.

④ 한 외각의 크기는 45°이다.

⑤ 한 꼭짓점에서 그을 수 있는 대각선의 개수는 5개이다.

0503 중

모든 내각의 크기와 모든 외각의 크기의 합이 2160°인 정다각형의 한 외각의 크기를 구하시오.

0504 상 중

한 내각의 크기와 한 외각의 크기의 비가 4 : 1인 정다각형의 내각의 크기의 합을 a°, 외각의 크기의 합을 b°라 할 때, a-b의 값을 구하시오.

0505 상 중

한 내각의 크기와 한 외각의 크기의 비가 7 : 2인 정다각형의 한 꼭짓점에서 그을 수 있는 대각선의 개수를 구하시오.

유형 | 21 **정다각형에서 각의 크기 구하기**

개념원리 중학수학 1−2 120쪽

정n각형에서 각의 크기를 구할 때 다음을 이용한다.

(1) 모든 변의 길이가 같다.

(2) 한 내각의 크기는 $\dfrac{180° \times (n-2)}{n}$이다.

(3) 한 외각의 크기는 $\dfrac{360°}{n}$이다.

0506 ●대표문제

오른쪽 그림과 같은 정오각형에서 $\angle x$의 크기는?

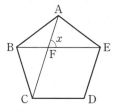

① 60°　　② 72°

③ 78°　　④ 80°

⑤ 85°

0507 중

오른쪽 그림과 같은 정오각형에서 $\angle x$의 크기는?

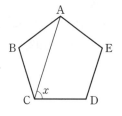

① 64°　　② 68°

③ 72°　　④ 78°

⑤ 82°

0508 중

오른쪽 그림과 같이 정오각형 ABCDE의 두 변 AE와 CD의 연장선의 교점을 F라 할 때, $\angle x - \angle y$의 크기는?

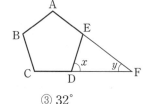

① 25°　　② 28°　　③ 32°

④ 36°　　⑤ 38°

0509 중

오른쪽 그림과 같이 한 변의 길이가 같은 정오각형과 정육각형이 $\overline{ED}$에서 만날 때, $\angle x$의 크기는?

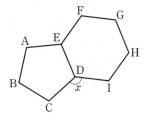

① 108°　　② 113°

③ 120°　　④ 125°

⑤ 132°

0510 상중

오른쪽 그림과 같은 정육각형에서 $\overline{AC}$와 $\overline{BD}$의 교점을 G라 할 때, $\angle x$의 크기는?

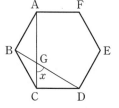

① 40°　　② 50°

③ 60°　　④ 70°

⑤ 80°

0511 상중

오른쪽 그림과 같이 정오각형 ABCDE의 두 꼭짓점 A와 D가 각각 두 직선 l, m 위에 있고 $\angle FAE = 4\angle CDG$일 때, $\angle CDG$의 크기는? (단, $l \parallel m$)

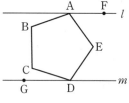

① 10°　　② 12°　　③ 14°

④ 16°　　⑤ 18°

개념원리 중학수학 1-2 118쪽

유형 | **22**　다각형의 내각의 크기의 합의 활용

오른쪽 그림과 같이 보조선을 그으면 맞꼭지
각의 크기가 서로 같으므로
⇨ $\angle a + \angle b = \angle c + \angle d$

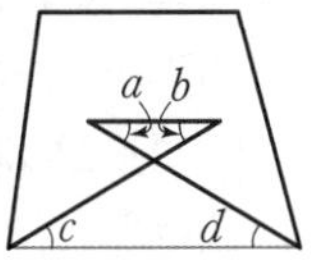

0512 ◦●대표문제

오른쪽 그림에서 $\angle x + \angle y$의 크기는?

① $50°$　　② $57°$

⓪ $65°$　　① $68°$

⑤ $70°$

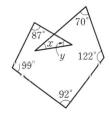

0513 상 중

오른쪽 그림에서
$\angle a + \angle b + \angle c + \angle d + \angle e$
　　　　　$+ \angle f + \angle g + \angle h$
의 크기를 구하시오.

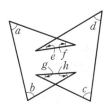

0514 상

오른쪽 그림에서
$\angle a + \angle b + \angle c + \angle d + \angle e$
　　　　　$+ \angle f + \angle g + \angle h + \angle i$
의 크기를 구하시오.

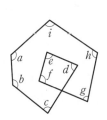

0515 상

오른쪽 그림에서
$\angle a + \angle b + \angle c + \angle d + \angle e$
　　　　　$+ \angle f + \angle g$
의 크기를 구하시오.

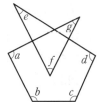

개념원리 중학수학 1-2 119쪽

유형 | **23**　삼각형의 외각의 성질을 이용하여 각의 크기 구하기

복잡한 도형에서 각의 크기를 구할 때는 다음 성질을 이용한다.

(1) 삼각형의 내각의 크기의 합은 $180°$이다.

(2) 삼각형의 한 외각의 크기는 그와 이웃하지 않는 두 내각의 크기의 합과 같다.

(3) n각형의 내각의 크기의 합은 $180° \times (n-2)$이다.

0516 ◦●대표문제

오른쪽 그림에서 $\angle x + \angle y$의 크기는?

① $210°$　　② $215°$

③ $220°$　　④ $225°$

⑤ $230°$

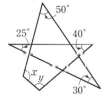

0517 상 중

오른쪽 그림에서
$\angle a + \angle b + \angle c + \angle d + \angle e$
　　　　　$+ \angle f + \angle g$
의 크기를 구하시오.

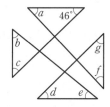

0518 상 중 ●●서술형

오른쪽 그림에서
$\angle a + \angle b + \angle c + \angle d + \angle e$
의 크기를 구하시오.

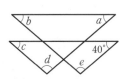

0519 상

오른쪽 그림에서
$\angle a + \angle b + \angle c + \angle d + \angle e$
　　　　　$+ \angle f + \angle g$
의 크기를 구하시오.

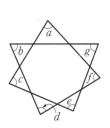

0520

다음 중 다각형에 대한 설명으로 옳지 <u>않은</u> 것을 모두 고르면? (정답 2개)

① 다각형은 세 개 이상의 선분으로 둘러싸인 평면도형이다.
② 다각형에서 이웃하는 두 변으로 이루어진 각을 내각이라 한다.
③ n각형의 한 꼭짓점에서 그을 수 있는 대각선의 개수는 $(n-3)$개이다.
④ 다각형의 한 꼭짓점에서 내각과 외각의 크기의 합은 항상 $360°$이다.
⑤ n각형의 외각의 크기의 합은 $360°×(n-2)$이다.

0521

다음 중 정십오각형에 대한 설명으로 옳지 <u>않은</u> 것을 모두 고르면? (정답 2개)

① 한 외각의 크기는 $24°$이다.
② 외각의 크기의 합은 $360°$이다.
③ 내각의 크기의 합은 $2340°$이다.
④ 한 꼭짓점에서 그을 수 있는 대각선의 개수는 13개이다.
⑤ 한 꼭짓점에서 대각선을 모두 그었을 때 생기는 삼각형은 12개이다.

0522

대각선의 개수가 27개인 다각형의 한 꼭짓점에서 그을 수 있는 대각선의 개수를 a개, 한 꼭짓점에서 대각선을 모두 그었을 때 생기는 삼각형의 개수를 b개라 할 때, $b-a$의 값을 구하시오.

0523

오른쪽 그림과 같이 위치한 8개의 공장 사이에 서로 다른 공장을 거치지 않고 직접 왕래할 수 있는 도로를 각각 하나씩 건설할 때, 만들어지는 도로의 개수를 구하시오.

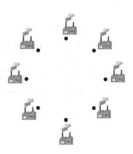

0524

오른쪽 그림에서 x의 값은?

① 10 ② 15
③ 20 ④ 25
⑤ 30

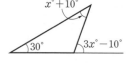

0525

오른쪽 그림과 같은 △ABC에서 ∠ACD＝∠DCB일 때, ∠x의 크기는?

① $82°$ ② $86°$
③ $90°$ ④ $96°$
⑤ $100°$

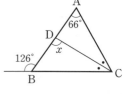

0526

오른쪽 그림에서 ∠FAB＝$35°$이고
∠AFB＝∠BGC＝∠CHD
　　　＝∠DIE＝$20°$
일 때, ∠x의 크기는?

① $100°$ ② $110°$
③ $115°$ ④ $120°$
⑤ $125°$

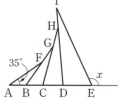

0527

오른쪽 그림과 같은 △ABC에서 ∠B와 ∠C의 이등분선의 교점을 I라 할 때, ∠x의 크기는?

① 124°　　② 126°
③ 128°　　④ 130°
⑤ 132°

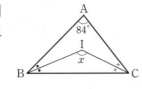

0528

오른쪽 그림의 △ABC에서 점 D는 ∠B의 이등분선과 ∠C의 외각의 이등분선의 교점이다. ∠A=62°, ∠ACB=40°일 때, ∠x의 크기를 구하시오.

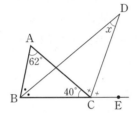

0529

오른쪽 그림에서 $\overline{AB}=\overline{AC}=\overline{CD}=\overline{DE}$이고, ∠DEC=78°일 때, ∠$x$의 크기를 구하시오.

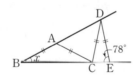

0530

오른쪽 그림에서 ∠x의 크기를 구하시오.

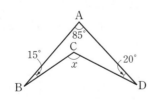

0531

오른쪽 그림에서 ∠x의 크기는?

① 30°　　② 34°
③ 36°　　④ 38°
⑤ 40°

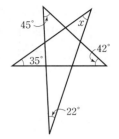

0532

오른쪽 그림의 △ABC에서 $\overline{AD}$와 $\overline{CD}$는 각각 ∠A와 ∠C의 외각의 이등분선일 때, ∠ADC의 크기는?

① 45°　　② 50°
③ 55°　　④ 60°
⑤ 65°

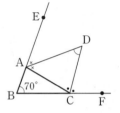

0533

오른쪽 그림에서 ∠x의 크기는?

① 72°　　② 75°
③ 78°　　④ 80°
⑤ 85°

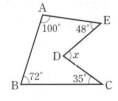

0534

다음 조건을 모두 만족시키는 다각형의 이름을 말하시오.

㈎ 모든 변의 길이가 같다. ㈏ 외각의 크기가 모두 같다. ㈐ 내각의 크기의 합은 900°이다.

0535

오른쪽 그림의 사각형 ABCD에서 점 E는 ∠B와 ∠D의 이등분선의 교점일 때, ∠x의 크기를 구하시오.

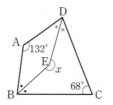

0536

다음 그림에서 ∠x의 크기를 구하시오.

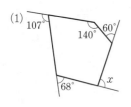

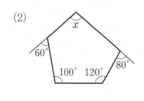

0537

세 외각의 크기의 비가 2 : 3 : 4인 삼각형의 세 내각 중 크기가 가장 작은 각의 크기를 구하시오.

중요
0538

어떤 정다각형의 내각의 크기의 합이 1000°보다 크고 1100°보다 작다고 할 때, 이 정다각형의 한 내각의 크기와 한 외각의 크기의 비는?

① 2 : 1   ② 3 : 1   ③ 3 : 2

④ 4 : 1   ⑤ 5 : 2

0539

오른쪽 그림과 같은 정오각형에서 ∠x의 크기를 구하시오.

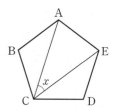

0540

오른쪽 그림의 정오각형 ABCDE에서 ∠DCR=x°, ∠PAB=3x°일 때, x의 값을 구하시오. (단, $l /\!/ m$)

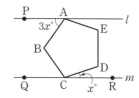

0541

오른쪽 그림에서 ∠F=25°일 때, ∠A+∠B+∠C+∠D+∠E 의 크기를 구하시오.

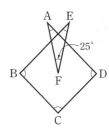

0542

오른쪽 그림에서 ∠a+∠b+∠c+∠d+∠e 의 크기를 구하시오.

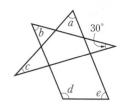

서술형 주관식

0543

오른쪽 그림에서
∠ABD＝2∠DBC,
∠ACD＝2∠DCE,
∠BDC＝20°일 때, ∠x의 크기
를 구하시오.

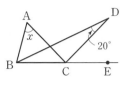

0544
중요

오른쪽 그림과 같은 오각형 ABCDE
에서 ∠C와 ∠D의 이등분선의 교점을
F라 할 때, ∠x의 크기를 구하시오.

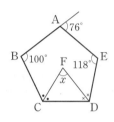

0545

한 내각과 한 외각의 크기의 비가 3 : 2인 정다각형의 대각
선의 개수를 구하시오.

0546

오른쪽 그림과 같은 정육각형
ABCDEF에서 두 대각선 AC, BF
의 교점을 G라 할 때, ∠x의 크기를 구
하시오.

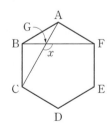

실력 UP

○실력 UP 집중 학습은 실력 Up⁺로!!

0547

오른쪽 그림과 같이 한 변의 길이가 같은
정삼각형 ADP와 정사각형 ABCD가
$\overline{\mathrm{AD}}$에서 만난다. $\overline{\mathrm{AD}}$와 $\overline{\mathrm{BP}}$의 교점을 Q
라 할 때, ∠x의 크기를 구하시오.

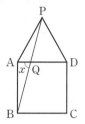

0548

오른쪽 그림과 같이 한 변의 길
이가 같은 정오각형과 정팔각형
이 $\overline{\mathrm{ED}}$에서 만난다. $\overline{\mathrm{BC}}$의 연장
선과 $\overline{\mathrm{KJ}}$의 연장선이 만날 때,
∠x의 크기를 구하시오.

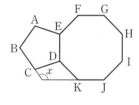

0549

오른쪽 그림에서 ∠a＋∠b＋∠c의
크기를 구하시오.

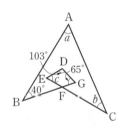

0550

오른쪽 그림에서 $l /\!/ m$일 때,
∠a＋∠b＋∠c＋∠d＋∠e＋∠f
의 크기는?

① 280°   ② 300°

③ 360°   ④ 410°

⑤ 530°

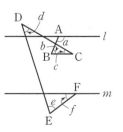

05 원과 부채꼴

05-1 호와 현

○ 개념플러스

(1) **원** : 평면 위의 한 점 O로부터 일정한 거리에 있는 모든 점으로 이루어진 도형
  ① **원의 중심** : 점 O
  ② **반지름** : 원의 중심과 원 위의 임의의 한 점을 이은 선분

(2) **호** : 원 위의 두 점 A, B를 양 끝 점으로 하는 원의 일부분을 **호 AB**라 하고, 기호 $\widehat{AB}$로 나타낸다.

(3) **현** : 원 위의 두 점 C, D를 이은 선분을 **현 CD**라 하고, 기호 $\overline{CD}$로 나타낸다.
  ▶ 현은 원의 중심을 지날 때 가장 길고, 원의 중심을 지나는 현은 그 원의 지름이다.

(4) **할선** : 원 위의 두 점을 이은 직선 l

- 원 위의 두 점 A, B에 의해 두 개의 호가 생기는데 일반적으로 $\widehat{AB}$는 짧은 쪽의 호를 나타내고, 긴 호는 호 위에 점 P를 잡아 $\widehat{APB}$로 나타낸다.

05-2 부채꼴과 활꼴

(1) **부채꼴** : 원 O에서 두 반지름 OA, OB와 호 AB로 이루어진 도형

(2) **중심각** : 두 반지름 OA, OB가 이루는 ∠AOB를 호 AB에 대한 중심각 또는 부채꼴 AOB의 중심각이라 한다.

(3) **활꼴** : 현 CD와 호 CD로 이루어진 도형

- 호 AB를 ∠AOB에 대한 호라 한다.
- 반원은 활꼴인 동시에 부채꼴이다.

05-3 중심각의 크기와 호의 길이

한 원에서
(1) 크기가 같은 중심각에 대한 호의 길이는 같다.
(2) **부채꼴의 호의 길이는 중심각의 크기에 정비례한다.**

- 한 원에서와 마찬가지로 합동인 두 원에서도 중심각의 크기와 호의 길이, 부채꼴의 넓이, 현의 길이에 대한 성질이 성립한다.

05-4 중심각의 크기와 부채꼴의 넓이

한 원에서
(1) 크기가 같은 중심각에 대한 부채꼴의 넓이는 같다.
(2) **부채꼴의 넓이는 중심각의 크기에 정비례한다.**

- 중심각의 크기가 2배, 3배, … 가 되면 부채꼴의 넓이도 2배, 3배, …가 된다.

05-5 중심각의 크기와 현의 길이

한 원에서
(1) 크기가 같은 중심각에 대한 현의 길이는 같다.
(2) **현의 길이는 중심각의 크기에 정비례하지 않는다.**

참고 ∠AOC=2∠AOB이지만 $\overline{AC} \neq 2\overline{AB}$

- △AOB와 △COD에서
  ∠AOB=∠COD
  $\overline{OA}=\overline{OC}$, $\overline{OB}=\overline{OD}$(반지름)
  ∴ △AOB≡△COD
    (SAS 합동)
  ∴ $\overline{AB}=\overline{CD}$

05-1 호와 현

0551 오른쪽 그림의 원 O 위에 다음을 나타내시오.

(1) 호 AB
(2) 현 AB

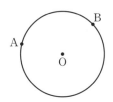

[0552~0554] 다음 설명 중 옳은 것에는 ○표, 옳지 않은 것에는 ×표를 하시오.

0552 원 위의 두 점을 연결한 원의 일부분을 현이라 한다. ( )

0553 원 위의 두 점을 이은 선분은 할선이다. ( )

0554 원의 중심을 지나는 현은 지름이다. ( )

05-2 부채꼴과 활꼴

[0555~0557] 오른쪽 그림의 원 O에 대하여 다음을 기호로 나타내시오.

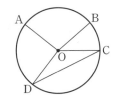

0555 $\widehat{AB}$에 대한 중심각

0556 ∠BOC에 대한 호

0557 ∠COD에 대한 현

[0558~0559] 다음 □ 안에 알맞은 말을 써넣으시오.

0558 두 반지름과 호로 이루어진 도형은 □이다.

0559 호와 현으로 이루어진 도형은 □이다.

[0560~0562] 다음 □ 안에 알맞은 것을 써넣으시오.

0560 중심각의 크기가 □인 부채꼴은 반원이다.

0561 부채꼴의 반지름의 길이와 현의 길이가 같을 때, 이 부채꼴의 중심각의 크기는 □이다.

0562 한 원에서 부채꼴과 활꼴이 같아질 때, 이 부채꼴의 중심각의 크기는 □이다.

05-3 중심각의 크기와 호의 길이

[0563~0566] 다음 그림의 원 O에서 x의 값을 구하시오.

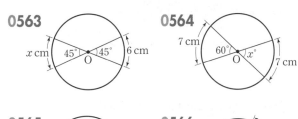

0563

0564

0565

0566

05-4 중심각의 크기와 부채꼴의 넓이

[0567~0570] 다음 그림의 원 O에서 x의 값을 구하시오.

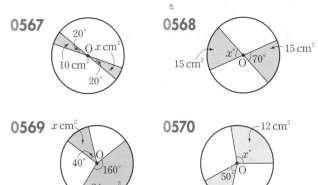

0567

0568

0569

0570

05-5 중심각의 크기와 현의 길이

[0571~0572] 다음 그림의 원 O에서 x의 값을 구하시오.

0571

0572

05-6 원주율

원에서 지름의 길이에 대한 둘레의 길이의 비율을 원주율이라 한다. 이 원주율을 기호 π 로 나타내며 '파이'라 읽는다.

$$\Rightarrow \text{(원주율)} = \frac{\text{(원의 둘레의 길이)}}{\text{(원의 지름의 길이)}} = \pi$$

▶ 원주율(π)은 원의 크기에 관계없이 항상 일정하다.

05-7 원의 둘레의 길이와 넓이

반지름의 길이가 r인 원의 둘레의 길이를 l, 넓이를 S라 하면

(1) $l = 2\pi r$ ◀── (원의 둘레의 길이)=(지름의 길이)$\times \pi$

(2) $S = \pi r^2$ ◀── (원의 넓이)=$\pi \times$(반지름의 길이)^2

(예) 오른쪽 그림과 같은 반지름의 길이가 3 cm인 원 O의 둘레의 길이를 l, 넓이를 S라 하면

(1) $l = 2\pi \times 3 = 6\pi \,(\text{cm})$

(2) $S = \pi \times 3^2 = 9\pi \,(\text{cm}^2)$

05-8 부채꼴의 호의 길이와 넓이

반지름의 길이가 r, 중심각의 크기가 $x°$인 부채꼴의 호의 길이를 l, 넓이를 S라 하면

(1) $l = \underbrace{2\pi r}_{\text{원의 둘레의 길이}} \times \dfrac{x}{360}$

(2) $S = \underbrace{\pi r^2}_{\text{원의 넓이}} \times \dfrac{x}{360}$

(예) 반지름의 길이가 3 cm, 중심각의 크기가 60°인 부채꼴의 호의 길이를 l, 넓이를 S라 하면

(1) $l = 2\pi \times 3 \times \dfrac{60}{360} = \pi \,(\text{cm})$

(2) $S = \pi \times 3^2 \times \dfrac{60}{360} = \dfrac{3}{2}\pi \,(\text{cm}^2)$

05-9 부채꼴의 호의 길이와 넓이 사이의 관계

반지름의 길이가 r, 호의 길이가 l인 부채꼴의 넓이를 S라 하면

$$S = \frac{1}{2} r l$$ ◀── (부채꼴의 넓이)=$\frac{1}{2} \times$(반지름의 길이)$\times$(호의 길이)

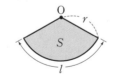

05-6 원주율

0573 다음 설명 중 옳은 것에는 ○표, 옳지 않은 것에는 ×표를 하시오.

(1) 원주율은 원의 크기에 관계없이 일정하다. ( )

(2) π의 값은 3.14이다. ( )

05-7 원의 둘레의 길이와 넓이

[0574~0575] 다음 그림의 원 O에서 원의 둘레의 길이와 넓이를 구하시오.

0574

0575

05-8 부채꼴의 호의 길이와 넓이

[0582~0585] 다음 그림의 부채꼴에서 호의 길이 l과 넓이 S를 구하시오.

0582

0583

0584

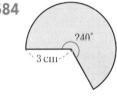

0585

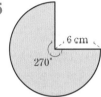

[0586~0587] 다음 그림에서 색칠한 부분의 둘레의 길이와 넓이를 구하시오.

0586

0587

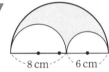

[0576~0579] 원의 둘레의 길이 l 또는 넓이 S가 다음과 같을 때, 이 원의 반지름의 길이를 구하시오.

0576 $l=6\pi$ cm

0577 $l=12\pi$ cm

0578 $S=36\pi$ cm^2

0579 $S=49\pi$ cm^2

05-9 부채꼴의 호의 길이와 넓이 사이의 관계

[0588~0589] 다음 그림과 같은 부채꼴의 넓이를 구하시오.

0588

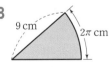

0589

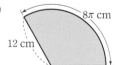

[0580~0581] 다음 그림에서 색칠한 부분의 둘레의 길이와 넓이를 구하시오.

0580

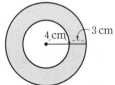

0581

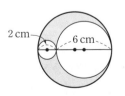

유형 익히기

개념원리 중학수학 1-2 131쪽

유형 | 01   원과 부채꼴

(1) 호 AB : 두 점 A, B를 양 끝 점으로 하 는 원의 일부분 ⇨ $\widehat{AB}$

(2) 호 AB에 대한 중심각 ⇨ ∠AOB

(3) 현 CD ⇨ $\overline{CD}$

(4) 부채꼴 : 두 반지름 OA, OB와 호 AB 로 이루어진 도형

(5) 활꼴 : 현 CD와 호 CD로 이루어진 도형

0590 ◦◦대표문제

오른쪽 그림의 원 O에 대한 다음 설 명 중 옳지 <u>않은</u> 것은? (단, 세 점 A, O, C는 한 직선 위에 있다.)

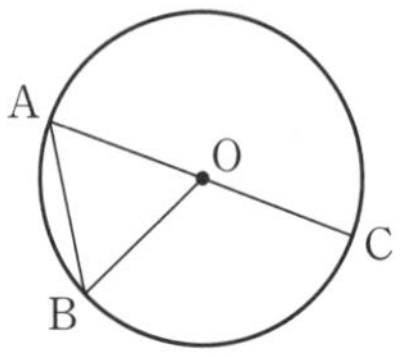

① $\overline{AB}$는 현이고 $\overline{OB}$는 반지름이다.

② $\overline{OA}=\overline{OB}=\overline{OC}$

③ $\overline{AC}$는 이 원의 현 중에서 가장 긴 현이다.

④ $\overline{AB}$와 $\widehat{AB}$로 둘러싸인 도형은 부채꼴이다.

⑤ ∠AOB는 호 AB에 대한 중심각이다.

0591 중 하

한 원에서 부채꼴과 활꼴이 같아지는 경우 부채꼴의 중심 각의 크기를 구하시오.

0592 중

다음 중 옳지 <u>않은</u> 것을 모두 고르면? (정답 2개)

① 지름은 길이가 가장 긴 현이다.

② 원 위의 두 점을 양 끝 점으로 하는 원의 일부분은 현이다.

③ 부채꼴의 반지름의 길이와 현의 길이가 같을 때, 이 부 채꼴의 중심각의 크기는 60°이다.

④ 반원은 중심각의 크기가 180°인 부채꼴이다.

⑤ 크기가 같은 중심각에 대한 호와 현으로 이루어진 도형 은 부채꼴이다.

개념원리 중학수학 1-2 132쪽

중요

유형 | 02   중심각의 크기와 호의 길이

한 원에서 호의 길이는 중심각의 크기에 정비 례하므로 비례식을 세워 호의 길이 또는 중심 각의 크기를 구한다.

⇨ $\widehat{AB}:\widehat{CD}=∠AOB:∠COD$

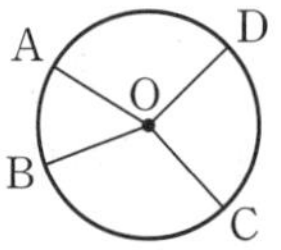

0593 ◦◦대표문제

오른쪽 그림의 원 O에서 x, y의 값은?

① $x=5$, $y=50$

② $x=6$, $y=40$

③ $x=6$, $y=60$

④ $x=7$, $y=50$

⑤ $x=7$, $y=60$

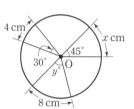

0594 중 하

오른쪽 그림의 원 O에서 x의 값 은?

① 4   ② 5

③ 6   ④ 8

⑤ 10

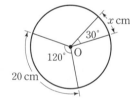

0595 중

오른쪽 그림의 원 O에서 x의 값은?

① 20   ② 30

③ 40   ④ 50

⑤ 60

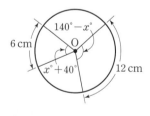

0596 상 중

원 O에서 중심각의 크기가 60°인 부채꼴의 호의 길이가 6 cm일 때, 원 O의 둘레의 길이를 구하시오.

유형 | 03 호의 길이의 비가 주어질 때 중심각의 크기 구하기

개념원리 중학수학 1−2 132쪽

한 원에서 호의 길이는 중심각의 크기에 정
비례하므로
$\overarc{AB} : \overarc{BC} : \overarc{CA} = a : b : c$이면
$$\angle AOB = 360° \times \frac{a}{a+b+c}$$
$$\angle BOC = 360° \times \frac{b}{a+b+c}$$
$$\angle COA = 360° \times \frac{c}{a+b+c}$$

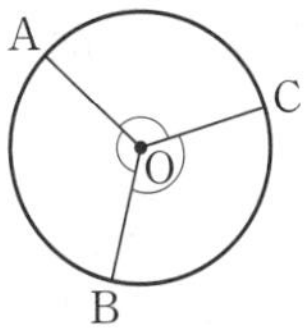

0597 대표문제

오른쪽 그림의 원 O에서
$\overarc{AB} : \overarc{BC} : \overarc{CA} = 4 : 5 : 6$일 때,
∠AOC의 크기는?

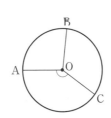

① 132°　　② 136°
③ 140°　　④ 144°
⑤ 150°

0598 중 하

오른쪽 그림의 반원 O에서
$\overarc{BC} = 4\overarc{AC}$일 때, ∠AOC의 크기
를 구하시오.

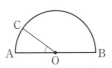

0599 중 하

오른쪽 그림에서 $\overline{AB}$는 원 O의 지
름이고 $\overarc{AC} : \overarc{BC} = 4 : 5$일 때,
∠AOC의 크기를 구하시오.

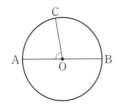

0600 중

오른쪽 그림의 원 O에서 $\overline{AC}$는 지름
이고 $\overarc{AB} : \overarc{BC} : \overarc{DE} = 5 : 1 : 2$일
때, ∠DOE의 크기를 구하시오.

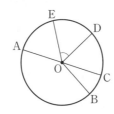

유형 | 04 보조선을 그어 호의 길이 구하기

개념원리 중학수학 1−2 133쪽

다음 그림의 반원 O에서 $\overline{AC} /\!/ \overline{OD}$이면
⇨ 보조선을 그어 평행선의 성질, 이등변삼각형의 성질을 이용한다.

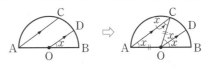

0601 대표문제

오른쪽 그림과 같이 지름이 $\overline{AB}$
인 원 O에서 $\overline{AD} /\!/ \overline{OC}$이고
∠COB=45°, $\overarc{BC}$=10 cm일
때, $\overarc{AD}$의 실이를 구하시오.

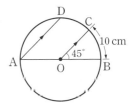

0602 중

오른쪽 그림의 원 O에서
$\overline{AD} /\!/ \overline{CO}$이고 ∠AOC=36°,
$\overarc{AC}$=7 cm일 때, $\overarc{AD}$의 길이는?

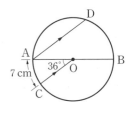

① 14 cm　　② 15 cm
③ 18 cm　　④ 21 cm
⑤ 24 cm

0603 중 서술형

오른쪽 그림과 같이 지름이 $\overline{AB}$
인 원 O에서 ∠CAB=20°,
$\overarc{BC}$=4 cm일 때, $\overarc{AC}$의 길이를
구하시오.

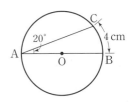

0604 상 중

오른쪽 그림과 같이 지름이 $\overline{AB}$인
원 O에서 $\overline{OC} /\!/ \overline{BD}$이고
∠AOC=30°일 때,
$\overarc{AC} : \overarc{CD} : \overarc{DB}$를 가장 간단한 정
수의 비로 나타내시오.

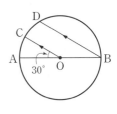

개념원리 중학수학 1-2 133쪽

유형 | 05 중심각의 크기와 부채꼴의 넓이

한 원에서 부채꼴의 넓이는 중심각의 크기에 정비례한다.

⇨ 비례식을 세워 부채꼴의 넓이 또는 중심각의 크기를 구한다.

0605 ●대표문제

오른쪽 그림의 원 O에서
∠AOB=100°, ∠COD=40°이다.
부채꼴 COD의 넓이가 10 cm²일 때,
부채꼴 AOB의 넓이는?

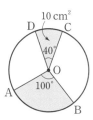

① 12 cm² ② 15 cm²
③ 20 cm² ④ 25 cm²
⑤ 30 cm²

0606 중 하

오른쪽 그림의 원 O에서
∠AOB=40°이고 부채꼴 AOB
의 넓이는 13 cm²이다. 부채꼴
COD의 넓이가 26 cm²일 때,
∠COD의 크기는?

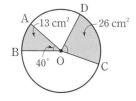

① 70° ② 75° ③ 80°
④ 90° ⑤ 110°

0607 중

오른쪽 그림에서 부채꼴 AOB의 넓이
가 6 cm²일 때, 원 O의 넓이는?

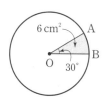

① 60 cm² ② 62 cm²
③ 68 cm² ④ 72 cm²
⑤ 80 cm²

0608 상 중 ●서술형

오른쪽 그림의 원 O에서
$\overset{\frown}{AB}$: $\overset{\frown}{CD}$=2 : 5이고 부채꼴 COD
의 넓이가 40 cm²일 때, 부채꼴
AOB의 넓이를 구하시오.

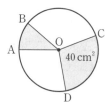

개념원리 중학수학 1-2 134쪽

유형 | 06 중심각의 크기와 현의 길이

(1) 크기가 같은 중심각에 대한 현의 길이는 같다.

(2) 길이가 같은 현에 대한 중심각의 크기는 같다.

0609 ●대표문제

오른쪽 그림의 원 O에서
$\overline{AB}=\overline{BC}=\overline{ED}$이고
∠AOC=100°일 때, ∠EOD의 크
기를 구하시오.

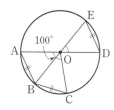

0610 중 하

오른쪽 그림의 원 O에서 반지름의 길
이는 4 cm, $\overline{AB}$=7 cm이고
∠AOB=∠COD일 때, $\overline{CD}$의 길이
를 구하시오.

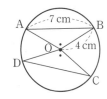

개념원리 중학수학 1-2 134쪽

중요

유형 | 07 중심각의 크기에 정비례하는 것

한 원에서 중심각의 크기에

⇨ 정비례하는 것 : 호의 길이, 부채꼴의 넓이

⇨ 정비례하지 않는 것 : 현의 길이, 삼각형의 넓이

0611 ●대표문제

오른쪽 그림의 원 O에서
∠AOB=$\frac{1}{3}$∠COD일 때, 다음 중
옳은 것을 모두 고르면? (정답 2개)

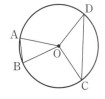

① $\overset{\frown}{CD}$=3$\overset{\frown}{AB}$ ② $\overline{AB}$∥$\overline{CD}$
③ $\overline{AB}$=$\frac{1}{3}$$\overline{CD}$ ④ △COD=3△AOB
⑤ (부채꼴 OAB의 넓이)=$\frac{1}{3}$×(부채꼴 OCD의 넓이)

0612 중 하

오른쪽 그림의 원 O에서
∠AOB=∠BOC=∠COD=∠EOF
일 때, 다음 중 옳지 않은 것은?

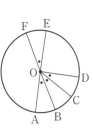

① $\overset{\frown}{BC}$=$\frac{1}{3}$$\overset{\frown}{AD}$ ② $\overline{EF}$=$\frac{1}{2}$$\overline{AC}$
③ $\overline{AB}$=$\overline{CD}$ ④ $\overset{\frown}{AC}$=2$\overset{\frown}{CD}$
⑤ $\overline{AD}$<3$\overline{EF}$

개념원리 중학수학 1–2 135쪽

유형 | **08** **도형의 성질을 이용하여 호의 길이 구하기**

(1) 이등변삼각형의 두 밑각의 크기는 같다.

(2) 평행선이 다른 한 직선과 만나서 생기는 엇각과 동위각의 크기는 각각 서로 같다.

(3) 삼각형의 한 외각의 크기는 그와 이웃하지 않는 두 내각의 크기의 합과 같다.

0613 ●**대표문제**

오른쪽 그림의 원 O에서 $\overline{AB} \parallel \overline{CD}$이고 $\angle AOB = 120°$, $\overparen{AB} = 12$ cm일 때, $\overparen{AC}$의 길이는?

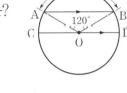

① 2 cm ② 3 cm
③ 4 cm ④ 5 cm
⑤ 6 cm

0614 중

오른쪽 그림의 원 O에서 $\overline{AB} \parallel \overline{CO}$이고 $\angle AOC = 40°$, $\overparen{AC} = 6$ cm일 때, $\overparen{AB}$의 길이를 구하시오.

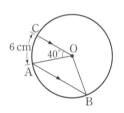

0615 상 중 ●**서술형**

오른쪽 그림의 원 O에서 점 P는 지름 BA의 연장선과 현 CD의 연장선의 교점이고 $\angle P = 20°$이다. $\overline{DO} = \overline{DP}$, $\overparen{BC} = 15$ cm일 때, $\overparen{AD}$의 길이를 구하시오.

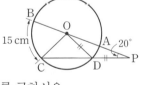

0616 상 중

오른쪽 그림의 원 O에서 점 P는 지름 AB의 연장선과 현 CD의 연장선의 교점이다. $\overline{DO} = \overline{DP}$, $\overparen{BD} = 4$ cm일 때, $\overparen{AC}$의 길이를 구하시오.

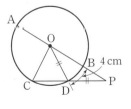

개념원리 중학수학 1–2 139쪽

유형 | **09** **원의 둘레의 길이와 넓이**

반지름의 길이가 r인 원의 둘레의 길이를 l, 넓이를 S라 하면
$$\Rightarrow l = 2\pi r,\ S = \pi r^2$$

0617 ●**대표문제**

오른쪽 그림의 원에 대하여 다음을 구하시오.

(1) 색칠한 부분의 둘레의 길이
(2) 색칠한 부분의 넓이

0618 중

오른쪽 그림의 원에서 색칠한 부분의 둘레의 길이와 넓이를 구하시오.

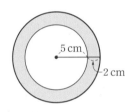

0619 중 ●**서술형**

오른쪽 그림의 원에 대하여 다음을 구하시오.

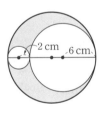

(1) 색칠한 부분의 둘레의 길이
(2) 색칠한 부분의 넓이

0620 중

오른쪽 그림에서 $\overline{AB} = \overline{BC} = \overline{CD}$이고 $\overline{AD}$는 원의 지름이다. $\overline{AD} = 24$ cm일 때, 색칠한 부분의 둘레의 길이는?

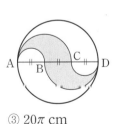

① 16π cm ② 18π cm ③ 20π cm
④ 24π cm ⑤ 26π cm

유형 | 10 부채꼴의 호의 길이와 넓이

반지름의 길이가 r, 중심각의 크기가 $x°$인
부채꼴의 호의 길이를 l, 넓이를 S라 하면

$\Rightarrow l = 2\pi r \times \dfrac{x}{360}$, $S = \pi r^2 \times \dfrac{x}{360}$

$\Rightarrow S = \dfrac{1}{2}rl$

0621 ◀•대표문제

오른쪽 그림과 같이 반지름의 길이
가 12 cm이고 중심각의 크기가
150°인 부채꼴의 호의 길이와 넓이
를 구하시오.

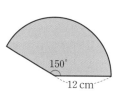

0622 중 하

다음 물음에 답하시오.

(1) 반지름의 길이가 6 cm이고 호의 길이가 8π cm인 부채
꼴의 넓이를 구하시오.

(2) 넓이가 45π cm²이고 호의 길이가 6π cm인 부채꼴의
반지름의 길이를 구하시오.

(3) 반지름의 길이가 8 cm이고 넓이가 20π cm²인 부채꼴
의 호의 길이를 구하시오.

0623 중

오른쪽 그림과 같이 반지름의 길이가
9 cm인 원에서 색칠한 부분의 넓이의
합을 구하시오.

0624 상 중

다음 물음에 답하시오.

(1) 호의 길이가 12π cm, 중심각의 크기가 240°인 부채꼴
의 넓이를 구하시오.

(2) 호의 길이가 π cm, 넓이가 5π cm²인 부채꼴의 중심각
의 크기를 구하시오.

유형 | 11 부채꼴에서 색칠한 부분의 둘레의 길이와 넓이

오른쪽 그림의 부채꼴에서

(1) (색칠한 부분의 넓이)
　=(큰 부채꼴의 넓이)−(작은 부채꼴의 넓이)

(2) (색칠한 부분의 둘레의 길이)
　=(큰 호의 길이)+(작은 호의 길이)+2×(선분의 길이)

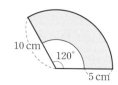

0625 ◀•대표문제

오른쪽 그림에서 다음을 구하시오.

(1) 색칠한 부분의 둘레의 길이

(2) 색칠한 부분의 넓이

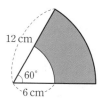

0626 중 하

오른쪽 그림에서 색칠한 부분의 넓이
는?

① 12π cm²　　② 14π cm²
③ 16π cm²　　④ 18π cm²
⑤ 20π cm²

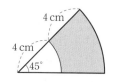

0627 중

오른쪽 그림에서 다음을 구하시오.

(1) 색칠한 부분의 둘레의 길이

(2) 색칠한 부분의 넓이

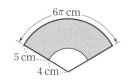

0628 중 ◀•서술형

오른쪽 그림에서 색칠한 부분의 넓
이를 구하시오.

유형 | 12 **색칠한 부분의 둘레의 길이**

(1) 곡선 부분 ⇨ 원의 둘레의 길이나 부채꼴의 호의 길이 이용
(2) 직선 부분 ⇨ 원의 지름이나 반지름의 길이 이용

0629 ◀대표문제

오른쪽 그림에서 색칠한 부분의 둘레의 길이를 구하시오.

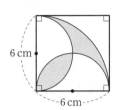
6 cm
6 cm

0630 중

오른쪽 그림에서 색칠한 부분의 둘레의 길이를 구하시오.

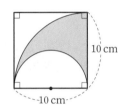
10 cm
10 cm

0631 중

오른쪽 그림에서 색칠한 부분의 둘레의 길이를 구하시오.

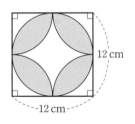
12 cm
12 cm

0632 상 중

오른쪽 그림에서 색칠한 부분의 둘레의 길이를 구하시오.

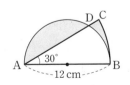
D C
30°
A
12 cm
B

유형 | 13 **색칠한 부분의 넓이 (1)**

전체의 넓이에서 색칠하지 않은 부분의 넓이를 뺀다.

0633 ◀대표문제

오른쪽 그림과 같은 정사각형에서 색칠한 부분의 넓이는?

① $(48\pi - 96)$ cm²
② $(58\pi - 116)$ cm²
③ $(62\pi - 124)$ cm²
④ $(68\pi - 126)$ cm²
⑤ $(72\pi - 144)$ cm²

12 cm

0634 중

오른쪽 그림에서 색칠한 부분의 넓이를 구하시오.

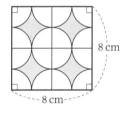
8 cm
8 cm

0635 중

오른쪽 그림과 같은 정사각형에서 색칠한 부분의 넓이를 구하시오.

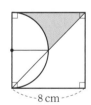
8 cm

0636 상 중

오른쪽 그림과 같은 정사각형 ABCD에서 색칠한 부분의 넓이를 구하시오.

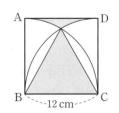
A
D
B
C
12 cm

색칠한 부분의 넓이 (2) 개념원리 중학수학 1–2 142쪽

주어진 도형을 간단한 몇 개의 도형으로 나누어 넓이를 구한 후 각각의 넓이를 더하거나 빼서 색칠한 부분의 넓이를 구한다.

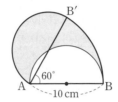

0637 ●대표문제
오른쪽 그림은 지름의 길이가 10 cm 인 반원을 점 A를 중심으로 60°만큼 회전한 것이다. 색칠한 부분의 넓이 를 구하시오.

0638 상 중
오른쪽 그림은 세 변의 길이가 각각 3 cm, 4 cm, 5 cm인 직각삼각형 의 각 변을 지름으로 하는 반원을 그린 것이다. 색칠한 부분의 넓이를 구하시오.

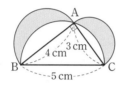

0639 상 중
오른쪽 그림에서 색칠한 부분 의 넓이와 직사각형 ABCD의 넓이가 같을 때, 색칠한 부분의 넓이를 구하시오.

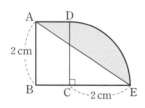

0640 상 중
오른쪽 그림은 한 변의 길이가 4 cm인 정사각형 ABCD와 정 사각형의 한 변 DC를 지름으로 하는 반원을 그린 것이다. $\overset{\frown}{CM}=\overset{\frown}{DM}$일 때, 색칠한 부분의 넓이를 구하시오.

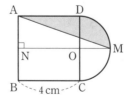

  색칠한 부분의 넓이 (3) 개념원리 중학수학 1–2 142쪽

도형의 일부분을 적당히 이동하면 넓이를 간단히 구할 수 있다.

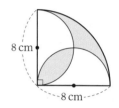

0641 ●대표문제
오른쪽 그림에서 색칠한 부분의 넓이 를 구하시오.

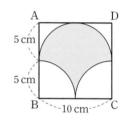

0642 중
오른쪽 그림의 정사각형 ABCD에 서 색칠한 부분의 넓이를 구하시오.

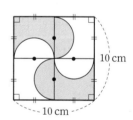

0643 중 ●서술형
오른쪽 그림에서 색칠한 부분의 넓이를 구하시오.

0644 중
오른쪽 그림과 같이 반지름의 길이 가 8 cm인 두 원이 서로의 중심을 지날 때, 색칠한 부분의 넓이를 구 하시오.

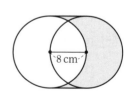

유형 UP

유형 | 16   끈의 길이

개념원리 중학수학 1-2 149쪽

끈의 최소 길이 ⇨ 곡선 부분과 직선 부분으로 나누어 생각한다.

(1) 곡선 부분 ⇨ 부채꼴의 호의 길이 이용

(2) 직선 부분 ⇨ 원의 반지름의 길이 이용

0645 ◀대표문제

오른쪽 그림과 같이 밑면인 원의 반지름의 길이가 2 cm인 원기둥 6개를 끈으로 묶으려고 할 때, 끈의 길이의 최솟값은? (단, 끈의 매듭의 길이는 생각하지 않는다.)

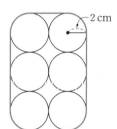

① $4(\pi+6)$ cm

② $8(\pi+3)$ cm

③ $8(\pi+6)$ cm

④ $16(\pi+3)$ cm

⑤ $20(\pi+3)$ cm

0646 [상][중]

오른쪽 그림과 같이 밑면인 원의 반지름의 길이가 3 cm인 원기둥 3개를 끈으로 묶으려고 할 때, 끈의 길이의 최솟값을 구하시오. (단, 끈의 매듭의 길이는 생각하지 않는다.)

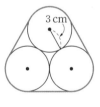

0647 [상]

다음 그림과 같이 밑면인 원의 반지름의 길이가 4 cm인 원기둥 모양의 캔 4개를 A, B 두 방법으로 묶으려고 한다. 끈의 길이를 최소로 하려고 할 때, 방법 A와 방법 B의 끈의 길이는 몇 cm 차이가 나는지 구하시오.

(단, 끈의 매듭의 길이는 생각하지 않는다.)

[방법 A]

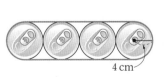

4 cm

[방법 B]

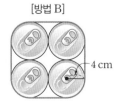

4 cm

유형 | 17   원이 지나간 자리의 넓이

개념원리 중학수학 1-2 149쪽

① 원이 지나간 자리를 그린다.

② 부채꼴(곡선) 부분과 직사각형 부분으로 나누어 생각한다. 이때 부채꼴(곡선) 부분을 합하면 하나의 원이 된다.

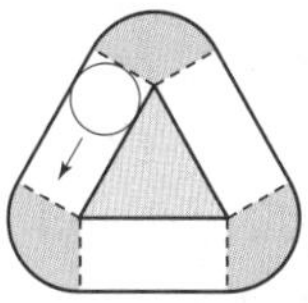

0648 ◀대표문제

오른쪽 그림과 같이 반지름의 길이가 2 cm인 원이 한 변의 길이가 5 cm인 정삼각형의 변을 따라 한 바퀴 돌았을 때, 원이 지나간 자리의 넓이를 구하시오.

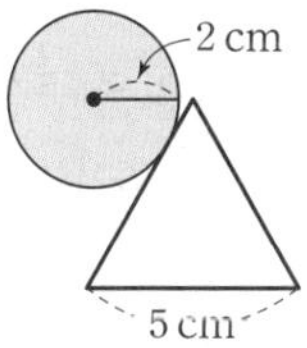

0649 [상]

오른쪽 그림과 같이 가로의 길이가 4 cm, 세로의 길이가 3 cm인 직사각형의 변을 따라 반지름의 길이가 1 cm인 원이 한 바퀴 돌았을 때, 이 원의 중심이 움직인 거리와 원이 지나간 자리의 넓이를 차례로 구하시오.

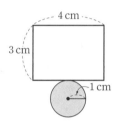

유형 | 18   도형을 회전 시켰을 때 움직인 거리 구하기

개념원리 중학수학 1-2 149쪽

도형을 회전 시켰을 때 움직인 거리 ⇨ 부채꼴의 호의 길이 이용

0650 ◀대표문제

오른쪽 그림은 삼각자 ABC를 점 B를 중심으로 점 C가 변 AB의 연장선 위의 점 C′에 오도록 회전한 것이다. 변 AB의 길이가 8 cm일 때, 점 A가 움직인 거리를 구하시오.

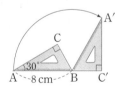

0651 [상]

다음 그림과 같이 가로, 세로의 길이가 각각 6 cm, 8 cm이고 대각선의 길이가 10 cm인 직사각형을 직선 l 위에서 한 바퀴 회전 시켰을 때, 점 A가 움직인 거리를 구하시오.

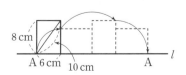

0652

오른쪽 그림의 원 O에서 다음 중 옳지 않은 것은? (단, A, O, D는 한 직선 위에 있다.)

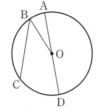

① ∠AOB는 부채꼴 AOB의 중심각이다.

② 반원은 중심각의 크기가 180°인 부채꼴이다.

③ $\overline{BC}$와 $\overparen{BC}$로 둘러싸인 도형은 활꼴이다.

④ 원 위의 두 점 A, B를 양 끝 점으로 하는 호는 1개이다.

⑤ $\overline{AD}$는 가장 긴 현이다.

0653

오른쪽 그림의 원 O에서 x의 값을 구하시오.

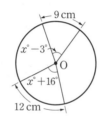

0654

오른쪽 그림의 원 O에서 $\overparen{AB}:\overparen{BC}:\overparen{CPA}=1:2:6$일 때, 다음 **보기** 중 옳은 것을 모두 고른 것은?

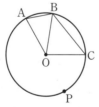

― 보기 ―

ㄱ. $\overline{BC}=2\overline{AB}$

ㄴ. ∠AOB=40°

ㄷ. $\overparen{AB}=4$ cm이면 $\overparen{CPA}=24$ cm이다.

ㄹ. 반지름의 길이가 6 cm일 때, 부채꼴 BOC의 넓이는 24π cm²이다.

① ㄱ, ㄴ   ② ㄱ, ㄷ   ③ ㄴ, ㄷ
④ ㄴ, ㄹ   ⑤ ㄷ, ㄹ

0655

오른쪽 그림의 원 O에서 지름 AB와 현 AC가 이루는 각의 크기가 30°이고 $\overparen{BC}=4$ cm일 때, $\overparen{AC}$의 길이는?

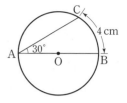

① 8 cm   ② 10 cm
③ 12 cm   ④ 20 cm   ⑤ 24 cm

0656

오른쪽 그림과 같은 반원 O에서 $\overline{AC}\,/\!/\,\overline{OD}$이고 ∠BOD=30°, $\overparen{BD}=5$ cm일 때, $\overparen{AC}$의 길이를 구하시오.

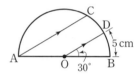

0657

오른쪽 그림에 대한 다음 설명 중 옳지 않은 것은?

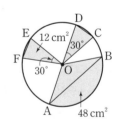

① ∠AOB=120°

② $\overline{CD}=\overline{EF}$

③ $\overparen{AB}=4\overparen{CD}$

④ $\overparen{AB}=4\overline{EF}$

⑤ 부채꼴 COD의 넓이와 부채꼴 EOF의 넓이는 같다.

0658

오른쪽 그림에서 점 P는 원 O의 지름 BA와 현 DC의 연장선의 교점이고, $\overline{PC}=\overline{CO}$, $\angle P=20°$, $\overparen{AC}=5$ cm일 때, $\overparen{BD}$의 길이를 구하시오.

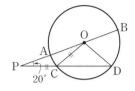

0659

호의 길이가 2π cm, 넓이가 6π cm²인 부채꼴의 중심각의 크기는?

① $30°$ ② $45°$ ③ $52°$

④ $60°$ ⑤ $80°$

0660

반지름의 길이가 10 cm인 원 O와 정오각형이 오른쪽 그림과 같이 만날 때, 색칠한 부분의 넓이를 구하시오.

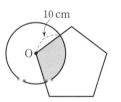

0661

오른쪽 그림에서 $\overparen{AB}=16\pi$ cm, $\overparen{CD}=12\pi$ cm, $\overline{OA}=24$ cm일 때, 색칠한 부분의 넓이를 구하시오.

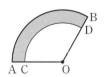

0662

오른쪽 그림에서 다음을 구하시오.

(1) 색칠한 부분의 둘레의 길이

(2) 색칠한 부분의 넓이

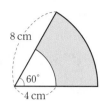

0663

오른쪽 그림에서 색칠한 부분의 넓이가 $\dfrac{9}{2}\pi$ cm²일 때, $\angle x$의 크기를 구하시오.

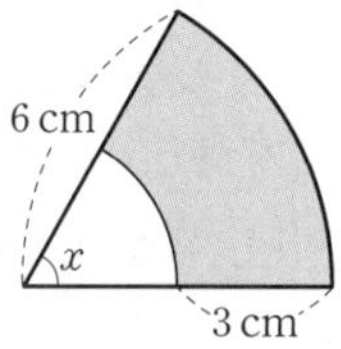

0664

오른쪽 그림과 같이 반지름의 길이가 12 cm인 두 원 O, O′이 서로의 중심을 지날 때, 색칠한 부분의 둘레의 길이는?

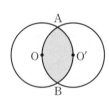

① 12π cm   ② 13π cm   ③ 14π cm

④ 15π cm   ⑤ 16π cm

0665

오른쪽 그림과 같이 한 변의 길이가
9 cm인 정사각형에서 색칠한 부분의
둘레의 길이를 구하시오.

−9 cm−

0666

오른쪽 그림과 같이 한 변의 길이가
4 cm인 정사각형 ABCD에서 점 B
와 점 C를 중심으로 하고 반지름의 길
이가 4 cm인 부채꼴을 각각 그린 것
이다. 색칠한 부분의 둘레의 길이는?

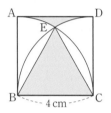

① $\left(16+\dfrac{1}{3}\pi\right)$cm　　② $\left(16+\dfrac{2}{3}\pi\right)$cm

③ $(16+\pi)$ cm　　④ $\left(16+\dfrac{4}{3}\pi\right)$cm

⑤ $\left(16+\dfrac{5}{3}\pi\right)$cm

중요
0667

오른쪽 그림은 세 변의 길이가 각각
5 cm, 12 cm, 13 cm인 직각삼각
형의 각 변을 지름으로 하는 반원을
그린 것이다. 색칠한 부분의 둘레의
길이와 넓이를 구하시오.

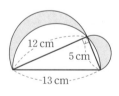

0668

오른쪽 그림과 같이 지름의 길이가
12 cm인 반원과 반지름의 길이가
12 cm인 부채꼴이 겹쳐져 있을 때, 색
칠한 부분의 넓이를 구하시오.

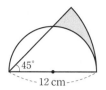

45°
−12 cm−

0669

오른쪽 그림과 같이 직사각형 ABCD
와 부채꼴 BCE가 겹쳐져 있다.
$\overline{BC}=10$ cm이고, 색칠한 두 부분 ㉠
와 ㉡의 넓이가 같을 때, $\overline{AB}$의 길이
를 구하시오.

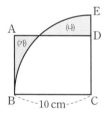

−10 cm−

0670

오른쪽 그림에서 색칠한 부분의
넓이와 직사각형 ABCD의 넓이
가 같을 때, 색칠한 부분의 넓이를
구하시오.

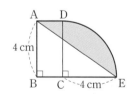

4 cm
−4 cm−

0671

오른쪽 그림의 정사각형 ABCD에서 색칠한 부분의 둘레의 길이와 넓이를 구하시오.

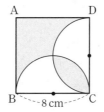

0672

오른쪽 그림에서 색칠한 부분의 넓이를 구하시오.

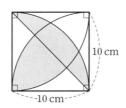

0673

오른쪽 그림과 같은 정사각형 ABCD에서 색칠한 부분의 넓이를 구하시오.

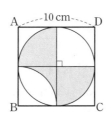

0674

오른쪽 그림과 같이 두 변의 길이가 각각 13 cm, 7 cm인 삼각형 ABC를 점 A를 중심으로 120°만큼 회전시켰을 때, 색칠한 부분의 넓이를 구하시오.

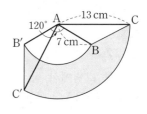

0675

다음 그림과 같이 가로의 길이가 4 m, 세로의 길이가 3 m인 직사각형 모양의 집의 A지점에 강아지가 5 m인 끈에 묶여 있다. 강아지가 집 밖에서 움직일 때, 움직일 수 있는 영역의 최대 넓이를 구하시오.

(단, 끈의 매듭의 길이는 생각하지 않는다.)

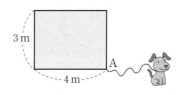

0676

오른쪽 그림과 같이 직각삼각형 ABC를 점 B를 중심으로 점 C가 변 AB의 연장선 위의 점 C′에 오도록 회전시켰다. $\angle CAB = 30°$이고 $\overline{AB} = 10$ cm, $\overline{BC} = 5$ cm일 때, 점 A가 움직인 거리를 구하시오.

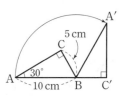

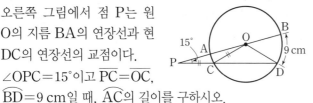

서술형 주관식

0677

오른쪽 그림에서 점 P는 원 O의 지름 BA의 연장선과 현 DC의 연장선의 교점이다. $\angle \mathrm{OPC}=15°$이고 $\overline{\mathrm{PC}}=\overline{\mathrm{OC}}$, $\overparen{\mathrm{BD}}=9\,\mathrm{cm}$일 때, $\overparen{\mathrm{AC}}$의 길이를 구하시오.

0678

호의 길이가 $10\pi\,\mathrm{cm}$, 넓이가 $50\pi\,\mathrm{cm}^2$인 부채꼴의 반지름의 길이와 중심각의 크기를 차례로 구하시오.

0679

오른쪽 그림에서 $\overline{\mathrm{AB}}=\overline{\mathrm{BC}}=\overline{\mathrm{CD}}$이고 $\overline{\mathrm{AD}}$는 원의 지름이다. $\overline{\mathrm{AD}}=18\,\mathrm{cm}$일 때, 다음을 구하시오.

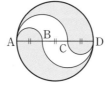

(1) 색칠한 부분의 둘레의 길이
(2) 색칠한 부분의 넓이

0680

오른쪽 그림에 대하여 다음을 구하시오.

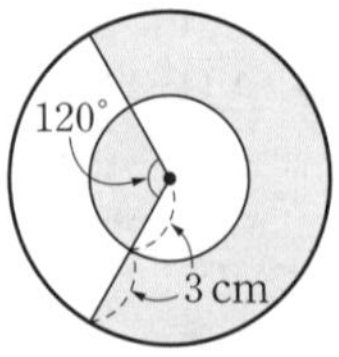

(1) 색칠한 부분의 둘레의 길이
(2) 색칠한 부분의 넓이

실력 UP

○ 실력 UP 집중 학습은 실력 up⁺로!!

0681

다음 그림과 같이 밑면인 원의 반지름의 길이가 $2\,\mathrm{cm}$인 원기둥 모양의 캔 3개를 A, B 두 방법으로 묶으려고 한다. 끈의 길이를 최소로 하려고 할 때, 어느 방법의 끈이 얼마만큼 더 필요한지 구하시오.

(단, 끈의 매듭의 길이는 생각하지 않는다.)

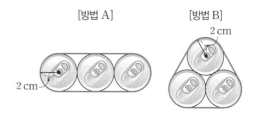

0682

오른쪽 그림과 같이 반지름의 길이가 $3\,\mathrm{cm}$인 원이 반지름의 길이가 $9\,\mathrm{cm}$이고 중심각의 크기가 $120°$인 부채꼴의 둘레를 따라 한 바퀴 돌았을 때, 다음을 구하시오.

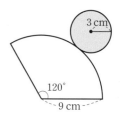

(1) 원의 중심이 움직인 거리
(2) 원이 지나간 자리의 넓이

0683

다음 그림과 같이 직사각형 ABCD를 직선 l 위에서 점 B가 점 B′에 오도록 한 바퀴 회전 시켰다. $\overline{\mathrm{AB}}=5\,\mathrm{cm}$, $\overline{\mathrm{BC}}=12\,\mathrm{cm}$, $\overline{\mathrm{BD}}=13\,\mathrm{cm}$일 때, 점 B가 움직인 거리를 구하시오.

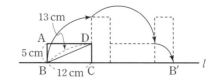

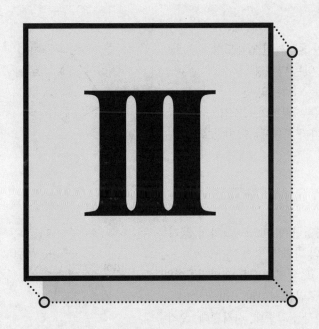

입체도형

다면체와 회전체

06-1 다면체

(1) **다면체** : 다각형인 면으로만 둘러싸인 입체도형

  ① 면 : 다면체를 둘러싸고 있는 다각형

  ② 모서리 : 다면체를 이루는 다각형의 변

  ③ 꼭짓점 : 다면체를 이루는 다각형의 꼭짓점

(2) 다면체는 그 면의 개수에 따라 사면체, 오면체, 육면체, …라 한다.

06-2 각뿔대

(1) **각뿔대** : 각뿔을 밑면에 평행한 평면으로 잘라서 생기는 두 다면체 중 각뿔이 아닌 쪽의 다면체

(2) 각뿔대의 밑면은 다각형이고, 옆면은 모두 사다리꼴이다.

(3) **각뿔대의 높이** : 각뿔대의 두 밑면 사이의 거리

(4) 각뿔대는 밑면의 모양에 따라 삼각뿔대, 사각뿔대, 오각뿔대, …라 한다.

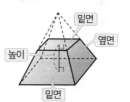

06-3 정다면체

(1) **정다면체**

  ① 모든 면이 합동인 정다각형이고

  ② 각 꼭짓점에 모인 면의 개수가 같은 다면체이다.

(2) **정다면체의 종류** : 정다면체는 다음의 5가지뿐이다.

[정사면체]　　[정육면체]　　[정팔면체]　　[정십이면체]　　[정이십면체]

06-4 정다면체의 전개도

	정사면체	정육면체	정팔면체	정십이면체	정이십면체
정다면체					
전개도					

◇ **개념플러스**

■ 바람을 넣어 부풀리면 구와 같은 모양이 되는 다면체의 꼭짓점의 개수를 v개, 모서리의 개수를 e개, 면의 개수를 f개라 하면
  ▷ $v-e+f=2$

■ 다면체의 종류 : 각기둥, 각뿔, 각뿔대 등

■ 각뿔대의 두 밑면은 모양은 같지만 크기가 다르다.

■ 각기둥의 옆면은 직사각형, 각뿔의 옆면은 삼각형이다.

■ 다면체의 모든 면이 합동이라고 해서 정다면체는 아니다. 두 조건을 모두 만족시켜야 정다면체이다.

■ 정다면체의 성질

정다면체	면의 모양	한 꼭짓점에 모인 면의 개수
정사면체		3개
정팔면체	정삼각형	4개
정이십면체		5개
정육면체	정사각형	3개
정십이면체	정오각형	3개

06-1 다면체

0684 다음 **보기**의 입체도형 중 다면체인 것을 모두 고르시오.

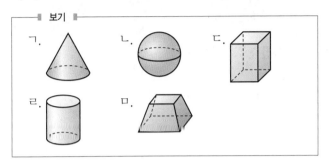

┃ 보기 ┃
ㄱ. ㄴ. ㄷ. ㄹ. ㅁ.

[0685~0686] 다음 다면체의 면의 개수를 구하고, 몇 면체인지 구하시오.

0685 삼각기둥   **0686** 오각뿔

06-2 각뿔대

[0687~0689] 오른쪽 그림의 오각뿔대에 대하여 다음을 구하시오.

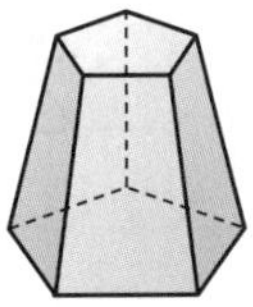

0687 면의 개수

0688 꼭짓점의 개수

0689 옆면을 이루는 다각형의 모양

[0690~0693] 다음 표를 완성하시오.

	삼각기둥	삼각뿔	삼각뿔대
겨냥도	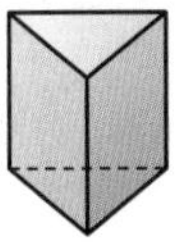	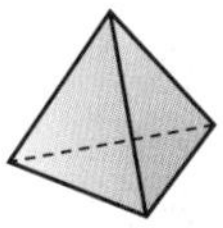	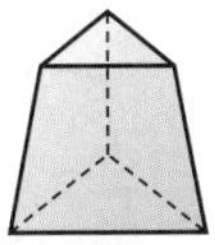
0690 면이 개수(개)			
0691 꼭짓점의 개수(개)			
0692 모서리의 개수(개)			
0693 옆면의 모양			

06-3 정다면체

0694 다음 □ 안에 알맞은 말을 써넣으시오.

> 정다면체는 모든 면이 합동인 ☐☐☐☐이고 각 꼭짓점에 모인 ☐의 개수가 같은 다면체이다.

[0695~0697] 정다면체에 대한 다음 설명 중 옳은 것에는 ○표, 옳지 않은 것에는 ×표를 하시오.

0695 정다면체의 종류는 무수히 많다.   (   )

0696 면의 모양이 정육각형인 정다면체가 있다. (   )

0697 각 면이 모두 합동인 정다각형으로 이루어져 있다.
(   )

[0698~0700] 다음을 모두 구하시오.

0698 정다면체의 종류

0699 면의 모양이 정오각형인 정다면체

0700 한 꼭짓점에 모인 면의 개수가 4개인 정다면체

06-4 정다면체의 전개도

[0701~0703] 오른쪽 그림의 전개도로 만든 정다면체에 대하여 물음에 답하시오.

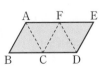

0701 이 정다면체의 이름을 말하시오.

0702 점 A와 겹치는 꼭짓점을 구하시오.

0703 $\overline{BC}$와 겹치는 모서리를 구하시오.

06-5 회전체

○ 개념플러스

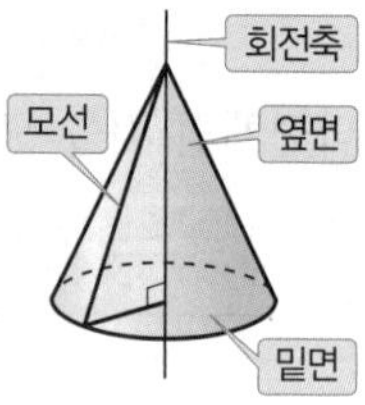

(1) **회전체** : 원기둥, 원뿔과 같이 평면도형을 한 직선을 축으로 하여
1회전 시킬 때 생기는 입체도형
　① 회전축 : 회전 시킬 때 축이 되는 직선
　② 모선 : 회전체에서 회전 시킬 때 옆면을 만드는 선분
(2) **구** : 반원의 지름을 회전축으로 하여 1회전 시킬 때 생기는 입체도형
(3) **원뿔대** : 두 각이 직각인 사다리꼴의 양 끝 각이 모두 직각인 변을 회전축으로 하여 1
회전 시킬 때 생기는 입체도형
　참고 원뿔을 밑면에 평행한 평면으로 잘라서 생기는 두 입체도형 중 원뿔이 아닌 쪽
　의 입체도형

- 회전체의 종류 : 원기둥, 원뿔,
원뿔대, 구 등

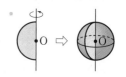

- 구에서는 모선을 생각하지 않
는다.

06-6 회전체의 성질

(1) 회전체를 회전축에 수직인 평면으로 자르면 그 단면은 항상 **원**이다.
(2) 회전체를 회전축을 포함하는 평면으로 자르면 그 단면은
　① 모두 합동이고
　② 회전축을 대칭축으로 하는 **선대칭도형**이다.

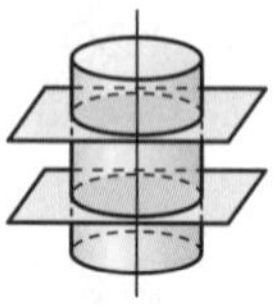

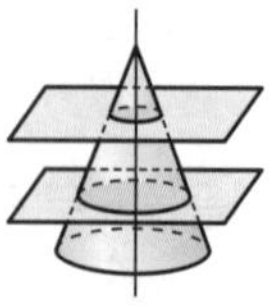

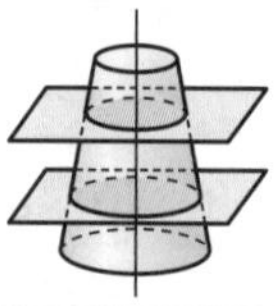

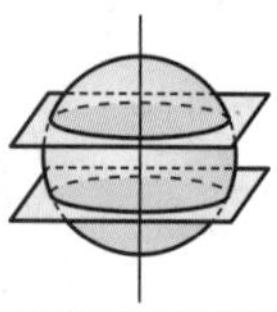

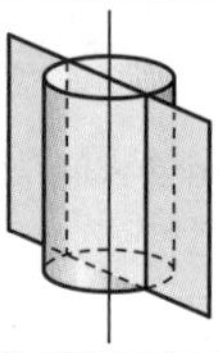

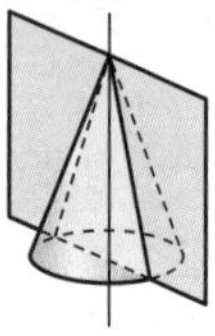

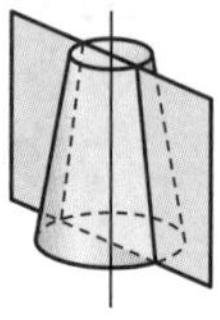

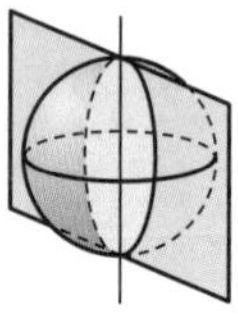

- 어떤 직선으로 접어서 완전히
겹쳐지는 도형을 선대칭도형이
라 하고, 이때 그 직선을 대칭
축이라 한다.

- 구는 어느 방향으로 자르더라
도 그 단면이 항상 원이다.

원기둥	원뿔	원뿔대	구

06-7 회전체의 전개도

- 구의 전개도는 그릴 수 없다.

	원기둥	원뿔	원뿔대
겨냥도	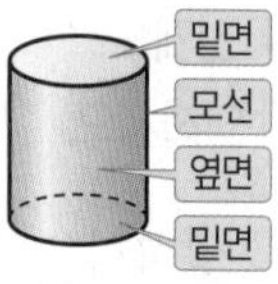 밑면 모선 옆면 밑면	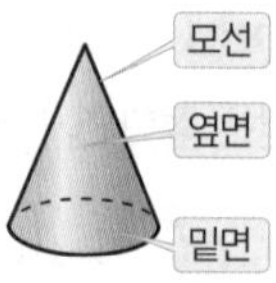 모선 옆면 밑면	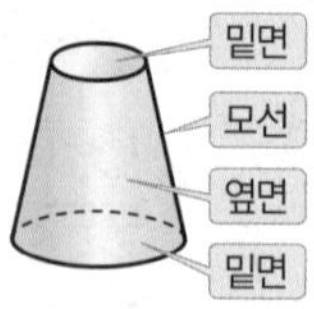 밑면 모선 옆면 밑면
전개도	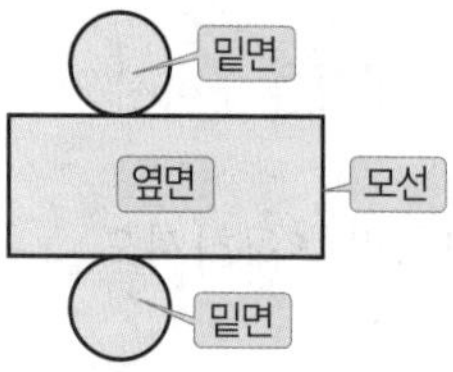 밑면 옆면 모선 밑면	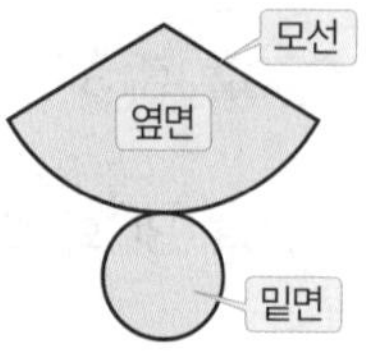 모선 옆면 밑면	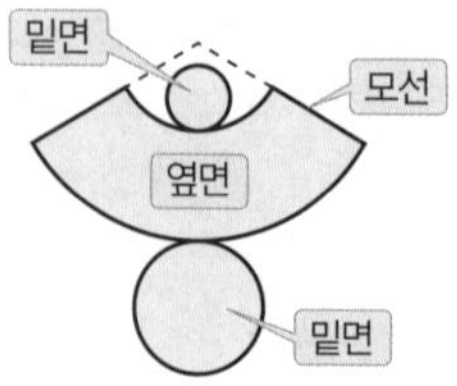 밑면 모선 옆면 밑면

06-5 회전체

0704 다음 **보기**의 입체도형 중 회전체인 것의 개수를 구하시오.

보기
ㄱ. 직육면체   ㄴ. 구   ㄷ. 칠각뿔대
ㄹ. 원기둥   ㅁ. 원뿔   ㅂ. 정사면체

[0705~0707] 다음 □ 안에 알맞은 말을 써넣으시오.

0705 평면도형을 한 직선을 축으로 하여 1회전 시킬 때 생기는 입체도형을 □라 한다.

0706 반원의 지름을 회전축으로 하여 1회전 시킬 때 생기는 입체도형은 □이다.

0707 원뿔을 밑면에 평행한 평면으로 잘라서 생기는 두 입체도형 중에서 원뿔이 아닌 쪽의 도형을 □라 한다.

[0708~0711] 다음 평면도형을 직선 *l*을 회전축으로 하여 1회전 시킬 때 생기는 회전체를 그리고, 회전체의 이름을 말하시오.

0708

0709

0710

0711
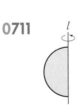

06-6 회전체의 성질

[0712~0715] 다음 표를 완성하시오.

	회전체	회전축에 수직인 평면으로 자른 단면의 모양	회전축을 포함하는 평면으로 자른 단면의 모양
0712	원기둥		
0713	원뿔		
0714	원뿔대		
0715	구		

[0716~0718] 회전체에 대한 다음 설명 중 옳은 것에는 ○표, 옳지 않은 것에는 ×표를 하시오.

0716 회전체를 회전축에 수직인 평면으로 자를 때 생기는 단면은 모두 합동이다. ( )

0717 회전체를 회전축을 포함하는 평면으로 자를 때 생기는 단면은 모두 원이다. ( )

0718 회전체를 회전축을 포함하는 평면으로 자를 때 생기는 단면은 회전축을 대칭축으로 하는 선대칭도형이다. ( )

06-7 회전체의 전개도

[0719~0720] 다음 전개도로 만들어지는 입체도형을 그리시오.

0719
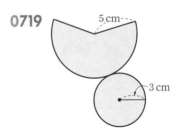

0720
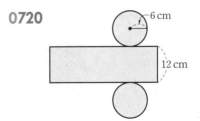

개념원리 중학수학 1-2 159쪽

유형 | 01   다면체

(1) 다면체 : 다각형인 면으로만 둘러싸인 입체도형

(2) 다면체의 종류 : 각기둥, 각뿔, 각뿔대 등

(3) 면의 개수에 따라 사면체, 오면체, 육면체, …라 한다.

0721 •◦대표문제

다음 중 다면체가 <u>아닌</u> 것을 모두 고르면? (정답 2개)

① 삼각기둥　　　② 오각형　　　③ 육각뿔

④ 직육면체　　　⑤ 원뿔

0722 하

오른쪽 그림의 입체도형은 몇 면체인지
구하시오.

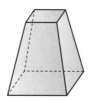

개념원리 중학수학 1-2 159쪽

유형 | 02   다면체의 면의 개수

	n각기둥	n각뿔	n각뿔대
면의 개수(개)	$n+2$	$n+1$	$n+2$

→ (면의 개수)=(옆면의 개수)+(밑면의 개수)

0723 •◦대표문제

다음 중 면의 개수가 가장 많은 다면체는?

① 직육면체　　　② 육각기둥　　　③ 오각뿔

④ 칠각뿔대　　　⑤ 정팔면체

0724 중 하

다음 중 오른쪽 그림의 다면체와 면
개수가 같은 것은?

① 사각기둥　　　② 오각뿔

③ 오각뿔대　　　④ 칠각기둥

⑤ 정이십면체

개념원리 중학수학 1-2 160쪽

유형 | 03   다면체의 모서리, 꼭짓점의 개수

	n각기둥	n각뿔	n각뿔대
모서리의 개수(개)	$3n$	$2n$	$3n$
꼭짓점의 개수(개)	$2n$	$n+1$	$2n$

0725 •◦대표문제

다음 중 꼭짓점의 개수가 가장 많은 다면체는?

① 삼각기둥　　　② 사각뿔　　　③ 오각뿔

④ 육각기둥　　　⑤ 삼각뿔대

0726 중 하

다음 다면체 중 꼭짓점의 개수가 나머지 넷과 <u>다른</u> 하나는?

① 사각기둥　　　② 정육면체　　　③ 칠각뿔

④ 사각뿔대　　　⑤ 사각뿔

0727 중

오각뿔의 모서리의 개수를 a개, 사각뿔대의 모서리의 개수
를 b개라 할 때, $a+b$의 값을 구하시오.

0728 중

모서리의 개수가 30개인 각기둥은 몇 면체인가?

① 구면체　　　② 십면체　　　③ 십일면체

④ 십이면체　　　⑤ 십삼면체

유형 | 04 　다면체의 면, 모서리, 꼭짓점의 개수의 활용

개념원리 중학수학 1-2 160쪽

	n각기둥	n각뿔	n각뿔대
면의 개수(개)	$n+2$	$n+1$	$n+2$
모서리의 개수(개)	$3n$	$2n$	$3n$
꼭짓점의 개수(개)	$2n$	$n+1$	$2n$

→ 각뿔은 면의 개수와 꼭짓점의 개수가 같다.

0729 ●●대표문제

모서리의 개수가 27개인 각뿔대의 면의 개수를 x개, 꼭짓점의 개수를 y개라 할 때, $x+y$의 값은?

① 21　　　　② 25　　　　③ 26
④ 29　　　　⑤ 31

0730 중

꼭짓점의 개수가 14개인 각기둥의 면의 개수를 x개, 모서리의 개수를 y개라 할 때, $x+y$의 값은?

① 22　　　　② 24　　　　③ 26
④ 28　　　　⑤ 30

0731 중 ●●서술형

면의 개수가 6개인 각뿔의 모서리의 개수를 a개, 꼭짓점의 개수를 b개라 할 때, $a-b$의 값을 구하시오.

0732 상 중

어떤 각뿔의 모서리의 개수와 면의 개수를 더하였더니 25개였다. 이 각뿔의 밑면은 몇 각형인가?

① 육각형　　② 칠각형　　③ 팔각형
④ 구각형　　⑤ 십각형

유형 | 05 　다면체의 옆면의 모양

개념원리 중학수학 1-2 161쪽

	각기둥	각뿔	각뿔대
옆면의 모양	직사각형	삼각형	사다리꼴

0733 ●●대표문제

다음 중 다면체와 그 옆면의 모양이 바르게 짝지어진 것은?

① 육각기둥 ─ 육각형　　② 사각뿔 ─ 직사각형
③ 삼각뿔대 ─ 사다리꼴　④ 오각뿔대 ─ 오각형
⑤ 사각기둥 ─ 이등변삼각형

0734 중 하

오른쪽 그림의 다면체에서 두 밑면이 서로 평행할 때, 이 다면체의 이름과 그 옆면의 모양이 바르게 짝지어진 것은?

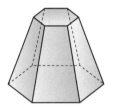

① 오각뿔대 ─ 사다리꼴
② 육각기둥 ─ 직사각형
③ 육각뿔대 ─ 사다리꼴
④ 육각뿔대 ─ 오각형
⑤ 팔면체 ─ 직사각형

0735 중 하

다음 중 옆면의 모양이 직사각형인 것은?

① 삼각뿔　　　② 원뿔　　　③ 팔각뿔
④ 팔각뿔대　　⑤ 구각기둥

0736 중

다음 보기의 입체도형 중 옆면의 모양이 사각형인 것의 개수를 구하시오.

┌─ 보기 ─┐

ㄱ. 정육면체　　ㄴ. 칠각뿔　　ㄷ. 원뿔
ㄹ. 육각기둥　　ㅁ. 사각뿔대　ㅂ. 원뿔대
ㅅ. 직육면체　　ㅇ. 오각뿔대

중요

개념원리 중학수학 1-2 161쪽

유형 06 주어진 조건을 만족시키는 다면체

(1) 옆면의 모양
- 직사각형 ⇨ 각기둥
- 삼각형 ⇨ 각뿔
- 사다리꼴 ⇨ 각뿔대

(2) 면의 개수 ⇨ 밑면의 모양이 결정

0737 대표문제

다음 조건을 모두 만족시키는 입체도형의 이름을 말하시오.

(가) 두 밑면은 서로 평행하다.
(나) 옆면은 모두 사다리꼴이다.
(다) 꼭짓점의 개수는 12개이다.

0738 중

다음 조건을 모두 만족시키는 입체도형의 이름을 말하시오.

(가) 육면체이다.
(나) 옆면은 모두 삼각형이다.

0739 중

다음 조건을 모두 만족시키는 입체도형의 이름을 말하시오.

(가) 칠면체이다.
(나) 옆면은 모두 직사각형이다.
(다) 두 밑면은 서로 평행하고 합동인 다각형이다.

0740 중 서술형

다음 조건을 모두 만족시키는 다면체의 꼭짓점의 개수를 a개, 모서리의 개수를 b개라 할 때, $a+b$의 값을 구하시오.

(가) 옆면은 모두 삼각형이다.
(나) 밑면은 팔각형이다.

개념원리 중학수학 1-2 162쪽

유형 07 다면체의 이해

(1) 각기둥 : 두 밑면이 서로 평행하고 합동인 다각형이고 옆면이 모두 직사각형인 다면체
(2) 각뿔 : 밑면이 다각형이고 옆면이 모두 삼각형인 다면체
(3) 각뿔대 : 각뿔을 밑면에 평행한 평면으로 잘라서 생기는 두 다면체 중 각뿔이 아닌 쪽의 다면체

0741 대표문제

각뿔대에 대한 다음 설명 중 옳은 것을 모두 고르면? (정답 2개)

① 두 밑면은 합동이다.
② 두 밑면은 서로 평행하다.
③ 옆면의 모양은 사다리꼴이다.
④ 밑면에 수직으로 자른 단면은 직사각형이다.
⑤ 십각뿔대는 십각뿔보다 면의 개수가 2개 더 많다.

0742 중

다음 중 다면체에 대한 설명으로 옳지 않은 것은?

① n각기둥은 $(n+2)$면체이다.
② n각뿔은 $(n+1)$면체이다.
③ 각기둥의 옆면의 모양은 정사각형이다.
④ 각뿔의 옆면의 모양은 삼각형이다.
⑤ 각뿔대의 두 밑면은 서로 평행하다.

0743 중

다면체에 대한 다음 설명 중 옳은 것을 모두 고르면? (정답 2개)

① 각기둥의 옆면은 모두 직사각형이고, 각뿔대의 옆면은 모두 삼각형이다.
② 각뿔대의 두 밑면은 서로 평행하고 합동인 다각형이다.
③ 각뿔의 꼭짓점의 개수와 면의 개수는 같다.
④ 사각기둥과 칠각뿔의 꼭짓점의 개수는 같다.
⑤ 각뿔대의 모서리의 개수는 밑면인 다각형의 꼭짓점의 개수의 2배이다.

유형 | 08 정다면체

(1) 정다면체
  ① 모든 면이 합동인 정다각형이고
  ② 각 꼭짓점에 모인 면의 개수가 같은 다면체
(2) 정다면체의 종류 : 정사면체, 정육면체, 정팔면체, 정십이면체, 정이십면체의 5가지뿐이다.

0744 ◀●대표문제

정다면체에 대한 다음 설명 중 옳지 <u>않은</u> 것은?

① 정다면체의 종류는 5가지뿐이다.
② 모든 선분에게는 평행한 면이 있다.
③ 각 꼭짓점에 모인 면의 개수가 같다.
④ 각 면이 모두 합동인 정다각형으로 이루어져 있다.
⑤ 면의 모양은 정삼각형, 정사각형, 정오각형 중 하나이다.

0745 하

다음 중 정다면체가 <u>아닌</u> 것은?

① 정육면체
② 정팔면체
③ 정십면체
④ 정십이면체
⑤ 정이십면체

0746 중

오른쪽 그림과 같이 각 면이 모두 합동인 정삼각형으로 이루어진 입체도형이 정다면체가 아닌 이유를 설명하시오.

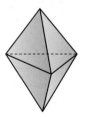

유형 | 09 정다면체의 이해

	정사면체	정육면체	정팔면체	정십이면체	정이십면체
면의 모양	정삼각형	정사각형	정삼각형	정오각형	정삼각형
한 꼭짓점에 모인 면의 개수(개)	3	3	4	3	5

0747 ◀●대표문제

다음 조건을 모두 만족시키는 입체도형은?

> ㈎ 다면체이다.
> ㈏ 각 면은 모두 합동인 정다각형이다.
> ㈐ 한 꼭짓점에 모인 면의 개수는 4개이다.

① 정육면체
② 사각뿔대
③ 정팔면체
④ 오각기둥
⑤ 정십이면체

0748 중

다음 중 정다면체와 그 면의 모양, 한 꼭짓점에 모인 면의 개수가 <u>잘못</u> 짝지어진 것은?

① 정사면체 − 정삼각형 − 3개
② 정육면체 − 정사각형 − 3개
③ 정팔면체 − 정삼각형 − 4개
④ 정십이면체 − 정오각형 − 5개
⑤ 정이십면체 − 정삼각형 − 5개

0749 중

정다면체에 대한 다음 설명 중 옳지 <u>않은</u> 것을 모두 고르면? (정답 2개)

① 한 꼭짓점에 모인 면의 개수는 같다.
② 면의 모양이 정삼각형인 정다면체는 3가지이다.
③ 정다면체의 각 면은 정삼각형, 정오각형, 정육각형뿐이다.
④ 정다면체는 5가지뿐이다.
⑤ 정삼각형이 한 꼭짓점에 3개 모인 정다면체는 정십이면체이다.

| 유형 | 10 | 정다면체의 꼭짓점, 모서리, 면의 개수 | | | | |

	정사면체	정육면체	정팔면체	정십이면체	정이십면체
면의 개수(개)	4	6	8	12	20
꼭짓점의 개수(개)	4	8	6	20	12
모서리의 개수(개)	6	12	12	30	30

0750 ●대표문제

다음 조건을 모두 만족시키는 입체도형의 꼭짓점의 개수를 a개, 모서리의 개수를 b개라 할 때, $a+b$의 값을 구하시오.

> ㈎ 모든 면이 합동인 정삼각형이다.
> ㈏ 각 꼭짓점에 모인 면의 개수는 5개이다.

0751 중

다음 **보기**를 큰 수부터 차례로 나열하시오.

> ─ 보기 ─
> ㄱ. 정사면체의 면의 개수
> ㄴ. 정육면체의 모서리의 개수
> ㄷ. 정팔면체의 꼭짓점의 개수
> ㄹ. 정십이면체의 꼭짓점의 개수
> ㅁ. 정이십면체의 모서리의 개수

0752 중

모든 면이 합동인 정오각형인 정다면체의 면의 개수를 x개, 모서리의 개수를 y개라 할 때, $x+y$의 값을 구하시오.

| 유형 | 11 | 정다면체의 전개도 |

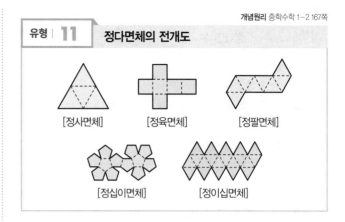

[정사면체]　　[정육면체]　　[정팔면체]

[정십이면체]　　　[정이십면체]

0753 ●대표문제

오른쪽 그림의 전개도로 만들어지는 정다면체에 대한 다음 설명 중 옳지 <u>않은</u> 것은?

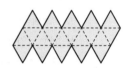

① 면의 개수는 20개이다.
② 면의 모양은 정삼각형이다.
③ 꼭짓점의 개수는 20개이다.
④ 모서리의 개수는 30개이다.
⑤ 한 꼭짓점에 모인 면의 개수는 5개이다.

0754 중 하

오른쪽 그림의 전개도로 만든 정다면체의 꼭짓점의 개수를 구하시오.

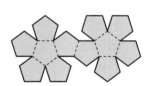

0755 중 하

다음 중 정육면체의 전개도가 될 수 <u>없는</u> 것은?

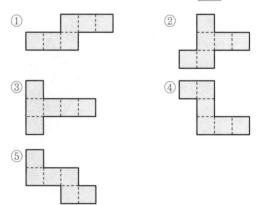

① ② ③ ④ ⑤

0756 중

오른쪽 그림의 전개도로 정사면체를 만들었을 때, $\overline{AB}$와 꼬인 위치에 있는 모서리를 구하시오.

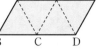

0757 상 중 ●서술형

오른쪽 그림의 전개도로 정팔면체를 만들 때, 다음을 구하시오.

(1) 점 A와 겹치는 꼭짓점
(2) $\overline{CD}$와 꼬인 위치에 있는 모서리

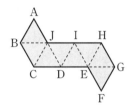

0758 상 중

오른쪽 그림의 전개도로 만든 정다면체에 대한 다음 설명 중 옳지 않은 것은?

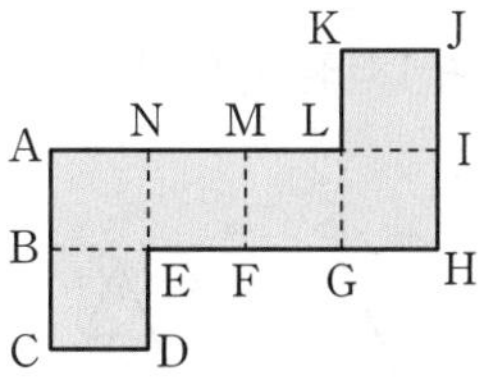

① 정육면체이다.
② 평행한 면은 3쌍이다.
③ 면 ABEN과 평행한 면은 면 MFGL이다.
④ $\overline{FG}$와 겹치는 모서리는 $\overline{KJ}$이다.
⑤ 점 N과 겹치는 꼭짓점은 점 J이다.

유형 | 12 정다면체의 단면

예 정육면체를 한 평면으로 자를 때 생기는 단면의 모양은 다음과 같이 네 가지가 있다.

삼각형

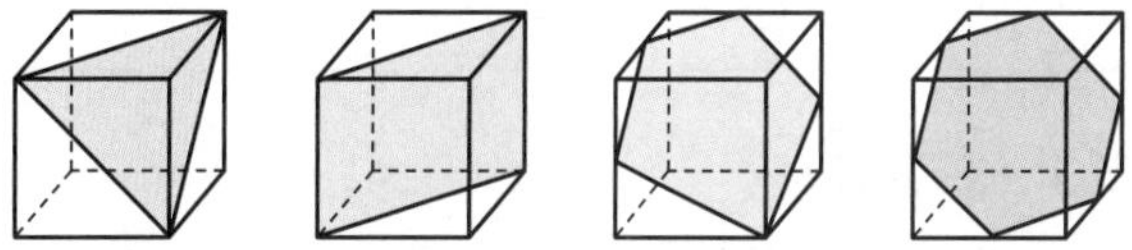

사각형

오각형

육각형

0759 ●대표문제

오른쪽 그림과 같은 정육면체를 세 꼭짓점 B, D, H를 지나는 평면으로 자를 때 생기는 단면의 모양은?

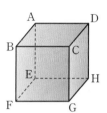

① 직각삼각형   ② 정삼각형
③ 직사각형   ④ 마름모
⑤ 정오각형

0760 중 하

다음 중 정육면체를 한 평면으로 자를 때 생기는 단면의 모양이 될 수 없는 것은?

① 직사각형   ② 직각삼각형   ③ 정삼각형
④ 오각형   ⑤ 육각형

0761 상 중

오른쪽 그림과 같은 정육면체를 세 꼭짓점 A, F, C를 지나는 평면으로 자를 때 생기는 단면에서 ∠AFC의 크기를 구하시오.

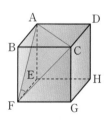

0762 상 중

오른쪽 그림과 같은 정사면체에서 세 점 E, F, G는 각각 모서리 AB, BC, BD의 중점이다. 이 정사면체를 세 점 E, F, G를 지나는 평면으로 자를 때 생기는 단면의 모양은?

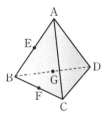

① 정삼각형   ② 정사각형
③ 마름모   ④ 직각삼각형
⑤ 이등변삼각형

유형	**13**	회전체

(1) 회전체 : 평면도형을 한 직선을 축으로 하여 1회전 시킬 때 생기는 입체도형

(2) 회전체의 종류 : 원기둥, 원뿔, 원뿔대, 구 등

0763 ●◁대표문제

다음 중 회전체가 <u>아닌</u> 것을 모두 고르면? (정답 2개)

① 직육면체   ② 구   ③ 원뿔대
④ 사각뿔   ⑤ 원기둥

0764 중 하

다음 중 회전축을 갖는 입체도형이 <u>아닌</u> 것은?

①   ②   ③

④   ⑤

0765 중

다음 **보기** 중 회전체인 것의 개수를 구하시오.

┌──── ▌ 보기 ▐ ────┐
ㄱ. 직육면체   ㄴ. 구   ㄷ. 삼각뿔
ㄹ. 원기둥   ㅁ. 정팔면체   ㅂ. 원
ㅅ. 사각뿔대   ㅇ. 원뿔대   ㅈ. 원뿔
└─────────────────┘

유형	**14**	평면도형을 회전 시킬 때 생기는 회전체 그리기

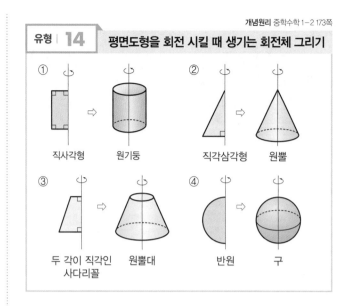

0766 ●◁대표문제

오른쪽 그림과 같은 도넛 모양의 입체도형은 다음 중 어느 도형을 1회전 시킨 것인가?

①   ②   ③

④   ⑤

0767 중

다음 중 평면도형과 그 평면도형을 직선 l을 회전축으로 하여 1회전 시킬 때 생기는 입체도형으로 옳지 <u>않은</u> 것은?

① 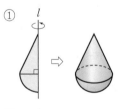   ②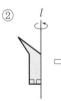

③ 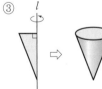   ④

⑤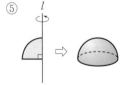

개념원리 중학수학 1-2 174쪽

유형 | 15 회전체의 단면의 모양

(1) 회전축에 수직인 평면으로 자를 때 생기는 단면
 ⇨ 원 서로 합동이며, 회전축에 대하여 선대칭도형이다.
(2) 회전축을 포함하는 평면으로 자를 때 생기는 단면
 ⇨ 원기둥 − 직사각형, 원뿔 − 이등변삼각형,
  원뿔대 − 등변사다리꼴, 구 − 원

0768 ◀대표문제

다음 중 회전체와 그 회전체를 회전축을 포함하는 평면으로 자를 때 생기는 단면의 모양이 바르게 짝지어진 것을 모두 고르면? (정답 2개)

① 반구 − 원   ② 구 − 원
③ 원기둥 − 직사각형 ④ 원뿔 − 부채꼴
⑤ 원뿔대 − 평행사변형

0769 중

다음 중 회전축에 수직인 평면으로 자를 때 생기는 단면이 항상 합동인 회전체는?

① 원기둥   ② 원뿔   ③ 원뿔대
④ 구   ⑤ 반구

0770 중

다음 중 평면도형과 그 평면도형을 직선 l을 회전축으로 하여 1회전 시킬 때 생기는 회전체를 회전축을 포함하는 평면으로 자를 때 생기는 단면의 모양으로 옳지 <u>않은</u> 것은?

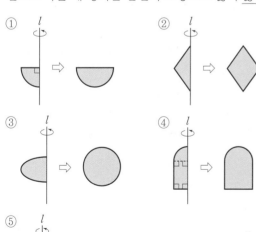

개념원리 중학수학 1-2 175쪽

유형 | 16 회전체의 단면의 넓이

단면의 모양을 그리고, 가로의 길이, 세로의 길이, 반지름의 길이 등 단면의 둘레의 길이나 넓이를 구하는 데 필요한 길이를 구한다.

0771 ◀대표문제

오른쪽 그림과 같은 사다리꼴을 직선 l을 회전축으로 하여 1회전 시킬 때 생기는 회전체를 회전축을 포함하는 평면으로 자를 때 생기는 단면의 넓이를 구하시오.

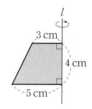

0772 중

오른쪽 그림과 같은 원기둥을 밑면에 수직인 평면으로 잘랐을 때 생기는 단면 중 넓이가 가장 큰 단면의 넓이를 구하시오.

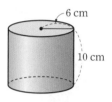

0773 중

오른쪽 그림과 같은 직각삼각형을 변 AB를 회전축으로 하여 1회전 시켜서 생긴 회전체를 회전축을 포함하는 평면으로 자를 때 생기는 단면의 넓이는?

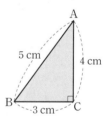

① 12 cm²   ② 14 cm²
③ 16 cm²   ④ 18 cm²
⑤ 20 cm²

0774 중 ●●서술형

오른쪽 그림과 같은 평면도형을 직선 l을 회전축으로 하여 1회전 시킬 때 생기는 회전체를 회전축에 수직인 평면으로 자른 단면 중 넓이가 가장 작은 단면의 넓이를 구하시오.

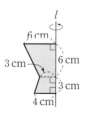

유형 | 17 회전체의 전개도

개념원리 중학수학 1-2 176쪽

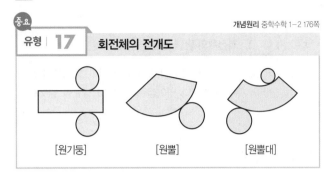

[원기둥]　　[원뿔]　　[원뿔대]

0775 ●대표문제

다음 중 원뿔대의 전개도인 것은?

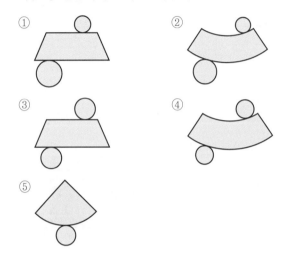

① ② ③ ④ ⑤

0776 중 ●서술형

다음 그림은 원뿔과 그 전개도의 일부분이다. 이때 $a-b$의 값을 구하시오.

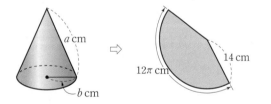

a cm　b cm　⇨　12π cm　14 cm

0777 상 중

오른쪽 그림과 같은 원뿔대의 전개도에서 옆면의 둘레의 길이를 구하시오.

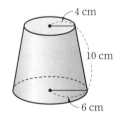

4 cm
10 cm
6 cm

유형 | 18 회전체의 이해

개념원리 중학수학 1-2 176쪽

(1) 구의 중심을 지나는 직선은 모두 회전축이 되므로 구의 회전축은 무수히 많다.
(2) 구의 중심을 지나는 평면으로 잘랐을 때 구의 단면이 가장 크다.
(3) 원뿔, 원뿔대를 회전축에 수직인 평면으로 자를 때 생기는 단면은 모두 원이지만 그 크기는 다르다.

0778 ●대표문제

다음 설명 중 옳지 <u>않은</u> 것을 모두 고르면? (정답 2개)

① 회전체를 회전축에 수직인 평면으로 자를 때 생기는 단면은 항상 합동인 원이다.
② 원뿔대를 회전축을 포함하는 평면으로 자를 때 생기는 단면은 등변사다리꼴이다.
③ 회전체를 회전축을 포함하는 평면으로 자를 때 생기는 단면은 모두 합동이다.
④ 원기둥을 회전축에 수직인 평면으로 자를 때 생기는 단면은 모두 합동이다.
⑤ 원뿔을 회전축을 포함하는 평면으로 자를 때 생기는 단면은 정삼각형이다.

0779 중

다음 중 구에 대한 설명으로 옳지 <u>않은</u> 것은?

① 회전축이 무수히 많다.
② 전개도를 그릴 수 없다.
③ 어떤 평면으로 잘라도 그 단면은 항상 원이다.
④ 단면이 가장 클 때는 구의 중심을 지나는 평면으로 자를 때이다.
⑤ 구를 어떤 평면으로 잘라도 그 단면은 모두 합동이다.

0780 중

다음 설명 중 옳은 것을 모두 고르면? (정답 2개)

① 원기둥의 회전축과 모선은 항상 서로 평행하다.
② 모든 회전체는 전개도를 그릴 수 있다.
③ 원뿔을 회전축에 수직인 평면으로 자를 때 생기는 단면은 이등변삼각형이다.
④ 모든 회전체의 회전축은 1개뿐이다.
⑤ 회전체를 회전축을 포함하는 평면으로 자를 때 생기는 단면은 항상 선대칭도형이다.

개념원리 중학수학 1−2 162쪽

유형 | 19 다면체의 꼭짓점, 모서리, 면의 개수 사이의 관계

바람을 넣어 부풀리면 구와 같은 모양이 되는 다면체의 꼭짓점의 개수를 v개, 모서리의 개수를 e개, 면 개수를 f개라 할 때

⇨ $\underline{v-e+f=2}$
        └─→ 오일러의 공식

0781 ◀•대표문제

오른쪽 그림과 같은 입체도형의 꼭짓점의 개수를 v개, 모서리의 개수를 e개, 면의 개수를 f개라 할 때, $v-e+f$의 값을 구하시오.

0782 중

오른쪽 그림의 전개도로 만든 정다면체의 꼭짓점의 개수를 v개, 모서리의 개수를 e개, 면의 개수를 f개라 할 때, $v-e+f$의 값을 구하시오.

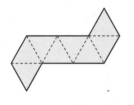

0783 중

꼭짓점의 개수가 16개, 모서리의 개수가 24개인 다면체의 면의 개수는? (단, 이 다면체에 바람을 넣어 부풀리면 구와 같은 모양이 된다.)

① 5개   ② 7개   ③ 8개
④ 10개   ⑤ 11개

0784 상중

바람을 넣어 부풀리면 구와 같은 모양이 되는 다면체가 있다. 이 다면체의 모서리의 개수가 꼭짓점의 개수보다 13개 많을 때, 이 다면체의 면의 개수를 구하시오.

개념원리 중학수학 1−2 168쪽

유형 | 20 정다면체의 각 면의 한가운데 점을 연결하여 만든 입체도형

정다면체의 각 면의 한가운데 점을 연결하면 또 하나의 정다면체가 생긴다. 이때

(바깥쪽 정다면체의 면의 개수)=(안쪽 정다면체의 꼭짓점의 개수)

① 정사면체 ⇨ 정사면체   ② 정육면체 ⇨ 정팔면체
③ 정팔면체 ⇨ 정육면체   ④ 정십이면체 ⇨ 정이십면체
⑤ 정이십면체 ⇨ 정십이면체

0785 ◀•대표문제

다음 중 정다면체와 그 정다면체의 각 면의 한가운데 점을 연결하여 만든 입체도형이 잘못 짝지어진 것은?

① 정사면체 − 정사면체   ② 정육면체 − 정팔면체
③ 정팔면체 − 정육면체   ④ 정십이면체 − 정이십면체
⑤ 정이십면체 − 정이십면체

0786 중

어떤 정다면체의 각 면의 한가운데 점을 연결하여 만든 정다면체가 처음 정다면체와 같은 종류일 때, 이 정다면체를 구하시오.

0787 중 ◀•서술형

정십이면체의 각 면의 한가운데 점을 연결하여 만든 입체도형의 모서리의 개수를 구하시오.

0788 상중

다음 중 정육면체의 각 면의 대각선의 교점을 꼭짓점으로 하여 만든 입체도형에 대한 설명으로 옳지 않은 것은?

① 면의 개수는 8개이다.
② 육각뿔대와 면의 개수가 같다.
③ 정육면체와 모서리의 개수가 같다.
④ 한 꼭짓점에 모인 면의 개수는 3개이다.
⑤ 모든 면이 합동인 정삼각형으로 이루어져 있다.

0789

다음 중 팔면체인 것을 모두 고르면? (정답 2개)

① 육각기둥   ② 원기둥   ③ 칠각뿔
④ 구   ⑤ 팔각뿔대

0790

다음 중 다면체와 그 모서리의 개수가 잘못 짝지어진 것은?

① 삼각뿔 – 6개   ② 사각기둥 – 12개
③ 사각뿔 – 8개   ④ 삼각뿔대 – 10개
⑤ 오각뿔대 – 15개

중요
0791

십각뿔의 꼭짓점의 개수를 a개, 모서리의 개수를 b개라 할 때, $a+b$의 값은?

① 20   ② 27   ③ 30
④ 31   ⑤ 33

0792

다음 중 다면체와 그 옆면의 모양이 바르게 짝지어진 것은?

① 삼각뿔 — 평행사변형   ② 사각뿔 — 삼각형
③ 오각기둥 — 오각형   ④ 육각뿔대 — 직사각형
⑤ 칠각뿔 — 칠각형

0793

다음 중 다면체에 대한 설명으로 옳지 않은 것은?

① n각뿔대는 $(n+2)$면체이다.
② n각뿔은 $(n+1)$면체이다.
③ n각뿔의 모서리의 개수는 $2n$개이다.
④ n각기둥의 모서리의 개수는 $3n$개이다.
⑤ n각뿔대의 꼭짓점의 개수는 $(n+2)$개이다.

0794

다음 중 사각뿔대에 대한 설명으로 옳은 것은?

① 두 밑면은 서로 합동이다.
② 꼭짓점의 개수는 14개이다.
③ 모서리의 개수는 12개이다.
④ 옆면의 모양은 직사각형이다.
⑤ 오면체이다.

중요
0795

정다면체에 대한 다음 설명 중 옳지 않은 것은?

① 정다면체는 5가지뿐이다.
② 정이십면체의 꼭짓점의 개수는 12개이다.
③ 한 꼭짓점에 모인 면의 개수는 같다.
④ 정다면체의 각 면은 정삼각형, 정사각형, 정오각형뿐이다.
⑤ 한 꼭짓점에 모인 각의 크기의 합이 180°보다 작아야 한다.

중요
0796

다음 조건을 모두 만족시키는 입체도형의 이름을 말하시오.

> (개) 한 꼭짓점에 모인 면의 개수는 5개이다.
> (내) 모서리의 개수는 30개이다.
> (대) 각 면은 모두 합동인 정삼각형으로 이루어져 있다.

0797

다음 중 정다면체와 그 면의 모양이 잘못 짝지어진 것은?

① 정사면체 – 정삼각형　　② 정육면체 – 정사각형

③ 정팔면체 – 정삼각형　　④ 정십이면체 – 정오각형

⑤ 정이십면체 – 정사각형

0798

다음 **보기**의 정다면체 중 한 꼭짓점에 모인 면의 개수가 같은 것끼리 고른 것은?

┌──── 보기 ────
　ㄱ. 정사면체　　ㄴ. 정육면체　　ㄷ. 정팔면체
　ㄹ. 정십이면체　ㅁ. 정이십면체
└─────────────

① ㄱ, ㄴ, ㄷ　　② ㄱ, ㄴ, ㄹ　　③ ㄱ, ㄷ, ㅁ

④ ㄴ, ㄷ, ㄹ　　⑤ ㄴ, ㄹ, ㅁ

0799

오른쪽 그림의 전개도로 만든 정다면체에 대한 다음 설명 중 옳은 것을 모두 고르면?

（정답 2개）

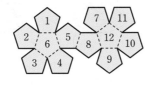

① 정이십면체이다.
② 꼭짓점의 개수는 20개이다.
③ 모서리의 개수는 12개이다.
④ 한 꼭짓점에 모인 면의 개수는 5개이다.
⑤ 면 4와 평행한 면은 면 11이다.

0800

정십이면체의 꼭짓점의 개수를 v개, 모서리의 개수를 e개, 면의 개수를 f개라 할 때, $v-e+f$의 값을 구하시오.

0801

다음 중 회전체가 <u>아닌</u> 것은?

① 구　　　② 원뿔　　　③ 원기둥

④ 오각뿔　⑤ 원뿔대

0802

오른쪽 그림의 직사각형 ABCD를 대각선 AC를 회전축으로 하여 1회전 시킬 때 생기는 회전체는?

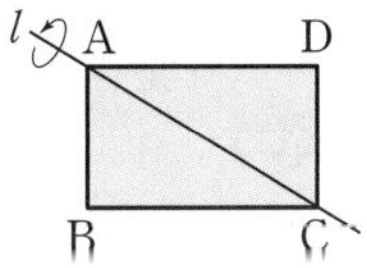

① 　② 　③

④ 　⑤

0803

다음 중 평면도형과 그 평면도형을 직선 l을 회전축으로 하여 1회전 시킬 때 생기는 입체도형으로 옳지 <u>않은</u> 것은?

① 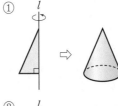　②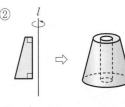

③ 　④

⑤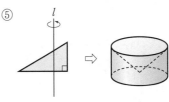

0804

회전체를 회전축에 수직인 평면으로 자를 때 생기는 단면의 모양은?

① 원   ② 직사각형   ③ 이등변삼각형
④ 반원   ⑤ 정삼각형

0805

오른쪽 그림과 같은 원기둥의 전개도에서 옆면이 되는 직사각형의 넓이를 구하시오.

10 cm

3 cm

0806

다음 회전체 중 회전축에 수직인 평면으로 자를 때 생기는 단면의 모양과 회전축을 포함하는 평면으로 자를 때 생기는 단면의 모양이 같은 것은?

① 원기둥   ② 원뿔   ③ 원뿔대
④ 구   ⑤ 반구

0807

오른쪽 그림과 같은 사다리꼴 ABCD를 1회전 시켜서 원뿔대를 만들려고 할 때, 회전축이 될 수 있는 것은?

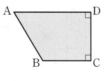

① $\overline{AB}$ ② $\overline{BC}$ ③ $\overline{CD}$
④ $\overline{AD}$ ⑤ $\overline{AC}$

0808

다음 중 전개도가 오른쪽 그림과 같은 회전체를 한 평면으로 자를 때 생기는 단면의 모양이 될 수 없는 것은?

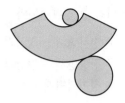

 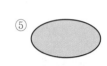

0809

오른쪽 그림과 같이 원뿔 위의 한 점 A에서 실로 이 원뿔을 한 바퀴 팽팽하게 감을 때 실이 지나간 경로를 전개도 위에 바르게 나타낸 것은?

0810

회전체에 대한 다음 설명 중 옳지 <u>않은</u> 것을 모두 고르면? (정답 2개)

① 회전체를 회전축을 포함하는 평면으로 자를 때 생기는 단면은 모두 합동이다.
② 구는 회전축이 무수히 많다.
③ 회전체를 회전축에 수직인 평면으로 자를 때 생기는 단면은 모두 합동이다.
④ 원뿔을 회전축을 포함하는 평면으로 자를 때 생기는 단면은 이등변삼각형이다.
⑤ 원뿔대를 회전축에 수직인 평면으로 자를 때 생기는 단면은 사다리꼴이다.

서술형 주관식

0811

어떤 각뿔대의 모서리의 개수와 면의 개수의 차가 14개일 때, 이 각뿔대의 꼭짓점의 개수를 구하시오.

0812

다음 그림의 전개도로 만들어지는 정다면체의 면의 개수를 a개, 꼭짓점의 개수를 b개, 모서리의 개수를 c개, 한 꼭짓점에 모인 면의 개수를 d개라 할 때, $a+b+c+d$의 값을 구하시오.

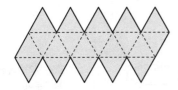

0813

오른쪽 그림의 전개도로 만들어지는 원뿔의 밑면인 원의 반지름의 길이를 구하시오.

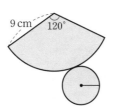

0814

오른쪽 그림과 같은 직각삼각형을 직선 l 을 회전축으로 하여 1회전 시킬 때 생기는 회전체에 대하여 다음을 구하시오.

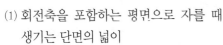
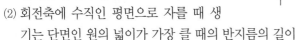

(1) 회전축을 포함하는 평면으로 자를 때 생기는 단면의 넓이

(2) 회전축에 수직인 평면으로 자를 때 생기는 단면인 원의 넓이가 가장 클 때의 반지름의 길이

실력 UP

○ **실력 UP** 집중 학습은 **실력** Up⁺로!!

0815

어떤 각뿔의 밑면의 대각선의 개수가 9개일 때, 이 각뿔은 몇 면체인지 구하시오.

0816

다면체에서 꼭짓점의 개수를 v개, 모서리의 개수를 e개, 면의 개수를 f개라 할 때, $v-e+f=2$가 성립한다고 한다. 이때 $5v=2e$, $3f=2e$를 만족시키는 정다면체의 이름을 말하시오.

0817

오른쪽 그림과 같은 정사면체의 각 모서리의 중점을 연결하여 만든 정다면체의 이름을 말하시오.

0818

오른쪽 그림과 같이 반지름의 길이가 2 cm 인 원을 직선 l로부터 1 cm 떨어진 위치에서 직선 l을 회전축으로 하여 1회전 시킬 때 생기는 회전체를 원의 중심 O를 지나면서 회전축에 수직인 평면으로 자른 단면의 넓이를 구하시오.

07 입체도형의 겉넓이와 부피

07-1 기둥의 겉넓이

(1) **각기둥의 겉넓이** : 각기둥의 겉넓이는 두 밑넓이와 옆넓이의 합이다. 즉,

(각기둥의 겉넓이)=(밑넓이)×2+(옆넓이)

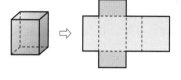

(2) **원기둥의 겉넓이** : 밑면인 원의 반지름의 길이가 r, 높이가 h인 원기둥의 겉넓이를 S라 하면

$$S=2\pi r^2+2\pi rh$$

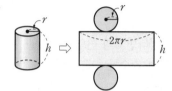

○ **개념플러스**

▪ 기둥에서 밑면은 2개이고, 서로 합동이다.

▪ (기둥의 옆넓이)
   =(밑면의 둘레의 길이)
   　　　×(기둥의 높이)

07-2 기둥의 부피

(1) **각기둥의 부피** : 밑넓이가 S, 높이가 h인 각기둥의 부피를 V라 하면

$$V=Sh$$

(2) **원기둥의 부피** : 밑면인 원의 반지름의 길이가 r, 높이가 h인 원기둥의 부피를 V라 하면

$$V=\pi r^2h$$

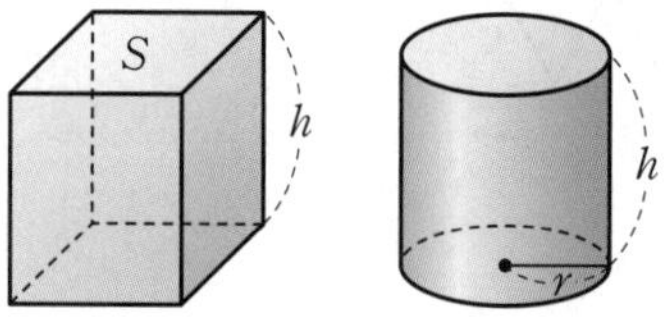

▪ 각기둥, 원기둥에 관계없이
   (기둥의 부피)
   =(밑넓이)×(높이)

07-3 뿔의 겉넓이

(1) **각뿔의 겉넓이** : 전개도를 이용하면 편리하다.

(각뿔의 겉넓이)=(밑넓이)+(옆넓이)

(2) **원뿔의 겉넓이** : 밑면인 원의 반지름의 길이가 r, 모선의 길이가 l인 원뿔의 겉넓이를 S라 하면

$$S=\pi r^2+\pi rl$$

[참고] **원뿔의 겉넓이 공식의 유도**

밑면인 원의 반지름의 길이가 r이고 모선의 길이가 l인 원뿔의 전개도는 오른쪽 그림과 같으므로

(원뿔의 겉넓이)

=(밑넓이)+(옆넓이)

$=\pi r^2+\dfrac{1}{2}\times l\times 2\pi r$

$=\pi r^2+\pi rl$

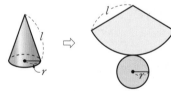

▪ 원뿔의 전개도에서

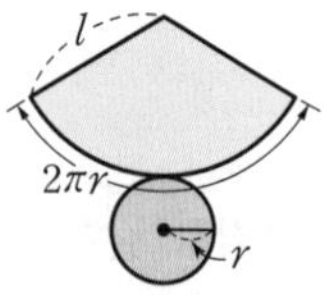

① (밑면인 원의 둘레의 길이)
   =(부채꼴의 호의 길이)
   =$2\pi r$
② (원뿔의 모선의 길이)
   =(부채꼴의 반지름의 길이)
   =l

07-1 기둥의 겉넓이

[0819~0820] 다음 각기둥의 겉넓이를 구하시오.

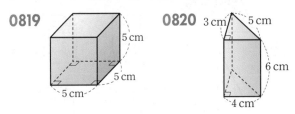

0819

0820

[0821~0823] 다음 그림과 같은 원기둥과 그 전개도에 대하여 물음에 답하시오.

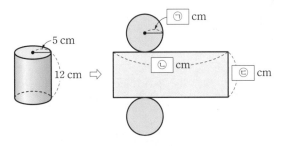

0821 ㉠, ㉡, ㉢에 알맞은 값을 각각 구하시오.

0822 원기둥의 밑넓이와 옆넓이를 구하시오.

0823 원기둥의 겉넓이를 구하시오.

[0824~0825] 다음 원기둥의 겉넓이를 구하시오.

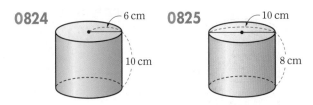

0824

0825

07-2 기둥의 부피

[0826~0827] 다음 각기둥의 부피를 구하시오.

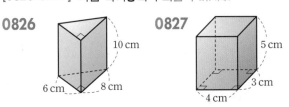

0826

0827

[0828~0829] 다음 원기둥의 부피를 구하시오.

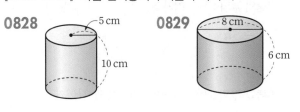

0828

0829

07-3 뿔의 겉넓이

[0830~0832] 오른쪽 그림의 정사각뿔에 대하여 다음을 구하시오.
　　　　(단, 옆면은 모두 합동이다.)

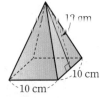

0830 밑넓이

0831 옆넓이

0832 겉넓이

[0833~0835] 다음 그림과 같은 원뿔과 그 전개도에 대하여 물음에 답하시오.

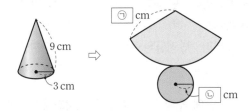

0833 ㉠, ㉡에 알맞은 값을 각각 구하시오.

0834 전개도에서 부채꼴의 호의 길이를 구하시오.

0835 원뿔의 겉넓이를 구하시오.

[0836~0837] 다음 뿔의 겉넓이를 구하시오.

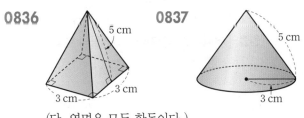

0836

0837

(단, 옆면은 모두 합동이다.)

07-4 뿔의 부피

♀ 개념플러스

(1) **각뿔의 부피** : 밑넓이가 S, 높이가 h인 각뿔의 부피를 V라 하면

$$V = \frac{1}{3}Sh$$

▪ (뿔의 부피)
  $= \frac{1}{3} \times$(기둥의 부피)

(2) **원뿔의 부피** : 밑면인 원의 반지름의 길이가 r, 높이가 h인 원뿔의 부피를 V라 하면

$$V = \frac{1}{3}\pi r^2 h$$

참고 **뿔대의 부피**

(뿔대의 부피)=(큰 뿔의 부피)−(작은 뿔의 부피)

① 각뿔대   ② 원뿔대

 $=$

07-5 구의 겉넓이와 부피

(1) **구의 겉넓이** : 반지름의 길이가 r인 구의 겉넓이를 S라 하면

$$S = 4\pi r^2$$

(2) **구의 부피** : 반지름의 길이가 r인 구의 부피를 V라 하면

$$V = \frac{4}{3}\pi r^3$$

▪
(구의 부피)
$= \frac{2}{3} \times$(원기둥의 부피)
$= \frac{2}{3} \times \pi r^2 \times 2r = \frac{4}{3}\pi r^3$

참고 **원기둥에 꼭 맞게 들어가는 구, 원뿔과 원기둥의 부피의 비**

원기둥에 꼭 맞게 들어가는 구, 원뿔이 있을 때, 지름의 길이에 관계없이 원뿔의 부피는 원기둥의 부피의 $\frac{1}{3}$이고, 구의 부피는 원기둥의 부피의 $\frac{2}{3}$이다.

즉, (원뿔의 부피)$= \frac{1}{3} \times \pi r^2 \times 2r = \frac{2}{3}\pi r^3$

(구의 부피)$= \frac{4}{3}\pi r^3$

(원기둥의 부피)$= \pi r^2 \times 2r = 2\pi r^3$

(원뿔의 부피) : (구의 부피) : (원기둥의 부피)$= 1 : 2 : 3$

07-4 뿔의 부피

[0838~0840] 다음 원기둥과 원뿔을 보고 물음에 답하시오.

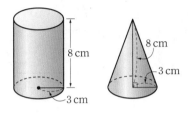

0838 원기둥의 부피를 구하시오.

0039 원뿔의 부피를 구하시오.

0840 원기둥과 원뿔의 부피의 비를 가장 간단한 정수의 비로 나타내시오.

[0841~0842] 다음 뿔의 부피를 구하시오.

0841 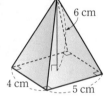   0842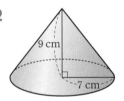

[0843~0845] 오른쪽 원뿔대를 보고 다음을 구하시오.

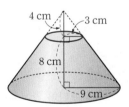

0843 큰 원뿔의 부피

0844 작은 원뿔의 부피

0845 원뿔대의 부피

07-5 구의 겉넓이와 부피

[0846~0847] 다음 구의 겉넓이를 구하시오.

0846 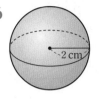   0847

0848 오른쪽 반구의 겉넓이를 구하시오.

[0849~0850] 다음 구의 부피를 구하시오.

0849 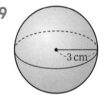   0850

[0851~0854] 오른쪽 그림과 같이 높이가 6 cm인 원기둥에 구와 원뿔이 꼭 맞게 들어 있을 때, 다음을 구하시오. (단, 부피의 비는 가장 간단한 정수의 비로 나타내시오.)

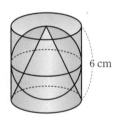

0851 원뿔의 부피

0852 구의 부피

0853 원기둥의 부피

0854 원뿔, 구, 원기둥의 부피의 비

개념원리 중학수학 1-2 193쪽

유형 | 01 각기둥의 겉넓이

각기둥의 겉넓이 : 두 밑넓이와 옆넓이의 합
⇨ (각기둥의 겉넓이)=(밑넓이)×2+(옆넓이)
     (밑면의 둘레의 길이)×(기둥의 높이)

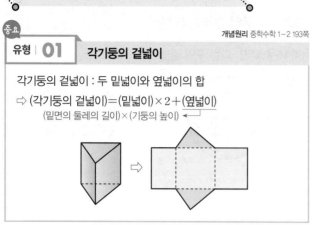

0855 ●대표문제

오른쪽 그림과 같은 사각기둥의 겉넓이는?

① 352 cm²   ② 368 cm²
③ 396 cm²   ④ 408 cm²
⑤ 512 cm²

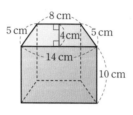

0856 중하

밑면은 가로, 세로의 길이가 각각 3 cm, 5 cm인 직사각형이고, 높이가 10 cm인 사각기둥의 겉넓이는?

① 170 cm²   ② 175 cm²   ③ 180 cm²
④ 185 cm²   ⑤ 190 cm²

0857 중

겉넓이가 216 cm²인 정육면체의 한 모서리의 길이를 구하시오.

0858 중

오른쪽 그림과 같은 삼각기둥의 겉넓이가 240 cm²일 때, h의 값을 구하시오.

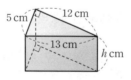

개념원리 중학수학 1-2 193쪽

유형 | 02 원기둥의 겉넓이

(원기둥의 겉넓이)=(밑넓이)×2+(옆넓이)
       =$2\pi r^2+2\pi rh$

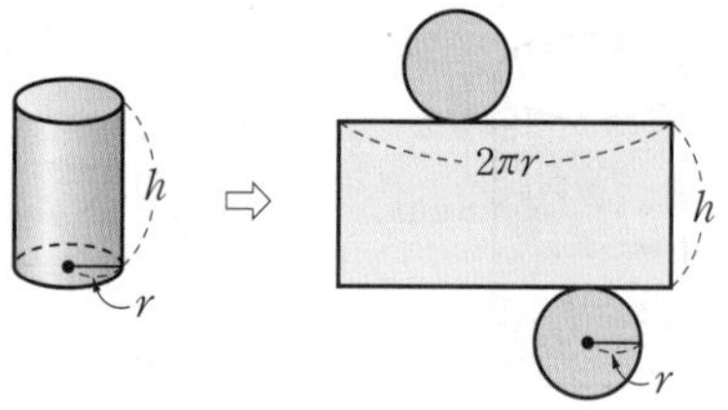

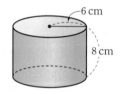

0859 ●대표문제

오른쪽 그림과 같은 원기둥의 겉넓이는?

① 168π cm²   ② 172π cm²
③ 176π cm²   ④ 180π cm²
⑤ 186π cm²

0860 하

오른쪽 그림과 같은 원기둥의 옆넓이를 구하시오.

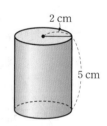

0861 중

오른쪽 그림과 같이 밑면인 원의 반지름의 길이가 5 cm인 원기둥의 겉넓이가 130π cm²일 때, 이 원기둥의 높이를 구하시오.

0862 중

오른쪽 그림과 같이 원기둥 모양의 롤러로 페인트를 칠하려고 한다. 롤러를 두 바퀴 연속하여 한 방향으로 굴렸을 때, 페인트가 칠해진 넓이를 구하시오.

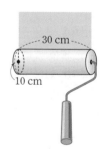

유형 | 03 각기둥의 부피

각기둥의 밑넓이를 S, 높이를 h라 하면
(각기둥의 부피)=(밑넓이)×(높이)
　　　　　　=Sh

0863 ●대표문제

오른쪽 그림과 같은 사각기둥의 부피
는?

① 210 cm³ 　　② 240 cm³
③ 250 cm³ 　　④ 270 cm³
⑤ 290 cm³

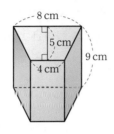

0864 중

밑면이 오른쪽 그림과 같은 오각형
이고, 높이가 5 cm인 오각기둥의
부피를 구하시오.

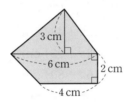

0865 중

오른쪽 그림과 같은 사각기둥의 부피가
150 cm³일 때, 이 사각기둥의 높이를
구하시오.

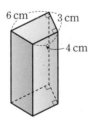

0866 상중

합동인 두 삼각형을 밑면으로 하는 두 삼각기둥 A, B의 높
이의 비가 3 : 4이다. 삼각기둥 B의 부피가 108 cm³일 때,
삼각기둥 A의 부피를 구하시오.

유형 | 04 원기둥의 부피

원기둥의 밑면인 원의 반지름의 길이를 r, 높이를
h라 하면
(원기둥의 부피)=(밑넓이)×(높이)
　　　　　　=$\pi r^2 h$

0867 ●대표문제

오른쪽 그림과 같은 원기둥의 부피는?

① 50π cm³ 　　② 75π cm³
③ 100π cm³ 　　④ 150π cm³
⑤ 175π cm³

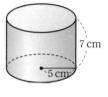

0868 중하

높이가 8 cm인 원기둥의 부피가 288π cm³일 때, 밑면인
원의 반지름의 길이를 구하시오.

0869 중

오른쪽 그림과 같은 입체도형의
부피를 구하시오.

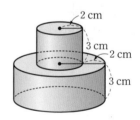

0870 중 ●서술형

다음 그림의 두 원기둥 모양의 그릇 A, B에 물을 담으려고
한다. 그릇 A, B 중 더 많은 양의 물을 담을 수 있는 것은
어느 것인지 구하시오.

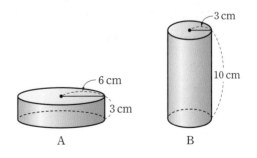

유형 | **05** **전개도가 주어진 기둥의 겉넓이와 부피**

기둥의 전개도에서 옆면은 직사각형이다.

(1) (밑면의 둘레의 길이)=(직사각형의 가로의 길이)

(2) (기둥의 높이)=(직사각형의 세로의 길이)

0871 ●대표문제

오른쪽 그림과 같은 전개도로 만들어지는 원기둥의 겉넓이와 부피를 차례로 구하면?

① 36π cm², 28π cm³

② 36π cm², 38π cm³

③ 41π cm², 28π cm³

④ 41π cm², 38π cm³

⑤ 45π cm², 48π cm³

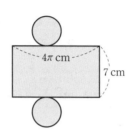

0872 중

오른쪽 그림과 같은 전개도로 만들어지는 삼각기둥의 부피를 구하시오.

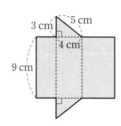

0873 중

오른쪽 그림과 같은 전개도로 만들어지는 사각기둥의 겉넓이와 부피를 구하시오.

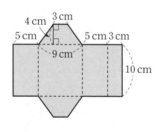

유형 | **06** **밑면이 부채꼴인 기둥의 겉넓이와 부피**

(1) $l=2\pi r \times \dfrac{x}{360}$, $S=\pi r^2 \times \dfrac{x}{360}$

(2) (겉넓이)=(밑넓이)×2+(옆넓이)

(3) (부피)=(밑넓이)×(높이)

　　　　(부채꼴의 둘레의 길이)×(높이)

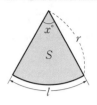

0874 ●대표문제

오른쪽 그림과 같은 기둥의 부피를 구하시오.

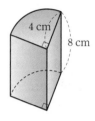

0875 중

오른쪽 그림과 같은 기둥의 겉넓이는?

① $(12\pi+48)$ cm²

② $(12\pi+96)$ cm²

③ $(16\pi+80)$ cm²

④ $(28\pi+96)$ cm²

⑤ $(34\pi+80)$ cm²

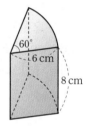

0876 중

오른쪽 그림과 같은 기둥의 부피가 36π cm³일 때, h의 값은?

① 8　　　　　② 9

③ 10　　　　④ 11

⑤ 12

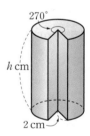

0877 상중 ●서술형

오른쪽 그림과 같은 기둥의 겉넓이를 구하시오.

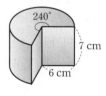

유형 | 07 잘라 낸 입체도형의 겉넓이와 부피
개념원리 중학수학 1-2 196쪽

오른쪽 그림은 직육면체에서 작은 직육면체를
잘라 낸 입체도형이다.

(1) (잘라 내고 남은 입체도형의 겉넓이)
   =(잘라 내기 전 직육면체의 겉넓이)
(2) (부피)
   =(잘라 내기 전 직육면체의 부피)−(잘라 낸 직육면체의 부피)

0878 ●대표문제

오른쪽 그림은 직육면체에서 작은 직육면체를 잘라 낸 입체도형이다. 이 입체도형의 겉넓이는?

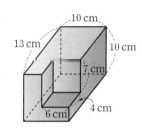

① 600 cm^2 ② 680 cm^2
③ 720 cm^2 ④ 780 cm^2
⑤ 800 cm^2

0879 중

오른쪽 그림은 한 모서리의 길이가 10 cm인 정육면체에서 작은 직육면체를 잘라 낸 입체도형이다. 이 입체도형의 부피를 구하시오.

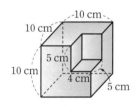

0880 상 중 ●●서술형

오른쪽 그림은 직육면체에서 작은 직육면체를 잘라 낸 입체도형이다. 이 입체도형의 겉넓이를 구하시오.

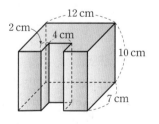

유형 | 08 구멍이 뚫린 기둥의 겉넓이와 부피
개념원리 중학수학 1-2 197쪽

(1) (구멍이 뚫린 기둥의 겉넓이)
   =(밑넓이)×2+(옆넓이)
   ={(큰 기둥의 밑넓이)−(작은 기둥의 밑넓이)} × 2
   　　　　　+(큰 기둥의 옆넓이)+(작은 기둥의 옆넓이)
(2) (구멍이 뚫린 기둥의 부피)
   =(큰 기둥의 부피)−(작은 기둥의 부피)

0881 ●대표문제

오른쪽 그림과 같이 구멍이 뚫린 입체도형의 겉넓이는?

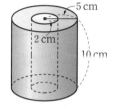

① $81\pi \text{ cm}^2$ ② $102\pi \text{ cm}^2$
③ $161\pi \text{ cm}^2$ ④ $169\pi \text{ cm}^2$
⑤ $182\pi \text{ cm}^2$

0882 중

오른쪽 그림과 같이 구멍이 뚫린 입체도형에 대하여 다음을 구하시오.

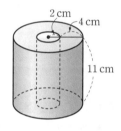

(1) 겉넓이
(2) 부피

0883 중

오른쪽 그림은 한 모서리의 길이가 6 cm인 정육면체의 중앙에 원기둥 모양의 구멍을 뚫은 입체도형이다. 이 입체도형의 겉넓이를 구하시오.

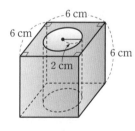

0884 상 중 ●●서술형

오른쪽 그림과 같이 구멍이 뚫린 입체도형의 겉넓이를 $a \text{ cm}^2$, 부피를 $b \text{ cm}^3$라 할 때, $a-b$의 값을 구하시오.

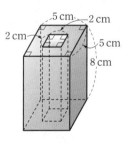

유형 | 09   회전체의 겉넓이와 부피 – 원기둥

개념원리 중학수학 1–2 197쪽

가로, 세로의 길이가 각각 r, h인 직사각형을 직선 l을 회전축으로 하여 1회전 시키면 밑면인 원의 반지름의 길이가 r, 높이가 h인 원기둥이 생긴다.

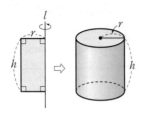

$\Rightarrow$ (겉넓이)$=2\pi r^2+2\pi rh$, (부피)$=\pi r^2 h$

0885 ●◀대표문제

오른쪽 그림과 같은 평면도형을 직선 l을 회전축으로 하여 1회전 시킬 때 생기는 회전체의 부피를 구하시오.

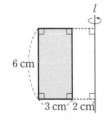

0886 중 ●◀서술형

오른쪽 그림과 같은 평면도형을 직선 l을 회전축으로 하여 1회전 시킬 때 생기는 회전체에 대하여 다음을 구하시오.

(1) 겉넓이
(2) 부피

0887 상 중

오른쪽 그림과 같은 직사각형을 직선 l을 회전축으로 하여 120°만큼 회전 시킬 때 생기는 회전체의 겉넓이를 구하시오.

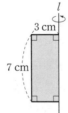

유형 | 10   각뿔의 겉넓이

개념원리 중학수학 1–2 202쪽

(각뿔의 겉넓이)$=$(밑넓이)$+$(옆넓이)

예 옆면이 이등변삼각형으로 이루어진 정사각뿔에서
(옆넓이)$=$(이등변삼각형의 넓이)$\times 4$
(밑넓이)$=$(정사각형의 넓이)

0888 ●◀대표문제

오른쪽 그림과 같이 밑면은 한 변의 길이가 6 cm인 정사각형이고, 옆면은 높이가 10 cm인 이등변삼각형으로 이루어진 사각뿔의 겉넓이는?

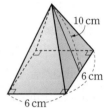

① 120 cm² ② 156 cm²
③ 160 cm² ④ 172 cm²
⑤ 200 cm²

0889 하

오른쪽 그림과 같이 밑면은 한 변의 길이가 4 cm인 정오각형이고, 옆면은 높이가 5 cm인 이등변삼각형으로 이루어진 오각뿔의 옆넓이를 구하시오.

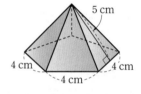

0890 중

오른쪽 그림과 같은 전개도로 만들어지는 입체도형의 겉넓이를 구하시오.

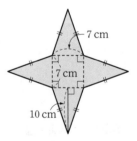

0891 상 중

오른쪽 그림과 같이 밑면은 한 변의 길이가 10 cm인 정사각형이고, 옆면은 모두 합동인 이등변삼각형으로 이루어진 사각뿔의 겉넓이가 320 cm²일 때, x의 값을 구하시오.

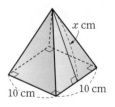

유형 | **11**   원뿔의 겉넓이

(1) (밑면인 원의 둘레의 길이)=(부채꼴의 호의 길이)=$2\pi r$

(2) (원뿔의 모선의 길이)=(부채꼴의 반지름의 길이)=l

(3) (원뿔의 겉넓이)=(밑넓이)+(옆넓이)=$\pi r^2+\pi rl$

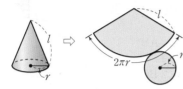

0892 ◀대표문제▶

오른쪽 그림과 같은 원뿔의 겉넓이는?

① 15π cm^2 ② 16π cm^2

③ 18π cm^2 ④ 20π cm^2

⑤ 24π cm^2

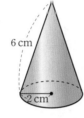

0893 중

오른쪽 그림과 같은 입체도형의 겉넓이를 구하시오.

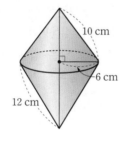

0894 중

오른쪽 그림과 같은 원뿔의 겉넓이가 84π cm^{2}일 때, 이 원뿔의 모선의 길이를 구하시오.

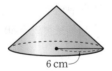

0895 상중

오른쪽 그림과 같은 원뿔의 옆넓이가 21π cm^{2}일 때, 이 원뿔의 겉넓이를 구하시오.

유형 | **12**   각뿔의 부피

각뿔의 밑넓이를 S, 높이를 h라 하면

(각뿔의 부피)=$\dfrac{1}{3}\times$(밑넓이)$\times$(높이)

$\qquad\qquad=\dfrac{1}{3}Sh$

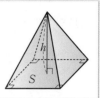

0896 ◀대표문제▶

오른쪽 그림과 같은 정사각뿔의 부피는?

① 45 cm^3 ② 50 cm^3

③ 55 cm^3 ④ 60 cm^3

⑤ 65 cm^3

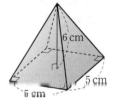

0897 중하

다음 그림과 같이 밑면이 합동이고 높이가 15 cm로 같은 사각뿔과 사각기둥 모양의 그릇이 있다. 사각뿔 모양의 그릇에 가득 들어 있는 물을 사각기둥 모양의 그릇에 부었을 때, 사각기둥 모양의 그릇에 든 물의 높이를 구하시오.

(단, 그릇의 두께는 생각하지 않는다.)

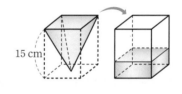

0898 중하

오른쪽 그림과 같은 입체도형의 부피를 구하시오.

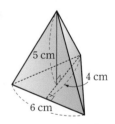

0899 중

오른쪽 그림과 같이 밑면의 한 변의 길이가 8 cm인 정사각뿔의 부피가 192 cm^{3}일 때, 이 정사각뿔의 높이를 구하시오.

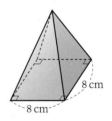

개념원리 중학수학 1-2 203쪽

유형 | 13 원뿔의 부피

$$(\text{원뿔의 부피}) = \frac{1}{3} \times (\text{밑넓이}) \times (\text{높이})$$
$$= \frac{1}{3} \times \pi r^2 \times h$$
$$= \frac{1}{3} \pi r^2 h$$

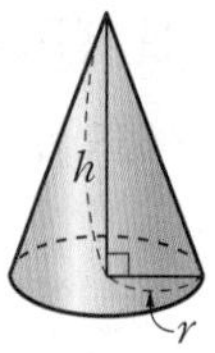

0900 •◀대표문제▶

오른쪽 그림과 같은 원뿔의 부피를 구하시오.

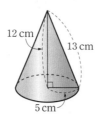

0901 중

밑면인 원의 반지름의 길이가 6 cm인 원뿔의 부피가 132π cm³일 때, 이 원뿔의 높이를 구하시오.

0902 중

오른쪽 그림과 같은 입체도형의 부피를 구하시오.

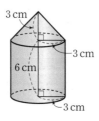

0903 중

오른쪽 그림에서 위의 원뿔과 아래 원뿔의 부피의 비를 가장 간단한 정수의 비로 나타내시오.

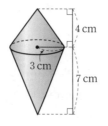

개념원리 중학수학 1-2 203쪽

유형 | 14 잘라 낸 삼각뿔의 부피

오른쪽 그림과 같이 직육면체를 세 점 A, F, C를 지나는 평면으로 자를 때
(삼각뿔 B-AFC의 부피)

$$= \frac{1}{3} \times \triangle ABC \times \overline{BF}$$
$$= \frac{1}{3} \times \triangle BFC \times \overline{AB}$$
$$= \frac{1}{3} \times \triangle ABF \times \overline{BC}$$

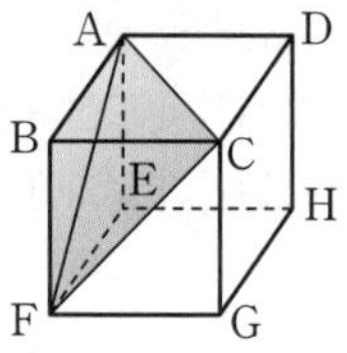

0904 •◀대표문제▶

오른쪽 그림과 같이 직육면체를 세 꼭짓점 B, G, D를 지나는 평면으로 자를 때 생기는 삼각뿔 C-BGD의 부피를 구하시오.

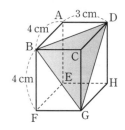

0905 중

오른쪽 그림은 한 모서리의 길이가 6 cm인 정육면체에서 삼각뿔을 잘라 내고 남은 입체도형이다. 잘라 낸 삼각뿔의 부피를 구하시오.

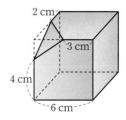

0906 중

오른쪽 그림은 직육면체에서 일부분을 잘라 내고 남은 입체도형이다. 이 입체도형의 부피를 구하시오.

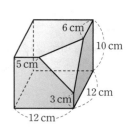

0907 상 중

오른쪽 그림은 삼각기둥에서 사각뿔을 잘라 내고 남은 입체도형이다. 이 입체도형의 부피를 구하시오.

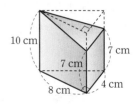

유형 | 15 직육면체 모양의 그릇에 담긴 물의 부피

물이 담긴 직육면체 모양의 그릇을 기울였을 때 남아 있는 물의 부피는 이때 생기는 삼각기둥 또는 삼각뿔의 부피와 같다.

0908 ●대표문제

오른쪽 그림과 같이 직육면체 모양의 그릇에 물을 가득 채운 후 그릇을 기울여 물을 흘려 보냈다. 이때 남아 있는 물의 부피를 구하시오. (단, 그릇의 두께는 생각하지 않는다.)

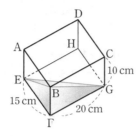

0909 중

오른쪽 그림과 같이 직육면체 모양의 그릇에 물을 가득 채운 후 그릇을 기울였을 때 남아 있는 물의 부피가 30 cm^3이었다. 이때 x의 값을 구하시오. (단, 그릇의 두께는 생각하지 않는다.)

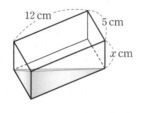

0910 상 중

다음 그림과 같이 물을 가득 채운 직육면체 모양의 그릇을 기울여 물을 흘려 보낸 다음 그릇을 다시 바르게 세웠을 때, x의 값을 구하시오. (단, 그릇의 두께는 생각하지 않는다.)

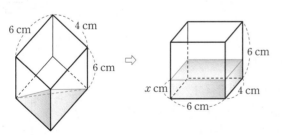

유형 | 16 원뿔 모양의 그릇에 담긴 물의 부피

원뿔 모양의 그릇에 물을 가득 채우는 데 걸리는 시간
⇨ (원뿔 모양의 그릇의 부피)÷(물을 채우는 속력)

0911 ●대표문제

오른쪽 그림과 같이 밑면인 원의 반지름의 길이가 6 cm, 높이가 9 cm인 원뿔 모양의 빈 그릇에 1분에 $4\pi \text{ cm}^3$씩 물을 넣을 때, 빈 그릇에 물을 가득 채우는 데 몇 분이 걸리는지 구하시오.
(단, 그릇의 두께는 생각하지 않는다.)

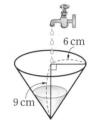

0912 상 중

오른쪽 그림과 같이 밑면인 원의 반지름의 길이가 12 cm, 높이가 h cm인 원뿔 모양의 그릇에 1분에 $12\pi \text{ cm}^3$씩 물을 넣으면 빈 그릇을 가득 채우는 데 80분이 걸린다. 이때 h의 값을 구하시오. (단, 그릇의 두께는 생각하지 않는다.)

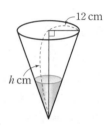

0913 상 중

오른쪽 그림과 같이 밑면인 원의 반지름의 길이가 9 cm이고 높이가 12 cm인 원뿔 모양의 그릇이 있다. 이 그릇에 4 cm 높이까지 물을 채우는 데 4분이 걸렸을 때, 이 그릇에 물을 가득 채우려면 앞으로 몇 분 동안 물을 더 넣어야 하는지 구하시오.
(단, 그릇의 두께는 생각하지 않는다.)

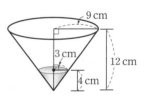

유형 | 17   전개도가 주어진 원뿔의 겉넓이와 부피

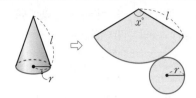

(부채꼴의 호의 길이)=(밑면인 원의 둘레의 길이)

$\Rightarrow 2\pi \times l \times \dfrac{x}{360} = 2\pi r$

0914 ●대표문제

오른쪽 그림과 같은 전개도로 만들어
지는 원뿔의 겉넓이를 구하시오.

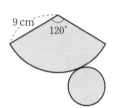

0915 중하

오른쪽 그림과 같은 원뿔의 전개도에
서 옆면인 부채꼴의 넓이가 48π cm²
일 때, 이 원뿔의 밑면인 원의 반지름
의 길이를 구하시오.

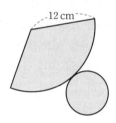

0916 중

오른쪽 그림과 같은 원뿔의 전개
도에서 $\angle x$의 크기를 구하시오.

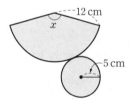

0917 상중 ●서술형

오른쪽 그림과 같은 부채꼴을 옆면으로
하는 원뿔의 부피가 324π cm³일 때,
이 원뿔의 높이를 구하시오.

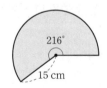

유형 | 18   회전체의 겉넓이와 부피 - 원뿔

밑변의 길이가 r, 높이가 h인 직
각삼각형을 직선 n을 회전축으
로 하여 1회전 시키면 밑면인 원
의 반지름의 길이가 r, 높이가 h
인 원뿔이 생긴다.

0918 ●대표문제

오른쪽 그림과 같은 직각삼각형을 직선 l
을 회전축으로 하여 1회전 시킬 때 생기는
회전체의 겉넓이와 부피를 구하시오.

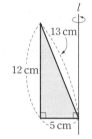

0919 중하

오른쪽 그림과 같은 직각삼각형 ABC를
직선 l을 회전축으로 하여 1회전 시킬 때
생기는 입체도형의 부피는?

① 50π cm³   ② 60π cm³

③ 76π cm³   ④ 80π cm³

⑤ 96π cm³

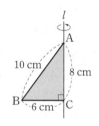

0920 중

오른쪽 그림과 같은 평면도형을 선분 AD
를 회전축으로 하여 1회전 시킬 때 생기는
회전체의 겉넓이를 구하시오.

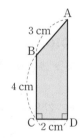

0921 상중

오른쪽 그림과 같은 평면도형을 직선 l을
회전축으로 하여 1회전 시킬 때 생기는 회
전체의 겉넓이를 구하시오.

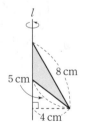

유형 | 19 뿔대의 겉넓이

(1) (각뿔대의 겉넓이)
= (두 밑면의 넓이의 합)+(옆면인 사다리꼴의 넓이의 합)

(2) (원뿔대의 겉넓이)
= (두 밑면인 원의 넓이의 합)+(옆넓이)
(큰 부채꼴의 넓이)−(작은 부채꼴의 넓이)

0922 ◀대표문제

오른쪽 그림과 같은 사다리꼴을 직선 l을 회전축으로 하여 1회전 시킬 때 생기는 회전체의 겉넓이는?

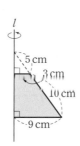

① $120\pi \text{ cm}^2$ ② $180\pi \text{ cm}^2$

③ $210\pi \text{ cm}^2$ ④ $220\pi \text{ cm}^2$

⑤ $230\pi \text{ cm}^2$

0923 중

오른쪽 그림과 같이 밑면이 정사각형인 사각뿔대의 겉넓이는?
(단, 옆면은 모두 합동이다.)

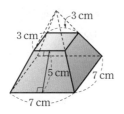

① 100 cm^2 ② 108 cm^2

③ 125 cm^2 ④ 149 cm^2

⑤ 158 cm^2

0924 중

오른쪽 그림과 같은 원뿔대의 옆넓이를 구하시오.

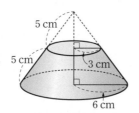

0925 실 중

오른쪽 그림과 같이 원기둥 위에 원뿔대를 올려 놓은 모양의 입체도형의 겉넓이를 구하시오.

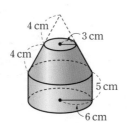

유형 | 20 뿔대의 부피

(1) (각뿔대의 부피)=(큰 각뿔의 부피)−(작은 각뿔의 부피)

(2) (원뿔대의 부피)=(큰 원뿔의 부피)−(작은 원뿔의 부피)

0926 ◀대표문제

오른쪽 그림과 같은 원뿔대의 부피는?

① $192\pi \text{ cm}^3$ ② $188\pi \text{ cm}^3$

③ $175\pi \text{ cm}^3$ ④ $168\pi \text{ cm}^3$

⑤ $160\pi \text{ cm}^3$

0927 중

오른쪽 그림과 같은 사각뿔대의 부피를 구하시오.

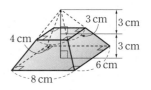

0928 중

오른쪽 그림과 같이 밑면이 정사각형인 사각뿔대의 부피를 구하시오.

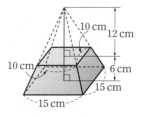

0929 중

오른쪽 그림과 같은 사다리꼴을 직선 l을 회전축으로 하여 1회전 시킬 때 생기는 회전체의 부피를 구하시오.

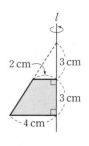

개념원리 중학수학 1-2 211쪽

유형 21 구의 겉넓이

반지름의 길이가 r인 구의 겉넓이
⇨ $4\pi r^2$

0930 ●◄대표문제

구를 평면으로 잘랐을 때 생기는 단면의 최대 넓이가 25π cm²일 때, 이 구의 겉넓이는?

① 89π cm² ② 92π cm² ③ 100π cm²
④ 128π cm² ⑤ 132π cm²

0931 중

오른쪽 그림과 같은 반구의 겉넓이는?

① 50π cm² ② 75π cm²
③ 90π cm² ④ 100π cm²
⑤ 125π cm²

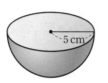

0932 중

지름의 길이가 8 cm인 구 모양의 야구공의 겉면이 다음 그림과 같이 합동인 두 조각으로 이루어져 있을 때, 한 조각의 넓이를 구하시오.

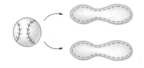

0933 중

오른쪽 그림과 같은 입체도형의 겉넓이를 구하시오.

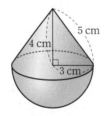

개념원리 중학수학 1-2 211쪽

유형 22 구의 부피

반지름의 길이가 r인 구의 부피
⇨ $\dfrac{4}{3}\pi r^3$

0934 ●◄대표문제

오른쪽 그림과 같은 입체도형의 부피는?

① 495π cm³ ② 497π cm³
③ 498π cm³ ④ 501π cm³
⑤ 504π cm³

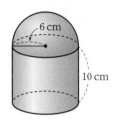

0935 중

오른쪽 그림과 같은 반구의 겉넓이가 48π cm²일 때, 이 반구의 부피를 구하시오.

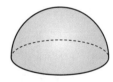

0936 상 중 ●◄서술형

반지름의 길이가 2 cm인 쇠구슬을 여러 개 녹여서 반지름의 길이가 8 cm인 쇠구슬 한 개를 만들려고 할 때, 반지름의 길이가 2 cm인 쇠구슬은 모두 몇 개 필요한지 구하시오.

0937 상 중

다음 그림에서 구의 부피가 원뿔의 부피의 $\dfrac{3}{2}$배일 때, 원뿔의 높이를 구하시오.

개념원리 중학수학 1-2 212쪽

유형 | 23   구의 일부분을 잘라 낸 입체도형의 겉넓이와 부피

구의 $\dfrac{1}{n}$을 잘라 낸 입체도형에 대하여

(1) (겉넓이)$=\dfrac{n-1}{n}\times$(구의 겉넓이)$+$(잘라 낸 단면의 넓이의 합)

(2) (부피)$=\dfrac{n-1}{n}\times$(구의 부피)

0938 ● 대표문제

오른쪽 그림은 반지름의 길이가 3 cm 인 구의 $\dfrac{1}{4}$을 잘라 낸 입체도형이다. 이 입체도형의 겉넓이를 구하시오.

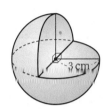

0939 중

오른쪽 그림은 반지름의 길이가 4 cm인 구를 사등분한 것이다. 이 입체도형의 겉넓이와 부피를 구하시오.

0940 중

오른쪽 그림은 반지름의 길이가 6 cm 인 구의 $\dfrac{1}{8}$을 잘라 낸 입체도형이다. 이 입체도형의 겉넓이와 부피를 구하시오.

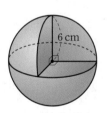

0941 상중

오른쪽 그림은 반지름의 길이가 9 cm 인 구의 일부분을 잘라 낸 입체도형이다. 이 입체도형의 겉넓이와 부피를 구하시오.

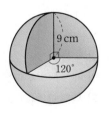

유형 | 24   회전체의 겉넓이와 부피 — 구

반지름의 길이가 r인 사분원을 직선 l을 회전축으로 하여 1회전 시키면 반지름의 길이가 r인 반구가 생긴다.

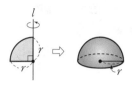

0942 ● 대표문제

오른쪽 그림과 같은 평면도형을 직선 l을 회전축으로 하여 1회전 시킬 때 생기는 회전체의 부피를 구하시오.

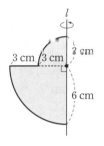

0943 중

오른쪽 그림과 같은 평면도형을 직선 l을 회전축으로 하여 1회전 시킬 때 생기는 회전체의 겉넓이와 부피를 구하시오.

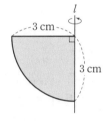

0944 중

오른쪽 그림과 같은 평면도형을 직선 l을 회전축으로 하여 1회전 시킬 때 생기는 회전체의 겉넓이를 구하시오.

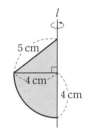

0945 상중

오른쪽 그림과 같은 평면도형을 직선 l을 회전축으로 하여 1회전 시킬 때 생기는 회전체의 겉넓이와 부피를 구하시오.

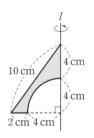

유형 UP

개념원리 중학수학 1-2 213쪽

유형 | 25 원뿔, 구, 원기둥의 부피의 비

오른쪽 그림과 같이 원기둥 안에 원뿔과 구가 꼭 맞게 들어 있을 때

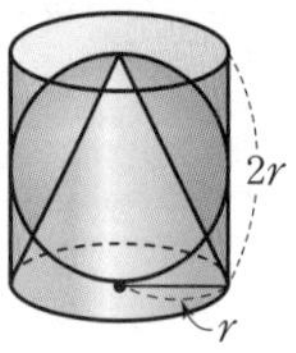

$(원뿔의 부피)=\dfrac{1}{3}\times(\pi r^2\times 2r)=\dfrac{2}{3}\pi r^3$

$(구의 부피)=\dfrac{4}{3}\pi r^3$

$(원기둥의 부피)=\pi r^2\times 2r=2\pi r^3$

0946 ◀● 대표문제

오른쪽 그림과 같이 원기둥 안에 원뿔과 구가 꼭 맞게 들어 있다. 구의 부피가 $36\pi \ \mathrm{cm}^3$일 때, 원뿔과 원기둥의 부피를 구하시오.

0947 상 중

오른쪽 그림과 같이 원기둥 안에 반구와 원뿔이 꼭 맞게 들어 있을 때, 원뿔, 반구, 원기둥의 부피의 비를 가장 간단한 정수의 비로 나타내시오.

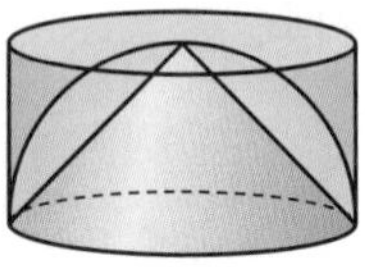

0948 상 중

오른쪽 그림과 같이 부피가 $108\pi \ \mathrm{cm}^3$인 원기둥 안에 크기가 같은 세 개의 구가 꼭 맞게 들어 있다. 이때 구 한 개의 부피를 구하시오.

개념원리 중학수학 1-2 213쪽

유형 | 26 입체도형에 꼭 맞게 들어가는 입체도형

구의 지름의 길이를 한 모서리의 길이로 하는 정육면체 안에 구가 꼭 맞게 들어 있을 때

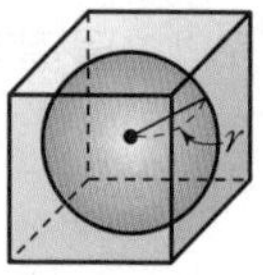

(1) $(구의 겉넓이)=4\pi r^2$

　$(정육면체의 겉넓이)=6\times(2r\times 2r)=24r^2$

(2) $(구의 부피)=\dfrac{4}{3}\pi r^3$

　$(정육면체의 부피)=2r\times 2r\times 2r=8r^3$

0949 ◀● 대표문제

오른쪽 그림과 같이 반지름의 길이가 $6 \ \mathrm{cm}$인 구에 정팔면체가 꼭 맞게 들어 있다. 이때 이 정팔면체의 부피를 구하시오.

0950 중

오른쪽 그림과 같이 반지름의 길이가 $6 \ \mathrm{cm}$인 반구 안에 원뿔이 꼭 맞게 들어 있다. 반구와 원뿔의 부피를 각각 V_1, V_2라 할 때, $\dfrac{V_1}{V_2}$의 값을 구하시오.

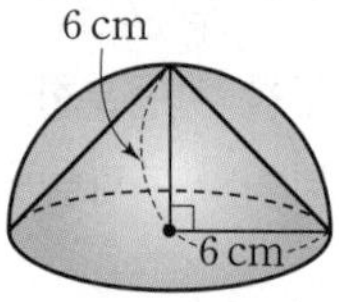

0951 중

오른쪽 그림과 같이 한 모서리의 길이가 $8 \ \mathrm{cm}$인 정육면체 안에 구가 꼭 맞게 들어 있을 때, 구와 정육면체의 겉넓이의 비는?

① $2:3$ ② $3:5$ ③ $\pi:6$
④ $\pi:8$ ⑤ $6:\pi$

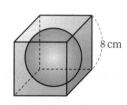

0952 상 중

오른쪽 그림과 같이 구 안에 원뿔이 꼭 맞게 들어 있다. 원뿔의 부피가 $9\pi \ \mathrm{cm}^3$일 때, 구의 부피를 구하시오. (단, 원뿔의 밑면인 원의 중심과 구의 중심이 일치한다.)

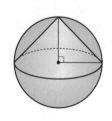

정답과 풀이 p.65

중단원 마무리하기

0953

오른쪽 그림과 같은 직육면체의 겉넓이가
48 cm²일 때, x의 값은?

① 3   ② 4
③ 5   ④ 6
⑤ 7

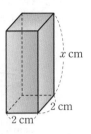

0954

한 모서리의 길이가 6 cm인 정육면체
를 오른쪽 그림과 같이 6등분 했을 때,
처음 정육면체의 겉넓이보다 늘어난 겉
넓이를 구하시오.

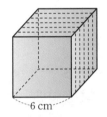

0955

오른쪽 그림과 같이 밑면이 반원인
기둥의 겉넓이는?

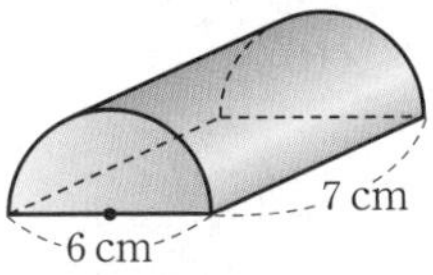

① $(21\pi+42)$ cm²
② $(30\pi+21)$ cm²
③ $(30\pi+42)$ cm²
④ $(39\pi+21)$ cm²
⑤ $(39\pi+42)$ cm²

0956

밑넓이가 24 cm²인 오각기둥의 부피가 168 cm³일 때, 이
기둥의 높이는?

① 6 cm   ② 7 cm   ③ 8 cm
④ 9 cm   ⑤ 10 cm

0957

오른쪽 그림은 원기둥의 전개도
이다. 이 전개도로 만들어지는
원기둥의 겉넓이를 구하시오.

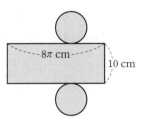

0958

오른쪽 그림은 밑면인 원의 반지름의
길이가 2 cm인 원기둥을 비스듬히
자른 것이다. 이 입체도형의 부피를
구하시오.

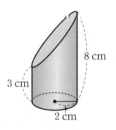

중요
0959

오른쪽 그림과 같이 구멍이 뚫린 입
체도형의 겉넓이는?

① 190 cm²   ② 266 cm²
③ 292 cm²   ④ 300 cm²
⑤ 320 cm²

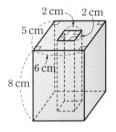

중요
0960

오른쪽 그림과 같은 도형을 직선 l을
회전축으로 하여 1회전 시킬 때 생기
는 회전체의 부피를 구하시오.

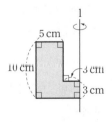

0961

오른쪽 그림과 같이 옆면이 모두 합동인 이등변삼각형으로 이루어진 정사각뿔의 겉넓이가 208 cm²일 때, x의 값은?

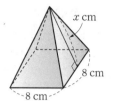

① 6   ② 7

③ 8   ④ 9

⑤ 10

0962

오른쪽 그림에서 사각형 ABCD는 한 변의 길이가 18 cm인 정사각형이다. 이때 $\overline{AE}$, $\overline{EF}$, $\overline{AF}$를 접는 선으로 하여 접었을 때 생기는 입체도형의 부피를 구하시오.

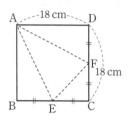

0963

오른쪽 그림과 같은 입체도형의 겉넓이와 부피를 구하시오.

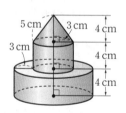

0964

오른쪽 그림과 같이 밑면인 원의 반지름의 길이가 3 cm, 높이가 4 cm인 원뿔 모양의 그릇에 1분에 $\frac{\pi}{2}$ cm³씩 물을 넣을 때, 빈 그릇에 물을 가득 채우는 데 몇 분이 걸리는지 구하시오.

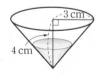

0965

다음 그림과 같이 원뿔 모양의 그릇에 물을 가득 담아 원기둥 모양의 빈 그릇에 3번 부었을 때, 원기둥 모양의 그릇에 담긴 물의 높이를 구하시오.

(단, 그릇의 두께는 생각하지 않는다.)

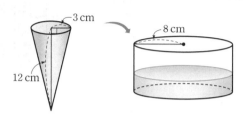

0966

오른쪽 그림과 같이 밑면인 원의 반지름의 길이가 6 cm, 모선의 길이가 10 cm인 원뿔의 전개도에서 옆면인 부채꼴의 중심각의 크기는?

① 142°   ② 180°

③ 192°   ④ 200°

⑤ 216°

중요 0967

오른쪽 그림과 같은 평면도형을 직선 l을 회전축으로 하여 1회전 시킬 때 생기는 회전체의 겉넓이는?

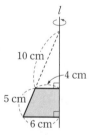

① 152π cm²   ② 136π cm²

③ 116π cm²   ④ 102π cm²

⑤ 100π cm²

0968

겉넓이가 144π cm^{2}인 구의 부피는?

① 42π cm^3 ② $\dfrac{256}{3}\pi$ cm^3 ③ $\dfrac{310}{3}\pi$ cm^3

④ 288π cm^3 ⑤ 300π cm^3

0969

오른쪽 그림과 같은 반구의 부피가 18π cm^{3}일 때, 이 반구의 겉넓이를 구하시오.

중요
0970

오른쪽 그림은 반지름의 길이가 10 cm 인 구의 일부를 잘라 낸 입체도형이다. 이 입체도형의 겉넓이는?

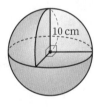

① 350π cm^2 ② 375π cm^2
③ 400π cm^2 ④ 405π cm^2
⑤ 425π cm^2

0971

오른쪽 그림과 같은 평면도형을 직선 l을 회전축으로 하여 1회전 시킬 때 생기는 회전체의 부피를 구하시오.

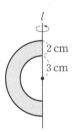

0972

부피가 216π cm^{3}인 원기둥 모양의 통에 오른쪽 그림과 같이 크기가 같은 구 4개가 꼭 맞게 들어 있다. 이때 구 4개의 겉넓이의 합을 구하시오.

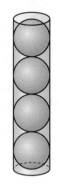

0973

한 모서리의 길이가 6 cm인 정육면체의 각 면의 대각선의 교점을 연결하여 오른쪽 그림과 같은 정팔면체를 만들었다. 이 정팔면체의 부피는?

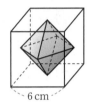

① 30 cm^3 ② 36 cm^3
③ 42 cm^3 ④ 48 cm^3
⑤ 54 cm^3

0974

오른쪽 그림과 같이 구 안에 정팔면체 가 꼭 맞게 들어 있다. 정팔면체의 부피가 36 cm^{3}일 때, 구의 부피는?

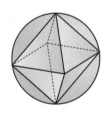

① 20π cm^3 ② 24π cm^3
③ 28π cm^3 ④ 32π cm^3
⑤ 36π cm^3

중요
0975

오른쪽 그림과 같이 원기둥 안에 구와 원뿔 이 꼭 맞게 들어 있다. 구의 부피가 $\dfrac{32}{3}\pi$ cm^{3}일 때, 원뿔의 부피를 구하시오.

💬 **서술형 주관식**

0976

가로, 세로의 길이와 높이가 각각 10 cm, 20 cm, 30 cm
인 직육면체 모양의 상자가 있다. 이 상자에 한 모서리의
길이가 5 cm인 정육면체 모양의 상자를 최대 몇 개까지 넣
을 수 있는지 구하시오.

중요
0977

오른쪽 그림과 같은 입체도형의
겉넓이와 부피를 구하시오.

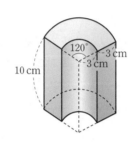

0978

오른쪽 그림과 같은 △ABC를 $\overline{\text{AC}}$,
$\overline{\text{BC}}$를 각각 회전축으로 하여 1회전 시
킬 때 생기는 입체도형의 부피의 비를
가장 간단한 정수의 비로 나타내시오.

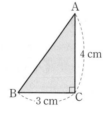

중요
0979

오른쪽 그림과 같은 평면도형을 직선 l을
회전축으로 하여 1회전 시킬 때 생기는 회
전체의 겉넓이와 부피를 구하시오.

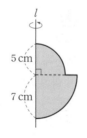

🏆 **실력 UP**

◉ 실력 UP 집중 학습은 실력 UP⁺로!!

0980

서로 다른 세 면의 넓이가 각각 20 cm², 52 cm², 65 cm²
인 직육면체의 부피를 구하시오.

0981

오른쪽 그림과 같은 평면도형을 직선 l을
회전축으로 하여 1회전 시킬 때 생기는
회전체의 겉넓이와 부피를 구하시오.

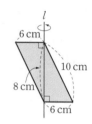

중요
0982

오른쪽 그림과 같이 밑면인 원의 반지
름의 길이가 4 cm인 원뿔을 점 O를 중
심으로 굴리면 $2\frac{1}{4}$바퀴 회전하고 다시
원래의 자리로 되돌아온다. 이때 원뿔
의 옆넓이를 구하시오.

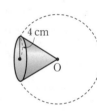

0983

오른쪽 그림과 같이 반지름의
길이가 6 cm인 원기둥에 반지
름의 길이가 3 cm인 구와 물이
담겨 기울어져 있다. 이때 원기
둥 안에 담긴 물의 부피를 구하
시오.

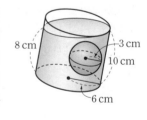

통계

자료의 정리와 해석

08-1 줄기와 잎 그림

○ 개념플러스

(1) **변량** : 자료를 수량으로 나타낸 것

(2) **줄기와 잎 그림** : 줄기와 잎을 이용하여 자료를 나타
  낸 그림

  ① 줄기 : 세로선의 왼쪽에 있는 수

  ② 잎 : 세로선의 오른쪽에 있는 수

(3) **줄기와 잎 그림 그리는 순서**

  ① 자료의 각 변량을 줄기와 잎으로 나눈다.

  ② 세로선을 긋고, 세로선의 왼쪽에 **줄기를 작은 값**
   부터 차례로 세로로 쓴다.

  ③ 세로선의 오른쪽에 각 줄기에 해당되는 **잎을 작은 값**부터 차례로 가로로 쓴다.

  ④ 줄기 □, 잎 △에 대하여 □|△를 설명한다.

  ⑤ 줄기와 잎 그림에 알맞은 제목을 붙인다.

하루 운동 시간

(1|3은 13분)

줄기		잎					
1	3	5	5				
2	0	4	7	8			
3	0	0	1	1	2	6	
4	1	2					

십의 자리의 숫자 → 세로선   일의 자리의 숫자

■ 줄기와 잎 그림은 모든 자료들이 크기순으로 나열되어 있어 특정한 자료의 값의 상대적인 위치를 쉽게 파악할 수 있는 장점이 있지만 자료의 개수가 많을 때에는 자료를 정리하는 방법으로 적당하지 않다.

■ 줄기와 잎 그림에서 자료가 두 자리의 수일 때
  ① 줄기 : 십의 자리의 숫자
  ② 잎 : 일의 자리의 숫자

■ **줄기와 잎 그림 그리기**
  ① 줄기 : 중복된 수는 한 번만 쓴다.
  ② 잎 : 중복된 수를 모두 쓴다.
  ③ 잎은 일반적으로 크기순으로 쓴다.
    └→ 잎의 개수는 조사한 자료의 개수와 같다.

예

던지기 기록
(단위 : m)

26	24	29	43
31	45	21	24
49	32	41	37

⇒

던지기 기록
(2|1은 21 m)

줄기		잎			
2	1	4	4	6	9
3	1	2	7		
4	1	3	5	9	

08-2 도수분포표

(1) **계급** : 변량을 일정한 간격으로 나눈 구간

  ① 계급의 크기 : 구간의 너비, 즉 계급의 양 끝 값의 차

  ② 계급의 개수 : 변량을 나눈 구간의 수

  참고 계급값 : 계급을 대표하는 값으로 각 계급의 양 끝 값의 중앙의 값

  $$\Rightarrow (계급값) = \frac{(계급의\ 양\ 끝\ 값의\ 합)}{2}$$

(2) **도수** : 각 계급에 속하는 **자료의 수** ──→ 도수의 총합은 변량의 총 개수와 같다.

(3) **도수분포표** : 주어진 자료를 몇 개의 계급으로 나누고, 각 계급의 도수를 나타낸 표

■ a 이상 b 미만인 계급에서 계급의 크기
  ⇒ $b - a$

■ 계급, 계급의 크기, 도수는 항상 단위를 포함하여 쓴다.

■ **도수분포표 만드는 방법**
  ① 변량 중 가장 작은 변량과 가장 큰 변량을 찾는다.
  ② ①의 두 변량이 포함되는 구간을 일정한 간격으로 나누어 계급을 정한다.
  ③ 각 계급에 속하는 변량의 개수를 세어 계급의 도수를 구한다.

예

자료
(단위 : 점)

72	89	79	85
75	67	70	72
80	68	64	74

⇒

도수분포표

점수(점)	학생 수(명)	
60이상~ 70미만	///	3
70 ~ 80	卌 /	6
80 ~ 90	///	3
합계		12

08-1 줄기와 잎 그림

[0984~0986] 다음은 태희네 반 학생들이 1분 동안 윗몸일으키기를 한 횟수를 조사하여 나타낸 줄기와 잎 그림이다. 물음에 답하시오.

윗몸일으키기 횟수

(1|0은 10회)

줄기	잎
1	0 2 4 7
2	0 1 4 6 8 9
3	1 8 9 9

0984 잎이 가장 많은 줄기를 구하시오.

0985 줄기 1에 해당하는 잎을 모두 구하시오.

0986 윗몸일으키기 횟수가 가장 많은 학생과 가장 적은 학생의 윗몸일으키기 횟수를 차례로 구하시오.

[0987~0990] 오른쪽은 민주네 반 학생들이 모은 우표 수를 조사한 것이다. 다음 물음에 답하시오.

(단위 : 장)

14	35	27	37
22	10	21	33
41	40	38	22
13	35	26	25

0987 위의 자료에 대한 아래의 줄기와 잎 그림을 완성하시오.

모은 우표 수

(1|0은 10장)

줄기	잎
1	
2	
3	
4	

0988 모은 우표 수가 25장 이상 30장 미만인 학생 수를 구하시오.

0989 모은 우표 수가 많은 쪽에서 3번째인 학생의 우표 수를 구하시오.

0990 민주가 모은 우표 수가 22장일 때, 모은 우표 수가 민주보다 많은 학생 수를 구하시오.

08-2 도수분포표

[0991~0994] 다음은 지현이네 반 학생 20명의 봉사 활동 시간을 조사한 것이다. 물음에 답하시오.

(단위 : 시간)

7	10	4	15	6	3	13	8	10	16
12	9	6	8	5	11	7	10	7	14

0991 변량의 개수를 구하시오.

0992 가장 작은 변량과 가장 큰 변량을 각각 구하시오.

0993 위의 자료에 대한 아래의 도수분포표를 완성하시오.

봉사 활동 시간(시간)		학생 수(명)
3이상 ~ 6미만	///	3
6 ~ 9		
~	〻〻	5
~	///	3
15 ~ 18		
합계		

0994 봉사 활동 시간이 12시간 이상인 학생 수를 구하시오.

[0995~0998] 오른쪽은 승준이네 반 학생 30명의 몸무게를 조사하여 나타낸 도수분포표이다. 다음 물음에 답하시오.

몸무게(kg)	학생 수(명)
20이상 ~ 30미만	3
30 ~ 40	8
40 ~ 50	9
50 ~ 60	A
60 ~ 70	3
합계	30

0995 몸무게가 37 kg인 학생이 속하는 계급을 구하시오.

0996 계급의 크기와 계급의 개수를 차례로 구하시오.

0997 A의 값을 구하시오.

0998 도수가 가장 큰 계급을 구하시오.

08-3 히스토그램

(1) **히스토그램** : 가로축에는 각 계급의 양 끝 값을, 세로축에는 도수를 표시하고 각 계급의 크기를 가로로, 그 계급에 속하는 도수를 세로로 하는 직사각형을 그려 놓은 그래프

(2) **히스토그램의 특징**
① 자료의 분포 상태를 한눈에 알아볼 수 있다.
② (직사각형의 넓이)=(계급의 크기)×(그 계급의 도수)
⇨ 각 직사각형의 넓이는 각 계급의 도수에 정비례한다.
③ (직사각형의 넓이의 합)={(계급의 크기)×(그 계급의 도수)}의 합
= (계급의 크기)×(도수의 총합)

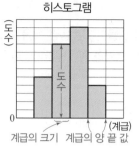

08-4 도수분포다각형

(1) **도수분포다각형** : 히스토그램에서 그래프의 양 끝에 도수가 0인 계급이 하나씩 더 있는 것으로 생각하여 그 중앙에 찍은 점과 각 계급에 대한 직사각형의 윗변의 중앙에 찍은 점을 차례로 선분으로 연결하여 그린 그래프

(2) **도수분포다각형의 특징**
① 도수의 분포 상태를 연속적으로 관찰할 수 있다.
② (도수분포다각형과 가로축으로 둘러싸인 부분의 넓이)
= (히스토그램의 직사각형의 넓이의 합)=(계급의 크기)×(도수의 총합)
③ 두 개 이상의 자료의 분포 상태를 동시에 나타내어 한눈에 비교할 수 있다.

08-5 상대도수와 그 그래프

(1) **상대도수** : 도수의 총합에 대한 그 계급의 도수의 비율

$$(어떤 계급의 상대도수)=\frac{(그\ 계급의\ 도수)}{(도수의\ 총합)}$$

(2) **상대도수의 특징**
① 상대도수의 총합은 항상 1이다. ◀ $(상대도수의\ 총합)=\frac{(각\ 계급의\ 도수의\ 합)}{(도수의\ 총합)}=\frac{(도수의\ 총합)}{(도수의\ 총합)}=1$
② 각 계급의 상대도수는 그 계급의 도수에 정비례한다.
③ 도수의 총합이 다른 두 개 이상의 자료의 분포 상태를 비교할 때, 상대도수를 이용하면 편리하다.

(3) **상대도수의 분포표** : 각 계급의 상대도수를 나타낸 표

(4) **상대도수의 분포를 나타낸 그래프** : 상대도수의 분포표를 히스토그램이나 도수분포다각형과 같은 방법으로 나타낸 그래프

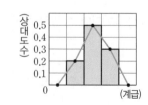

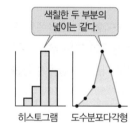

08-3 히스토그램

0999 다음 도수분포표를 히스토그램으로 나타내시오.

계급	도수
5이상 ~ 10미만	5
10 ~ 15	7
15 ~ 20	4
20 ~ 25	3
25 ~ 30	1
합계	20

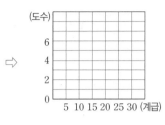

[1000~1002] 오른쪽은 은상이네 반 학생들의 멀리 던지기 기록을 조사하여 나타낸 히스토그램이다. 다음 물음에 답하시오.

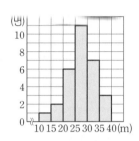

1000 계급의 크기와 계급의 개수를 차례로 구하시오.

1001 전체 학생 수를 구하시오.

1002 도수가 가장 큰 계급의 직사각형의 넓이를 구하시오.

08-4 도수분포다각형

1003 오른쪽은 재원이네 반 학생들의 100 m 달리기 기록을 조사하여 나타낸 히스토그램이다. 이 히스토그램을 도수분포다각형으로 나타내고, 도수분포다각형과 가로축으로 둘러싸인 부분의 넓이를 구하시오.

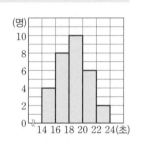

[1004~1006] 오른쪽은 태연이네 반 학생들이 1학기 동안 읽은 책의 수를 조사하여 나타낸 도수분포다각형이다. 다음 물음에 답하시오.

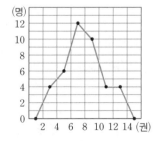

1004 계급의 크기와 계급의 개수를 차례로 구하시오.

1005 전체 학생 수를 구하시오.

1006 도수가 6명인 계급을 구하시오.

08-5 상대도수와 그 그래프

[1007~1009] 다음은 어느 공연의 한 회 관람객의 나이를 조사하여 나타낸 상대도수의 분포표이다. 물음에 답하시오.

관람객의 나이(세)	관람객 수(명)	상대도수
15이상 ~ 20미만	12	
20 ~ 25	32	
25 ~ 30	68	
30 ~ 35	52	
35 ~ 40	36	
합계	200	A

1007 각 계급의 상대도수를 구하여 표의 빈칸을 채우시오.

1008 A의 값을 구하시오.

1009 위의 상대도수의 분포표를 도수분포다각형 모양의 그래프로 나타내시오.

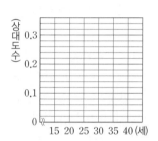

[1010~1011] 다음은 어느 중학교 학생 50명이 1분 동안 윗몸일으키기를 한 횟수를 조사하여 나타낸 상대도수의 분포표이다. 물음에 답하시오.

윗몸일으키기(회)	학생 수(명)	상대도수
10이상 ~ 20미만		0.08
20 ~ 30		0.12
30 ~ 40		0.24
40 ~ 50		0.36
50 ~ 60		0.16
60 ~ 70		0.04
합계	50	

1010 각 계급의 도수를 구하여 표의 빈칸을 채우시오.

1011 윗몸일으키기 횟수가 30회 미만인 학생은 전체의 몇 %인지 구하시오.

개념원리 중학수학 1~2 229~230쪽

유형 | 01 줄기와 잎 그림 이해하기

(1) 자료가 두 자리의 수일 때 ⇨ { 줄기 : 십의 자리의 숫자
잎 : 일의 자리의 숫자

예 2 | 4 ⇨ 24

(2) 자료가 세 자리의 수일 때 ⇨ { 줄기 : 백의 자리와
십의 자리의 숫자
잎 : 일의 자리의 숫자

예 12 | 5 ⇨ 125

(3) 줄기와 잎 그림에서 가장 큰 값과 가장 작은 값

	가장 큰 값	가장 작은 값
줄기	맨 아랫줄	맨 윗줄
잎	가장 큰 수	가장 작은 수

(4) 줄기와 잎 그림에서 자료의 개수는 잎의 개수와 같다.

1012 ◀대표문제▶

오른쪽은 수지네 반 학생들의 던지기 기록을 조사하여 나타낸 줄기와 잎 그림이다. 다음 물음에 답하시오.

던지기 기록

(1 | 4는 14 m)

줄기	잎
1	4 5 7
2	0 1 2 6 8
3	2 4 4 6 7 9
4	2 8 9

(1) 전체 학생 수를 구하시오.
(2) 잎이 가장 많은 줄기를 구하시오.
(3) 기록이 가장 좋은 학생과 가장 나쁜 학생의 기록의 차를 구하시오.
(4) 기록이 6번째로 좋은 학생의 기록을 구하시오.
(5) 줄기와 잎 그림으로 나타내면 좋은 점을 말하시오.

1013 (종)

오른쪽은 피아노 학원에 등록된 원생들의 나이를 조사하여 나타낸 줄기와 잎 그림이다. 이 학원에 등록된 나이가 18세 이하인 원생은 전체의 몇 %인지 구하시오.

원생의 나이

(0 | 7은 7세)

줄기	잎
0	7 8 8
1	2 5 6 9
2	0 1 1 4 6 6
3	5 8

1014 (종)

다음은 민재네 반 학생들의 한 달 동안의 독서 시간을 조사하여 나타낸 줄기와 잎 그림이다. 물음에 답하시오.

독서 시간

(0 | 2는 2시간)

잎(남학생)	줄기	잎(여학생)
7 4	0	2 3 6
3 2	1	3 4 6 9
8 4 4 2 0	2	2 2 3 7
7 6 4 3	3	5 9

(1) 줄기가 2인 잎의 개수를 구하시오.
(2) 독서 시간이 가장 많은 학생의 독서 시간은 몇 시간인지 구하시오.
(3) 독서 시간이 15시간 이상 33시간 이하인 학생 수를 구하시오.

1015 (종)

다음은 은정이네 반 학생들의 줄넘기 기록을 조사하여 나타낸 줄기와 잎 그림이다. 은정이는 여학생 중 5번째로 줄넘기를 많이 하였다. 은정이보다 줄넘기를 많이 한 남학생의 수를 구하시오.

줄넘기 기록

(1 | 6은 16회)

잎(남학생)	줄기	잎(여학생)
5	1	6 7
3	2	2 6
7 1	3	2 5 8
7 4 3	4	3 5 6 9
4 3	5	8
7 3 3	6	5

1016 (상)(종)

오른쪽은 운모네 반 학생들의 하루 운동 시간을 조사하여 나타낸 줄기와 잎 그림이다. 운모의 운동 시간이 상위 40 % 이내에 속할 때, 운모의 운동 시간은 최소 몇 분인지 구하시오.

운동 시간

(2 | 6은 26분)

줄기	잎
2	6 7 8 9
3	1 2 4 5 6 8
4	1 5 5 6 7

유형 | 02 도수분포표의 이해

개념원리 중학수학 1-2 236쪽

(1) 계급의 크기 : 계급의 양 끝 값의 차, 즉 구간의 너비

(2) 계급의 개수 : 변량을 나눈 구간의 수

(3) 도수 : 각 계급에 속하는 자료의 수

예

기록(분)	학생 수(명)
$5^{이상} \sim 10^{미만}$	2
10 ~15	← (이 계급의 도수) $=10-(2+3+1)$ $=4$(명)
15 ~20	3
20 ~25	1
합계	10 ← 도수의 총합 : 10명

계급의 크기 : 10-5=15-10=20-15=25-20=5(분)
계급의 개수 : 4개

1017 ●대표문제

다음은 하늘이네 반 학생들의 키를 조사하여 나타낸 도수분포표이다. 물음에 답하시오.

키(cm)	학생 수(명)
$145^{이상} \sim 150^{미만}$	2
150 ~155	A
155 ~160	6
160 ~165	5
165 ~170	3
170 ~175	1
합계	20

(1) 계급의 크기를 구하시오.

(2) 키가 157 cm인 학생이 속하는 계급을 구하시오.

(3) A의 값을 구하시오.

(4) 키가 큰 쪽에서 8번째인 학생이 속하는 계급의 계급값을 구하시오.

1018 중 하

다음 설명 중 옳지 <u>않은</u> 것은?

① 계급의 개수는 많을수록 좋다.

② 계급의 구간의 너비를 계급의 크기라 한다.

③ 각 계급에 속하는 자료의 수를 도수라 한다.

④ 각 계급의 가운데 값을 계급값이라 한다.

⑤ 각 계급에 속하는 도수를 조사하여 정리한 표를 도수분포표라 한다.

1019 중

오른쪽은 어느 날 인천공항에서 비행기의 연착 시간을 조사하여 나타낸 도수분포표이다. 다음 중 옳지 <u>않은</u> 것은?

연착 시간(분)	횟수(회)
$0^{이상} \sim 5^{미만}$	14
5 ~10	18
10 ~15	11
15 ~20	6
20 ~25	1
합계	50

① 계급의 크기는 5분이다.

② 연착 시간이 5분 이상 10분 미만인 계급의 계급값은 7.5분이다.

③ 연착 시간이 15분 이상인 비행기는 전체의 14 %이다.

④ 연착 시간이 10분 미만인 횟수는 32회이다.

⑤ 연착 시간이 가장 긴 비행기는 25분 연착된 비행기이다.

1020 중

오른쪽은 2018년 11월 한 달 동안 전국 20개 지역의 강수량을 조사하여 나타낸 도수분포표이다. 강수량이 10번째로 적은 지역이 속하는 계급을 구하시오.

강수량(mm)	지역 수(개)
$0^{이상} \sim 30^{미만}$	4
30 ~ 60	6
60 ~ 90	
90 ~120	
120 ~150	2
합계	20

1021 상 중 ●서술형

다음은 지영이네 반 학생들의 오래 매달리기 기록을 조사하여 나타낸 도수분포표이다. 오래 매달리기 기록이 20초 미만인 학생 수가 오래 매달리기 기록이 20초 이상인 학생 수의 $\frac{2}{3}$배라 할 때, 지영이네 반 전체 학생 수를 구하시오.

오래 매달리기 기록(초)	학생 수(명)
$0^{이상} \sim 10^{미만}$	2
10 ~20	$3x$
20 ~30	7
30 ~40	3
40 ~50	x
합계	

개념원리 중학수학 1-2 237쪽

유형 | 03   도수분포표에서 특정 계급의 백분율

(1) (각 계급의 백분율) $=\dfrac{(\text{그 계급의 도수})}{(\text{도수의 총합})}\times 100\,(\%)$

(2) (각 계급의 도수) $=\dfrac{(\text{그 계급의 백분율})}{100}\times(\text{도수의 총합})$

1022 ●대표문제

오른쪽은 민용이네 반 학생 30명의 하루 동안의 인터넷 이용 시간을 조사하여 나타낸 도수분포표이다. 인터넷 이용 시간이 60분 이상 80분 미만인 학생이 전체의 30 %일 때, 인터넷 이용 시간이 80분 이상인 학생은 전체의 몇 %인지 구하시오.

이용 시간(분)	학생 수(명)
20이상 ~ 40미만	4
40 ~ 60	5
60 ~ 80	A
80 ~ 100	8
100 ~ 120	B
합계	30

1023 상중

오른쪽은 양미와 지영이네 반 학생들의 몸무게를 조사하여 나타낸 도수분포표이다. 몸무게가 55 kg 이상인 학생이 전체의 20 %일 때, 몸무게가 45 kg 이상 50 kg 미만인 학생은 전체의 몇 %인지 구하시오.

몸무게(kg)	학생 수(명)
35이상 ~ 40미만	4
40 ~ 45	6
45 ~ 50	10
50 ~ 55	10
55 ~ 60	7
60 ~ 65	1
합계	

1024 상중 ●서술형

오른쪽은 어느 귤 농장에서 출하한 귤 상자의 무게를 조사하여 나타낸 도수분포표이다. 무게가 7 kg 미만인 귤 상자가 전체의 40 %일 때, 다음 물음에 답하시오.

무게(kg)	상자 수(개)
5이상 ~ 6미만	33
6 ~ 7	A
7 ~ 8	64
8 ~ 9	B
9 ~ 10	21
합계	200

(1) A, B의 값을 각각 구하시오.
(2) 무게가 8 kg 이상인 귤 상자는 전체의 몇 %인지 구하시오.

개념원리 중학수학 1-2 241쪽

유형 | 04   히스토그램의 이해

히스토그램에서
(1) 직사각형의 개수 ⇨ 계급의 개수
(2) 직사각형의 가로의 길이 ⇨ 계급의 크기
(3) 직사각형의 세로의 길이 ⇨ 도수

1025 ●대표문제

오른쪽은 지수와 수지네 반 학생들의 몸무게를 조사하여 나타낸 히스토그램이다. 다음 물음에 답하시오.

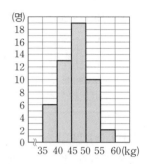

(1) 몸무게가 무거운 쪽에서 10번째인 학생이 속하는 계급을 구하시오.
(2) 몸무게가 50 kg 이상인 학생은 전체의 몇 %인지 구하시오.

1026 중

오른쪽은 어느 아파트 단지에 살고 있는 어린이들의 나이를 조사하여 나타낸 히스토그램이다. 48개월 이상인 어린이는 전체의 몇 %인지 구하시오.

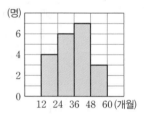

1027 상중

오른쪽은 진수네 반 학생들의 수학 성적을 조사하여 나타낸 히스토그램이다. 다음 보기 중 옳은 것을 모두 고르시오.

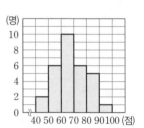

┤ 보기 ├
ㄱ. 전체 학생 수는 30명이다.
ㄴ. 성적이 60점 미만인 학생 수는 7명이다.
ㄷ. 성적이 좋은 쪽에서 12번째인 학생이 속하는 계급은 70점 이상 80점 미만이다.
ㄹ. 성적이 80점 이상인 학생은 전체의 25 %이다.

유형 | 05 히스토그램에서 직사각형의 넓이의 합

히스토그램에서 계급의 크기는 일정하므로 직사각형의 넓이는 그 계급의 도수에 정비례한다.
(1) (직사각형의 넓이)=(계급의 크기)×(그 계급의 도수)
(2) (직사각형의 넓이의 합)
　=｛(각 계급의 크기)×(그 계급의 도수)｝의 합
　=(계급의 크기)×(도수의 총합)

1028 ●대표문제

오른쪽은 혜리네 반 학생들의
형이 성적을 조사하여 나타낸
히스토그램이다. 이 히스토그램
에서 직사각형의 넓이의 합은?

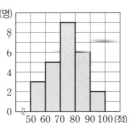

① 210　　② 220
③ 230　　④ 240
⑤ 250

1029 중

오른쪽은 승준이네 반 학생들의
팔굽혀펴기 횟수를 조사하여 나
타낸 히스토그램이다. 다음 중
옳지 않은 것은?

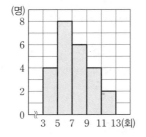

① 승준이네 반 전체 학생 수는 24명이다.
② 직사각형의 넓이의 합은 24이다.
③ 팔굽혀펴기 횟수가 5번째로 많은 학생이 속하는 계급의 직사각형의 넓이는 8이다.
④ 도수가 가장 작은 계급의 직사각형의 넓이가 가장 작다.
⑤ 도수가 가장 큰 계급의 직사각형의 넓이는 16이다.

1030 상 중

오른쪽은 창수네 반 학생들의
100 m 달리기 기록을 조사하여
나타낸 히스토그램이다. 도수가
가장 큰 계급의 직사각형의 넓
이는 도수가 가장 작은 계급의
직사각형의 넓이의 몇 배인지
구하시오.

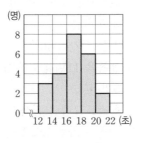

유형 | 06 일부가 보이지 않는 히스토그램 중요

(1) 도수의 총합이 주어진 경우
　(보이지 않는 계급의 도수)
　=(도수의 총합)-(보이는 계급의 도수의 합)
(2) 도수의 총합이 주어지지 않은 경우
　① 주어진 조건을 이용하여 도수의 총합을 구한다.
　② 도수의 총합을 이용하여 보이지 않는 계급의 도수를 구한다.

1031 ●대표문제

오른쪽은 동찬이네 반 학생들의
던지기 기록을 조사하여 나타낸
히스토그램인데 일부가 찢어져
보이지 않는다. 던지기 기록이
37 m 이상인 학생이 전체의
10 %일 때, 기록이 29 m 이상
37 m 미만인 학생 수를 구하시오.

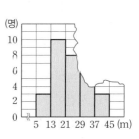

1032 상 중

오른쪽은 성빈이네 반 학생 28명
이 지난 해 읽은 책의 수를 조사
하여 나타낸 히스토그램인데 일
부가 찢어져 보이지 않는다. 읽
은 책의 수가 30권 이상 35권
미만인 학생이 25권 이상 30권
미만인 학생보다 2명 더 많을 때, 지난 해 읽은 책의 수가
30권 이상 35권 미만인 학생은 몇 명인지 구하시오.

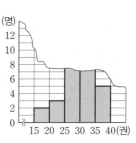

1033 상 중

오른쪽은 어느 동아리 학
생 50명이 주말 동안에 공
부한 시간을 조사하여 나
타낸 히스토그램인데 일부
가 찢어져 보이지 않는다.
공부한 시간이 7시간 이상
인 학생이 전체의 32 %일
때, 공부한 시간이 6시간 이상 8시간 미만인 학생은 몇 명
인지 구하시오.

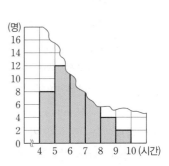

개념원리 중학수학 1-2 246쪽

유형 | 07 도수분포다각형의 이해

도수분포다각형 : 히스토그램에서 그래프의 양 끝에 도수가 0인 계급이 하나씩 더 있는 것으로 생각하여 그 중앙에 찍은 점과 각 직사각형의 윗변의 중앙에 찍은 점을 차례로 연결하여 그린다.
⇨ 계급의 개수를 셀 때, 양 끝의 도수가 0인 계급은 세지 않는다.

1034 ●대표문제

오른쪽은 어느 반 학생들이 등교 하는 데 걸리는 시간을 조사하여 나타낸 도수분포다각형이다. 다음 물음에 답하시오.

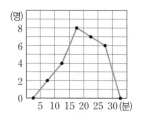

(1) 계급의 크기를 구하시오.
(2) 등교 시간이 14분인 학생이 속하는 계급을 구하시오.
(3) 등교 시간이 10번째로 오래 걸리는 학생이 속하는 계급의 도수를 구하시오.

1035 하

오른쪽은 정민이네 반 학생들의 1분당 한글 타자 수를 조사하여 나타낸 도수분포다각형이다. 정민이네 반 전체 학생수는?

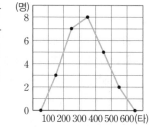

① 25명　　② 28명
③ 30명　　④ 32명
⑤ 35명

1036 중 ●서술형

오른쪽은 학교 양궁 대표인 시형이가 10점 만점인 과녁에 화살을 70발씩 쏘아 얻은 점수의 합계를 50일 동안 조사하여 나타낸 도수분포다각형이다. 도수가 가장 큰 계급의 계급값이 a점, 점

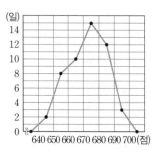

수가 660점 미만인 날수를 b일이라 할 때, $a+b$의 값을 구하시오.

개념원리 중학수학 1-2 245쪽

유형 | 08 도수분포다각형의 넓이

(도수분포다각형과 가로축으로 둘러싸인 부분의 넓이)
=(히스토그램의 직사각형의 넓이의 합)
=(계급의 크기)×(도수의 총합)

1037 ●대표문제

오른쪽은 민준이네 반 학생들이 1학기 동안 도서관을 이용한 횟수를 조사하여 나타낸 도수분포다각형이다. 도수분포다각형과 가로축으로 둘러싸인 부분의 넓이를 구하시오.

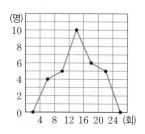

1038 중 하

오른쪽은 윤수네 반 학생들의 키를 조사하여 나타낸 도수분포다각형이다. 색칠한 삼각형의 넓이를 각각 S_1, S_2라 할 때, S_1-S_2의 값을 나타낸 것은?

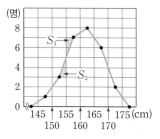

① $-2S_1$　　② $-2S_2$　　③ 0
④ $2S_1$　　⑤ $2S_2$

1039 중

오른쪽은 정욱이네 반 학생들의 하루 평균 운동 시간을 조사하여 나타낸 히스토그램과 도수분포다각형이다. 다음 설명 중 옳지 않은 것은?

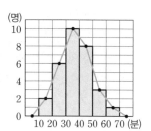

① 정욱이네 반 전체 학생 수는 30명이다.
② 도수분포다각형과 가로축으로 둘러싸인 부분의 넓이는 300이다.
③ 운동 시간이 40분 이상인 학생은 전체의 60 %이다.
④ 운동을 11번째로 오래 한 학생이 속하는 계급의 도수는 8명이다.
⑤ 히스토그램의 직사각형의 넓이의 합을 A, 도수분포다각형과 가로축으로 둘러싸인 부분의 넓이를 B라 할 때, A와 B는 서로 같다.

중요

유형 | 09 일부가 보이지 않는 도수분포다각형

(1) 도수의 총합이 주어진 경우

   (보이지 않는 계급의 도수)

   ＝(도수의 총합)－(보이는 계급의 도수의 합)

(2) 도수의 총합이 주어지지 않은 경우

   ① 주어진 조건을 이용하여 도수의 총합을 구한다.

   ② 도수의 총합을 이용하여 보이지 않는 계급의 도수를 구한다.

1040 ◀●대표문제

오른쪽은 호영이네 반 학생 30명의 수학 성적을 조사하여 나타낸 도수분포다각형인데 일부가 찢어져 보이지 않는다. 수학 성적이 70점 미만인 학생이 전체의 40 % 일 때, 수학 성적이 70점 이상 80점 미만인 학생은 몇 명인지 구하시오.

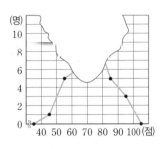

1041 중

오른쪽은 체조대회에 출전한 선수 50명이 경기 후 받은 점수를 조사하여 나타낸 도수분포다각형인데 일부가 찢어져 보이지 않는다. 받은 점수가 8.5점 이상 9점 미만인 선수는 전체의 몇 %인지 구하시오.

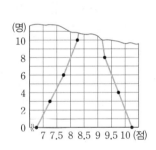

1042 상 중

오른쪽은 성실이네 중학교 학생들이 한 달 동안 자율 동아리 활동을 한 시간을 조사하여 나타낸 도수분포다각형인데 일부가 찢어져 보이지 않는다. 자율 동아리 활동 시간이 2시간 미만인 학생이 전체의 17.5 %일 때, 자율 동아리 활동 시간이 3시간 이상인 학생 수는?

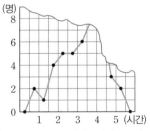

① 23명   ② 24명   ③ 25명

④ 26명   ⑤ 27명

유형 | 10 두 도수분포다각형의 비교

도수분포다각형은 두 개 이상의 자료의 분포 상태를 동시에 나타내어 비교할 때 편리하다.

⇨ 그래프가 오른쪽으로 치우칠수록 변량이 큰 자료가 많다.

1043 ◀●대표문제

아래는 어느 중학교 1학년 남학생과 여학생의 제자리멀리뛰기 기록을 조사하여 나타낸 도수분포다각형이다. 다음 중 옳은 것은?

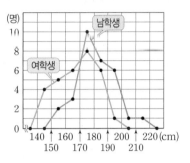

① 여학생 수가 남학생 수보다 적다.

② 기록이 190 cm 이상인 남학생 수와 여학생 수의 비는 8 : 1이다.

③ 여학생의 기록이 남학생의 기록보다 좋은 편이다.

④ 계급값이 165 cm인 계급의 학생 수는 남학생이 여학생보다 3명 더 많다.

⑤ 기록이 2 m 이상인 학생 수는 1명이다.

1044 상 중

아래는 2018년 7월과 8월 각각 한 달 동안 서울의 최고 기온을 조사하여 나타낸 도수분포다각형이다. 다음 중 옳지 않은 것을 모두 고르면? (정답 2개)

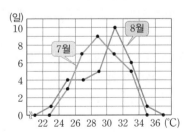

① 기온이 가장 높은 날은 8월에 있다.

② 기온이 가장 낮은 날은 7월에 있다.

③ 기온이 30 ℃ 이상 32 ℃ 미만인 날은 7월이 8월보다 3일 적다.

④ 7월과 8월 각각의 도수분포다각형과 가로축으로 둘러싸인 부분의 넓이는 8월이 더 넓다.

⑤ 8월이 7월보다 더운 편이다.

유형 | 11 상대도수

개념원리 중학수학 1-2 252쪽

상대도수

⇨ 도수의 총합에 대한 그 계급의 도수의 비율

⇨ (어떤 계급의 상대도수)$=\dfrac{(\text{그 계급의 도수})}{(\text{도수의 총합})}$

1045 ●●대표문제

어느 도수분포표에서 도수가 13인 계급의 상대도수는 0.26 이다. 이 도수분포표에서 도수가 5인 계급의 상대도수는 a 이고, 도수가 b인 계급의 상대도수는 0.12일 때, $a+b$의 값은?

① 4.04   ② 4.22   ③ 6.1

④ 6.22   ⑤ 9.1

1046 하

어떤 계급의 상대도수가 0.2이고 그 계급의 도수가 60일 때, 도수의 총합을 구하시오.

1047 중

다음 상대도수에 대한 설명 중 옳지 <u>않은</u> 것은?

① 상대도수는 도수의 총합에 대한 그 계급의 도수의 비율 이다.

② 각 계급의 상대도수는 그 계급의 도수에 정비례한다.

③ 상대도수의 총합은 항상 1이다.

④ (도수의 총합)=(어떤 계급의 도수)×(그 계급의 상대도수) 이다.

⑤ 도수의 총합이 다른 두 자료의 분포 상태를 비교할 때 상대도수를 이용하면 편리하다.

1048 중

어느 중학교 1학년 학생 중 100 m 달리기 기록이 17초 이 상 19초 미만인 학생 수가 32명이다. 이 학생 수가 전체의 20 %일 때, 1학년 전체 학생 수를 구하시오.

중요
유형 | 12 상대도수 구하기

개념원리 중학수학 1-2 252쪽

도수분포표, 히스토그램, 도수분포다각형이 주어진 경우

(1) (어떤 계급의 상대도수)$=\dfrac{(\text{그 계급의 도수})}{(\text{도수의 총합})}$

(2) (백분율)=(그 계급의 상대도수)×100(%)

1049 ●●대표문제

오른쪽은 어느 반 학생들 의 윗몸일으키기 횟수를 조사하여 나타낸 도수분 포다각형이다. 도수가 가 장 큰 계급의 상대도수를 구하시오.

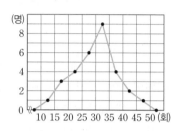

1050 중

오른쪽은 하늘이네 중학교 학생 40명의 1학기 동안의 봉사 활동 시간을 조사하여 나타낸 히스토 그램인데 일부가 찢어져 보이지 않는다. 봉사 활동 시간이 12시 간인 학생이 속하는 계급의 상대 도수는?

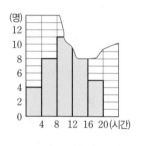

① 0.1   ② 0.2   ③ 0.3

④ 0.4   ⑤ 0.5

1051 상 중

다음은 쇼트트랙 500 m 국가대표인 한 선수의 한 달 전과 오늘의 연습 기록을 조사하여 나타낸 도수분포표이다. 한 달 전에 비해 오늘의 연습 기록의 비율이 낮아진 계급의 개 수는?

500 m 기록(초)	도수(회)	
	한 달 전	오늘
47.00^{이상}~47.20^{미만}	1	1
47.20 ~47.40	2	3
47.40 ~47.60	8	8
47.60 ~47.80	10	7
47.80 ~48.00	4	1
합계	25	20

① 1개   ② 2개   ③ 3개

④ 4개   ⑤ 5개

유형 | 13 상대도수의 분포표의 이해

(1) 상대도수의 총합은 항상 1이다.

(2) 상대도수는 그 계급의 도수에 정비례한다.

(3) 도수의 총합, 도수, 상대도수 사이의 관계

$$(\text{어떤 계급의 상대도수}) = \frac{(\text{그 계급의 도수})}{(\text{도수의 총합})}$$

$$(\text{어떤 계급의 도수}) = (\text{도수의 총합}) \times (\text{그 계급의 상대도수})$$

$$(\text{도수의 총합}) = \frac{(\text{그 계급의 도수})}{(\text{어떤 계급의 상대도수})}$$

1052 ◀대표문제▶

다음은 태효네 반 학생들의 하루 평균 수면 시간을 조사하여 나타낸 상대도수의 분포표이다. 물음에 답하시오.

수면 시간(시간)	학생 수(명)	상대도수
4이상 ~ 5미만	3	0.1
5 ~ 6	9	A
6 ~ 7	B	0.4
7 ~ 8		C
합계	D	E

(1) A, B, C, D, E의 값을 각각 구하시오.

(2) 도수가 가장 큰 계급의 상대도수를 구하시오.

(3) 하루 평균 수면 시간이 6시간 미만인 학생은 전체의 몇 %인지 구하시오.

1053 중

다음은 어느 중학교 1학년 학생들의 턱걸이 기록을 조사하여 나타낸 상대도수의 분포표이다. 물음에 답하시오.

턱걸이 기록(회)	상대도수
0이상 ~ 3미만	0.18
3 ~ 6	A
6 ~ 9	0.3
9 ~ 12	B
12 ~ 15	0.12
합계	

(1) 기록이 6회 미만인 학생이 전체의 42 %일 때, A, B의 값을 각각 구하시오.

(2) 기록이 3회 미만인 학생이 9명일 때, 기록이 12회 이상인 학생 수를 구하시오.

유형 | 14 일부가 보이지 않는 상대도수의 분포표

$$(\text{도수의 총합}) = \frac{(\text{그 계급의 도수})}{(\text{어떤 계급의 상대도수})} \text{ 임을 이용한다.}$$

1054 ◀대표문제▶

다음은 상대도수의 분포표인데 일부가 찢어져 보이지 않는다. 40 이상 50 미만인 계급의 도수를 구하시오.

계급	도수	상대도수
30이상 ~ 40미만	3	0.04
40 ~ 50		0.2

1055 중

다음은 1학년 학생들의 자유투 성공 횟수를 조사하여 나타낸 상대도수의 분포표인데 일부가 찢어져 보이지 않는다. $A \times B$의 값은?

자유투 성공 횟수(회)	학생 수(명)	상대도수
0이상 ~ 4미만	28	0.175
4 ~ 8	A	0.375
8 ~ 12	32	0.2
12 ~ 16	24	B
16 ~ 20		

① 5   ② 6   ③ 7

④ 8   ⑤ 9

1056 상 중 ◀서술형▶

다음은 승훈이네 반 학생들이 1년 동안 읽은 책의 수를 조사하여 나타낸 상대도수의 분포표인데 일부가 찢어져 보이지 않는다. 책을 10권 이상 읽은 학생이 전체의 65 %일 때, 책을 5권 이상 10권 미만 읽은 학생 수를 구하시오.

책의 수(권)	학생 수(명)	상대도수
0이상 ~ 5미만	4	0.2
5 ~ 10		
10 ~ 15		

개념원리 중학수학 1-2 254쪽

유형 | 15 **도수의 총합이 다른 두 집단의 상대도수**

도수의 총합이 다른 두 집단의 자료의 분포 상태를 비교할 때
⇨ 상대도수 이용

1057 ● 대표문제

오른쪽은 어느 중학교 1학년 학생들의 혈액형을 조사하여 나타낸 표이다. 1반보다 전체의 상대도수가 더 큰 혈액형을 구하시오.

혈액형	학생 수(명)	
	1반	전체
A	10	56
B	12	54
O	12	60
AB	6	30
합계	40	200

1058 중

다음은 어느 지방의회 선거에서의 P후보의 동별 득표수를 나타낸 표이다. P후보에 대한 지지도가 가장 높은 동을 구하시오.

동	전체 투표 수(표)	P후보의 득표 수(표)
A	4000	2200
B	3500	2100
C	3000	1500
D	2000	1200
E	1000	700

1059 중

다음은 어느 공연의 관객들의 나이를 조사하여 나타낸 상대도수의 분포표이다. 이 공연의 관람객들의 남녀의 수가 각각 60명, 40명일 때, 나이가 50세 이상 60세 미만인 계급의 남녀 전체 관객에 대한 상대도수는?

나이(세)	상대도수	
	남	여
10이상 ~ 20미만	0.05	0.1
20 ~ 30	0.15	0.2
30 ~ 40	0.35	0.25
40 ~ 50	0.25	0.3
50 ~ 60	0.2	0.15
합계	1	1

① 0.14 ② 0.18 ③ 0.22
④ 0.26 ⑤ 0.3

개념원리 중학수학 1-2 254쪽

유형 | 16 **도수의 총합이 다른 두 집단의 상대도수의 비**

(예) 두 집단 A, B의 도수의 총합의 비가 3 : 2이고 어떤 계급의 도수의 비가 4 : 3일 때, 이 계급의 상대도수의 비는
⇨ $\dfrac{4b}{3a} : \dfrac{3b}{2a} = 8 : 9$

1060 ● 대표문제

A, B 두 반의 도수의 총합의 비가 3 : 1이고 어떤 계급의 도수의 비가 2 : 3일 때, 이 계급의 상대도수의 비는?

① 1 : 2 ② 2 : 5 ③ 2 : 9
④ 3 : 1 ⑤ 4 : 1

1061 중

A, B 두 회사의 직원 수는 각각 80명, 70명이다. 두 회사 직원들의 나이를 조사하여 도수분포표를 만들었더니 20세 이상 30세 미만인 계급의 도수의 비가 3 : 4이었다. 이 계급의 상대도수의 비를 가장 간단한 자연수의 비로 나타내시오.

1062 중

A, B 두 학교의 전체 학생 수는 각각 400명, 500명이다. 두 학교의 남학생 수가 같을 때, 두 학교의 남학생의 상대도수의 비는?

① 1 : 1 ② 3 : 4 ③ 4 : 3
④ 4 : 5 ⑤ 5 : 4

1063 상 중

전체 주민 수의 비가 2 : 3인 미정이네 마을과 정현이네 마을의 10세 이상 20세 미만인 주민 수가 같을 때, 두 마을의 10세 이상 20세 미만인 주민의 상대도수의 비는?

① 1 : 1 ② 2 : 3 ③ 3 : 2
④ 3 : 5 ⑤ 5 : 3

유형 | **17**   상대도수의 분포를 나타낸 그래프

개념원리 중학수학 1–2 255쪽

상대도수의 분포를 나타낸 그래프는 도수분포다각형에서 세로축
을 도수 대신 상대도수로 바꾼 것과 같다.

⇨ 가로축 : 계급의 양 끝 값, 세로축 : 상대도수

1064 ●대표문제

오른쪽은 어느 중학교 1학
년 학생 40명의 일주일 동
안의 TV 시청 시간에 대
한 상대도수의 분포를 나타
낸 그래프이다. 다음 물음
에 답하시오.

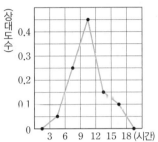

(1) TV 시청 시간이 9시간
이상 12시간 미만인 학생 수를 구하시오.

(2) 도수가 가장 큰 계급의 상대도수를 구하시오.

(3) 학생 수가 10명인 계급을 구하시오.

(4) TV 시청 시간이 12시간 미만인 학생은 전체의 몇 %인
지 구하시오.

1065 중 하

오른쪽은 은주네 반 학
생들이 일주일 동안 스
스로 공부한 시간에 대
한 상대도수의 분포를
나타낸 그래프이다. 전
체의 10 % 이하로 분
포되어 있는 계급의 개
수를 구하시오.

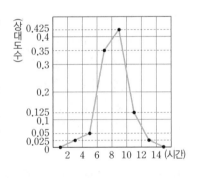

1066 중 하

오른쪽은 준수네 반 학생 20
명의 여름방학 동안의 운동
시간에 대한 상대도수의 분포
를 나타낸 그래프이다. 상대
도수가 가장 큰 계급의 도수
는?

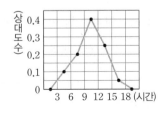

① 7명   ② 8명   ③ 9명
④ 10명   ⑤ 11명

중요 유형 | **18**   일부가 보이지 않는 상대도수의 분포를 나타낸
그래프

개념원리 중학수학 1–2 255쪽

(1) 상대도수의 총합은 항상 1임을 이용하여 보이지 않는 계급의
상대도수를 구한다.

(2) (도수의 총합)= $\dfrac{(\text{그 계급의 도수})}{(\text{어떤 계급의 상대도수})}$

(어떤 계급의 도수)=(도수의 총합)×(그 계급의 상대도수)

(3) 상대도수는 도수에 정비례한다.

1067 ●대표문제

다음은 25개 지역의 미세먼지 농도($\mu g/m^3$)에 대한 상대
도수의 분포를 나타낸 그래프인데 일부가 찢어져 보이지
않는다. 미세먼지 농도가 50 $\mu g/m^3$ 이상 55 $\mu g/m^3$ 미만
인 지역과 55 $\mu g/m^3$ 이상 60 $\mu g/m^3$ 미만인 지역의 상대
도수의 비율이 2 : 1일 때, 미세먼지 농도가 50 $\mu g/m^3$ 이
상 55 $\mu g/m^3$ 미만인 지역 수를 구하시오.

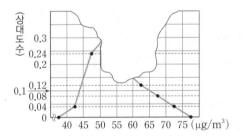

1068 상 중 ●서술형

다음은 어느 아파트 300가구의 한 달 동안의 전력 사용량에
대한 상대도수의 분포를 나타낸 그래프인데 일부가 찢어져
보이지 않는다. 전력 사용량이 250 kWh 이상 300 kWh
미만인 가구가 전체의 29 %일 때, 전력 사용량이 300 kWh
이상 350 kWh 미만인 가구 수를 구하시오.

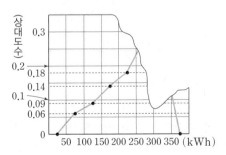

개념원리 중학수학 1-2 256쪽

유형 19 도수의 총합이 다른 두 집단의 비교

상대도수의 분포를 나타낸 그래프
⇨ 도수의 총합이 다른 두 집단의 분포 상태를 비교할 때 편리하다.
  └→ 두 자료를 한 그래프에 나타내어 비교하면
      한눈에 두 자료의 분포 상태를 비교할 수 있다.

1069 ●● 대표문제

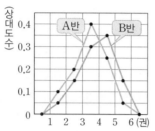

오른쪽은 A반과 B반 학생들이 한 달 동안 읽은 책의 수에 대한 상대도수의 분포를 나타낸 그래프이다. 다음 중 옳지 <u>않은</u> 것은?

① A반에서 4권 이상 읽은 학생은 A반 전체 학생의 30 %이다.
② A반보다 B반 학생들이 책을 더 많이 읽은 편이다.
③ 책을 2권 이상 3권 미만 읽은 학생 수는 A반이 더 많다.
④ 책을 3권 이상 5권 미만 읽은 학생의 비율은 두 반이 서로 같다.
⑤ B반의 학생 수가 50명이면 책을 3권 미만 읽은 학생 수는 10명이다.

1070 상 중

다음은 여학생 150명과 남학생 100명의 일주일 동안의 TV 시청 시간에 대한 상대도수의 분포를 나타낸 그래프이다. 물음에 답하시오.

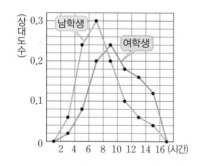

(1) TV 시청 시간이 6시간 이상 8시간 미만인 계급의 남학생 수와 여학생 수를 차례로 구하시오.
(2) TV 시청 시간이 12시간 이상인 여학생은 여학생 전체의 몇 %인지 구하시오.
(3) 남학생의 비율보다 여학생의 비율이 더 높은 계급의 개수를 구하시오.

1071 상 중

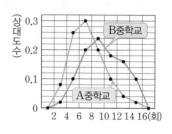

오른쪽은 A중학교 학생 200명과 B중학교 학생 100명의 한 달 동안의 도서관 방문 횟수에 대한 상대도수의 분포를 나타낸 그래프이다. 다음 중 옳은 것은?

① A중학교에서 도수가 가장 큰 계급의 학생 수는 50명이다.
② 도서관 방문 횟수가 8회 이상 10회 미만인 학생 수는 A중학교가 더 많다.
③ B중학교에서 도서관 방문 횟수가 12회 이상인 학생은 B중학교 전체 학생의 15 %이다.
④ 두 그래프와 가로축으로 둘러싸인 부분의 넓이는 A중학교가 B중학교보다 넓다.
⑤ A중학교 학생들이 B중학교 학생들보다 도서관을 더 많이 방문한 편이다.

1072 상 중

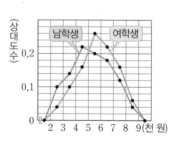

오른쪽은 어느 학교 남학생 150명과 여학생 200명이 일주일 동안 사용한 용돈에 대한 상대도수의 분포를 나타낸 그래프이다. 다음 중 옳지 <u>않은</u> 것은?

① 여학생이 남학생보다 용돈을 더 많이 사용한 편이다.
② 용돈이 8천 원 이상인 남학생과 여학생은 총 17명이다.
③ 용돈이 5천 원 미만인 학생의 비율은 남학생이 여학생보다 높다.
④ 용돈이 6천 원 이상 8천 원 미만인 남학생 수는 남학생과 여학생 전체의 $\dfrac{9}{70}$이다.
⑤ 두 그래프와 가로축으로 둘러싸인 부분의 넓이는 서로 같다.

중단원 마무리하기

1073

다음은 경수네 반 남학생들의 윗몸일으키기 횟수를 조사하여 나타낸 줄기와 잎 그림이다. 기록이 35회 이상인 학생은 전체의 몇 %인지 구하시오.

윗몸일으키기 횟수

(1 | 4는 14회)

줄기	잎
1	4 6 8
2	2 3 4 5 7
3	1 2 4 4 8 9
4	0 1

1074

다음은 지희네 반 학생들의 팔굽혀펴기 횟수를 조사하여 나타낸 줄기와 잎 그림인데 일부가 찢어져 보이지 않는다. 줄기가 2인 학생 수가 전체 학생 수의 $\frac{2}{5}$일 때, 보이지 않는 부분의 학생 수를 구하시오.

팔굽혀펴기 횟수

(1 | 0은 10회)

줄기	잎
1	0 1 2 3
2	0 4 6 7 8 8

1075

오른쪽은 혜선이네 반 학생들의 턱걸이 기록을 조사하여 나타낸 도수분포표이다. 턱걸이 기록이 9회 미만인 학생이 전체의 60 %일 때, A의 값을 구하시오.

턱걸이 기록(회)	학생 수(명)
0이상 ~ 3미만	4
3 ~ 6	
6 ~ 9	8
9 ~ 12	7
12 ~ 15	A
15 ~ 18	1
합계	30

1076 중요

오른쪽은 지민이와 채은이네 반 학생들의 앉은키를 조사하여 나타낸 히스토그램이다. 다음 중 옳은 것은?

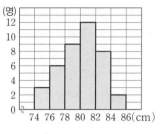

① 앉은키가 80 cm 미만인 학생은 9명이다.

② 지민이네 반 전체 학생 수는 35명이다.

③ 앉은키가 가장 큰 학생의 앉은키는 86 cm이다.

④ 도수가 가장 큰 계급에 속하는 학생 수는 12명이다.

⑤ 앉은키가 76 cm 이상 80 cm 미만인 학생은 전체의 18 %이다.

1077

오른쪽은 개념중학교 1학년 학생 50명의 일주일 동안의 운동 시간을 조사하여 나타낸 히스토그램인데 일부가 찢어져 보이지 않는다. 운동 시간이 5시간 이상인 학생이 전체의 44 %일 때, 운동 시간이 4시간 이상 5시간 미만인 학생은 전체의 몇 %인지 구하시오.

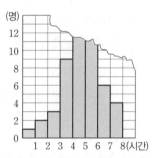

1078

오른쪽은 민중이네 반 학생들이 한 달 동안 읽은 책의 수를 조사하여 나타낸 히스토그램과 도수분포다각형이다. 다음 물음에 답하시오.

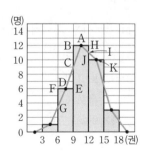

(1) 다음 중 삼각형 ABC와 넓이가 서로 같은 것은?

① △CDE   ② △DFG   ③ △AHI

④ △IJK   ⑤ 없다.

(2) 위의 도수분포다각형과 가로축으로 둘러싸인 부분의 넓이를 구하시오.

1079

오른쪽은 어느 중학교 1학년 학생들의 통학 시간을 조사하여 나타낸 도수분포다각형인데 일부가 찢어져 보이지 않는다. 통학 시간이 5분 이상 10분 미만인 학생이 전체의 5 %이고 20분 미만인 학생 수와 20분 이상인 학생 수가 같을 때, 통학 시간이 15분 이상 20분 미만인 계급의 도수를 구하시오.

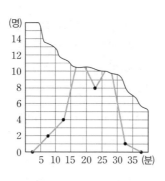

1080

오른쪽은 수경이네 중학교 1학년 남학생과 여학생의 100 m 달리기 기록을 조사하여 나타낸 도수분포다각형이다. 다음 중 옳은 것은?

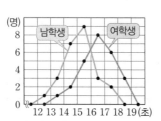

① 남학생 수와 여학생 수는 같다.
② 여학생의 기록이 남학생의 기록보다 좋은 편이다.
③ 남학생 중 기록이 가장 좋은 학생은 15초 이상 16초 미만인 계급에 속한다.
④ 여학생 중 기록이 5번째로 좋은 학생이 속하는 계급은 17초 이상 18초 미만이다.
⑤ 두 그래프와 가로축으로 둘러싸인 부분의 넓이는 남학생이 여학생보다 넓다.

1081

다음 중 자료 전체의 개수가 다른 두 자료를 비교할 때 가장 편리한 것은?

① 히스토그램
② 도수분포다각형
③ 도수분포표
④ 상대도수의 분포표
⑤ 줄기와 잎 그림

1082

어느 중학교 1학년 1반과 2반의 학생 수의 비는 5 : 6이고, 생일이 7월인 학생 수의 비는 2 : 3일 때, 1반과 2반의 생일이 7월인 학생의 상대도수의 비는?

① 2 : 3
② 3 : 4
③ 4 : 5
④ 5 : 6
⑤ 6 : 7

1083

다음은 은경이와 혜정이네 반 학생들의 수학 성적을 조사하여 나타낸 상대도수의 분포표인데 일부가 찢어져 보이지 않는다. 물음에 답하시오.

수학 성적(점)	학생 수(명)	상대도수
50이상 ~ 60미만	A	0.05
60 ~ 70	8	0.2
~ 80	10	B
	16	

(1) A, B의 값을 각각 구하시오.
(2) 도수가 4명인 계급의 상대도수를 구하시오.

1084

다음은 어느 제품을 사용하고 있는 남자 50명과 여자 40명의 나이를 조사하여 나타낸 상대도수의 분포표이다. 남자와 여자 전체에서 10세 이상 20세 미만인 남녀가 차지하는 비율은?

나이(세)	상대도수	
	남자	여자
10이상 ~ 20미만		
20 ~ 30	0.14	0.2
30 ~ 40	0.32	0.25
40 ~ 50	0.28	0.3
50 ~ 60	0.1	0.15
합계	1	1

① $\frac{1}{15}$
② $\frac{2}{15}$
③ $\frac{1}{5}$
④ $\frac{4}{15}$
⑤ $\frac{1}{3}$

1085

오른쪽은 어느 회사 사원 100명을 대상으로 조사한 출근 시각에 대한 상대도수의 분포를 나타낸 그래프이다. 일찍 출근하는 50명에게 아침으로 샌드위치를 제공한다고 할 때, 이날 샌드위치를 받은 사람의 출근 시간은?

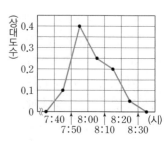

① 7시 50분 전
② 8시 전
③ 8시 10분 전
④ 8시 20분 전
⑤ 8시 30분 전

1086

오른쪽은 어느 지역에서 측정한 10월 기온에 대한 상대도수의 분포를 나타낸 그래프이다. 상대도수가 가장 작은 계급의 도수가 1일이고, 기온을 측정한 일수를 a, 상대도수가 가장 큰 계급의 도수를 b라 할 때, $a+b$의 값을 구하시오.

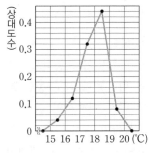

1087

오른쪽은 기쁨이와 행복이네 반 학생들의 수학 성적에 대한 상대도수의 분포를 나타낸 그래프인데 일부가 찢어져 보이지 않는다. 수학 성적이 40점 이상 50점 미만인 학생 수가 8명일 때, 수학 성적이 60점 이상 70점 미만인 학생 수를 구하시오.

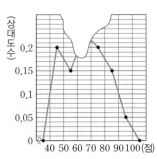

1088

오른쪽은 어느 중학교 1학년 학생 50명과 2학년 학생 100명의 키에 대한 상대도수의 분포를 나타낸 그래프이다. 다음 **보기** 중 옳은 것을 모두 고른 것은?

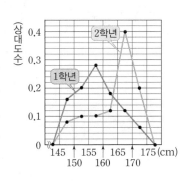

—— ▮ 보기 ▮ ——

ㄱ. 2학년이 1학년보다 키가 더 큰 편이다.
ㄴ. 키가 160 cm 이상 165 cm 미만인 학생은 1학년이 더 많다.
ㄷ. 두 그래프와 가로축으로 둘러싸인 부분의 넓이는 서로 같다.

① ㄱ   ② ㄱ, ㄴ   ③ ㄱ, ㄷ
④ ㄴ, ㄷ   ⑤ ㄱ, ㄴ, ㄷ

1089

다음은 A중학교와 B중학교 학생들의 평균 점심 식사 시간에 대한 상대도수의 분포를 나타낸 그래프이다. A, B 두 중학교의 학생 수가 각각 200명, 300일 때, A중학교의 학생 수가 B중학교의 학생 수보다 많은 계급의 개수를 구하시오.

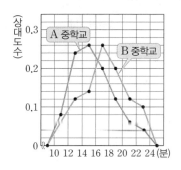

1090

오른쪽은 어느 중학교 축구부 학생들과 농구부 학생들의 하루 평균 운동 시간에 대한 상대도수의 분포를 나타낸 그래프이다. 다음 설명 중 옳은 것은?

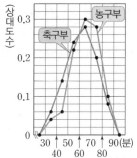

① 축구부의 학생 수와 농구부의 학생 수는 서로 같다.
② 운동 시간이 80분 이상인 학생 수는 축구부가 농구부보다 더 많다.
③ 운동 시간이 50분 이상 70분 미만인 학생의 비율은 농구부가 더 높다.
④ 축구부 학생들이 농구부 학생들보다 운동 시간이 더 많은 편이다.
⑤ 농구부 학생 중 운동 시간이 50분 미만인 학생은 농구부 전체의 10 %이다.

서술형 주관식

1091
다음은 정희네 반 학생들의 줄넘기 기록을 조사하여 나타낸 줄기와 잎 그림이다. 정희네 반에서 기록이 67회 이상인 학생은 전체의 몇 %인지 구하시오.

줄넘기 기록

(5|1은 51회)

줄기	잎
5	1 2 6 9 9
6	0 0 1 2 2 3 4 5 6 6 7 7 9
7	0 1 2 3 3 5 6

1092
오른쪽은 희정이네 반 학생들의 던지기 기록을 조사하여 나타낸 히스토그램인데 일부가 찢어져 보이지 않는다. 기록이 13 m 이상 17 m 미만인 학생이 전체의 60 %일 때, 전체 학생 수를 구하시오.

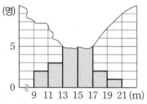

중요
1093
오른쪽은 어느 학교 학생 40명의 턱걸이 횟수에 대한 상대도수의 분포를 나타낸 그래프인데 일부가 찢어져 보이지 않는다. 턱걸이 횟수가 6회

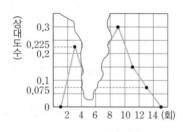

이상 8회 미만인 학생 수가 4회 이상 6회 미만인 학생 수의 4배일 때, 턱걸이 횟수가 6회 미만인 학생 수를 구하시오.

실력 UP

○ 실력 UP 집중 학습은 실력 Up⁺로!!

1094
오른쪽은 어느 중학교 1학년 학생들이 하루 동안 보낸 문자 메세지의 건 수를 조사하여 나타낸 도수분포표이다. 보낸 문자 메세지가 4건 이상 8건 미만인 학생 수가 0건 이상 4건 미만인 학생 수의 4배일 때, 보낸 문자 메세지가 4건 이상 8건 미만인 학생은 전체의 몇 %인지 구하시오.

건 수(건)	학생 수(명)
0이상 ~ 4미만	
4 ~ 8	
8 ~12	75
12 ~16	40
16 ~20	60
합계	250

1095
다음은 어느 중학교 1학년 전체 학생 200명과 과학 동아리 학생 20명이 1학기 동안 읽은 과학 관련 도서의 수를 조사하여 나타낸 도수분포표이다. 과학 관련 도서를 9권 이상 읽은 학생의 비율은 1학년 전체와 과학 동아리 중 어디가 더 높은지 말하시오.

독서량(권)	학생 수(명)	
	1학년 전체	과학 동아리
0이상 ~ 3미만	12	1
3 ~ 6	91	3
6 ~ 9	47	5
9 ~12	28	
12 ~15		2
합계	200	20

1096
오른쪽은 A, B 두 학원 학생들의 국어 성적을 조사하여 나타낸 도수분포다각형이다. A 학원에서 상위 5 % 이내에 드는 학생의 성적은 B학원에서 상위 몇 % 이내에 드는 성적인지 구하시오.

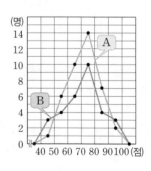

실력 Up⁺

01 오른쪽 그림과 같이 한 평면 위에 어느 세 점도 한 직선 위에 있지 않은 점 A, B, C, D, E가 있다. 다음 중 $\overleftrightarrow{AE}$와 만나지 않는 것의 개수는?

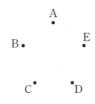

$\overleftrightarrow{AB}$, $\overleftrightarrow{BC}$, $\overline{CD}$, $\overline{DC}$, $\overline{BD}$

① 1개   ② 2개   ③ 3개
④ 4개   ⑤ 5개

02 서로 다른 5개의 점으로 만들 수 있는 서로 다른 직선의 개수를 최소 a개, 최대 b개라 할 때, $a+b$의 값은?

① 11   ② 21   ③ 25
④ 31   ⑤ 35

03 다음 그림에서 두 점 B, C는 $\overline{AD}$의 삼등분점이고, 세 점 P, Q, R는 $\overline{AD}$의 사등분점이다. $\overline{CR}=2$일 때, $\overline{PC}$의 길이를 구하시오.

04 다음 그림에서 $\overline{AC}=36$이고, $2\overline{AB}=\overline{BC}$, $\frac{1}{3}\overline{AD}=\overline{DB}$, $3\overline{BE}=\overline{BC}$일 때, $\overline{DE}$의 길이를 구하시오.

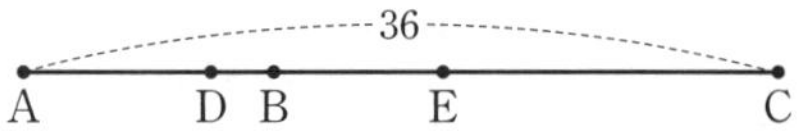

05 다음 중 항상 예각인 것은?

① (예각)＋(예각)
② (둔각)－(예각)
③ (둔각)－(직각)
④ (평각)－(예각)
⑤ (예각)＋(직각)

06 오른쪽 그림에서 $2\angle AOB=3\angle BOC$, $3\angle COE=5\angle DOE$ 일 때, $\angle BOD$의 크기를 구하시오.

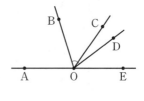

07 다음 그림에서 세 점 A, O, E는 한 직선 위에 있고,
∠AOB : ∠BOC＝∠BOC : ∠COD
＝∠COD : ∠DOE＝1 : 2
일 때, ∠BOD의 크기를 구하시오.

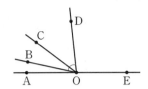

08 오른쪽 그림과 같이 네 직선
이 한 점에서 만날 때, y의 값
을 구하시오.

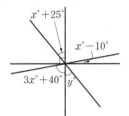

09 다음 그림의 두 삼각형 ABC와 DEF의 넓이가 같다.
$\overline{BC}$＝12 cm, $\overline{AG}$＝10 cm, $\overline{EF}$＝7.5 cm일 때, 점
D와 직선 EF 사이의 거리를 구하시오.

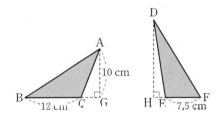

10 좌표평면 위에 두 점 A(3, 5), B(−4, −2)가 있
다. 점 A에서 x축과 y축에 내린 수선의 발을 각각 P,
Q라 하고, 점 B에서 x축과 y축에 내린 수선의 발을
각각 R, S라 할 때, 육각형 AQRBSP의 넓이를 구
하시오.

11 시계가 2시와 3시 사이에서 시침과 분침이 일치하는
시각을 구하시오.

(도전)
12 오른쪽 그림에서
∠x : ∠y＝2 : 3,
∠x : ∠z＝4 : 5일 때,
∠y＋∠z의 크기를 구하시오.

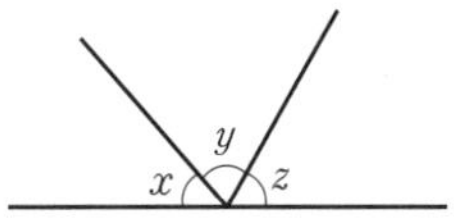

(도전)
13 다음 그림에서 세 점 P, Q, R는 각각 $\overline{AB}$, $\overline{AP}$, $\overline{QB}$
의 중점이다. $\overline{PR}$＝9 cm일 때, $\overline{AB}$의 길이를 구하
시오.

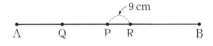

01 다음 중 공간에서 직선의 위치 관계에 대한 설명으로 옳지 <u>않은</u> 것을 모두 고르면? (정답 2개)

① 한 직선에 수직인 서로 다른 두 직선은 평행하다.
② 한 직선에 평행한 서로 다른 두 직선은 만나지 않는다.
③ 서로 평행한 두 직선은 항상 한 평면 위에 있다.
④ 서로 만나는 두 직선은 항상 한 평면 위에 있다.
⑤ 한 평면 위에 있는 서로 만나지 않는 두 직선은 꼬인 위치에 있다.

02 다음 그림은 직육면체의 일부를 네 꼭짓점 B, G, H, D를 지나는 평면으로 잘라낸 입체도형이다. 점 G와 H는 각각 $\overline{FJ}$, $\overline{JI}$의 중점이고 $\overline{DH}$와 꼬인 위치에 있는 모서리의 개수를 a개, $\overline{GH}$와 꼬인 위치에 있는 모서리의 개수를 b개라 할 때, ab의 값을 구하시오.
(단, 모든 모서리는 연장하여 직선으로 생각한다.)

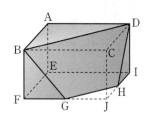

03 오른쪽 그림과 같은 정사각형 모양의 종이 ABCD 위에 $\overline{AB}$, $\overline{BC}$의 중점을 각각 M, N이라 하자. 점선을 따라 접어 만든 입체도형에 대한 설명 중 옳은 것을 모두 고르면? (정답 2개)

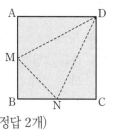

① $\overline{BM}$와 $\overline{CN}$은 꼬인 위치에 있다.
② $\overline{BD} \perp \overline{CN}$
③ $\overline{BD} \perp \overline{DN}$
④ 면 ADM과 면 BMN은 수직이다.
⑤ 면 CMD와 면 DMN은 수직이다.

04 오른쪽 그림에서 $l /\!/ m$일 때, x의 값을 구하시오.

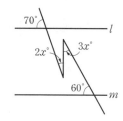

05 다음 그림에서 $l /\!/ m$일 때, $\angle a + \angle b + \angle c + \angle d + \angle e + \angle f$의 크기를 구하시오.

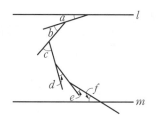

06 오른쪽 그림에서 $\overleftrightarrow{AB} /\!/ \overleftrightarrow{CD}$이고, $\angle BEG = \dfrac{1}{3} \angle BEF$, $\angle DFG = \dfrac{1}{3} \angle DFE$일 때, $\angle x$의 크기는?

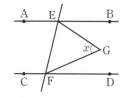

① 50°   ② 60°   ③ 65°
④ 70°   ⑤ 75°

07 다음 그림과 같이 직사각형 모양의 종이를 접었다. ∠EFB=72°, ∠KLJ=13°일 때, ∠LHG의 크기를 구하시오.

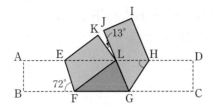

08 오른쪽 그림에서 두 직선 l, m은 정삼각형 ABC의 두 꼭짓점 A, B를 각각 지난다. $l \parallel m$일 때, ∠x의 크기는?

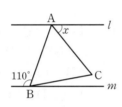

① 35°   ② 40°
③ 45°   ④ 50°   ⑤ 60°

09 서로 다른 세 평면에 의하여 나누어지는 공간의 최소 개수를 a개, 최대 개수를 b개라 할 때, $b-a$의 값은?

① 2   ② 3   ③ 4
④ 5   ⑤ 6

10 다음 그림과 같은 전개도로 만든 입체도형에서 $\overline{CD}$와 꼬인 위치에 있는 모서리의 개수는?
(단, 모든 모서리는 연장하여 직선으로 생각한다.)

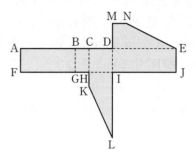

① 3개   ② 4개   ③ 5개
④ 6개   ⑤ 7개

11 다음 중 공간에서 서로 다른 세 직선과 서로 다른 두 평면에 대한 설명으로 옳지 <u>않은</u> 것은?

① 한 평면에 수직인 두 직선은 항상 평행하다.
② 한 평면에 평행한 두 평면은 항상 평행하다.
③ 한 직선에 수직인 두 평면은 항상 평행하다.
④ 한 직선에 평행한 두 직선은 항상 평행하다.
⑤ 한 직선에 평행한 두 평면은 항상 평행하다.

실력 Up⁺

01 삼각형 ABC에서 ∠C의 크기와 $\overline{AC}$의 길이가 주어졌을 때, 한 가지 조건만을 추가하여 삼각형 ABC가 하나로 정해지도록 하려고 한다. 이때 필요한 조건을 다음 **보기**에서 모두 고른 것은?

──── 보기 ────

ㄱ. ∠A   ㄴ. ∠B   ㄷ. $\overline{AB}$ ㄹ. $\overline{BC}$

① ㄱ
② ㄱ, ㄷ
③ ㄱ, ㄴ, ㄷ
④ ㄱ, ㄴ, ㄹ
⑤ ㄴ, ㄷ, ㄹ

02 두 변의 길이 $\overline{AB}$, $\overline{CA}$와 그 끼인각 A의 크기가 주어졌을 때, 다음 중 삼각형 ABC의 작도 순서로 옳지 않은 것을 모두 고르면? (정답 2개)

① $\overline{AB} \rightarrow ∠A \rightarrow \overline{CA}$
② $\overline{AB} \rightarrow \overline{CA} \rightarrow ∠A$
③ $\overline{CA} \rightarrow ∠A \rightarrow \overline{AB}$
④ $∠A \rightarrow \overline{CA} \rightarrow \overline{AB}$
⑤ $∠A \rightarrow \overline{AB} \rightarrow \overline{BC}$

03 오른쪽 그림과 같이 네 지점 A, B, C, P가 있다. A지점에서 출발하여 $\overline{AB}$, $\overline{BC}$, $\overline{CA}$를 지나 다시 A지점으로 돌아왔을 때, 이동한 거리가 총 3.4 km라 한다. 이것이 가능한 일인지 말하시오.
(단, $\overline{PA}$=400 m, $\overline{PB}$=700 m, $\overline{PC}$=500 m이다.)

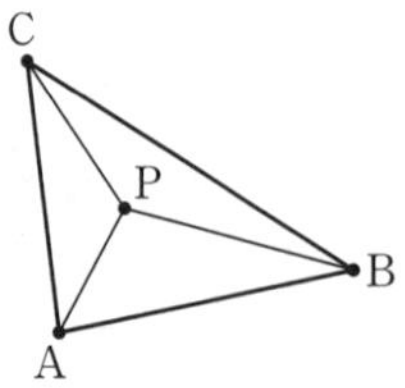

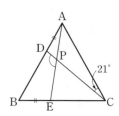

04 오른쪽 그림과 같은 정사각형 ABCD에서 $\overline{BE}=\overline{CF}$일 때, ∠AGF의 크기는?

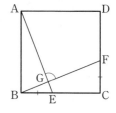

① 75°   ② 80°
③ 85°   ④ 90°
⑤ 95°

05 오른쪽 그림에서 △ABC와 △ADE는 정삼각형이다. $\overline{AB}$=10 cm, $\overline{BD}$=2 cm일 때, $\overline{DC}+\overline{CE}$의 길이를 구하시오.

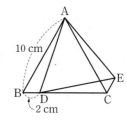

06 오른쪽 그림과 같은 정삼각형 ABC에서 $\overline{AD}=\overline{BE}$, ∠ACD=21°일 때, ∠DPE의 크기를 구하시오.

07 다음 그림과 같이 △ABC의 각 변을 한 변으로 하는 세 정삼각형 AFB, ACD, BCE가 있다. $\overline{AB}=5$ cm, $\overline{BC}=9$ cm, $\overline{CA}=7$ cm일 때, 오각형 BCDEF의 둘레의 길이를 구하시오.

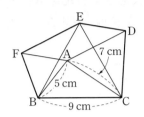

08 오른쪽 그림과 같은 두 정사각형 ABCD와 EFGC에서 ∠ABG=64°, ∠GCB=36°일 때, ∠DEF의 크기를 구하시오.

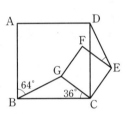

09 오른쪽 그림의 두 사각형 ABCD와 BEFG는 정사각형 이다. $\overline{AD}=6$ cm일 때, 삼각형 BEC의 넓이를 구하시오.

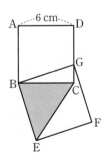

10 다음 그림의 두 사각형 ABCD와 DEFG는 정사각형이다. ∠DEC=90°이고, $\overline{AE}$와 $\overline{CG}$의 교점을 H라 할 때, 옳지 <u>않은</u> 것은?

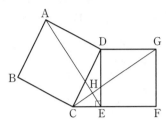

① ∠DAE=∠DCG
② ∠AED=∠GCE
③ ∠CHE=90°
④ $\overline{AH}=\overline{GH}$
⑤ △AED≡△CGD

11 오른쪽 그림에서 △ABC는 $\overline{AB}=\overline{BC}$인 직각이등변삼각형이다. 점 A와 C에서 점 B를 지나는 직선 l에 내린 수선의 발을 각각 D, E라 할 때, $\overline{CE}$의 길이를 구하시오.

(단, $\overline{AD}=3$ cm, $\overline{DE}=5$ cm이다.)

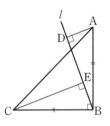

12 세 자연수 a, b, c에 대하여 $a+b+c=12$일 때, a, b, c를 세 변의 길이로 하는 삼각형의 개수를 구하시오.(단, $a \leq b \leq c$)

01 변의 개수의 비가 3 : 4이고, 한 내각의 크기의 비가 8 : 9인 두 정다각형을 각각 구하시오.

02 다음 표에서 $ab=8$, $cd=70$을 만족시키는 다각형 X, Y를 각각 구하시오. (단, $a>b$)

	X	Y
한 꼭짓점에서 그을 수 있는 대각선의 개수	a	b
대각선의 개수	c	d

03 다음 그림에서 삼각형 ABF는 $\overline{AF}=\overline{BF}$인 이등변 삼각형이고 $\overline{AB}=\overline{AC}=\overline{CD}=\overline{DE}=\overline{EF}$일 때, $\angle x$의 크기를 구하시오.

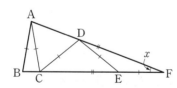

04 다음 그림에서 $\angle CAI=\angle CAD=\angle DAE$, $\angle CBI=\angle CBD=\angle DBE$이다. $\angle AGB=98°$, $\angle AEB=30°$일 때, $\angle CFA$의 크기를 구하시오.

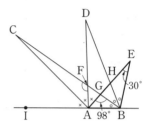

05 다음 그림에서 $\angle a+\angle b+\angle c+\angle d$의 크기를 구하시오.

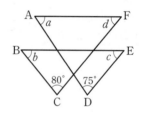

06 오른쪽 그림과 같이 세 내각의 크기가 30°, 60°, 90°인 합동인 직각삼각형을 서로 겹치지 않게 이어 붙여 놓았다. 처음 직각삼 각형에 다시 붙도록 이어 붙일 때, 직각삼각형은 모두 몇 개인 지 구하시오.

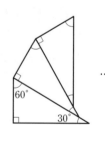

07 오른쪽 그림과 같은 사각형
ABCD에서 ∠A와 ∠C의 이등
분선의 교점을 E라 할 때, ∠x
의 크기를 구하시오.

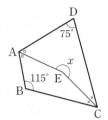

08 다음 그림과 같은 삼각형 ABC에서
2∠ECF=∠FCB, 2∠FBD=∠FBC이고,
∠F=40°일 때, ∠x의 크기를 구하시오.

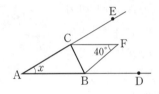

09 오른쪽 그림의 오각형
ABCDE는 정오각형이다.
평행한 두 직선 l, m이 두 꼭
짓점 A, D를 각각 지나고,
∠EAF=48°일 때, ∠CDG
의 크기를 구하시오.

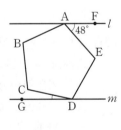

10 다음 그림에서
∠A+∠B+∠C+∠D+∠E+∠F+∠G의 크기
를 구하시오.

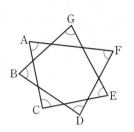

11 오른쪽 그림에서 점 G는 ∠A
와 ∠B의 이등분선의 교점이
다. ∠AFB=110°,
∠AGB=80°일 때, ∠x의
크기를 구하시오.

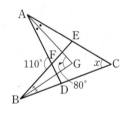

12 한 내각의 크기가 정수인 정다각형의 개수를 모두 구
하시오. (단, 변의 길이는 생각하지 않는다.)

실력 Up⁺

01 오른쪽 그림과 같은 원 O에서 $\overline{OA}$∥$\overline{BC}$, $\overarc{AC}$: $\overarc{BC}$=2 : 5일 때, ∠BOC의 크기를 구하시오.

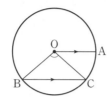

02 오른쪽 그림과 같은 한 변의 길이가 3 cm인 정사각형 ABCD에서 점 B와 점 C를 각각 중심으로 하는 두 부채 꼴의 교점을 E라 할 때, 색칠 한 부분의 둘레의 길이를 구하시오.

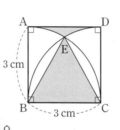

03 오른쪽 그림은 정육각형 ABCDEF에서 세 점 B, C, D를 각각 중심으로 하는 세 부채꼴을 그린 것이다. 정육 각형의 한 변의 길이가 3 cm 일 때, 색칠한 부분의 넓이를 구하시오.

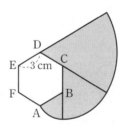

04 오른쪽 그림과 같이 한 변의 길이가 30 cm인 정오각형 ABCDE에 대하여 이 정오각 형의 한 변의 길이를 반지름으로 하고 두 꼭짓점 B, C를 각 각 중심으로 하는 두 부채꼴을 그리면 정오각형 내부의 한 점 F에서 만난다. 이때 색칠한 부분의 넓이를 구하시오.

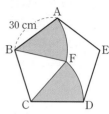

05 오른쪽 그림과 같이 반지름 3 cm인 원과 한 변의 길이가 4 cm인 정사각형 이 겹쳐 있다. 원과 정사각형에서 겹쳐 있지 않은 부분의 넓이를 각각 A cm², B cm²라 할 때, $A-B$의 값을 구하시오.

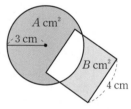

06 오른쪽 그림은 직사각형 ABCD와 $\overline{AD}$를 지름으로 하는 반원을 붙여 놓은 것이다. $\overline{AB}$=16 cm, $\overline{BC}$=12 cm이고, $\overarc{AM}$=$\overarc{MD}$일 때, 색칠한 부분의 넓이를 구하시오.

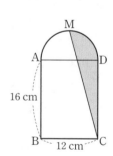

07 오른쪽 그림은 중심이 O인 부채꼴 세 개가 겹쳐 있는 모습이다. $2\overline{OA}=\overline{AB}=\overline{BC}$이고, 네 점 B, E, F, C로 둘러싸인 부분의 넓이가 80일 때, 네 점 A, D, E, B로 둘러싸인 부분의 넓이를 구하시오.

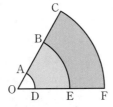

08 오른쪽 그림과 같이 반지름의 길이가 9 cm인 두 원 O, O′이 서로 다른 원의 중심을 지날 때, 색칠한 부분의 넓이를 구하시오.

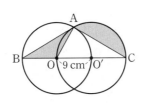

09 오른쪽 그림과 같이 한 변의 길이가 10 cm인 정사각형 안에 반지름의 길이가 1 cm인 원이 있다. 원이 정사각형 안에서 자유롭게 움직일 때, 원이 움직일 수 있는 부분의 넓이를 구하시오.

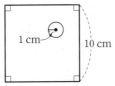

10 오른쪽 그림과 같이 지름의 길이가 6 cm인 반원의 둘레를 반지름의 길이가 1 cm인 원이 따라 돌고 있다. 작은 원의 중심이 지나간 부분의 길이를 구하시오.

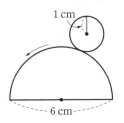

11 오른쪽 그림과 같이 원 O의 중심을 한 꼭짓점으로 하는 삼각형 ABO가 있다. 원 O의 넓이는 210 cm^2이고, 부채꼴 OPQ의 넓이는 49 cm^2일 때, $\angle OAB + \angle OBA$의 크기를 구하시오.

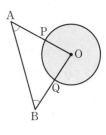

12 서로 다른 부채꼴 A, B가 있다. 호의 길이의 비가 4 : 5이고, 중심각의 크기의 비가 3 : 5일 때, 두 부채꼴의 반지름의 길이의 비를 가장 간단한 자연수의 비로 나타내시오.

01 밑면의 대각선의 개수가 20개인 각뿔대는 몇 면체인가?

① 팔면체   ② 구면체   ③ 십면체
④ 십일면체   ⑤ 십이면체

02 오른쪽 그림의 전개도로 만들어지는 다면체에 대한 다음 설명 중 옳지 <u>않은</u> 것은?

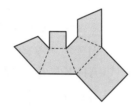

① 다면체의 꼭짓점은 8개이다.
② 이 다면체의 모서리는 12개이다.
③ (꼭짓점의 수)−(모서리의 수)+(면의 수)=2이다.
④ 이 다면체는 육각뿔과 면의 개수가 같다.
⑤ 이 다면체의 한 꼭짓점에 모이는 면의 개수는 모두 같다.

03 다음 중 정육면체를 평면으로 잘랐을 때 생기는 단면의 모양이 될 수 <u>없는</u> 것은?

① 삼각형   ② 사다리꼴   ③ 정사각형
④ 정오각형   ⑤ 정육각형

04 오른쪽 그림과 같은 전개도로 만든 정육면체에서 마주 보는 면에 적힌 수의 합이 모두 15일 때, $2a-b+c$의 값을 구하시오.

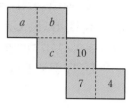

05 어떤 다면체에서 꼭짓점의 개수를 v개, 모서리의 개수를 e개, 면의 개수를 f개라 할 때, $2v=e$, $2e=3f$를 만족시키는 정다면체는?

① 정사면체   ② 정육면체   ③ 정팔면체
④ 정십이면체   ⑤ 정이십면체

06 오른쪽 그림과 같은 직각삼각형 ABC를 $\overline{AB}$, $\overline{BC}$, $\overline{CA}$를 회전축으로 하여 각각 1회전 시켰을 때 생기는 회전체를 회전축에 수직인 평면으로 자른 단면 중 그 넓이가 가장 클 때의 넓이를 구하시오.

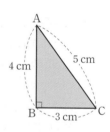

07 오른쪽 그림의 전개도로 만든 입체도형은 다음 중 어느 평면도형을 회전시켜 얻은 회전체인가?

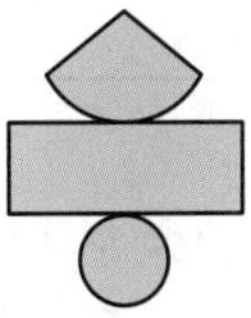

①

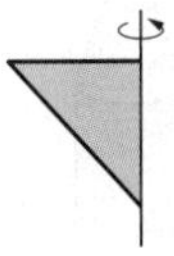

②

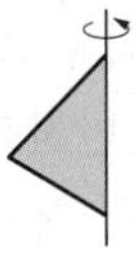

③

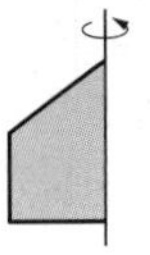

④

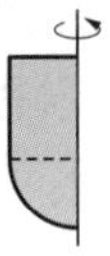

⑤

08 오른쪽 그림과 같은 오각형의 한 변을 회전축으로 하여 1회전 시켰을 때 생길 수 없는 회전체를 모두 고르면?
(정답 2개)

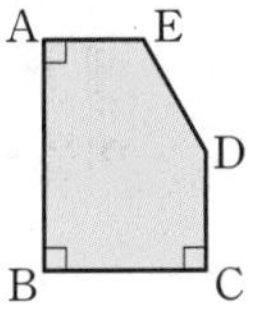

①

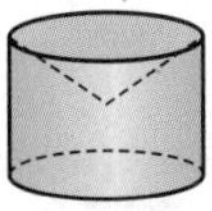

②

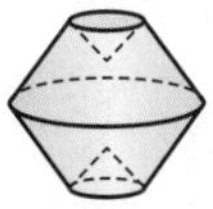

③

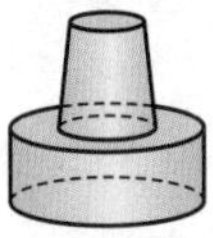

④

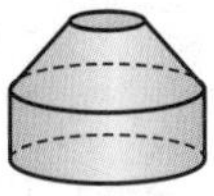

⑤

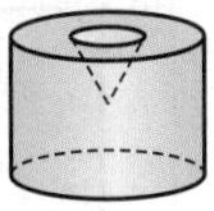

09 오른쪽 그림과 같이 반지름의 길이가 1 cm인 원을 직선 l을 회전축으로 하여 2 cm 떨어진 위치에서 1회전 시킬 때 생기는 회전체를 원의 중심 O를 지나면서 회전축에 수직인 평면으로 자른 단면의 넓이를 구하시오.

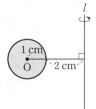

10 오른쪽 그림과 같은 원뿔의 전개도에서 나타나는 부채꼴의 중심각의 크기가 60°일 때, 원뿔의 밑면의 한 점 P에서 옆면을 한 바퀴 돌아 다시 점 P로 되돌아오는 가장 짧은 선의 길이를 구하시오.

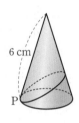

도전
11 축구공은 정오각형과 정육각형으로 이루어진 32면체이다. 모서리의 개수가 90개일 때, 축구공의 꼭짓점의 개수를 구하시오.

실력 Up⁺

01 오른쪽 그림과 같은 직육면체의 그릇에 물이 기울어진 채로 담겨 있다. 가장 큰 면을 밑면으로 하여 바닥에 세워 놓았을 때, 물의 높이를 구하시오. (단, 그릇의 두께는 생각하지 않는다.)

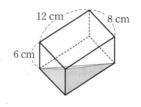

02 오른쪽 그림과 같이 반지름의 길이가 4 cm인 구 안에 정팔면체가 꼭 맞게 들어 있다. 이 정팔면체의 부피를 구하시오.

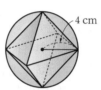

03 다음 그림은 어느 전시공간을 정면과 위에서 바라본 모습이다. 이 공간의 천장과 벽면을 페인트로 칠하려고 한다. 페인트 한 통당 8.4π m²를 칠할 수 있다고 할 때, 페인트는 총 몇 통이 필요한지 구하시오.
(단, 벽면의 두께는 생각하지 않는다.)

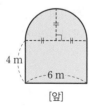
[앞]

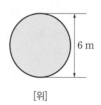
[위]

04 오른쪽 그림과 같이 원뿔과 원기둥이 합쳐진 형태의 금속이 있다. 총 높이와 밑면의 반지름을 유지하고 금속을 깎아서 하나의 원뿔을 만들었더니 부피가 60 cm³만큼 줄어들었을 때, 처음 금속의 부피를 구하시오. (단, 처음 금속에서 원뿔과 원기둥의 높이의 비는 1 : 3이다.)

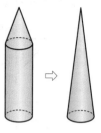

05 오른쪽 그림과 같이 반지름의 길이가 3 cm이고, 높이가 12 cm인 두 원기둥이 겹쳐져 있다. 사각형 POQO′이 정사각형일 때, 서로 겹쳐진 부분에 해당하는 입체도형의 겉넓이를 구하시오.

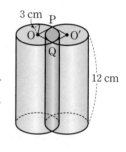

06 오른쪽 그림과 같은 직사각형을 직선 l을 회전축으로 하여 1회전시킬 때 생기는 회전체의 겉넓이를 구하시오.

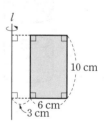

07 오른쪽 그림과 같은 삼각형을 직선 *l*을 회전축으로 하여 1회전 시킬 때 생기는 회전체의 부피를 구하시오.

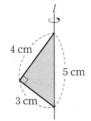

10 다음 그림에서 구의 부피는 원뿔의 부피의 $\frac{3}{2}$배일 때, 원뿔의 밑면인 원의 반지름의 길이를 구하시오.

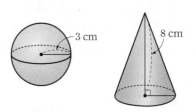

08 오른쪽 그림과 같이 원기둥 안에 꼭 맞는 구와 원뿔이 있다. 원기둥과 구와 원뿔의 부피의 비를 가장 간단한 자연수의 비로 나타내시오.

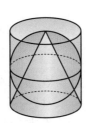

11 다음 그림과 같이 반지름의 길이가 18 cm인 쇠구슬 1개를 녹여 반지름의 길이가 3 cm인 쇠구슬을 여러 개 만들려고 한다. 만들 수 있는 쇠구슬의 최대 개수를 구하시오.

09 오른쪽 그림과 같은 도형을 직선 *l*을 회전축으로 하여 90°만큼 회전시켰을 때 생기는 회전체의 부피를 구하시오.

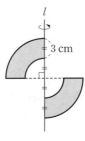

12 한 모서리의 길이가 2 cm인 정육면체를 다음 그림과 같은 규칙으로 쌓기나무를 하고 있다. 6단계에 해당하는 입체도형의 겉넓이를 구하시오.

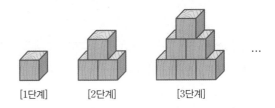

[1단계]　　[2단계]　　[3단계]

실력 Up⁺

01 다음은 정민이네 반 학생의 멀리뛰기 기록을 조사하여 나타낸 히스토그램인데 그 일부가 찢어져 보이지 않는다. 기록이 160 cm 이상 180 cm 미만인 계급의 학생 수는 기록이 140 cm 이상인 학생 수의 $\frac{1}{4}$일 때, 기록이 180 cm 이상 200 cm 미만인 학생은 전체의 몇 %인지 구하시오.

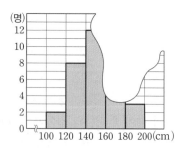

02 다음은 민정이네 반 학생들의 한 학기 동안의 봉사 활동 시간을 조사하여 나타낸 히스토그램의 일부이다. 봉사 시간이 25시간 이상 30시간 미만인 학생 수는 10시간 이상 15시간 미만인 학생 수의 3배이다. 봉사 활동 시간이 상위 20 %인 학생들에게 상을 준다고 할 때, 상을 받으려면 최소한 몇 시간 이상 봉사 활동을 해야 하는지 구하시오.

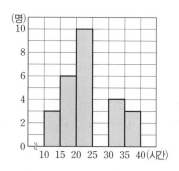

03 오른쪽은 어느 중학교에서 개최한 오래달리기 기록을 조사하여 나타낸 도수분포다각형인데 세로축의 도수가 지워졌다. 색칠한 부분의 넓이가 30일 때, 도수가 가장 큰 계급에 속하는 학생 수를 구하시오.

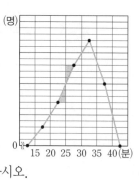

[04~05] 다음은 동훈이네 아파트 단지의 가구별 한 달 도시가스 사용량을 조사하여 나타낸 도수분포다각형인데 일부가 보이지 않는다. 한 달 도시가스 사용량이 6 m³ 이상인 가구의 수가 전체 가구의 수의 24 %일 때, 다음 물음에 답하시오.

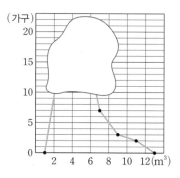

04 동훈이네 아파트 단지의 전체 가구 수를 구하시오.

05 한 달 도시가스 사용량이 4 m³ 이상인 가구의 수는 사용량이 4 m³ 미만인 가구의 수의 2배보다 1가구가 적다고 할 때, 사용량이 4 m³ 이상 6 m³ 미만인 가구는 전체의 몇 %인지 구하시오.

[06~07] 다음은 어느 학교의 A, B 두 반의 수학 성적을 조사하여 나타낸 도수분포다각형이다. 물음에 답하시오.

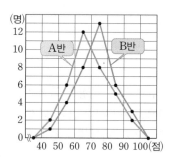

06 A반에서 성적이 20 % 이내인 학생의 성적은 B반에서 상위 몇 % 이내인지 구하시오.
(단, 소수점 아래 셋째자리에서 반올림한다.)

07 A, B 두 반에서 각각 도수가 가장 큰 계급의 꼭짓점에서 가로축에 내린 수선에 의하여 도수분포다각형은 두 부분으로 나누어진다. 이때 A, B 두 반에서 각각의 나누어진 두 부분 중 왼쪽의 넓이의 비를 가장 간단한 자연수의 비로 나타내시오.

08 오른쪽은 어느 중학교 1학년 세 반의 학생 수와 여학생의 상대도수를 나타낸 표이다. 이 학교 1학년 전체 학생에 대한 여학생의 상대도수를 a, b를 사용하여 나타내시오.

(단, 1학년은 3반까지 있다.)

반	학생 수(명)	여학생의 상대도수
1반	$\frac{5}{4}x$	$2a$
2반	x	$a+\frac{3}{2}b$
3반	$\frac{3}{4}x$	b

09 다음은 A, B 두 상자에 담긴 과일의 무게를 조사하여 나타낸 상대도수의 분포표이다. 무게가 100 g 미만인 과일은 판매할 수 없고 A상자의 과일의 수는 B상자의 과일의 수의 3배이다. A, B 두 상자에서 무게가 150 g 이상 250 g 미만인 과일이 총 43개일 때, B상자에서 판매할 수 있는 과일은 몇 개인지 구하시오.

과일의 무게(g)	상대도수	
	A상자	B상자
50^{이상}~100^{미만}	0.1	0.15
100　~150	0.25	0.1
150　~200	0.3	0.35
200　~250	0.2	0.3
250　~300	0.15	0.1
합계	1	1

10 다음은 어느 중학교의 1학년 4반과 1학년 전체 학생들의 음악 수행평가 점수를 조사하여 나타낸 상대도수의 분포표이다. 점수가 60점 미만인 학생이 1학년 4반에서 5명, 1학년 전체에서는 21명일 때, 1학년 4반에서 2등 안에 드는 학생은 1학년 전체에서 적어도 몇 등 안에 든다고 할 수 있는지 구하시오.

수행평가 점수(점)	상대 도수	
	1학년 4반	1학년 전체
40^{이상}~ 50^{미만}	0.025	0.032
50　~　60	0.1	0.052
60　~　70	0.225	0.208
70　~　80	0.325	0.364
80　~　90	0.275	0.28
90　~100	0.05	0.064
합계	1	1

11 다음은 혜성이네 반 학생들의 1년간 도서관 이용 횟수를 조사하여 나타낸 도수분포표이다. 이용 횟수가 20회 이상 40회 미만인 학생은 전체의 35 %이고, 30회 이상 45회 미만인 학생 수는 12명일 때, 45회 이상 70회 미만인 학생 수를 구하시오.

도서관 이용 횟수(회)	학생 수(명)
10^{이상}~20^{미만}	3
20　~30	5
30　~40	9
40　~50	
50　~60	8
00　　70	1
70　~80	1
합계	

12 다음은 어느 학급 학생들의 몸무게에 대한 상대도수의 분포를 나타낸 그래프인데 일부가 찢어져 보이지 않는다. 몸무게가 50 kg이상 55 kg 미만인 학생 수와 몸무게가 55 kg이상 60 kg 미만인 학생 수의 비가 2 : 3이고, 몸무게가 60 kg 이상인 학생 수가 2명일 때, 몸무게가 45 kg 이상 55 kg 미만인 학생 수를 구하시오.

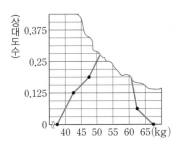

개념원리와 만나는 모든 방법

다양한 이벤트, 동기부여 콘텐츠 등
공부 자극에 필요한 모든 콘텐츠를 보고 싶다면?

개념원리 공식 인스타그램
@wonri_with

교재 속 QR코드 문제 풀이 영상 공부법까지
수학 공부에 필요한 모든 것

개념원리 공식 유튜브 채널
youtube.com/개념원리2022

개념원리에서 만들어지는 모든 콘텐츠를
정기적으로 받고 싶다면?

 개념원리 공식
카카오뷰 채널

개념원리 RPM

중학 수학 1-2

정답과 풀이

개념원리 수학연구소

개념원리 RPM 중학 수학 1-2

정답과 풀이

친절한 풀이	정확하고 이해하기 쉬운 친절한 풀이
다른 풀이	수학적 사고력을 키우는 다양한 해결 방법 제시
서술형 분석	모범 답안과 단계별 배점 제시로 서술형 문제 완벽 대비

개념원리 RPM

중학 수학 1-2

정답과 풀이

01 기본 도형

본문 p.9, 11

교과서문제 정복하기

0001 답 ○

0002 점이 움직인 자리는 직선 또는 곡선이 된다. 답 ✕

0003 교선은 면과 면이 만나서 생긴다. 답 ✕

0004 답 ○

0005 답 4개

0006 삼각뿔의 교점의 개수는 꼭짓점의 개수와 같으므로 4개이다. 답 4개

0007 삼각뿔의 교선의 개수는 모서리의 개수와 같으므로 6개이다. 답 6개

0008 답 5개

0009 삼각기둥의 교점의 개수는 꼭짓점의 개수와 같으므로 6개이다. 답 6개

0010 삼각기둥의 교선의 개수는 모서리의 개수와 같으므로 9개이다. 답 9개

0011 답 $\overline{AB}\,(=\overline{BA})$

0012 답 $\overrightarrow{BA}$

0013 답 $\overleftrightarrow{AB}\,(=\overleftrightarrow{BA})$

0014 답

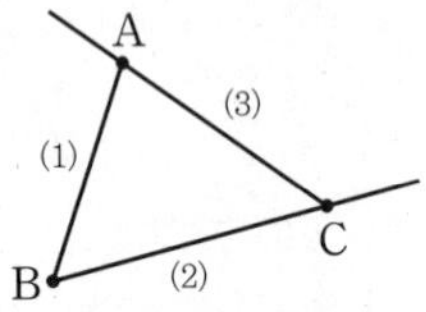

0015 답 $=$

0016 시작점은 같지만 뻗어 나가는 방향이 다르다. 답 $\neq$

0017 답 $=$

0018 답 7 cm

0019 답 5 cm

0020 $\overline{AM}=\overline{MB}=\dfrac{1}{2}\overline{AB}$이므로

$\overline{AB}=2\overline{AM}$ 답 2

0021 $\overline{AM}=\overline{MB}$이고 $\overline{AN}=\overline{NM}=\dfrac{1}{2}\overline{AM}$이므로

$\overline{AB}=2\overline{AM}=4\overline{NM}$ 답 4

0022 답 (1) 3 (2) 6 (3) 6

0023 답 $\angle a=\angle OAB\,(=\angle BAO=\angle OAC=\angle CAO)$
$\angle b=\angle OBC\,(=\angle CBO)$
$\angle c=\angle BCD\,(=\angle DCB=\angle ACD=\angle DCA)$

0024 $0°<$(예각)$<90°$이므로 ㄱ, ㅁ이다. 답 ㄱ, ㅁ

0025 (직각)$=90°$이므로 ㄹ이다. 답 ㄹ

0026 $90°<$(둔각)$<180°$이므로 ㄴ, ㅂ이다. 답 ㄴ, ㅂ

0027 (평각)$=180°$이므로 ㄷ이다. 답 ㄷ

0028 답 평각

0029 답 예각

0030 답 직각

0031 답 둔각

0032 답 직각

0033 답 예각

0034 $\angle x+50°=180°$ ∴ $\angle x=130°$ 답 130°

0035 $\angle x+90°+30°=180°$ ∴ $\angle x=60°$ 답 60°

0036 답 $\angle EOD$ (또는 $\angle DOE$)

0037 답 $\angle EOF$ (또는 $\angle FOE$)

0038 답 ∠COD (또는 ∠DOC)

0039 답 ∠FOD (또는 ∠DOF)

0040 $\angle x = 60°$(맞꼭지각)

$60° + \angle y = 180°$ ∴ $\angle y = 120°$

답 $\angle x = 60°$, $\angle y = 120°$

0041 $\angle x + 110° = 180°$ ∴ $\angle x = 70°$

$\angle y = \angle x = 70°$(맞꼭지각) 답 $\angle x = 70°$, $\angle y = 70°$

0042 $\angle x = 35°$(맞꼭지각)

$60° + \angle x + \angle y = 180°$이므로

$60° + 35° + \angle y = 180°$ ∴ $\angle y = 85°$

답 $\angle x = 35°$, $\angle y = 85°$

0043 $\angle x = 90°$(맞꼭지각)

$\angle x + 30° + \angle y = 180°$이므로

$90° + 30° + \angle y = 180°$ ∴ $\angle y = 60°$

답 $\angle x = 90°$, $\angle y = 60°$

0044 선분 AB와 선분 CD는 서로 수직이므로 $\overline{AB} \perp \overline{CD}$이다.

답 $\overline{AB} \perp \overline{CD}$

0045 답 점 O

0046 답 $\overline{AO}$

0047 답 점 A

0048 답 변 AB

0049 점 A와 변 BC 사이의 거리는 $\overline{AB}$의 길이와 같으므로 3 cm이다.

답 **3 cm**

본문 p.12~16

0050 $a = 5$, $b = 8$

∴ $b - a = 8 - 5 = 3$ 답 **3**

0051 $a = 10$, $b = 15$

∴ $2a + b = 2 \times 10 + 15 = 35$ 답 **35**

0052 ③ $\overrightarrow{BD}$와 $\overrightarrow{BC}$는 시작점과 뻗어 나가는 방향이 모두 같으므로 $\overrightarrow{BD} = \overrightarrow{BC}$

답 ③

0053 답 (1) $\overrightarrow{CB}$, $\overrightarrow{AC}$ (2) $\overrightarrow{AB}$ (3) $\overrightarrow{CA}$

0054 세 점 A, B, C로 만들 수 있는 직선은 $\overleftrightarrow{AB}$, $\overleftrightarrow{AC}$, $\overleftrightarrow{BC}$

이므로 $a = 3$

반직선은 $\overrightarrow{AB}$, $\overrightarrow{AC}$, $\overrightarrow{BA}$, $\overrightarrow{BC}$, $\overrightarrow{CA}$, $\overrightarrow{CB}$이므로 $b = 6$

∴ $a + b = 3 + 6 = 9$ 답 **9**

0055 (1) 직선은 $\overleftrightarrow{AB}$, $\overleftrightarrow{AC}$, $\overleftrightarrow{AD}$, $\overleftrightarrow{BC}$, $\overleftrightarrow{BD}$, $\overleftrightarrow{CD}$의 6개이다.

(2) $\overrightarrow{AB}$와 $\overrightarrow{BA}$는 서로 다른 반직선이므로 반직선의 개수는 직선의 개수의 2배이다.

따라서 반직선의 개수는

$6 \times 2 = 12$(개)

(3) 선분의 개수는 직선의 개수와 같으므로 6개이다.

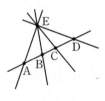

답 (1) **6개** (2) **12개** (3) **6개**

0056 네 점 A, B, C, D 중 두 점을 골라 만들 수 있는 직선은 $\overleftrightarrow{AD}$, $\overleftrightarrow{BD}$, $\overleftrightarrow{CD}$, $\overleftrightarrow{AB}$의 4개이다. 답 **4개**

0057 5개의 점 A, B, C, D, E 중 두 점을 골라 만들 수 있는 직선은 $\overleftrightarrow{AE}$, $\overleftrightarrow{BE}$, $\overleftrightarrow{CE}$, $\overleftrightarrow{DE}$, $\overleftrightarrow{AB}$의 5개이다.

또, 반직선은 $\overrightarrow{AB}$, $\overrightarrow{BC}$, $\overrightarrow{CD}$, $\overrightarrow{BA}$, $\overrightarrow{CB}$, $\overrightarrow{DC}$, $\overrightarrow{AE}$, $\overrightarrow{BE}$, $\overrightarrow{CE}$, $\overrightarrow{DE}$, $\overrightarrow{EA}$, $\overrightarrow{EB}$, $\overrightarrow{EC}$, $\overrightarrow{ED}$의 14개이다.

답 **직선 : 5개, 반직선 : 14개**

0058 ㄷ. $\overline{NB} = \dfrac{1}{2}\overline{MB}$

ㄹ. $\overline{MN} = \dfrac{1}{2}\overline{MB} = \dfrac{1}{2} \times \dfrac{1}{2}\overline{AB}$

$= \dfrac{1}{4}\overline{AB}$

답 **ㄱ, ㄴ**

0059 ⑤ $2\overline{AB} = 3\overline{PB}$ 답 ⑤

0060 ② 두 점 M, N이 각각 $\overline{AB}$, $\overline{BC}$의 중점이므로

$\overline{MN} = \overline{MB} + \overline{BN} = \dfrac{1}{2}\overline{AB} + \dfrac{1}{2}\overline{BC}$

$= \dfrac{1}{2}(\overline{AB} + \overline{BC})$

$= \dfrac{1}{2}\overline{AC}$

③ 주어진 조건만으로는 $\overline{MB}$와 $\overline{NB}$의 관계를 알 수 없다.

답 ②, ③

0061
$$\overline{MN}=\overline{MB}+\overline{BN}$$
$$=\frac{1}{2}\overline{AB}+\frac{1}{2}\overline{BC}$$
$$=\frac{1}{2}\overline{AB}+\frac{1}{2}\times\frac{1}{2}\overline{AB}$$
$$=\frac{3}{4}\overline{AB}$$
$$\therefore \overline{AB}=\frac{4}{3}\overline{MN}=\frac{4}{3}\times12=16\,(cm)$$

🔲 **16 cm**

0062 $\overline{AN}=\overline{NM}$이므로
$$\overline{AM}=2\overline{NM}=2\times6=12\,(cm)$$
$\overline{AM}=\overline{MB}$이므로
$$\overline{AB}=2\overline{AM}=2\times12=24\,(cm)$$

🔲 **24 cm**

0063 $\overline{AB}=3\overline{BC}$이므로
$$\overline{BC}=\frac{1}{3}\overline{AB}$$
$\overline{AB}=2\overline{AM}$이므로
$$\overline{BC}=\frac{1}{3}\overline{AB}=\frac{2}{3}\overline{AM}=\frac{2}{3}\times6=4\,(cm)$$
$$\therefore \overline{MN}=\overline{MB}+\overline{BN}$$
$$=\overline{AM}+\frac{1}{2}\overline{BC}$$
$$=6+\frac{1}{2}\times4=6+2=8\,(cm)$$

🔲 **8 cm**

0064 $\overline{AC}=2\overline{CD}$이므로
$$\overline{AD}=\overline{AC}+\overline{CD}=2\overline{CD}+\overline{CD}=3\overline{CD}=18\,(cm)$$
$$\therefore \overline{CD}=6\,cm$$

·· ㉮

$$\overline{AC}=\overline{AD}-\overline{CD}=18-6=12\,(cm)$$

·· ㉯

$\overline{AB}=2\overline{BC}$이므로
$$\overline{AC}=\overline{AB}+\overline{BC}=2\overline{BC}+\overline{BC}=3\overline{BC}=12\,(cm)$$
$$\therefore \overline{BC}=4\,cm$$

·· ㉰

🔲 **4 cm**

단계	채점요소	배점
㉮	$\overline{CD}$의 길이 구하기	40%
㉯	$\overline{AC}$의 길이 구하기	20%
㉰	$\overline{BC}$의 길이 구하기	40%

0065 $40+x+(5x+20)=180$이므로
$$6x=120 \quad \therefore x=20$$

🔲 **③**

0066 $x+3x+3y+y=180$이므로
$$4x+4y=180 \quad \therefore x+y=45$$

$$3x+3y=3(x+y)=135$$
$$\therefore \angle BOD=135°$$

🔲 **135°**

0067 $(3x-40)+2x=90$
$$5x=130 \quad \therefore x=26$$
$$2x=2\times26=52 \quad \therefore \angle BOC=52°$$

🔲 **52°**

0068 $\angle y+50°=90°$이므로
$$\angle y=40°$$
$\angle x+\angle y=90°$이므로
$$\angle x+40°=90° \quad \therefore \angle x=50°$$

🔲 $\angle x=50°, \angle y=40°$

0069 $\angle BOC=\angle a$라 하면 $\angle AOC=4\angle a$이므로
$$\angle AOB=3\angle a=90° \quad \therefore \angle a=30°$$
$\angle COE=90°-30°=60°$이고 $\angle COD=\angle b$라 하면
$$\angle COE=5\angle b=60° \quad \therefore \angle b=12°$$
$$\therefore \angle BOD=\angle a+\angle b=30°+12°=42°$$

🔲 **42°**

0070 $\angle AOB+\angle BOC=90°$이므로
$$\angle BOC=90°-\angle AOB$$
$\angle BOC+\angle COD=90°$이므로
$$\angle BOC=90°-\angle COD$$
즉, $90°-\angle AOB=90°-\angle COD$이므로
$$\angle AOB=\angle COD$$
그런데 $\angle AOB+\angle COD=50°$이므로
$$\angle AOB=\angle COD=25°$$
$$\therefore \angle BOC=90°-25°=65°$$

🔲 **④**

0071 오른쪽 그림에서 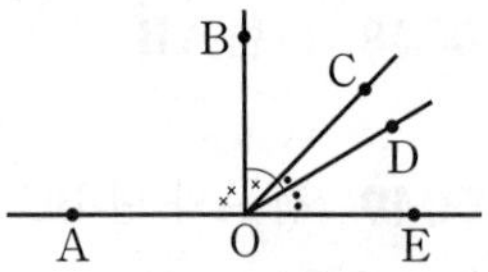
$$\angle BOD=\angle BOC+\angle COD$$
$$=\frac{1}{3}\angle AOC+\frac{1}{3}\angle COE$$
$$=\frac{1}{3}(\angle AOC+\angle COE)$$
$$=\frac{1}{3}\angle AOE$$
$$=\frac{1}{3}\times180°=60°$$

🔲 **60°**

0072 오른쪽 그림에서
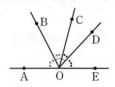
$5\angle AOB=3\angle AOC$이므로
$$\angle AOB=\frac{3}{5}\angle AOC$$
$5\angle DOE=3\angle COE$이므로
$$\angle DOE=\frac{3}{5}\angle COE$$

$$\angle AOB + \angle DOE = \frac{3}{5}(\angle AOC + \angle COE)$$
$$= \frac{3}{5} \times 180° = 108°$$
$$\therefore \angle BOD = 180° - (\angle AOB + \angle DOE)$$
$$= 180° - 108° = 72° \qquad \text{🖹} \mathbf{72°}$$

0073 $\angle x + \angle y + \angle z = 180°$이고
$\angle x : \angle y : \angle z = 2 : 1 : 3$이므로
$$\angle y = \frac{1}{2+1+3} \times 180°$$
$$= \frac{1}{6} \times 180° = 30° \qquad \text{🖹} ①$$

0074 $\angle x + \angle y + \angle z = 180°$이고
$\angle x : \angle y : \angle z = 1 : 3 : 5$이므로
$$\angle z = \frac{5}{1+3+5} \times 180°$$
$$= \frac{5}{9} \times 180° = 100° \qquad \text{🖹} \mathbf{100°}$$

0075 $\angle AOC = 100°$이고 $\angle AOB : \angle BOC = 3 : 2$이므로
$$\angle BOC = \frac{2}{3+2} \times 100° = 40°$$
──────────────── ㉮

$$\angle COD = 180° - \angle AOC$$
$$= 180° - 100° = 80°$$
──────────────── ㉯

$$\therefore \angle BOD = \angle BOC + \angle COD$$
$$= 40° + 80° = 120°$$
──────────────── ㉰
$$\text{🖹} \mathbf{120°}$$

단계	채점요소	배점
㉮	$\angle BOC$의 크기 구하기	50%
㉯	$\angle COD$의 크기 구하기	20%
㉰	$\angle BOD$의 크기 구하기	30%

0076 맞꼭지각의 크기는 서로 같으므로
$$2x + 40 = 4x - 10, \quad 2x = 50$$
$$\therefore x = 25 \qquad \text{🖹} \mathbf{25}$$

0077 맞꼭지각의 크기는 서로 같으므로
(1) $x + 30 = 145$ $\qquad \therefore x = 115$
(2) $125 = 2x + 15, \quad 2x = 110$ $\qquad \therefore x = 55$
$$\text{🖹 (1) } \mathbf{115} \quad \text{(2) } \mathbf{55}$$

0078 $5x + 10 = 7x - 30$
$$2x = 40 \qquad \therefore x = 20$$

$$\therefore y = 180 - (5x + 10)$$
$$= 180 - 110 = 70$$
$$\therefore y - x = 70 - 20 = 50 \qquad \text{🖹} \mathbf{50}$$

0079 (1) $(x+10) + 2x + (3x-40) = 180$이므로
$$6x - 30 = 180 \qquad \therefore x = 35$$
$$\therefore y = 2x = 2 \times 35 = 70$$
(2) $(x+10) + (3x-10) + (x+30) = 180$이므로
$$5x = 150 \qquad \therefore x = 30$$
$$\therefore y = x + 10 = 30 + 10 = 40$$
$$\text{🖹 (1) } x = 35, \, y = 70 \quad \text{(2) } x = 30, \, y = 40$$

0080 $\angle x + \angle y = 180°$이고 $\angle x : \angle y = 2 : 3$이므로
$$\angle x = \frac{2}{2+3} \times 180° = \frac{2}{5} \times 180° = 72°$$
이때 맞꼭지각의 크기는 서로 같으므로
$$\angle z = \angle x = 72° \qquad \text{🖹} \mathbf{72°}$$

0081 $\angle AOC$와 $\angle BOD$, $\angle AOF$와 $\angle BOE$,
$\angle DOF$와 $\angle COE$, $\angle AOD$와 $\angle BOC$, $\angle COF$와 $\angle DOE$,
$\angle FOB$와 $\angle EOA$
의 6쌍이다. $\qquad \text{🖹} \mathbf{6쌍}$

0082 네 직선을 각각 l, m, n, p라 하자.
직선 l과 m, l과 n, l과 p, m과 n, m과 p, n과 p로 만들어지는 맞꼭지각이 각각 2쌍이므로 $2 \times 6 = 12$(쌍) $\qquad \text{🖹} ④$

0083 ⑤ 점 C와 직선 AB 사이의 거리는 점 C에서 직선 AB에 내린 수선의 발인 점 H까지의 거리이므로 $\overline{CH}$의 길이이다.
$$\text{🖹} ⑤$$

0084 점 P에서 직선 l에 내린 수선의 발은 점 B이므로 점 P와 직선 l 사이의 거리는 $\overline{PB}$이다. $\qquad \text{🖹} ②$

0085 ③ 점 D와 $\overline{BC}$ 사이의 거리는 $\overline{DC}$의 길이이므로 3 cm이다. $\qquad \text{🖹} ③$

🖉 유형 UP 본문 p.17

0086 $\angle a = 180° \times \frac{3}{5} = 108°$
맞꼭지각의 성질에 의하여
$$\angle x + 90° = 108° \qquad \therefore \angle x = 18° \qquad \text{🖹} \mathbf{18°}$$

0087 $y+30=50+90$이므로 $y=110$
$(x-10)+(y+30)=180$이므로
$x-10+110+30=180$ ∴ $x=50$

🖹 $x=50$, $y=110$

0088 $(2y-30)+(y+45)=90$, $3y=75$ ∴ $y=25$

⑦

$x=2y-30+90=50-30+90=110$

⑭

∴ $x+y=110+25=135$

⑭

🖹 135

단계	채점요소	배점
⑦	y의 값 구하기	40%
⑭	x의 값 구하기	40%
⑭	$x+y$의 값 구하기	20%

0089 시침이 시계의 12를 가리킬 때부터 3시 30분을 가리킬 때까지 움직인 각도는
$30°\times3+0.5°\times30=90°+15°=105°$
또, 분침이 움직인 각도는
$6°\times30=180°$
따라서 작은 쪽의 각의 크기는 $180°-105°=75°$

🖹 75°

0090 시침이 시계의 12를 가리킬 때부터 5시 10분을 가리킬 때까지 움직인 각도는
$30°\times5+0.5°\times10=155°$
또, 분침이 움직인 각도는
$6°\times10=60°$
따라서 작은 쪽의 각의 크기는
$155°-60°=95°$

🖹 95°

0091 1시와 2시 사이에 시침과 분침이 서로 반대 방향을 가리키며 평각을 이루는 시각을 1시 x분이라 하자.
시침이 시계의 12를 가리킬 때부터 1시 x분을 가리킬 때까지 움직인 각도는
$30°\times1+0.5°\times x$
또, 분침이 움직인 각도는 $6°\times x$
즉, $6\times x-(30\times1+0.5\times x)=180$이므로
$5.5x=210$

∴ $x=\dfrac{210}{5.5}=\dfrac{420}{11}$

따라서 시침과 분침이 서로 반대 방향을 가리키며 평각을 이루는 시각은 1시 $\dfrac{420}{11}$분이다.

🖹 1시 $\dfrac{420}{11}$분

0092 평면도형 : ㄱ, ㄴ, ㅁ
입체도형 : ㄷ, ㄹ, ㅂ

🖹 ㄷ, ㄹ, ㅂ

0093 $a=6$, $b=10$ ∴ $a+b=16$

🖹 16

0094 ① 한 점을 지나는 직선은 무수히 많다.
② 서로 다른 두 점을 지나는 직선은 오직 하나뿐이다.
③ 시작점과 뻗어 나가는 방향이 모두 같아야 같은 반직선이다.
④ 직선과 반직선은 길이를 생각할 수 없다.

🖹 ⑤

0095 ㄱ. $\overrightarrow{AB}$와 $\overrightarrow{BA}$는 시작점과 뻗어 나가는 방향이 모두 다르므로 $\overrightarrow{AB}\neq\overrightarrow{BA}$
ㅁ. $\overline{AB}\neq\overline{BC}$

🖹 ㄴ, ㄷ, ㄹ, ㅂ

0096 반직선은 $\overrightarrow{AB}$, $\overrightarrow{AC}$, $\overrightarrow{AD}$, $\overrightarrow{AE}$, $\overrightarrow{BC}$, $\overrightarrow{BD}$, $\overrightarrow{BE}$, $\overrightarrow{BA}$, $\overrightarrow{CD}$, $\overrightarrow{CE}$, $\overrightarrow{CA}$, $\overrightarrow{CB}$, $\overrightarrow{DE}$, $\overrightarrow{DA}$, $\overrightarrow{DB}$, $\overrightarrow{DC}$, $\overrightarrow{ED}$, $\overrightarrow{EC}$, $\overrightarrow{EB}$, $\overrightarrow{EA}$
의 20개이다.

🖹 20개

0097 $\overline{AC}=\overline{AB}+\overline{BC}=2\overline{MB}+2\overline{BN}$
$\qquad=2(\overline{MB}+\overline{BN})$
$\qquad=2\overline{MN}=2\times15$
$\qquad=30(\text{cm})$

🖹 30 cm

0098 예각은 45°, 80°, 60°의 3개이므로 $a=3$
둔각은 135°, 110°, 120°의 3개이므로 $b=3$
∴ $a+b=6$

🖹 6

0099 ① $\angle a=\dfrac{2}{2+5+3}\times180°$
$\qquad=\dfrac{2}{10}\times180°=36°$
② $\angle b=\dfrac{5}{2+5+3}\times180°$
$\qquad=\dfrac{5}{10}\times180°=90°$
③ $\angle c=\dfrac{3}{2+5+3}\times180°$
$\qquad=\dfrac{3}{10}\times180°=54°$

🖹 ③

0100 $\angle BOC=\angle a$, $\angle COD=\angle b$라 하면
$\angle AOC=5\angle a$
$\angle COE=5\angle b$
평각의 크기는 180°이므로

$5\angle a+5\angle b=180^\circ$ $\quad\therefore \angle a+\angle b=36^\circ$

$\therefore \angle BOD=\angle a+\angle b=36^\circ$ 🔘 ④

0101 맞꼭지각의 크기는 서로 같으므로

$\angle x+90^\circ=150^\circ$ $\quad\therefore \angle x=60^\circ$ 🔘 ②

0102 $\angle BOC$와 $\angle AOE$는 맞꼭지각이므로

$78=x+(2x-12)$

$3x=90$ $\quad\therefore x=30$

이때 $3x-20=90-20=70$이므로

$\angle DOE=70^\circ$

$\therefore \angle COD=180^\circ-(78^\circ+70^\circ)=32^\circ$ 🔘 **32°**

0103 점 A와 $\overline{BC}$ 사이의 거리는 $\overline{CD}$의 길이와 같으므로

$2\,cm$ $\quad\therefore x=2$

점 B와 $\overline{CD}$ 사이의 거리는 $\overline{BC}$의 길이와 같으므로 $4\,cm$

$\therefore y=4$

$\therefore x+y=2+4=6$ 🔘 **6**

0104 직선은 $\overleftrightarrow{AB}$, $\overleftrightarrow{AC}$, $\overleftrightarrow{AD}$, $\overleftrightarrow{AE}$,
$\overleftrightarrow{BC}$, $\overleftrightarrow{BD}$, $\overleftrightarrow{BE}$, $\overleftrightarrow{CD}$의 8개이다. ㉮

선분은 $\overline{AB}$, $\overline{AC}$, $\overline{AD}$, $\overline{AE}$, $\overline{BC}$, $\overline{BD}$,
$\overline{BE}$, $\overline{CD}$, $\overline{CE}$, $\overline{DE}$의 10개이다. ㉯

반직선은 $\overrightarrow{AB}$, $\overrightarrow{AC}$, $\overrightarrow{AD}$, $\overrightarrow{AE}$, $\overrightarrow{BA}$, $\overrightarrow{BC}$, $\overrightarrow{BD}$, $\overrightarrow{BE}$, $\overrightarrow{CA}$, $\overrightarrow{CB}$,
$\overrightarrow{DA}$, $\overrightarrow{DB}$, $\overrightarrow{EA}$, $\overrightarrow{EB}$, $\overrightarrow{CD}$, $\overrightarrow{DE}$, $\overrightarrow{DC}$, $\overrightarrow{ED}$의 18개이다. ㉰

🔘 **직선 : 8개, 선분 : 10개, 반직선 : 18개**

단계	채점요소	배점
㉮	직선의 개수 구하기	30%
㉯	선분의 개수 구하기	30%
㉰	반직선의 개수 구하기	40%

0105

맞꼭지각의 크기는 서로 같으므로

$\angle AOC=\angle BOD=18^\circ$ ㉮

$\angle COE=2\angle AOC$이므로

$\angle AOE=3\angle AOC$

$\quad=3\times18^\circ=54^\circ$ ㉯

따라서 $\angle EOB=180^\circ-54^\circ=126^\circ$이고, ㉰

$\angle EOF=2\angle FOB$이므로 $\angle EOB=3\angle FOB$

$\therefore \angle FOB=\frac{1}{3}\angle EOB$

$\quad=\frac{1}{3}\times126^\circ=42^\circ$ ㉱

🔘 **42°**

단계	채점요소	배점
㉮	$\angle AOC$의 크기 구하기	20%
㉯	$\angle AOE$의 크기 구하기	30%
㉰	$\angle EOB$의 크기 구하기	20%
㉱	$\angle FOB$의 크기 구하기	30%

0106 $\overline{BM}=\overline{MC}=a\,cm$, $\overline{CN}=\overline{ND}=b\,cm$라 하자.

$\overline{MN}=\frac{3}{7}\overline{AD}=a+b$

$\frac{3}{7}(5+2a+2b)=a+b$

$15+6a+6b=7a+7b$ $\quad\therefore a+b=15$

$\therefore \overline{MN}=a+b=15\,(cm)$ 🔘 **15 cm**

0107 시침이 시계의 12를 가리킬 때부터 9시 20분을 가리킬 때까지 움직인 각도는

$30^\circ\times9+0.5^\circ\times20=280^\circ$

또, 분침이 움직인 각도는

$6^\circ\times20=120^\circ$

따라서 작은 쪽의 각의 크기는

$280^\circ-120^\circ=160^\circ$ 🔘 **160°**

02 위치 관계

본문 p.21, 23, 25

교과서문제 정복하기

0108 탭 점 A, 점 B

0109 탭 점 B, 점 C

0110 탭 점 B

0111 탭 점 C, 점 D, 점 E

0112 탭 점 A, 점 B

0113 탭 면 ABC, 면 ABD, 면 BCD

0114 탭 면 ABD, 면 BCD

0115 탭 점 D

0116 탭 직선 BC

0117 탭 직선 AB, 직선 DC

0118 탭 ×

0119 탭 ○

0120 탭 ○

0121 탭 ○

0122 탭 한 점에서 만난다.

0123 탭 꼬인 위치에 있다.

0124 탭 평행하다.

0125 탭 $\overline{DC}$, $\overline{EF}$, $\overline{HG}$

0126 탭 $\overline{AD}$, $\overline{BC}$, $\overline{AE}$, $\overline{BF}$

0127 탭 $\overline{CG}$, $\overline{DH}$, $\overline{EH}$, $\overline{FG}$

0128 탭 면 ABCD, 면 ABFE

0129 탭 면 AEHD, 면 BFGC

0130 탭 면 EFGH, 면 CGHD

0131 탭 $\overline{AB}$, $\overline{BC}$, $\overline{CA}$

0132 탭 면 ABC, 면 ABED

0133 $\overline{AC}$와 평행한 면은 면 EFGH의 1개이다. 탭 **1개**

0134 면 BFGC와 수직인 모서리는 $\overline{AB}$, $\overline{DC}$, $\overline{EF}$, $\overline{HG}$의 4개이다. 탭 **4개**

0135 점 A에서 면 CGHD에 내린 수선의 발 D까지의 거리이므로
$\overline{AD}=4$ cm 탭 **4 cm**

0136 점 C에서 면 AEHD에 내린 수선의 발 D까지의 거리이므로
$\overline{CD}=3$ cm 탭 **3 cm**

0137 탭 면 ABFE, 면 BFGC, 면 CGHD, 면 AEHD

0138 탭 면 EFGH

0139 탭 면 ABCD, 면 BFGC, 면 EFGH, 면 AEHD

0140 탭 $\overline{CD}$

0141 탭 면 DEF

0142 탭 면 ADEB, 면 BEFC, 면 ADFC

0143 탭 면 ABC, 면 DEF, 면 ADFC, 면 BEFC

0144 탭 면 ADEB, 면 ABC, 면 DEF

0145 공간에서 서로 다른 두 평면이 만나지 않는 경우는 평행할 때뿐이다. 탭 ○

0146 한 평면에 평행한 서로 다른 두 직선은 평행하거나 만나거나 꼬인 위치에 있다. 탭 ×

0147 한 평면에 수직인 서로 다른 두 직선은 평행하다. 🔁 ✕

0148 한 평면에 수직인 서로 다른 두 평면은 평행하거나 한 직선에서 만난다. 🔁 ✕

0149 🔁 $\angle e$

0150 🔁 $\angle g$

0151 🔁 $\angle d$

0152 🔁 $\angle h$

0153 🔁 $\angle c$

0154 $\angle a$의 동위각은 $\angle d$이고, $\angle d+120°=180°$이므로
$\angle d=60°$ 🔁 **60°**

0155 $\angle b$의 엇각은 $\angle f$이므로
$\angle f=120°$(맞꼭지각) 🔁 **120°**

0156 $\angle a=125°$(맞꼭지각)
$\angle b+125°=180°$이므로
$\angle b=55°$
$l /\!/ m$이므로 $\angle c=\angle b=55°$(엇각)
🔁 $\angle a=125°$, $\angle b=55°$, $\angle c=55°$

0157 $l /\!/ m$이므로 $\angle x=70°$(동위각), $\angle y=50°$(엇각)
$\angle y+\angle z+70°=180°$이므로
$50°+\angle z+70°=180°$
$\therefore \angle z=60°$
🔁 $\angle x=70°$, $\angle y=50°$, $\angle z=60°$

0158 🔁 **차례로 34°, 34°, 58°**

0159 엇각의 크기가 다르므로 $l \cancel{/\!/} m$이다. 🔁 $\cancel{/\!/}$

0160 크기가 120°인 각의 동위각의 크기는
$180°-60°=120°$이므로 $l /\!/ m$이다. 🔁 $/\!/$

0161 크기가 55°인 각의 동위각의 크기는
$180°-115°=65°$이므로 $l \cancel{/\!/} m$이다. 🔁 $\cancel{/\!/}$

0162 크기가 46°인 각의 엇각의 크기는
$180°-134°=46°$이므로 $l /\!/ m$이다. 🔁 $/\!/$

0163 ⑤ 두 점 A와 D는 같은 직선 위에 있다. 🔁 ⑤

0164 ⑤ 두 점 A와 C는 직선 l 위에 있고, 점 B는 직선 l 위에 있지 않다. 🔁 ⑤

0165 ㄴ. 평면 P 위에 있는 점은 점 A, B, D의 3개이다.
🔁 ㄱ, ㄷ

0166 $\overleftrightarrow{AB}$와 한 점에서 만나는 직선은 $\overleftrightarrow{BC}$, $\overleftrightarrow{CD}$, $\overleftrightarrow{DE}$, $\overleftrightarrow{FG}$, $\overleftrightarrow{GH}$, $\overleftrightarrow{AH}$의 6개이므로
$a=6$
$\overleftrightarrow{AB}$와 평행한 직선은 $\overleftrightarrow{EF}$의 1개이므로
$b=1$
$\therefore a+b=6+1=7$ 🔁 **7**

0167 ① $\overleftrightarrow{AB}$와 $\overleftrightarrow{CD}$는 한 점에서 만나므로 평행하지 않다.
③ $\overleftrightarrow{AD} /\!/ \overleftrightarrow{BC}$이므로 만나지 않는다. 🔁 ②, ⑤

0168 오른쪽 그림과 같이 $l /\!/ m$, $l \perp n$이면
$m \perp n$이다.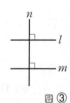
🔁 ③

0169 ⑤ 꼬인 위치에 있는 두 직선은 한 평면을 결정할 수 없다. 🔁 ⑤

0170 한 직선과 그 직선 밖의 한 점은 하나의 평면을 결정한다. 🔁 **1개**

0171 한 직선 위에 있지 않은 서로 다른 세 점은 하나의 평면을 결정한다.
.... ㉮

따라서 결정되는 서로 다른 평면은 면 ABC, 면 ACD, 면 ABD, 면 BCD의 4개이다.
.... ㉯
🔁 **4개**

단계	채점요소	배점
㉮	평면이 하나로 결정되는 조건 알기	40%
㉯	결정되는 서로 다른 평면의 개수 구하기	60%

0172 모서리 AB와 평행한 모서리는 $\overline{DE}$의 1개이므로
$a=1$
모서리 AB와 수직으로 만나는 모서리는 $\overline{AC}$, $\overline{AD}$, $\overline{BE}$의 3개이므로
$b=3$
모서리 AB와 꼬인 위치에 있는 모서리는 $\overline{CF}$, $\overline{DF}$, $\overline{EF}$의 3개이므로
$c=3$
$\therefore a+b+c=1+3+3=7$ 目 **7**

0173 (1) 모서리 AB와 모서리 AE는 한 점 A에서 만난다.
(2) 모서리 EF와 모서리 CG는 만나지도 않고 평행하지도 않으므로 꼬인 위치에 있다.
(3) 모서리 AD와 모서리 EH는 평행하다.
   目 (1) **한 점에서 만난다.** (2) **꼬인 위치에 있다.** (3) **평행하다.**

0174 ② 모서리 AE와 모서리 FG는 꼬인 위치에 있다. 目 ②

0175 ①, ②, ③, ④ 모서리 BC는 $\overline{AB}$, $\overline{CD}$, $\overline{BG}$, $\overline{CH}$와 한 점에서 만난다.
⑤ 모서리 BC와 $\overline{GH}$는 평행하다.   目 ⑤

0176 ⑤ 모서리 AB와 $\overline{EF}$는 한 점에서 만난다.   目 ⑤

0177 ② $\overline{AC}$와 $\overline{AD}$는 점 A에서 만난다.
④ $\overline{AD}$와 $\overline{CD}$는 점 D에서 만난다.
⑤ $\overline{BC}$와 $\overline{CD}$는 점 C에서 만난다.   目 ①, ③

0178 ① 한 점에서 만난다.
②, ③, ④, ⑤ 꼬인 위치에 있다.   目 ①

0179 $\overline{AF}$와 꼬인 위치에 있는 모서리는 $\overline{DH}$, $\overline{HG}$, $\overline{CG}$, $\overline{CD}$, $\overline{HE}$, $\overline{BC}$이고, 이 중 $\overline{CD}$와 꼬인 위치에 있는 모서리는 $\overline{EH}$이다.   目 $\overline{EH}$

0180 모서리 AF와 평행한 모서리는 $\overline{CD}$, $\overline{GL}$, $\overline{IJ}$의 3개이므로 $a=3$
모서리 AF와 수직으로 만나는 모서리는 $\overline{AG}$, $\overline{FL}$의 2개이므로
$b=2$
$\therefore a+b=3+2=5$ 目 **5**

0181 모서리 AF와 꼬인 위치에 있는 모서리는 $\overline{BC}$, $\overline{CD}$, $\overline{DE}$, $\overline{GH}$, $\overline{HI}$, $\overline{IJ}$의 6개이므로
$a=6$

모서리 BG와 평행한 모서리는 $\overline{CH}$, $\overline{DI}$, $\overline{EJ}$, $\overline{AF}$의 4개이므로
$b=4$
$\therefore a+b=6+4=10$ 目 ④

0182 모서리 AB와 만나는 모서리는 $\overline{AC}$, $\overline{AD}$, $\overline{AE}$, $\overline{BC}$, $\overline{BE}$, $\overline{BF}$의 6개이므로 $a=6$
                        ⑦
모서리 AB와 꼬인 위치에 있는 모서리는 $\overline{CF}$, $\overline{EF}$, $\overline{CD}$, $\overline{DE}$의 4개이므로 $b=4$
                        ⑭
$\therefore a+b=6+4=10$
                        ⑮
    目 **10**

단계	채점요소	배점
⑦	a의 값 구하기	40 %
⑭	b의 값 구하기	50 %
⑮	$a+b$의 값 구하기	10 %

0183 ㄱ. 모서리 AB는 면 ABCD에 포함된다.
ㄴ. 모서리 AC와 면 EFGH는 평행하다.
ㄷ. 모서리 FG와 평행한 면은 면 ABCD, 면 AEHD의 2개이다.
ㄹ. 모서리 BF와 수직인 면은 면 ABCD, 면 EFGH의 2개이다.
   目 ㄷ, ㄹ

0184 ③ 꼬인 위치는 공간에서 두 직선의 위치 관계에서만 존재한다.   目 ③

0185 면 ABCD와 평행한 모서리는 $\overline{EF}$, $\overline{FG}$, $\overline{GH}$, $\overline{EH}$의 4개이다.   目 ③

0186 (1) 면 ABC와 평행한 모서리는 $\overline{DE}$, $\overline{EF}$, $\overline{DF}$의 3개이다.
(2) 면 ADEB와 수직인 모서리는 $\overline{BC}$, $\overline{EF}$의 2개이다.
(3) 모서리 CF와 평행한 면은 면 ADEB의 1개이다.
   目 (1) **3개** (2) **2개** (3) **1개**

0187 ⑦ 모서리 AE와 꼬인 위치에 있는 모서리는 $\overline{BC}$, $\overline{CD}$, $\overline{FG}$, $\overline{GH}$이다.
                        ⑦
⑭ 면 ABCD와 평행한 모서리는 $\overline{EF}$, $\overline{FG}$, $\overline{GH}$, $\overline{EH}$이다.
                        ⑭
⑮ 면 BFGC와 수직인 모서리는 $\overline{AB}$, $\overline{CD}$, $\overline{EF}$, $\overline{GH}$이다.
                        ⑯
따라서 주어진 조건을 모두 만족시키는 모서리는 $\overline{GH}$이다.
                        ⑯
   目 $\overline{GH}$

단계	채점요소	배점
㉮	모서리 AE와 꼬인 위치에 있는 모서리 구하기	30%
㉯	면 ABCD와 평행한 모서리 구하기	30%
㉰	면 BFGC와 수직인 모서리 구하기	30%
㉱	㉮, ㉯, ㉰를 모두 만족시키는 모서리 구하기	10%

0188 ① 한 직선에 수직인 서로 다른 두 직선은 한 점에서 만나거나 평행하거나 꼬인 위치에 있다.

② 한 직선에 평행한 서로 다른 두 평면은 한 직선에서 만나거나 평행하다.

③ 한 평면에 평행한 서로 다른 두 직선은 한 점에서 만나거나 평행하거나 꼬인 위치에 있다.

⑤ 한 직선과 꼬인 위치에 있는 서로 다른 두 직선은 한 점에서 만나거나 평행하거나 꼬인 위치에 있다. **㉤ ④**

0189 점 A에서 면 DEF에 내린 수선의 발은 점 D이므로 $\overline{AD}=15\,cm$이다. **㉤ 15 cm**

0190 (1) 점 D와 면 BEFC 사이의 거리는 $\overline{DE}$의 길이와 같으므로 3 cm이다.

(2) 점 A와 면 DEF 사이의 거리는 $\overline{AD}$의 길이와 같으므로 6 cm이다.

(3) 점 F와 면 ABED 사이의 거리는 $\overline{EF}$의 길이와 같으므로 4 cm이다. **㉤ (1) 3 cm (2) 6 cm (3) 4 cm**

0191 ④ 두 직선 m, n은 한 점에서 만나지만 수직인지는 알 수 없다. **㉤ ④**

0192 면 BFHD와 수직인 면은 면 ABCD, 면 EFGH이다. **㉤ ①, ④**

0193 (1) 면 ABC와 평행한 면은 면 DEF의 1개이다.

(2) 면 ABC와 수직인 면은 면 ADEB, 면 BEFC, 면 ADFC의 3개이다.

(3) 면 BEFC와 수직인 면은 면 ABC, 면 DEF, 면 ADEB의 3개이다. **㉤ (1) 1개 (2) 3개 (3) 3개**

0194 서로 평행한 두 면은 면 ABCDEF와 면 GHIJKL, 면 AGLF와 면 CIJD, 면 ABHG와 면 DJKE, 면 BHIC와 면 FLKE의 4쌍이다. **㉤ 4쌍**

0195 ① $\overline{AB}$와 꼬인 위치에 있는 모서리는 $\overline{FE}$, $\overline{GD}$, $\overline{CD}$, $\overline{CE}$의 4개이다.

② 면 CDE와 수직인 모서리는 $\overline{BC}$, $\overline{GD}$, $\overline{FE}$의 3개이다.

③ $\overline{AC}$와 꼬인 위치에 있는 모서리는 $\overline{FG}$, $\overline{GD}$, $\overline{DE}$, $\overline{EF}$, $\overline{BG}$의 5개이다.

④ 면 BCDG와 수직인 모서리는 $\overline{AB}$, $\overline{FG}$, $\overline{ED}$의 3개이다.

⑤ $\overline{EF}$를 포함하는 면은 면 AEF, 면 FGDE의 2개이다. **㉤ ①**

0196 모서리 BC와 꼬인 위치에 있는 모서리는 $\overline{EF}$, $\overline{HG}$, $\overline{AE}$, $\overline{DH}$이다.

② $\overline{CG}$와 한 점에서 만난다.

⑤ $\overline{GF}$와 평행하다. **㉤ ②, ⑤**

0197 **㉤ $\overline{AD}$, $\overline{DF}$, $\overline{CD}$**

0198 **㉤ (1) 면 BFGC (2) 면 ABC, 면 DEFC**

0199 모서리 CF와 꼬인 위치에 있는 모서리는 $\overline{AB}$, $\overline{AD}$, $\overline{BE}$, $\overline{DE}$, $\overline{DG}$의 5개이므로 $a=5$

면 CFG와 수직인 모서리는 $\overline{AC}$, $\overline{DG}$, $\overline{EF}$의 3개이므로 $b=3$

$\therefore a-b=5-3=2$ **㉤ 2**

0200 면 AEJI와 수직인 면은 면 AEHD, 면 AICD, 면 EJGH의 3개이므로 $a=3$ ········· ㉮

면 AICD와 평행한 면은 면 EJGH의 1개이므로 $b=1$ ········· ㉯

$\therefore a+b=3+1=4$ ········· ㉰

㉤ 4

단계	채점요소	배점
㉮	a의 값 구하기	50%
㉯	b의 값 구하기	40%
㉰	$a+b$의 값 구하기	10%

0201 모서리 DG와 꼬인 위치에 있는 모서리는 $\overline{AB}$, $\overline{AF}$, $\overline{BC}$, $\overline{EF}$, $\overline{HI}$, $\overline{IJ}$, $\overline{KL}$, $\overline{LM}$, $\overline{MN}$, $\overline{KN}$의 10개이다. **㉤ 10개**

0202 전개도로 만들어지는 정육면체는 오른쪽 그림과 같다.

(1) 모서리 ML과 평행한 모서리는 $\overline{DG}$, $\overline{CH}$, $\overline{NK}$의 3개이다.

(2) ① 모서리 ML과 $\overline{AN}$은 한 점에서 만난다. **㉤ (1) 3개 (2) ①**

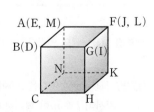

0203 전개도로 만들어지는 삼각뿔은 오른쪽 그림과 같다. 따라서 모서리 AB와 꼬인 위치에 있는 모서리는 $\overline{CF}$이다.

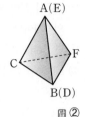

目 ②

0204 전개도로 만들어지는 삼각기둥은 오른쪽 그림과 같다.
따라서 면 ABCJ와 평행한 모서리는 ③ $\overline{HE}$이다.

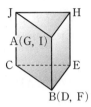

目 ③

0205 전개도로 만들어지는 정육면체는 오른쪽 그림과 같다. 따라서 면 D와 평행한 면은 면 A이다.

目 ①

0206 전개도로 만들어지는 정육면체는 오른쪽 그림과 같다.
따라서 면 ABCN과 ⑤ 면 KFGJ는 평행하다.

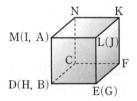

目 ⑤

0207 전개도로 만들어지는 삼각기둥은 오른쪽 그림과 같다.
(1) 모서리 AB와 평행한 모서리는 $\overline{JC}$, $\overline{HE}$이다. ⑦

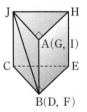

(2) 모서리 GF와 수직인 모서리는 $\overline{IJ}$, $\overline{IH}$, $\overline{CD}$, $\overline{DE}$이다. ④

(3) 모서리 JB와 꼬인 위치에 있는 모서리는 $\overline{HE}$, $\overline{IH}$, $\overline{CE}$이다. ④

目 (1) $\overline{JC}$, $\overline{HE}$ (2) $\overline{IJ}$, $\overline{IH}$, $\overline{CD}$, $\overline{DE}$ (3) $\overline{HE}$, $\overline{IH}$, $\overline{CE}$

단계	채점요소	배점
⑦	모서리 AB와 평행한 모서리 구하기	30%
④	모서리 GF와 수직인 모서리 구하기	30%
④	모서리 JB와 꼬인 위치에 있는 모서리 구하기	40%

0208 ④ ∠d의 엇각은 ∠i이다.

目 ④

0209 ④ ∠g의 엇각은 ∠b이므로 ∠$b=180°-95°=85°$이다.
⑤ 두 직선이 l과 m이 평행한지 알 수 없으므로 ∠$d=95°$라 할 수 없다.

目 ⑤

0210 오른쪽 그림에서 ∠x의 동위각은 크기가 $100°$인 각과 ∠a이다.
∠$a=180°-60°=120°$이므로 ∠x의 모든 동위각의 크기의 합은
$100°+120°=220°$

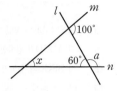

目 **220**

0211 동위각과 엇각의 크기는 각각 같으므로
∠$x=110°-45°=65°$
또, 평각의 크기는 $180°$이므로
∠$y=180°-110°=70°$

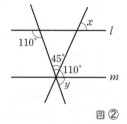

目 ②

0212 ∠$a=$∠c (맞꼭지각), ∠$c=$∠e (엇각), ∠$e=$∠g (맞꼭지각)
따라서 각의 크기가 다른 하나는 ④ ∠h이다.

目 ④

0213 (1) 오른쪽 그림에서 $l\ /\!/\ m$이므로
$70°+$∠$x=180°$ ∴ ∠$x=110°$
$l\ /\!/\ n$이므로 ∠$y=70°$ (동위각)
∴ ∠$x-$∠$y=110°-70°=40°$

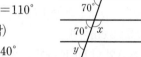

(2) 오른쪽 그림에서 $l\ /\!/\ m$이므로
∠$x=180°-50°=130°$
∠$y=30°+50°=80°$ (동위각)
∴ ∠$x-$∠$y=130°-80°=50°$

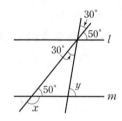

目 (1) **40°** (2) **50°**

0214 ④ 엇각의 크기가 $65°≠64°$이므로 두 직선 l, m은 평행하지 않다.

目 ④

0215 ① 엇각의 크기가 다르므로 l과 m은 평행하지 않다.
② 엇각의 크기가 $55°$로 같으므로 $l\ /\!/\ n$이다.
③ 동위각의 크기가 다르므로 m과 n은 평행하지 않다.
④ p와 r는 한 점에서 만난다.
⑤ 동위각의 크기가 다르므로 q와 r는 평행하지 않다.

目 ②

0216 ⑤ ∠g는 두 직선 l, m이 평행하지 않아도 $65°$이다.

目 ⑤

0217 오른쪽 그림에서 삼각형의 세 내각의 크기의 합은 $180°$이므로
$50°+70°+$∠$x=180°$
∴ ∠$x=60°$

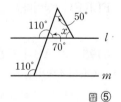

目 ⑤

0218 오른쪽 그림에서
$80° + \angle x = 180°$
$\therefore \angle x = 100°$
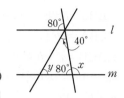
⟨㉮⟩

삼각형의 세 내각의 크기의 합은 180°이
므로
$40° + \angle y + 80° = 180°$
$\therefore \angle y = 60°$
⟨㉯⟩

$\therefore \angle x - \angle y = 100° - 60° = 40°$
⟨㉰⟩

답 **40°**

단계	채점요소	배점
㉮	$\angle x$의 크기 구하기	40%
㉯	$\angle y$의 크기 구하기	50%
㉰	$\angle x - \angle y$의 크기 구하기	10%

0219 오른쪽 그림에서 삼각형의 세
내각의 크기의 합은 180°이므로
$\angle x + 50° + 105° = 180°$
$\therefore \angle x = 25°$
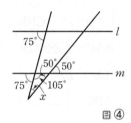
답 ④

0220 오른쪽 그림에서 삼각형의
세 내각의 크기의 합은 180°이므로
$55 + (2x + 30) + (x + 20) = 180$
$3x = 75 \qquad \therefore x = 25$
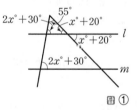
답 ①

0221 (1) 오른쪽 그림과 같이 두 직선
l, m에 평행한 직선 p를 그으면
$32° + \angle x = 90° \qquad \therefore \angle x = 58°$
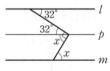

(2) 오른쪽 그림과 같이 두 직선 l, m에
평행한 직선 p를 그으면
$\angle x = 45° + 50° = 95°$
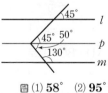

답 (1) **58°** (2) **95°**

0222 오른쪽 그림과 같이 두 직선
l, m에 평행한 직선 p를 그으면
$2x + (x + 10) = 85$
$3x = 75 \qquad \therefore x = 25$
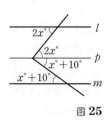

답 **25**

0223 오른쪽 그림과 같이 두 직선
l, m에 평행한 직선 p를 그으면
$60° + 70° + \angle x = 180°$
$\therefore \angle x = 50°$
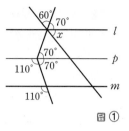
답 ①

0224 (1) 오른쪽 그림과 같이 두 직
선 l, m에 평행한 직선 p, q를 그
으면
$\angle x = 20° + 35° = 55°$
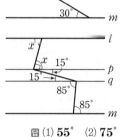

(2) 오른쪽 그림과 같이 두 직선 l, m
에 평행한 직선 p, q를 그으면
$\angle x + 15° = 90°$
$\therefore \angle x = 75°$
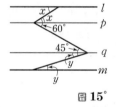

답 (1) **55°** (2) **75°**

0225 오른쪽 그림과 같이 두 직선 l,
m에 평행한 직선 p, q를 그으면
$60° - \angle x = 45° - \angle y$
$\therefore \angle x - \angle y = 15°$
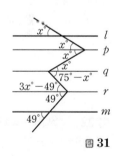

답 **15°**

0226 오른쪽 그림과 같이 두 직선 l,
m에 평행한 직선 p, q, r를 그으면
$75 - x = 3x - 49$
$4x = 124$
$\therefore x = 31$
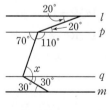

답 **31**

0227 (1) 오른쪽 그림과 같이 두 직선
l, m에 평행한 직선 p, q를 그으면
$\angle x - 30° = 70°$
$\therefore \angle x = 100°$
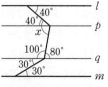

(2) 오른쪽 그림과 같이 두 직선 l, m에
평행한 직선 p, q를 그으면
$\angle x - 40° = 80°$
$\therefore \angle x = 120°$

답 (1) **100°** (2) **120°**

0228 오른쪽 그림과 같이 두 직선 l, m에 평행한 직선 p, q를 그으면

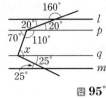

$\angle x - 25° = 70°$

$\therefore \angle x = 95°$

图 95°

0229 오른쪽 그림과 같이 두 직선 l, m에 평행한 직선 p, q를 그으면

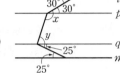

㉮

$180° - (\angle x - 30°) = \angle y - 25°$

$\therefore \angle x + \angle y = 235°$

㉯

图 235°

단계	채점요소	배점
㉮	두 직선 l, m에 평행한 보조선 긋기	30%
㉯	$\angle x + \angle y$의 크기 구하기	70%

0230 오른쪽 그림과 같이 두 직선 l, m에 평행한 직선 p, q를 그으면

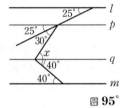

$25° + 30° = \angle x - 40°$

$\therefore \angle x = 95°$

图 95°

0231 오른쪽 그림과 같이 두 직선 l, m에 평행한 직선 p, q를 그으면

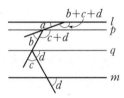

$\angle a + \angle b + \angle c + \angle d = 180°$

图 180°

0232 $\angle SQR = \angle x$라 하면

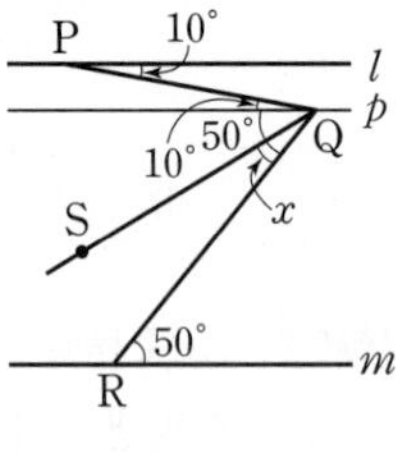

$\angle PQS = 2\angle x$

오른쪽 그림과 같이 두 직선 l, m에 평행한 직선 p를 그으면

$\angle PQR = 10° + 50° = 60°$

$\angle PQR = \angle PQS + \angle SQR$이므로

$60° = 2\angle x + \angle x,\ 3\angle x = 60°$ $\therefore \angle x = 20°$

$\therefore \angle SQR = \angle x = 20°$

图 ②

0233 오른쪽 그림과 같이 두 직선 l, m에 평행한 직선 p를 긋고, $\angle DAC = a°$라 하면

$4\angle DAC = \angle DAB$이므로

$\angle CAB = 3a°$

$\angle EBC = b°$라 하면 $4\angle EBC = \angle EBA$이므로

$\angle CBA = 3b°$

$\angle ACB = a° + b°$이고 삼각형 ACB에서

$4a° + 4b° = 180°$이므로

$a° + b° = 45°$

$\therefore \angle ACB = a° + b° = 45°$

图 45°

0234 오른쪽 그림과 같이 두 직선 l, m에 평행한 직선 p를 긋고 $\angle BAC = \angle CAD = a°$, $\angle ABD = \angle DBC = b°$라 하면

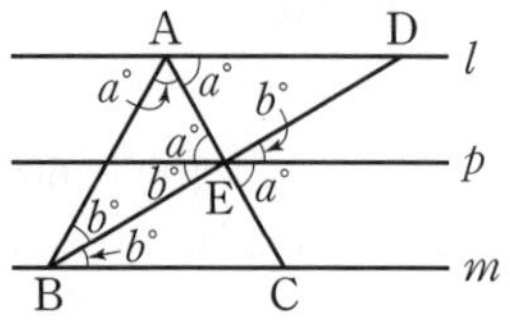

삼각형 ABE에서 $2a° + 2b° = 180°$이므로

$a° + b° = 90°$

$\therefore \angle x = a° + b° = 90°$

图 90°

0235 오른쪽 그림과 같이 두 직선 l, m에 평행한 직선 p를 긋고 $\angle CAD = a°$, $\angle CBE = b°$라 하면

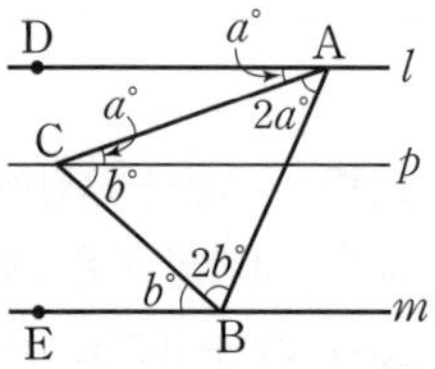

$\angle BAC = \dfrac{2}{3}\angle BAD$이므로

$\angle BAC = 2a°$

$\angle ABC = \dfrac{2}{3}\angle ABE$이므로

$\angle ABC = 2b°$

삼각형 ACB에서

$3a° + 3b° = 180°$이므로

$a° + b° = 60°$

$\therefore \angle ACB = a° + b° = 60°$

图 60°

0236 오른쪽 그림에서

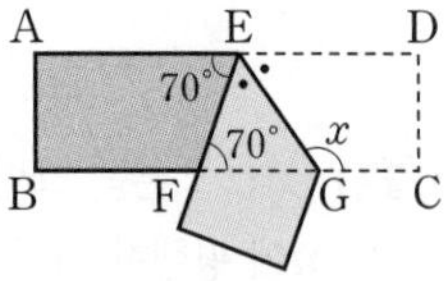

$\angle AEF = \angle EFG = 70°$(엇각)이므로

$\angle DEG = \angle GEF$(접은 각)

$\quad = \dfrac{1}{2}\angle DEF$

$\quad = \dfrac{1}{2} \times (180° - 70°)$

$\quad = 55°$

$\overline{AD} /\!/ \overline{BC}$이므로

$\angle x = 180° - \angle DEG$

$\quad = 180° - 55° = 125°$

图 125°

0237 오른쪽 그림에서

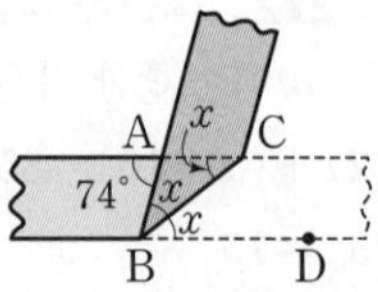

$\angle CBD = \angle ACB = \angle x$ (엇각),

$\angle ABC = \angle CBD = \angle x$ (접은 각)이므로

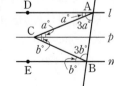

$\angle x + \angle x = 74°$(엇각)

$\therefore \angle x = 37°$

图 37°

0238 오른쪽 그림에서
∠ADE=∠DEC
　　　=48°(엇각)
이므로
∠ADB=∠BDE(접은 각)
　　　=$\dfrac{1}{2}$∠ADE
　　　=$\dfrac{1}{2}$×48°=24°
삼각형 ABD에서
∠x=180°−(90°+24°)=66°　　　　　　🔲 **66°**

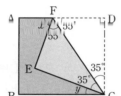

0239 오른쪽 그림에서 ∠DCF=35°
이므로 삼각형 FCD에서
∠DFC=180°−(90°+35°)
　　　=55°
∠EFC=∠DFC=55°(접은 각)
∴ ∠x=180°−(55°+55°)
　　　=70°　　　　　　　　　　　　　　⑦

∠FCE=∠FCD=35°(접은 각)
∴ ∠y=90°−(35°+35°)=20°　　　　　　⑭

∴ ∠x−∠y=70°−20°=50°　　　　　　　⑭

　　　　　　　　　　　　　　　　🔲 **50°**

단계	채점요소	배점
⑦	∠x의 크기 구하기	50%
⑭	∠y의 크기 구하기	40%
⑭	∠x−∠y의 크기 구하기	10%

🔺📐 **유형 UP**
　　　　　　　　　　　　　　　본문 p.38

0240 ① $l\,/\!/\,m$, $l⊥n$이면 두 직선 m, n은 한 점에서 만나거나 꼬인 위치에 있다.

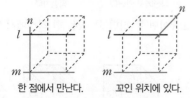

한 점에서 만난다.　　꼬인 위치에 있다.

② $l⊥m$, $m⊥n$이면 두 직선 l, n은 한 점에서 만나거나 평행하거나 꼬인 위치에 있다.

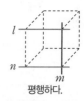

한 점에서 만난다.　　평행하다.　　꼬인 위치에 있다.

④ $P⊥Q$, $Q⊥R$이면 두 평면 P, R는 한 직선에서 만나거나 평행하다.

한 직선에서 만난다.　　평행하다.

⑤ $P\,/\!/\,Q$, $Q⊥R$이면 $P⊥R$이다.

　　　　　　　　　　　　　　　　🔲 ③

0241 ① $l\,/\!/\,P$, $l\,/\!/\,Q$이면 두 평면 P, Q는 평행하거나 한 직선에서 만난다.
② $l\,/\!/\,P$, $m\,/\!/\,P$이면 두 직선 l, m은 한 점에서 만나거나 평행하거나 꼬인 위치에 있다.
③ $l⊥m$, $l⊥n$이면 두 직선 m, n은 한 점에서 만나거나 평행하거나 꼬인 위치에 있다.
④ $l⊥P$, $m⊥P$이면 두 직선 l, m은 평행하다.　　　🔲 ⑤

0242 ② 한 직선에 수직인 서로 다른 두 직선은 한 점에서 만나거나 평행하거나 꼬인 위치에 있다.
④ 한 평면에 평행한 서로 다른 두 직선은 한 점에서 만나거나 평행하거나 꼬인 위치에 있다.
⑤ 한 평면에 포함된 서로 다른 두 직선은 한 점에서 만나거나 평행하다.　　　🔲 ①, ③

0243 오른쪽 그림과 같이 두 직선
l, m에 평행한 직선 p를 그으면
∠BFE=180°−108°=72°이므로
∠FEG=72°(엇각)
∠BCH=∠FBC=54°(엇각),
∠EDC=∠BCH=54°(동위각)이므로
∠GED=54°(엇각)
∴ ∠DEF=72°+54°=126°　　　🔲 **126°**

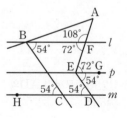

0244 $\overline{AB}\,/\!/\,\overline{CD}$이므로 ∠BCD=25°(엇각)
$\overline{BC}\,/\!/\,\overline{DE}$이므로 25°+∠$a$=75°(동위각)　∴ ∠$a$=50°
또, $\overline{BC}\,/\!/\,\overline{DE}$이므로 ∠$b$=25°(엇각)
∴ 2∠a−∠b=2×50°−25°=75°　　　🔲 **75°**

0245 $k \parallel n$이므로

$\angle a = 180° - 65° = 115°$(엇각)
                                     ⑦

$\angle b = 50°$(동위각)
                                      ⑭

$l \parallel m$이므로 $\angle c = 180° - 95° = 85°$(동위각)
                                      ⑮

🖺 $\angle a = 115°$, $\angle b = 50°$, $\angle c = 85°$

단계	채점요소	배점
⑦	$\angle a$의 크기 구하기	30 %
⑭	$\angle b$의 크기 구하기	30 %
⑮	$\angle c$의 크기 구하기	40 %

📒 중단원 마무리하기

본문 p.39~43

0246 ① 점 B는 두 직선 l, n 위에 있다.   🖺 ①

0247 ⑤ 서로 다른 두 직선은 한 점에서만 만나므로 점 P 이외의 점에서는 만나지 않는다.   🖺 ⑤

0248 $\overleftrightarrow{BC}$와 한 점에서 만나는 직선은 $\overleftrightarrow{AB}$, $\overleftrightarrow{CD}$, $\overleftrightarrow{DE}$, $\overleftrightarrow{AF}$의 4개이다.   🖺 ③

0249 오른쪽 그림과 같이 $l \perp m$, $m \perp n$이면 $l \parallel n$이다.

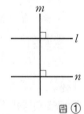

  🖺 ①

0250 모서리 AD와 꼬인 위치에 있는 모서리는 $\overline{BC}$, $\overline{EF}$의 2개이다.   🖺 ②

0251 모서리 BC와 꼬인 위치에 있는 모서리는 $\overline{AE}$, $\overline{AD}$, $\overline{EF}$, $\overline{DF}$의 4개이므로 $a = 4$

모서리 BC와 평행한 모서리는 $\overline{DE}$의 1개이므로 $b = 1$

$\therefore a + b = 4 + 1 = 5$ 🖺 ②

0252 $\overline{BF}$와 $\overline{FG}$는 한 점에서 만난다.   🖺 ④

0253 전개도로 만들어지는 입체도형은 오른쪽 그림과 같다.
따라서 모서리 BE와 꼬인 위치에 있는 모서리는 $\overline{DF}$이다.

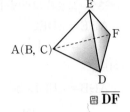

🖺 $\overline{DF}$

0254 전개도로 만들어지는 입체도형은 오른쪽 그림과 같다.
따라서 면 MFGL과 수직인 모서리가 아닌 것은 ② $\overline{EF}$이다.

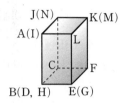

🖺 ②

0255 ㄱ. 모서리 DI와 꼬인 위치에 있는 모서리는 $\overline{AB}$, $\overline{BC}$, $\overline{AE}$, $\overline{GF}$, $\overline{GH}$, $\overline{FJ}$의 6개이다.

ㄴ. 면 BGHC와 수직인 면은 면 ABCDE, 면 FGHIJ의 2개이다.

ㄷ. 면 ABGF와 수직인 모서리는 없다.

따라서 옳은 것은 ㄴ, ㄹ이다.   🖺 ㄴ, ㄹ

0256 ② 모서리 AE와 수직인 모서리는 $\overline{AB}$, $\overline{AD}$, $\overline{EF}$, $\overline{EH}$의 4개이다.

⑤ 점 E와 면 BFGC 사이의 거리는 $\overline{GH}$의 길이와 같으므로 3 cm이다.   🖺 ②, ⑤

0257 ① $l \perp m$, $m \perp n$이면 두 직선 l, n은 한 점에서 만나거나 평행하거나 꼬인 위치에 있다.

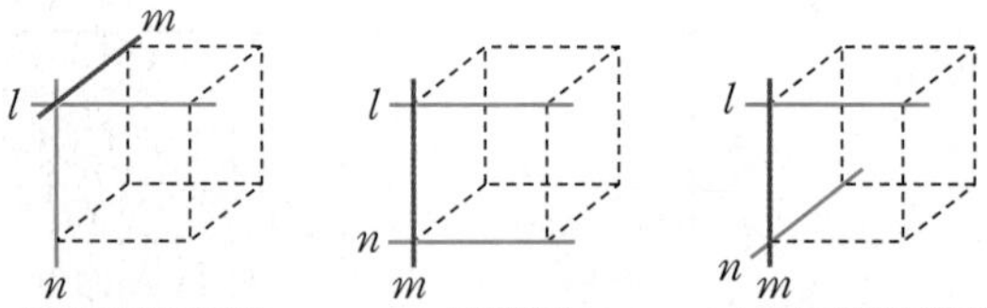

한 점에서 만난다.   평행하다.   꼬인 위치에 있다.

② $l \parallel P$, $l \parallel Q$이면 두 평면 P, Q는 한 직선에서 만나거나 평행하다.

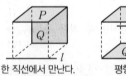

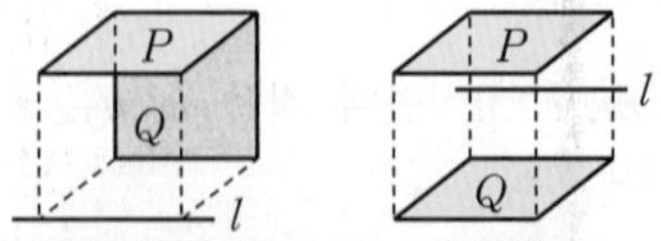

한 직선에서 만난다.   평행하다.

④ $P \perp Q$, $Q \perp R$이면 두 평면 P, R는 한 직선에서 만나거나 평행하다.

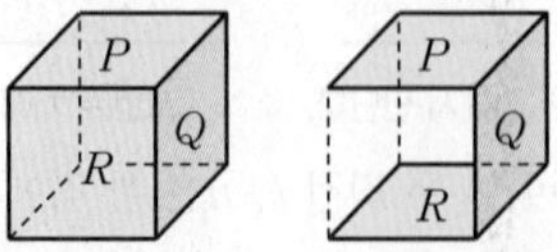

한 직선에서 만난다.   평행하다.

⑤ $l /\!/ P$, $m /\!/ P$이면 두 직선 l, m은 한 점에서 만나거나 평행하거나 꼬인 위치에 있다.

한 점에서 만난다.   평행하다.   꼬인 위치에 있다.

답 ③

0258 오른쪽 그림과 같이 직선을 분리하면 ∠b의 동위각은 ∠f와 ∠p이다.

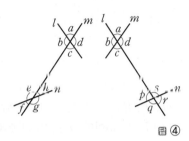

답 ④

0259 ① ∠a＝∠e (동위각)
② ∠c＝∠e (엇각)
③ ∠b＋∠e＝∠b＋∠c＝180°
④ ∠b＝∠h (엇각)

답 ⑤

0260 오른쪽 그림에서
55°＋∠x＋80°＝180°이므로
∠x＝180°－135°＝45°

답 ①

0261 ② 두 직선 l과 p는 동위각의 크기가 70°로 같으므로 평행하다.

답 ②

0262 ∠x＝∠y＝180°－50°＝130°이므로
∠x＋∠y＝130°＋130°＝260°

답 **260°**

0263 오른쪽 그림과 같이 두 직선 l, m에 평행한 직선 p를 그으면
∠x＝40°＋65°＝105°

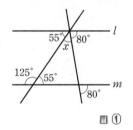

답 ⑤

0264 오른쪽 그림과 같이 두 직선 l, m에 평행한 직선 p를 그으면
$(3x-20)+(x+40)=120$
$4x=100$ ∴ $x=25$

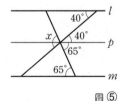

답 **25**

0265 오른쪽 그림과 같이 두 직선 l, m에 평행한 직선 p를 그으면 삼각형의 세 내각의 크기의 합은 180°이므로
∠x＋18°＋130°＝180°
∴ ∠x＝32°

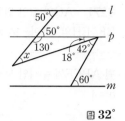

답 **32°**

0266 오른쪽 그림과 같이 두 직선 l, m에 평행한 직선 p, q를 그으면
∠x－30°＝180°－(∠y－35°)
∴ ∠x＋∠y＝245°

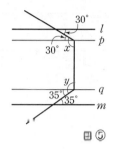

답 ⑤

0267 오른쪽 그림과 같이 두 직선 l, m과 평행한 직선 p, q, r를 그리면
35°＋50°＋∠x＝150°
∴ ∠x＝65°

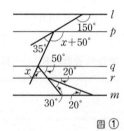

답 ①

0268 오른쪽 그림과 같이 $\overrightarrow{XX'}$, $\overrightarrow{YY'}$에 평행한 직선 p를 긋고 ∠CAX'＝a°, ∠CBY'＝b°라 하면
∠CAB＝$2a$°, ∠CBA＝$2b$°
$3a°+3b°=180°$이므로
$a°+b°=60°$
∴ ∠x＝a°＋b°＝60°

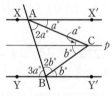

답 **60°**

0269 오른쪽 그림에서
$2∠x$＋40°＝180°이므로
$2∠x$＝140°
∴ ∠x＝70°

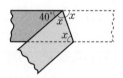

답 ③

0270 오른쪽 그림에서
∠a＝75° (동위각)
∠a＋65°＋∠b＝180°이므로
75°＋65°＋∠b＝180°
∴ ∠b＝40°
∠c＝∠b＝40° (엇각)
∠ABC＝∠d (접은 각)이므로
∠c＋$2∠d$＝180°, 40°＋$2∠d$＝180° ∴ ∠d＝70°

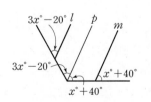

답 ∠a＝**75°**, ∠b＝**40°**, ∠c＝**40°**, ∠d＝**70°**

0271 $\overline{AG}$와 꼬인 위치에 있는 모서리는 $\overline{BC}$, $\overline{CD}$, $\overline{BF}$, $\overline{DH}$, $\overline{EF}$, $\overline{EH}$의 6개이므로 $a=6$

⑦

면 ABFE와 수직인 모서리는 $\overline{AD}$, $\overline{BC}$, $\overline{EH}$, $\overline{FG}$의 4개이므로 $b=4$

⑭

$\therefore a+b=6+4=10$

⑭

冒 10

단계	채점요소	배점
⑦	a의 값 구하기	50%
⑭	b의 값 구하기	40%
⑭	$a+b$의 값 구하기	10%

0272 세 평면 P, Q, R는 오른쪽 그림과 같이 위치한다.

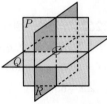

⑦

따라서 공간은 8부분으로 나누어진다.

⑭

冒 8부분

단계	채점요소	배점
⑦	세 평면의 위치 관계를 그림으로 나타내기	60%
⑭	세 평면에 의해 공간은 몇 부분으로 나누어지는지 구하기	40%

0273 오른쪽 그림과 같이 두 직선 l, m에 평행한 직선 p를 그으면

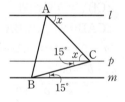

⑦

삼각형 ABC가 정삼각형이므로
$\angle x+15°=60°$
$\therefore \angle x=45°$

⑭

冒 45°

단계	채점요소	배점
⑦	두 직선 l, m에 평행한 보조선 긋기	40%
⑭	$\angle x$의 크기 구하기	60%

0274 오른쪽 그림과 같이 두 직선 l, m에 평행한 직선 p, q를 그으면

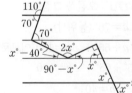

⑦

$(x-40)+2x+(90-x)=180$
$2x=130$
$\therefore x=65$

⑭

冒 65

단계	채점요소	배점
⑦	두 직선 l, m에 평행한 보조선 긋기	40%
⑭	x의 값 구하기	60%

0275 전개도로 만들어지는 정육면체는 오른쪽 그림과 같으므로 $\overline{CH}$와 $\overline{KN}$은 꼬인 위치에 있다.

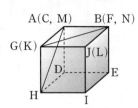

冒 꼬인 위치에 있다.

0276 ① $l /\!/ P$, $m /\!/ P$이면 두 직선 l과 m은 한 점에서 만나거나 평행하거나 꼬인 위치에 있다.
③ $l \perp P$, $P \perp Q$이면 l은 Q에 포함되거나 $l /\!/ Q$이다.
⑤ $l \perp P$, $l \perp m$이면 m은 P에 포함되거나 $m /\!/ P$이다.

冒 ②, ④

0277 오른쪽 그림에서 삼각형의 내각의 크기의 합은 $180°$이므로
$\angle x+72°+28°=180°$
$\therefore \angle x=80°$

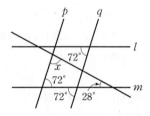

冒 80°

03 작도와 합동

I. 기본 도형

교과서문제 정복하기

본문 p.45, 47

0278 답 ㄴ, ㄹ

0279 답 ○

0280 답 ×

0281 답 ○

0282 답 ×

0283 답 ❶ P ❷ 컴퍼스 ❸ 차례로 P, $\overline{AB}$, Q

0284 답 차례로 ㉤, ㉠, ㉣

0285 답 차례로 $\overline{OB}$, $\overline{PC}$, $\overline{PD}$

0286 답 $\overline{CD}$

0287 답 ∠CPD

0288 답 차례로 ㉡, ㉥, ㉢

0289 답 동위각

0290 답 각

0291 답 $\overline{BC}$

0292 답 $\overline{AC}$

0293 답 ∠C

0294 답 ×

0295 답 ×

0296 답 ○

0297 답 $\overline{CA}$

0298 답 차례로 $\overline{BC}$, $\overline{AC}$

0299 답 차례로 $\overline{BC}$, ∠C

0300 답 ×

0301 답 ○

0302 답 ○

0303 $\overline{AC}$의 대응변은 $\overline{DF}$이므로 $x=4$
$\overline{EF}$의 대응변은 $\overline{BC}$이므로 $y=7$
∠A의 대응각은 ∠D이므로 $\angle a=85°$
∠F의 대응각은 ∠C이므로 $\angle b=55°$

답 $x=4$, $y=7$, $\angle a=85°$, $\angle b=55°$

0304 대응하는 세 변의 길이가 각각 같으므로
△ABC≡△DEF (SSS 합동) 답 ○

0305 답 ×

0306 대응하는 두 변의 길이가 각각 같고, 그 끼인각의 크기가 같으므로
△ABC≡△DEF (SAS 합동) 답 ○

0307 ∠B=∠E, ∠A=∠D이면 ∠C=∠F이다.
대응하는 한 변의 길이가 같고, 그 양 끝 각의 크기가 각각 같으므로
△ABC≡△DEF (ASA 합동) 답 ○

0308 △ABD와 △CBD에서
$\overline{AB}=\overline{CB}$, $\overline{AD}=\overline{CD}$
$\overline{BD}$는 공통
∴ △ABD≡△CBD (SSS 합동)

답 △ABD≡△CBD, SSS 합동

유형 익히기

본문 p.48~54

0309 ③ 선분의 길이를 다른 직선 위에 옮길 때 컴퍼스를 사용한다.
④ 두 점을 지나는 직선을 그릴 때 눈금 없는 자를 사용한다.

답 ③, ④

0310 답 (1) **작도** (2) **눈금 없는 자** (3) **컴퍼스**

0311 ②, ④ 컴퍼스 사용 　　　　　　　　　　　답 ③, ⑤

0312 답 ㉠ → ㉢ → ㉡

0313 $\overline{AB}$의 길이를 재서 옮길 때 컴퍼스가 사용된다. 　답 ①

0314 답 ❶ 컴퍼스 　❷ $\overline{AB}$ 　❸ 정삼각형

0315 ㉠ 점 O를 중심으로 하는 원을 그려 $\overrightarrow{OX}$, $\overrightarrow{OY}$와의 교점을 각각 A, B라 한다.
㉢ 점 P를 중심으로 하고 반지름의 길이가 $\overline{OA}$인 원을 그려 $\overrightarrow{PQ}$와의 교점을 D라 한다.
㉡ 컴퍼스로 $\overline{AB}$의 길이를 잰다.
㉣ 점 D를 중심으로 하고 반지름의 길이가 $\overline{AB}$인 원을 그려 ㉢에서 그린 원과의 교점을 C라 한다.
㉤ $\overrightarrow{PC}$를 그으면 ∠XOY와 ∠CPD의 크기가 같다.
따라서 작도 순서는 ㉠ → ㉢ → ㉡ → ㉣ → ㉤이다. 　답 ②

0316 ㄱ. 두 점 A, B는 점 O를 중심으로 하는 한 원 위에 있으므로 $\overline{OA}=\overline{OB}$
ㄴ. 점 C는 점 D를 중심으로 하고 반지름의 길이가 $\overline{AB}$인 원 위에 있으므로 $\overline{AB}=\overline{CD}$ 　답 ⑤

0317 두 점 A, B는 점 O를 중심으로 하는 한 원 위에 있고, 두 점 C, D는 점 P를 중심으로 하고 반지름의 길이가 $\overline{OA}$인 원 위에 있으므로
$\overline{OA}=\overline{OB}=\overline{PC}=\overline{PD}$
점 D는 점 C를 중심으로 하고 반지름의 길이가 $\overline{AB}$인 원 위에 있으므로
$\overline{AB}=\overline{CD}$
따라서 옳지 않은 것은 ③이다. 　답 ③

0318 답 ㉡ → ㉤ → ㉠ → ㉥ → ㉢ → ㉣

0319 ④ 엇각인 두 각 ∠CQD, ∠APB의 크기가 같으므로 두 직선 l과 m은 평행하다. 　답 ④

0320 (i) 가장 긴 변의 길이가 x cm일 때,
　$x<4+8$ 　∴ $x<12$
(ii) 가장 긴 변의 길이가 8 cm일 때,
　$8<4+x$ 　∴ $x>4$
(i), (ii)에서 $4<x<12$
따라서 자연수 x는 5, 6, 7, 8, 9, 10, 11의 7개이다. 　답 ④

0321 ㄱ. $10=5+5$ (×) 　　ㄴ. $10<5+8$ (○)
ㄷ. $10<5+10$ (○) 　　　ㄹ. $16>5+10$ (×)
따라서 나머지 한 변의 길이가 될 수 있는 것은 ㄴ, ㄷ이다.
　답 ㄴ, ㄷ

0322 가장 긴 변의 길이는 $x+5$이므로
$x+5<x+(x-2)$ 　∴ $x>7$
따라서 x의 값이 될 수 없는 것은 ① 7이다. 　답 ①

0323 $9<5+8$, $13=5+8$
$13<5+9$, $13<8+9$
　　　　　　　　　　　　　　　　　　　　　　　　 ㉮
이므로 삼각형을 만들 수 있는 세 막대의 길이는
(5 cm, 8 cm, 9 cm), (5 cm, 9 cm, 13 cm),
(8 cm, 9 cm, 13 cm)
　　　　　　　　　　　　　　　　　　　　　　　　 ㉯
따라서 만들 수 있는 삼각형은 3개이다.
　　　　　　　　　　　　　　　　　　　　　　　　 ㉰
　답 3개

단계	채점요소	배점
㉮	삼각형이 될 수 있는 조건 확인하기	40 %
㉯	삼각형을 만들 수 있는 세 막대 찾기	50 %
㉰	삼각형의 개수 구하기	10 %

0324 한 변의 길이와 그 양 끝 각의 크기가 주어졌으므로 먼저 $\overline{BC}$를 그린 다음 양 끝 각 ∠B, ∠C를 그리거나 ∠B 또는 ∠C 중 한 각을 먼저 그리고 $\overline{BC}$를 그린 다음 나머지 한 각을 그리면 된다. 　답 ①

0325 답 ㉠ ∠XBY 　㉡ c 　㉢ a

0326 ㉢ 직선 l 위에 길이가 c인 선분 AB를 잡는다.
㉠ 점 A를 중심으로 하고 반지름의 길이가 b인 원을 그리고, 점 B를 중심으로 하고 반지름의 길이가 a인 원을 그려 두 원의 교점을 C라 한다.
㉡ 점 A와 C, 점 B와 C를 각각 이으면 △ABC가 작도된다.
　답 ㉢ → ㉠ → ㉡

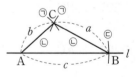

0327 ① $10<5+7$이므로 삼각형이 하나로 정해진다.
② 한 변의 길이와 그 양 끝 각의 크기가 주어졌으므로 삼각형이 하나로 정해진다.
③ $10=3+7$이므로 삼각형을 만들 수 없다.

④ ∠A는 $\overline{AB}$, $\overline{BC}$의 끼인각이 아니므로 삼각형이 하나로 정해지지 않는다.

⑤ 세 각의 크기가 주어졌으므로 모양은 같지만 크기는 다른 삼각형을 무수히 많이 그릴 수 있다. **답 ①, ②**

0328 ① 9＝4＋5이므로 삼각형이 만들어지지 않는다.

⑤ 세 각의 크기가 주어졌으므로 모양은 같지만 크기는 다른 삼각형을 무수히 많이 그릴 수 있다. **답 ①, ⑤**

0329 ㄱ. ∠C가 $\overline{AB}$, $\overline{BC}$의 끼인각이 아니므로 삼각형이 하나로 정해지지 않는다.

ㄴ. ∠B, ∠C의 크기를 알면 ∠A＝180°－(∠B＋∠C)에서 ∠A의 크기를 알 수 있으므로 삼각형이 하나로 정해진다.

ㄷ. ∠B가 $\overline{AB}$, $\overline{BC}$의 끼인각이므로 삼각형이 하나로 정해진다.

ㄹ. ∠B가 $\overline{AB}$, $\overline{AC}$의 끼인각이 아니므로 삼각형이 하나로 정해지지 않는다.

따라서 △ABC가 하나로 정해지기 위해 더 필요한 조건은 ㄴ, ㄷ이다. **답 ㄴ, ㄷ**

0330 ③ ∠A가 $\overline{AB}$, $\overline{BC}$의 끼인각이 아니므로 삼각형이 하나로 정해지지 않는다.

④ ∠B＝180°－(38°＋45°)＝97°이므로 한 변의 길이와 그 양 끝 각의 크기가 주어진 경우와 같다. **답 ③**

0331

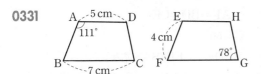

두 사각형 ABCD, EFGH가 합동이므로 대응변의 길이와 대응각의 크기가 각각 같다.

① ∠F의 크기를 알 수 없다.

②, ④ $\overline{GH}＝\overline{DC}$의 길이를 알 수 없다.

③ ∠C＝∠G＝78°

⑤ $\overline{EH}＝\overline{AD}$＝5 cm **답 ③**

0332 ③ 점 B의 대응점은 점 E이다. **답 ③**

0333 △ABC≡△DEF이므로 대응변의 길이와 대응각의 크기가 각각 같다.

∠E＝∠B이므로 x＝85

$\overline{BC}＝\overline{EF}$이므로 y＝8

∴ x＋y＝85＋8＝93 **답 93**

0334 ㄱ과 ㅁ : 대응하는 세 변의 길이가 각각 같다. (SSS 합동)

ㄴ과 ㄹ : 대응하는 한 변의 길이가 같고, 그 양 끝 각의 크기가 각각 같다. (ASA 합동)

ㄷ과 ㅂ : 대응하는 두 변의 길이가 각각 같고, 그 끼인각의 크기가 같다. (SAS 합동) **답 ②**

0335 ③ 삼각형의 세 내각의 크기의 합이 180°이므로 나머지 한 내각의 크기는

180°－(38°＋45°)＝97°

따라서 대응하는 한 변의 길이가 같고, 그 양 끝 각의 크기가 각각 같으므로 주어진 삼각형과 합동이다. **답 ③**

0336 ①, ② ASA 합동

①, ④ ASA 합동

①, ⑤ SAS 합동

따라서 나머지 넷과 합동이 아닌 것은 ③이다. **답 ③**

0337 ㄱ과 ㅁ : 180°－(45°＋45°)＝90°이므로 대응하는 두 변의 길이가 각각 같고, 그 끼인각의 크기가 같다. (SAS 합동)

ㄴ과 ㄹ : 180°－(53°＋85°)＝42°이므로 대응하는 한 변의 길이가 같고, 그 양 끝 각의 크기가 각각 같다. (ASA 합동)

ㄷ과 ㅂ : 대응하는 세 변의 길이가 각각 같다. (SSS 합동)

답 ㄱ과 ㅁ : SAS 합동, ㄴ과 ㄹ : ASA 합동, ㄷ과 ㅂ : SSS 합동

0338 ㄴ. △ABC≡△IGH (ASA 합동)

ㄷ. △ABC≡△MON (SAS 합동)

따라서 △ABC와 합동인 삼각형은 ㄴ, ㄷ이다. **답 ㄴ, ㄷ**

0339 ① $\overline{AC}＝\overline{DF}$이면 대응하는 세 변의 길이가 각각 같으므로 합동이다. (SSS 합동)

③ ∠B＝∠E이면 대응하는 두 변의 길이가 각각 같고, 그 끼인각의 크기가 같으므로 합동이다. (SAS 합동) **답 ①, ③**

0340 ⑤ $\overline{AC}＝\overline{DF}$이면 대응하는 두 변의 길이가 각각 같고, 그 끼인각의 크기가 같으므로 △ABC≡△DEF이다. (SAS 합동) **답 ⑤**

0341 ㄴ. ∠A＝∠D이면 한 변의 길이가 같고, 그 양 끝 각의 크기가 각각 같다. (ASA 합동)

ㄷ. $\overline{BC}＝\overline{EF}$이면 대응하는 두 변의 길이가 같고, 그 끼인각의 크기가 같다. (SAS 합동)

ㄹ. ∠C＝∠F이면 ∠A＝∠D이므로 한 변의 길이가 같고, 그 양 끝 각의 크기가 각각 같다. (ASA 합동) **답 ㄴ, ㄷ, ㄹ**

0342 **답 (가) $\overline{AC}$ (나) △ADC (다) SSS**

0343 $\overline{AB}＝\overline{CD}$, $\overline{BC}＝\overline{DA}$이고, $\overline{AC}$는 공통이므로

················· ㉮

△ABC≡△CDA (SSS 합동)

·· ㉯

🖹 △ABC≡△CDA, SSS 합동

단계	채점요소	배점
㉮	합동인 조건 찾기	70 %
㉯	합동인 두 삼각형을 기호로 나타내고, 합동 조건 말하기	30 %

0344 🖹 (가) $\overline{O'B'}$ (나) $\overline{A'B'}$ (다) SSS

0345 🖹 (가) ∠COD (나) SAS

0346 🖹 (가) $\overline{BM}$ (나) ∠PMB (다) SAS

0347 △AOD와 △COB에서
$\overline{OA}=\overline{OC}$
$\overline{AB}=\overline{CD}$이므로 $\overline{OB}=\overline{OD}$
∠AOD=∠COB
∴ △AOD≡△COB (SAS 합동)
따라서 ① $\overline{AD}=\overline{CB}$, ② $\overline{OB}=\overline{OD}$, ④ ∠OAD=∠OCB,
⑤ ∠OBC=∠ODA이다. 🖹 ③

0348 🖹 (가) $\overline{OP}$ (나) ∠BOP (다) ∠AOP (라) ∠BOP (마) ASA

0349 △ABC와 △CDA에서
$\overline{AD}/\!/\overline{BC}$이므로 ∠BCA=∠DAC (엇각)
$\overline{AB}/\!/\overline{CD}$이므로 ∠BAC=∠DCA (엇각)
$\overline{AC}$는 공통

·· ㉮

∴ △ABC≡△CDA (ASA 합동)

·· ㉯

🖹 △ABC≡△CDA, ASA 합동

단계	채점요소	배점
㉮	합동인 조건 찾기	70 %
㉯	합동인 두 삼각형을 기호로 나타내고, 합동 조건 말하기	30 %

0350 🖹 (가) $\overline{EC}$ (나) ∠CEF (다) ASA

📐 유형 UP   본문 p.55

0351 △ACD와 △BCE에서
△ABC와 △ECD가 정삼각형이므로 $\overline{AC}=\overline{BC}$, $\overline{CD}=\overline{CE}$
∠ACD=∠ACE+60°=∠BCE

∴ △ACD≡△BCE (SAS 합동)
∠ACD=180°−60°=120°이므로
∠CAD+∠ADC=180°−120°=60°
따라서 △PBD에서
∠x=180°−(∠CBE+∠ADC)
   =180°−(∠CAD+∠ADC)
   =180°−60°=120° 🖹 **120°**

0352 △BCE와 △DCF에서
$\overline{BC}=\overline{DC}=4$ cm, $\overline{CE}=\overline{CF}=3$ cm, ∠BCE=∠DCF=90°
∴ △BCE≡△DCF (SAS 합동)
∴ $\overline{DF}=\overline{BE}=5$ cm 🖹 **5 cm**

0353 △EAB와 △EDC에서
$\overline{AB}=\overline{DC}$, $\overline{BE}=\overline{CE}$, ∠ABE=90°−60°=30°=∠DCE
∴ △EAB≡△EDC (SAS 합동) 🖹 **EDC, SAS 합동**

0354 △ABE와 △BCF에서 $\overline{AB}=\overline{BC}$, $\overline{BE}=\overline{CF}$이고,
∠ABE=∠BCF=90°이므로 △ABE≡△BCF (SAS 합동)
∠BAE=∠CBF=∠a, ∠AEB=∠BFC=∠b라 하면
∠a+∠b=90°이므로 ∠BPE=90°
이때 ∠BPE와 ∠APF는 맞꼭지각이므로 ∠APF=90° 🖹 ③

0355 △ADF와 △BED와 △CFE에서
$\overline{AD}=\overline{BE}=\overline{CF}$, $\overline{AF}=\overline{BD}=\overline{CE}$
∠A=∠B=∠C=60°
∴ △ADF≡△BED≡△CFE (SAS 합동)
따라서 ② $\overline{DF}=\overline{DE}$, ③ ∠DEB=∠FDA,
④ ∠AFD=∠CEF이다. 🖹 ⑤

0356 △ADC와 △ABE에서
△DBA가 정삼각형이므로 $\overline{AD}=\overline{AB}$
△ACE가 정삼각형이므로 $\overline{AC}=\overline{AE}$
∠DAC=∠DAB+∠BAC=60°+∠BAC
   =∠CAE+∠BAC=∠BAE
∴ △ADC≡△ABE (SAS 합동)
따라서 ① $\overline{DC}=\overline{BE}$, ④ ∠ACD=∠AEB이다. 🖹 ③

📓 중단원 마무리하기   본문 p.56~59

0357 ① 두 선분의 길이를 비교할 때에는 컴퍼스를 사용한다.
② 작도할 때에는 눈금 없는 자와 컴퍼스만을 사용한다.

③ 눈금 없는 자를 사용하므로 자로 길이를 잴 수 없다.
⑤ 선분을 연장할 때에는 눈금 없는 자를 사용한다. 답 ④

0358 답 ⓒ → ⓛ → ⓖ

0359 ① 두 점 A, B는 점 O를 중심으로 하는 한 원 위에 있으므로 $\overline{OA}=\overline{OB}$
③ 점 C는 점 D를 중심으로 하고 반지름의 길이가 $\overline{AB}$인 원 위에 있으므로 $\overline{AB}=\overline{CD}$
④ 점 C는 점 P를 중심으로 하고 반지름의 길이가 $\overline{OA}$인 원 위에 있으므로 $\overline{OA}=\overline{OB}=\overline{PC}$이다.
⑤ 작도 순서는 ⓖ → ⓛ → ⓒ, ⓐ, ⓕ이다. 답 ②

0360 ④, ⑤ ∠QPR=∠BAC이므로 동위각의 크기가 같다.
즉, $\overleftrightarrow{AC}$ ∥ $\overleftrightarrow{PR}$
① 점 Q는 점 P를 중심으로 하고 반지름의 길이가 $\overline{AB}$인 원 위에 있으므로 $\overline{AB}=\overline{AC}=\overline{PQ}$
② 점 R은 점 Q를 중심으로 하고 반지름의 길이가 $\overline{BC}$인 원 위에 있으므로 $\overline{BC}=\overline{QR}$ 답 ③

0361 ∠A의 대변은 $\overline{BC}$이고, $\overline{AC}$의 대각은 ∠B이다. 답 ④

0362 ① 7>2+4이므로 삼각형을 만들 수 없다. 답 ①

0363 5개의 선분 중 3개의 선분을 선택하는 경우는
(3, 4, 5), (3, 4, 6), (3, 4, 7), (3, 5, 6), (3, 5, 7),
(3, 6, 7), (4, 5, 6), (4, 5, 7), (4, 6, 7), (5, 6, 7)
의 10가지이다.
이 중에서 (3, 4, 7)은 7=3+4이므로 삼각형을 만들 수 없다.
따라서 만들 수 있는 삼각형은 9개이다. 답 **9개**

0364 두 변 AB, AC의 길이와 그 끼인각 ∠A의 크기가 주어졌을 때, △ABC의 작도는 ∠A를 작도한 후 $\overline{AB}$, $\overline{AC}$를 그리고 $\overline{BC}$를 긋는다.
또는 $\overline{AB}$ (또는 $\overline{AC}$)를 그린 후 ∠A를 작도하고 $\overline{AC}$ (또는 $\overline{AB}$)를 그린 다음 $\overline{BC}$를 긋는다.
따라서 맨 마지막에 작도하는 과정은 ③이다. 답 ③

0365 ㄷ. ∠C는 $\overline{AB}$와 $\overline{BC}$의 끼인각이 아니므로 삼각형이 하나로 정해지지 않는다.
ㄹ. 세 내각의 크기가 주어졌으므로 모양은 같지만 크기는 다른 삼각형을 무수히 많이 그릴 수 있다. 답 ㄱ, ㄴ

0366 ④ ∠B는 $\overline{AB}$와 $\overline{AC}$의 끼인각이 아니므로 삼각형이 하나로 정해지지 않는다. 답 ④

0367 ② 오른쪽 그림과 같이 두 변의 길이가 같은 두 이등변삼각형은 합동이 아니다.
④ 오른쪽 그림과 같이 둘레의 길이가 같은 두 직사각형은 합동이 아니다.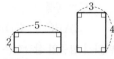
⑤ 오른쪽 그림과 같이 반지름의 길이가 같은 두 부채꼴은 합동이 아니다.
답 ①, ③

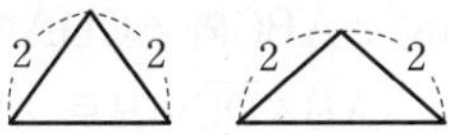

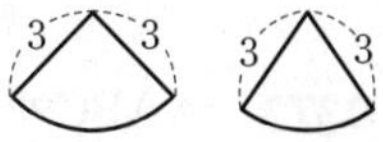

0368 ① ∠D의 대응각은 ∠H이다.
② 변 AB의 대응변은 변 EF이다.
③ ∠B의 대응각은 ∠F이다.
④ $\overline{BC}$의 대응변은 $\overline{FG}$이므로 $\overline{BC}=\overline{FG}=4$ cm이다.
⑤ 두 도형이 합동이므로 대응각의 크기는 서로 같다.
∠H=∠D=75°이므로
∠A=∠E=360°−(140°+75°+80°)=65° 답 ⑤

0369 ①, ② ASA 합동
①, ④ ASA 합동
①, ⑤ SAS 합동 답 ③

0370 ④ 오른쪽 그림과 같이
$\overline{AB}=\overline{DE}$, $\overline{AC}=\overline{DF}$,
∠C=∠F이면 주어진 각이
두 변의 끼인각이 아니므로 합
동이라 할 수 없다.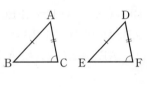
답 ④

0371 ① $\overline{AC}=\overline{DF}$이면 △ABC와 △DEF는 대응하는 세 변의 길이가 각각 같으므로 SSS 합동이다.
④ ∠B=∠E이면 △ABC와 △DEF는 대응하는 두 변의 길이가 각각 같고, 그 끼인각의 크기가 같으므로 SAS 합동이다.
답 ①, ④

0372 (i) △ABO와 △CDO에서
$\overline{OA}=\overline{OC}$, $\overline{OB}=\overline{OD}$, ∠AOB=∠COD
∴ △ABO≡△CDO (SAS 합동)
(ii) △AOD와 △COB에서
$\overline{OA}=\overline{OC}$, $\overline{OD}=\overline{OB}$, ∠AOD=∠COB
∴ △AOD≡△COB (SAS 합동)
(iii) △ABD와 △CDB에서
$\overline{AB}$∥$\overline{DC}$이므로 ∠ABD=∠CDB (엇각)
$\overline{AD}$∥$\overline{BC}$이므로 ∠ADB=∠CBD (엇각)
$\overline{BD}$는 공통
∴ △ABD≡△CDB (ASA 합동)

(iv) △ABC와 △CDA에서

$\overline{AB}\,/\!/\,\overline{DC}$이므로 ∠BAC=∠DCA (엇각)

$\overline{AD}\,/\!/\,\overline{BC}$이므로 ∠ACB=∠CAD (엇각)

$\overline{AC}$는 공통

∴ △ABC≡△CDA (ASA 합동)

따라서 합동인 삼각형은 4쌍이다.　　　　　　目 **4쌍**

0373　△ABC와 △ADC에서 사각형 ABCD가 마름모이므로

$\overline{AB}=\overline{AD}=\overline{BC}=\overline{DC}$, $\overline{AC}$는 공통

∴ △ABC≡△ADC (SSS 합동)　　　　　目 **SSS 합동**

0374　△AOB와 △COD에서

$\overline{AO}=\overline{CO}$, $\overline{BO}=\overline{DO}$, ∠AOB=∠COD

∴ △AOB≡△COD (SAS 합동)

즉, ① $\overline{AB}=\overline{CD}$이다.

또한, △AOD와 △COB에서

$\overline{AO}=\overline{CO}$, $\overline{DO}=\overline{BO}$, ∠AOD=∠COB

∴ △AOD≡△COB (SAS 합동)

즉, ② $\overline{AD}=\overline{CB}$이다.

따라서 옳지 않은 것은 ⑤이다.　　　　　　目 **⑤**

0375　△ABE와 △FCE에서

$\overline{BE}=\overline{CE}$, ∠AEB=∠FEC

$\overline{AB}\,/\!/\,\overline{DC}$이므로 ∠EBA=∠ECF

∴ △ABE≡△FCE (ASA 합동)

目 **△ABE≡△FCE, ASA 합동**

0376　△ABO와 △CDO에서

$\overline{OB}=\overline{OD}=500\,\mathrm{m}$, ∠ABO=∠CDO=55°

∠AOB=∠COD

∴ △ABO≡△CDO (ASA 합동)

따라서 합동인 두 삼각형에서 대응하는 변의 길이는 서로 같으므로 $\overline{AB}=\overline{CD}=400\,\mathrm{m}$　　　　　目 **400 m**

0377　△ABD와 △ACE에서

$\overline{AB}=\overline{AC}$, $\overline{AD}=\overline{AE}$

∠BAD=60°+∠CAD=∠CAE

∴ △ABD≡△ACE (SAS 합동)

따라서 ① $\overline{CE}=\overline{BD}=\overline{BC}+\overline{CD}=5+6=11\,(\mathrm{cm})$,

② ∠ADB=∠AEC이다.　　　　　　目 **⑤**

0378　△ABF와 △CBE에서

$\overline{AF}=\overline{CE}$, $\overline{AB}=\overline{CB}$

∠A=∠C=90°

∴ △ABF≡△CBE (SAS 합동)　　　　目 **SAS 합동**

0379　△EBC와 △EDC에서

$\overline{BC}=\overline{DC}$, ∠ECB=∠ECD=45°, $\overline{EC}$는 공통

∴ △EBC≡△EDC (SAS 합동)

또한, ∠CED=65°이므로 ∠CEB=65°

△EBC에서 65°+(90°−∠x)+45°=180°

∴ ∠x=200°−180°=20°　　　　　　目 **②**

0380　△ABE와 △CBE에서

$\overline{AB}=\overline{CB}$, $\overline{BE}$는 공통

∠ABE=∠CBE=45°

∴ △ABE≡△CBE (SAS 합동)

또한, $\overline{AD}\,/\!/\,\overline{BF}$이므로 ∠DAF=∠BFA=30°

∴ ∠BAE=90°−∠DAE=90°−30°=60°

∴ ∠BCE=∠BAE=60°　　　　　　目 **60°**

0381　(i) 가장 긴 변의 길이가 9 cm일 때,

　9<(x+3)+x

　∴ x>3　　　　　　　　　　　　　　　　🐿

(ii) 가장 긴 변의 길이가 (x+3) cm일 때,

　x+3<x+9

　이것은 항상 성립한다.　　　　　　　　　　🐿

(i), (ii)에서 x의 값의 범위는 x>3　　　　　　🐿

目 x>3

단계	채점요소	배점
🐿	가장 긴 변의 길이가 9 cm일 때, x의 값의 범위 구하기	40%
🐿	가장 긴 변의 길이가 (x+3) cm일 때, x의 값의 범위 구하기	40%
🐿	x의 값의 범위 구하기	20%

0382　∠B=180°−(∠A+∠C)에서

∠B의 크기를 구할 수 있으므로　　　　　　　🐿

$\overline{AB}$ 또는 $\overline{BC}$ 또는 $\overline{CA}$의 길이가 주어지면

△ABC가 하나로 정해진다.　　　　　　　　　🐿

目 $\overline{AB}$ 또는 $\overline{BC}$ 또는 $\overline{CA}$

단계	채점요소	배점
🐿	∠B의 크기를 구할 수 있음을 알기	30%
🐿	더 필요한 조건 구하기	70%

0383　△ABE와 △DCE에서

$\overline{AB}=\overline{DC}$, $\overline{AE}=\overline{DE}$

△EAD는 이등변삼각형이므로

∠EAD=∠EDA

∠BAE=90°+∠EAD=90°+∠EDA=∠CDE

∴ △ABE≡△DCE

··· ㉮

이때 대응하는 두 변의 길이가 각각 같고, 그 끼인각의 크기가 같으므로 SAS 합동이다.

··· ㉯

🔲 **△DCE, SAS 합동**

단계	채점요소	배점
㉮	△ABE와 합동인 삼각형 찾기	70%
㉯	합동 조건 구하기	30%

0384 △OBH와 △OCI에서

$\overline{OB}=\overline{OC}$

∠OBH=∠OCI=45°

∠BOH=∠BOC-∠HOC=90°-∠HOC

= ∠HOI-∠HOC=∠COI

∴ △OBH≡△OCI (ASA 합동)

··· ㉮

∴ (사각형 OHCI의 넓이)=△OHC+△OCI

= △OHC+△OBH=△OBC

··· ㉯

$=\dfrac{1}{4}\times$(정사각형 ABCD의 넓이)

$=\dfrac{1}{4}\times12\times12$

$=36(\text{cm}^2)$

··· ㉰

🔲 **36 cm²**

단계	채점요소	배점
㉮	△OBH≡△OCI임을 보이기	40%
㉯	(사각형 OHCI의 넓이)=△OBC임을 보이기	30%
㉰	사각형 OHCI의 넓이 구하기	30%

0385 △ABE와 △CFE에서

$\overline{AB}=\overline{CF}$, ∠ABE=∠CFE=90°

∠BAE=∠FCE

∴ △ABE≡△CFE (ASA 합동)

따라서 $\overline{AB}=\overline{CF}=4$ cm,

$\overline{BC}=\overline{BE}+\overline{EC}=\overline{FE}+\overline{EC}=3+5=8(\text{cm})$이므로 접기 전의 종이 테이프의 넓이는

$4\times8=32(\text{cm}^2)$ 🔲 **32 cm²**

0386 △ABD와 △ACE에서

$\overline{AB}=\overline{AC}$, ∠BAD=60°-∠DAC=∠CAE (②),

$\overline{AD}=\overline{AE}$

∴ △ABD≡△ACE (SAS 합동) (③)

따라서 ① $\overline{BD}=\overline{CE}$, ④ ∠ADB=∠AEC이다.   🔲 **⑤**

0387 △ABD와 △CAE에서

$\overline{AB}=\overline{CA}$, ∠ADB=∠CEA=90°

∠DAB+∠DBA=90°, ∠DAB+∠EAC=90°이므로

∠DBA=∠EAC

∴ △ABD≡△CAE (ASA 합동)

따라서 $\overline{AD}=\overline{CE}=6$ cm,

$\overline{AE}=\overline{DE}-\overline{AD}=18-6=12(\text{cm})$이므로

$\overline{BD}=\overline{AE}=12$ cm   🔲 **12 cm**

0388 △ABE와 △BCF에서

$\overline{AB}=\overline{BC}$, $\overline{BE}=\overline{CF}$, ∠ABE=∠BCF=90°

∴ △ABE≡△BCF(SAS 합동)

따라서 ∠BFC=∠AEB이므로

∠BFC+∠GEC=∠AEB+∠GEC=180°   🔲 **180°**

본문 p.63, 65

0389 다각형은 여러 개의 선분으로 둘러싸인 평면도형이므로 다각형이 아닌 것은 ㄷ, ㅁ, ㅂ이다. 답 **ㄷ, ㅁ, ㅂ**

0390 답 **○**

0391 다각형의 한 꼭짓점에서 내각의 크기와 외각의 크기의 합은 $180°$이다. 답 **×**

0392 $180°-50°=130°$ 답 **130°**

0393 $180°-125°=55°$ 답 **55°**

0394 답 **정다각형**

0395 답 **정팔각형**

0396 네 변의 길이가 같은 사각형은 마름모이다. 답 **×**

0397 네 내각의 크기가 같은 사각형은 직사각형이다. 답 **×**

0398 답 **○**

0399 답 **0개**

0400 답 **1개**

0401 답 **2개**

0402 답 **3개**

0403 $\dfrac{6\times(6-3)}{2}=9(개)$ 답 **9개**

0404 $\dfrac{9\times(9-3)}{2}=27(개)$ 답 **27개**

0405 $\dfrac{11\times(11-3)}{2}=44(개)$ 답 **44개**

0406 $\dfrac{20\times(20-3)}{2}=170(개)$ 답 **170개**

0407 구하는 다각형을 n각형이라 하면
$\dfrac{n(n-3)}{2}=14,\ n(n-3)=28=7\times4$
$\therefore\ n=7$
따라서 구하는 다각형은 칠각형이다. 답 **칠각형**

0408 구하는 다각형을 n각형이라 하면
$\dfrac{n(n-3)}{2}=35,\ n(n-3)=70=10\times7$
$\therefore\ n=10$
따라서 구하는 다각형은 십각형이다. 답 **십각형**

0409 구하는 다각형을 n각형이라 하면
$\dfrac{n(n-3)}{2}=65,\ n(n-3)=130=13\times10$
$\therefore\ n=13$
따라서 구하는 다각형은 십삼각형이다. 답 **십삼각형**

0410 구하는 다각형을 n각형이라 하면
$\dfrac{n(n-3)}{2}=90,\ n(n-3)=180=15\times12$
$\therefore\ n=15$
따라서 구하는 다각형은 십오각형이다. 답 **십오각형**

0411 $\angle x=180°-(30°+85°)=65°$ 답 **65°**

0412 $\angle x=180°-(90°+55°)=35°$ 답 **35°**

0413 $65+x=3x-5,\ 2x=70$ $\therefore\ x=35$ 답 **35**

0414 $(2x-10)+20=60,\ 2x=50$ $\therefore\ x=25$ 답 **25**

0415 $180°\times(7-2)=900°$ 답 **900°**

0416 $180°\times(9-2)=1260°$ 답 **1260°**

0417 $180°\times(12-2)=1800°$ 답 **1800°**

0418 구하는 다각형을 n각형이라 하면
$180°\times(n-2)=720°,\ n-2=4$
$\therefore\ n=6$
따라서 구하는 다각형은 육각형이다. 답 **육각형**

0419 구하는 다각형을 n각형이라 하면
$180°\times(n-2)=1080°,\ n-2=6$
$\therefore\ n=8$
따라서 구하는 다각형은 팔각형이다. 답 **팔각형**

0420 구하는 다각형을 n각형이라 하면
$180° \times (n-2) = 2160°$, $n-2 = 12$
$\therefore n = 14$
따라서 구하는 다각형은 십사각형이다. **冒 십사각형**

0421 오각형의 내각의 크기의 합은
$180° \times (5-2) = 540°$
이므로 $\angle x + 90° + 110° + 100° + 105° = 540°$
$\therefore \angle x = 135°$ **冒 135°**

0422 육각형의 내각의 크기의 합은
$180° \times (6-2) = 720°$
이므로 $\angle x + 140° + 120° + 130° + 110° + 120° = 720°$
$\therefore \angle x = 100°$ **冒 100°**

0423 **冒 360°**

0424 **冒 360°**

0425 $\angle x + 70° + 80° + 100° = 360°$ $\therefore \angle x = 110°$
 冒 110°

0426 $\angle x + 60° + 50° + 75° + 60° + 62° = 360°$
$\therefore \angle x = 53°$ **冒 53°**

0427 (한 내각의 크기) $= \dfrac{180° \times (8-2)}{8} = 135°$
(한 외각의 크기) $= \dfrac{360°}{8} = 45°$ **冒 135°, 45°**

0428 (한 내각의 크기) $= \dfrac{180° \times (9-2)}{9} = 140°$
(한 외각의 크기) $= \dfrac{360°}{9} = 40°$ **冒 140°, 40°**

0429 (한 내각의 크기) $= \dfrac{180° \times (10-2)}{10} = 144°$
(한 외각의 크기) $= \dfrac{360°}{10} = 36°$ **冒 144°, 36°**

0430 구하는 정다각형을 정n각형이라 하면
$\dfrac{180° \times (n-2)}{n} = 162°$
$180° \times n - 360° = 162° \times n$
$18° \times n = 360°$ $\therefore n = 20$
따라서 구하는 정다각형은 정이십각형이다. **冒 정이십각형**

0431 구하는 정다각형을 정n각형이라 하면
$\dfrac{180° \times (n-2)}{n} = 150°$
$180° \times n - 360° = 150° \times n$
$30° \times n = 360°$ $\therefore n = 12$
따라서 구하는 정다각형은 정십이각형이다. **冒 정십이각형**

0432 구하는 정다각형을 정n각형이라 하면
$\dfrac{360°}{n} = 24°$ $\therefore n = 15$
따라서 구하는 정다각형은 정십오각형이다. **冒 정십오각형**

0433 구하는 정다각형을 정n각형이라 하면
$\dfrac{360°}{n} = 30°$ $\therefore n = 12$
따라서 구하는 정다각형은 정십이각형이다. **冒 정십이각형**

유형 익히기 본문 p.66~76

0434 다각형은 세 개 이상의 선분으로 둘러싸인 평면도형이므로 다각형인 것은 ㄱ, ㄷ, ㅇ이다. **冒 ㄱ, ㄷ, ㅇ**

0435 다각형이 아닌 것은 정육면체, 원, 부채꼴, 활꼴, 평행선의 5개이다. **冒 ⑤**

0436 ④ 다각형을 이루는 각 선분을 변이라 한다. **冒 ④**

0437 $\angle x = 180° - 110° = 70°$, $\angle y = 180° - 100° = 80°$
$\therefore \angle x + \angle y = 70° + 80° = 150°$ **冒 ③**

0438 다각형의 한 꼭짓점에서
(내각의 크기) + (외각의 크기) = 180°
이므로 내각의 크기가 55°일 때
(외각의 크기) = 180° - 55° = 125° **冒 125°**

0439 ($\angle B$의 외각의 크기) = 180° - 70° = 110° **冒 110°**

0440 $(2x+30) + x = 180$, $3x = 150$ $\therefore x = 50$ **冒 ③**

0441 ② 네 변의 길이가 모두 같은 사각형은 마름모이다.
③ 내각의 크기가 모두 같고, 변의 길이도 모두 같아야 정다각형이다.
⑤ 내각의 크기와 외각의 크기가 같은 정다각형은 정사각형뿐이다. **冒 ①, ④**

0442 ④ 오른쪽 그림의 정육각형에서 두 대각선의 길이는 다르다.

⑤ 다각형의 한 꼭짓점에서 내각과 외각의 크기의 합은 180°이다.

🖹 ④, ⑤

0443 조건 ㈎에서 9개의 선분으로 둘러싸여 있으므로 구각형이다.

조건 ㈏, ㈐에서 모든 변의 길이가 같고 모든 내각의 크기가 같으므로 정다각형이다.

따라서 구하는 다각형은 정구각형이다. 🖹 **정구각형**

0444 꼭짓점의 개수가 16개인 다각형은 십육각형이므로 한 꼭짓점에서 그을 수 있는 대각선의 개수는
$16-3=13$(개) 🖹 **13개**

0445 구하는 다각형을 n각형이라 하면
$n-3=12$ ∴ $n=15$

따라서 구하는 다각형은 십오각형이다. 🖹 **십오각형**

0446 십이각형의 한 꼭짓점에서 그을 수 있는 대각선의 개수는
$a=12-3=9$

....㉮

이때 생기는 삼각형의 개수는
$b=12-2=10$

....㉯

∴ $b-a=10-9=1$

....㉰

🖹 **1**

단계	채점요소	배점
㉮	a의 값 구하기	50%
㉯	b의 값 구하기	40%
㉰	$b-a$의 값 구하기	10%

0447 구하는 다각형을 n각형이라 하면 n각형의 내부의 한 점에서 각 꼭짓점에 선분을 그었을 때 생기는 삼각형의 개수는 n개이므로 $n=9$

따라서 구각형의 한 꼭짓점에서 그을 수 있는 대각선의 개수는
$9-3=6$(개) 🖹 **①**

0448 구하는 다각형을 n각형이라 하면
$n-3=10$ ∴ $n=13$
따라서 십삼각형의 대각선의 개수는
$\dfrac{13\times(13-3)}{2}=65$(개) 🖹 **65개**

0449 $a=14-3=11$, $b=\dfrac{14\times(14-3)}{2}=77$
∴ $b-a=77-11=66$ 🖹 **①**

0450 육각형의 대각선의 개수는
$\dfrac{6\times(6-3)}{2}=9$(개)

따라서 구하는 다각형을 n각형이라 하면 한 꼭짓점에서 그을 수 있는 대각선의 개수는 $(n-3)$개이므로
$n-3=9$ ∴ $n=12$
즉, 구하는 다각형은 십이각형이다. 🖹 **⑤**

0451 다각형의 내부의 한 점에서 각 꼭짓점에 선분을 그으면 7개의 삼각형이 생기므로 구하는 다각형은 칠각형이다.

따라서 칠각형의 대각선의 개수는
$\dfrac{7\times(7-3)}{2}=14$(개) 🖹 **14개**

0452 구하는 다각형을 n각형이라 하면
$\dfrac{n(n-3)}{2}=90$, $n(n-3)=180=15\times12$ ∴ $n=15$

따라서 십오각형의 한 꼭짓점에서 그을 수 있는 대각선의 개수는
$15-3=12$(개) 🖹 **12개**

0453 구하는 다각형을 n각형이라 하면
$\dfrac{n(n-3)}{2}=20$, $n(n-3)=40=8\times5$ ∴ $n=8$

따라서 구하는 다각형은 팔각형이다. 🖹 **③**

0454 조건 ㈎, ㈏에서 변의 길이가 모두 같고 내각의 크기가 모두 같으므로 정다각형이다.

조건 ㈐에서 구하는 정다각형을 정 n각형이라 하면 대각선의 개수가 35개이므로
$\dfrac{n(n-3)}{2}=35$, $n(n-3)=70=10\times7$ ∴ $n=10$

따라서 구하는 다각형은 정십각형이다. 🖹 **정십각형**

0455 구하는 다각형을 n각형이라 하면
$\dfrac{n(n-3)}{2}=65$, $n(n-3)=130=13\times10$ ∴ $n=13$

따라서 십삼각형의 한 꼭짓점에서 대각선을 모두 그었을 때 생기는 삼각형의 개수는 $13-2=11$(개) 🖹 **④**

0456 양옆의 사람을 제외한 모든 사람과 서로 한 번씩 악수를 하므로 악수의 총 횟수는 육각형의 대각선의 개수와 같다.
∴ $\dfrac{6\times(6-3)}{2}=9$(번) 🖹 **③**

0457 구하는 도로의 개수는 오각형의 변의 개수와 대각선의 개수의 합과 같다.
∴ $5+\dfrac{5\times(5-3)}{2}=5+5=10$(개) 🖹 **10개**

0458 구하는 선분의 개수는 오른쪽 그림과 같이 칠각형의 변의 개수와 대각선의 개수의 합과 같다.

$$\therefore 7 + \frac{7 \times (7-3)}{2} = 7 + 14 = 21(개)$$

답 **21개**

0459 맞꼭지각의 크기는 같으므로

$\angle x + 80° = 50° + 60°$ $\therefore \angle x = 30°$ 답 ②

0460 삼각형의 세 내각의 크기의 합이 180°이므로

$(4x+15) + 3x + (2x-30) = 180$

$9x = 135$ $\therefore x = 15$ 답 **15**

0461 $\angle C = 3\angle B$

⟶ ㉮

$\angle A = \angle B + 30°$

⟶ ㉯

$\angle A + \angle B + \angle C = 180°$이므로
$(\angle B + 30°) + \angle B + 3\angle B = 180°$

⟶ ㉰

$5\angle B = 150°$ $\therefore \angle B = 30°$

⟶ ㉱

답 **30°**

단계	채점요소	배점
㉮	$\angle C$를 $\angle B$에 대한 식으로 나타내기	20 %
㉯	$\angle A$를 $\angle B$에 대한 식으로 나타내기	20 %
㉰	식 세우기	40 %
㉱	$\angle B$의 크기 구하기	20 %

0462 삼각형의 세 내각의 크기의 비가 2 : 3 : 7이므로 가장

작은 각의 크기는 $180° \times \dfrac{2}{2+3+7} = 30°$ 답 **30°**

0463 $3x + (x+20) = 2x + 50$

$2x = 30$ $\therefore x = 15$ 답 **15**

0464 $\angle ACB = 180° - 120° = 60°$

$\therefore \angle x = 70° + 60° = 130°$ 답 ④

0465 맞꼭지각의 크기는 서로 같으므로 $\angle ACB = 50°$

$\therefore \angle x = 40° + 50° = 90°$ 답 **90°**

0466 (1) $\angle ACB = \angle DEC + \angle EDC$
$\qquad\qquad = 34° + 40° = 74°$

$\triangle ABC$의 세 내각의 크기의 합은 180°이므로

$\angle x + 62° + 74° = 180°$ $\therefore \angle x = 44°$

(2) $\angle ADC = 60° + 25° = 85°$

$\triangle ADE$에서

$\angle x = 38° + 85° = 123°$ 답 (1) **44°** (2) **123°**

0467 $\triangle ABC$에서 $46° + \angle BAC = 120°$

$\therefore \angle BAC = 74°$

이때 $\angle BAD = \dfrac{1}{2}\angle BAC = \dfrac{1}{2} \times 74° = 37°$

따라서 $\triangle ABD$에서

$\angle x = 46° + 37° = 83°$ 답 ③

0468 $\angle ABD = 180° - 128° = 52°$

$\angle BAD = \dfrac{1}{2}\angle BAC = \dfrac{1}{2} \times (180° - 110°)$

$\qquad\quad = \dfrac{1}{2} \times 70° = 35°$

따라서 $\triangle ABD$에서

$\angle x = \angle ABD + \angle BAD = 52° + 35° = 87°$ 답 **87°**

0469 $\triangle ABD$에서 $\angle ABD = 100° - 65° = 35°$

$\therefore \angle ABC = 2\angle ABD = 2 \times 35° = 70°$

따라서 $\triangle ABC$에서

$\angle x = \angle ABC + \angle BAC = 70° + 65° = 135°$ 답 **135°**

0470 $\angle BAD = \angle CAD = \dfrac{1}{2} \times (180° - 100°) = 40°$

$\triangle ABD$에서 $\angle x = 30° + 40° = 70°$

$\triangle ABC$에서 $\angle y = 30° + 80° = 110°$

$\therefore \angle x + \angle y = 70° + 110° = 180°$ 답 **180°**

0471 $\angle A = 70°$이므로

$\angle IBC + \angle ICB = \dfrac{1}{2} \times (180° - 70°) = 55°$

따라서 $\triangle IBC$에서 $\angle x = 180° - 55° = 125°$ 답 ③

다른풀이

$\angle x = 90° + \dfrac{1}{2}\angle A = 90° + \dfrac{1}{2} \times 70° = 125°$

0472 $\triangle IBC$에서 $\angle IBC + \angle ICB = 180° - 120° = 60°$

$\therefore \angle ABC + \angle ACB = 2 \times (\angle IBC + \angle ICB)$
$\qquad\qquad\qquad\qquad = 2 \times 60° = 120°$

따라서 $\triangle ABC$에서

$\angle x = 180° - (\angle ABC + \angle ACB)$
$\quad = 180° - 120° = 60°$ 답 **60°**

다른풀이

$120° = 90° + \frac{1}{2}\angle x$, $\frac{1}{2}\angle x = 30°$ $\therefore \angle x = 60°$

0473 △ABC에서 ∠ABC+∠ACB=100°이므로

$\angle IBC + \angle ICB = \frac{1}{2} \times 100° = 50°$

따라서 △IBC에서 $\angle x = 180° - 50° = 130°$ **🖪 130°**

다른풀이

$\angle x = 90° + \frac{1}{2}\angle A = 90° + \frac{1}{2} \times (180° - 100°) = 130°$

0474 △ABC에서 ∠ACE=80°+2∠DBC이므로

$\angle DCE = \frac{1}{2}\angle ACE = 40° + \angle DBC$ ······ ㉠

△DBC에서

$\angle DCE = \angle x + \angle DBC$ ······ ㉡

㉠, ㉡에서 $\angle x = 40°$ **🖪 40°**

다른풀이

$\angle x = \frac{1}{2}\angle A = \frac{1}{2} \times 80° = 40°$

0475 △ABC에서 ∠ABC=180°−(70°+46°)=64°

$\therefore \angle DBC = \frac{1}{2}\angle ABC = \frac{1}{2} \times 64° = 32°$

∠ACF=180°−46°=134°이므로

$\angle DCF = \frac{1}{2}\angle ACF = \frac{1}{2} \times 134° = 67°$

따라서 △BCD에서 ∠DCF=∠DBC+∠x

$67° = 32° + \angle x$ $\therefore \angle x = 35°$ **🖪 35°**

다른풀이

$\angle x = \frac{1}{2}\angle A = \frac{1}{2} \times 70° = 35°$

0476 △ABC에서 ∠ACE=∠x+2∠DBC이므로

$\angle DCE = \frac{1}{2}\angle ACE = \frac{1}{2}\angle x + \angle DBC$ ······ ㉠

─────────────────────────── ㉮

△DBC에서 ∠DCE=20°+∠DBC   ······ ㉡

─────────────────────────── ㉯

㉠, ㉡에서 $\frac{1}{2}\angle x = 20°$ $\therefore \angle x = 40°$

─────────────────────────── ㉰

🖪 40°

단계	채점요소	배점
㉮	△ABC에서 ∠DCE의 크기를 ∠DBC의 크기에 대한 식으로 나타내기	40%
㉯	△DBC에서 ∠DCE의 크기를 ∠DBC의 크기에 대한 식으로 나타내기	40%
㉰	∠x의 크기 구하기	20%

0477 $\overline{AB}=\overline{AC}$이므로

∠ACB=∠ABC=∠x

△ABC에서 ∠CAD=∠x+∠x=2∠x

$\overline{AC}=\overline{DC}$이므로

∠CDA=∠CAD=2∠x

△DBC에서

∠DCE=∠DBC+∠BDC

    =∠x+2∠x=3∠x

이때 3∠x=105° $\therefore \angle x = 35°$ **🖪 ②**

0478 $\overline{AB}=\overline{AC}$이므로

∠ACB=∠ABC=40°

△ABC에서 ∠CAD=40°+40°=80°

$\overline{AC}=\overline{DC}$이므로

∠CDA=∠CAD=80°

△DBC에서 $\angle x = 40° + 80° = 120°$ **🖪 120°**

0479 ∠ADC=180°−145°=35°

△ACD에서 ∠DAC=∠ADC=35°이므로

∠BCA=35°+35°=70°

△ABC에서 ∠B=70°이므로

$\angle x = 180° - (70° + 70°) = 40°$ **🖪 40°**

0480 △ABC에서 ∠ACB=∠ABC=23°

∠CAD=∠CDA=23°+23°=46°

△DBC에서

∠DCE=∠DBC+∠BDC=23°+46°=69°

∠DEC=∠DCE=69°

이므로 △DBE에서 $\angle x = 23° + 69° = 92°$ **🖪 92°**

0481 오른쪽 그림과 같이 선분 BC를 그으면 △ABC에서

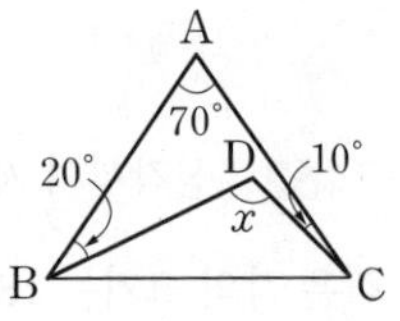

∠DBC+∠DCB

=180°−(70°+20°+10°)=80°

따라서 △DBC에서

∠x=180°−(∠DBC+∠DCB)

  =180°−80°=100°   **🖪 ③**

다른풀이

$\angle x = 20° + 70° + 10° = 100°$

0482 오른쪽 그림과 같이 선분 BC를 그으면 △DBC에서

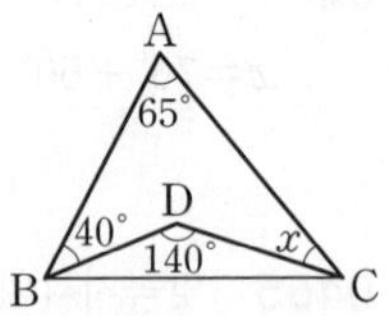

∠DBC+∠DCB=180°−140°=40°

△ABC에서

∠ABC+∠ACB=40°+∠x+(∠DBC+∠DCB)

$180°-65°=40°+∠x+40°$

$∴∠x=35°$ ⓐ ④

다른풀이

$140°=40°+65°+∠x$ $∴∠x=35°$

0483 오른쪽 그림과 같이 선분 BC를 그
으면 △DBC에서

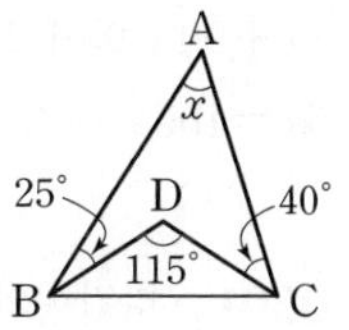

$∠DBC+∠DCB=180°-115°=65°$

△ABC에서

$∠x=180°-(25°+40°+∠DBC+∠DCB)$
$=180°-(25°+40°+65°)$
$=50°$ ⓐ **50°**

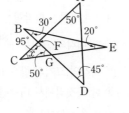

다른풀이

$115°=25°+∠x+40°$ $∴∠x=50°$

0484 오른쪽 그림의 △BGE에서

$∠CGF=30°+20°=50°$

△AFD에서

$∠CFG=50°+45°=95°$

△CGF의 세 내각의 크기의 합은 180°
이므로

$∠x=180°-(50°+95°)=35°$ ⓐ ④

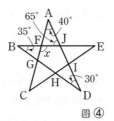

0485 오른쪽 그림의 △BDJ에서

$∠BJA=35°+30°=65°$

△AFJ에서

$∠x=40°+65°=105°$ ⓐ ④

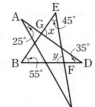

0486 오른쪽 그림의 △GBD에서

$∠x=55°+35°=90°$ ········· ㉮

△EBF에서

$∠y=180°-(45°+55°)=80°$ ········· ㉯

$∴∠x+∠y=90°+80°=170°$ ········· ㉰

ⓐ **170°**

단계	채점요소	배점
㉮	∠x의 크기 구하기	50%
㉯	∠y의 크기 구하기	40%
㉰	∠x+∠y의 크기 구하기	10%

0487 $∠BAC+∠BCA=180°-40°=140°$이므로

$∠EAC+∠DCA=(180°-∠BAC)+(180°-∠BCA)$
$=360°-(∠BAC+∠BCA)$
$=360°-140°=220°$

$∴∠PAC+∠PCA=\frac{1}{2}(∠EAC+∠DCA)$
$=\frac{1}{2}×220°=110°$

△ACP에서

$∠x=180°-(∠PAC+∠PCA)$
$=180°-110°=70°$ ⓐ **70°**

다른풀이

$∠x=90°-\frac{1}{2}×40°=70°$

0488 $∠PBC+∠PCD=100°$ $58°=122°$이므로

$∠EBC+∠DCB=2(∠PBC+∠PCB)$
$=2×122°=244°$

$∴∠ABC+∠ACB=(180°-∠EBC)+(180°-∠DCB)$
$=360°-(∠EBC+∠DCB)$
$=360°-244°=116°$

△ABC에서

$∠x=180°-(∠ABC+∠ACB)$
$=180°-116°=64°$ ⓐ ③

다른풀이

$90°-\frac{1}{2}∠x=58°$, $\frac{1}{2}∠x=32°$ $∴∠x=64°$

0489 $∠PAC+∠PCA=180°-68°=112°$이므로

$∠DAC+∠ECA=2(∠PAC+∠PCA)$
$=2×112°=224°$

$∴∠BAC+∠BCA=(180°-∠DAC)+(180°-∠ECA)$
$=360°-(∠DAC+∠ECA)$
$=360°-224°=136°$

△ABC에서

$∠x=180°-(∠BAC+∠BCA)$
$=180°-136°=44°$ ⓐ **44°**

다른풀이

$90°-\frac{1}{2}∠x=68°$, $\frac{1}{2}∠x=22°$ $∴∠x=44°$

0490 구하는 다각형을 n각형이라 하면

$n-3=8$ $∴n=11$

따라서 십일각형의 내각의 크기의 합은

$180°×(11-2)=1620°$ ⓐ ③

0491 구하는 다각형을 n각형이라 하면

$180°×(n-2)=1800°$, $n-2=10$ $∴n=12$

따라서 십이각형의 한 꼭짓점에서 그은 대각선에 의하여 나누어
지는 삼각형은 $12-2=10$(개) ⓐ ②

0492 구하는 다각형을 n각형이라 하면
$180° \times (n-2) = 1260°$, $n-2=7$ $\therefore n=9$
따라서 구각형의 변의 개수는 $a=9$
구각형의 한 꼭짓점에서 그을 수 있는 대각선의 개수는
$b=9-3=6$
$\therefore a+b=15$ **🔙 15**

0493 팔각형의 내부의 한 점에서 각 꼭짓점에 선분을 그으면 8개의 삼각형이 생긴다.

⟶ ㉮

이때 내부의 한 점에 모인 각의 크기의 합은 $360°$이므로

⟶ ㉯

팔각형의 내각의 크기의 합은
$8 \times 180° - 360° = 1080°$

⟶ ㉰

🔙 1080°

단계	채점요소	배점
㉮	8개의 삼각형이 생기는 것 알기	30%
㉯	내부의 한 점에 모인 각의 크기 알기	30%
㉰	팔각형의 내각의 크기의 합 구하기	40%

0494 육각형의 내각의 크기의 합은
$180° \times (6-2) = 720°$이므로
$\angle a + 135° + 125° + \angle a + 97° + 143° = 720°$
$2\angle a = 220°$ $\therefore \angle a = 110°$ **🔙 ②**

0495 $\angle BAD = 180° - 110° = 70°$
사각형의 내각의 크기의 합은 $360°$이므로
$\angle x = 360° - (70° + 35° + 150°) = 105°$ **🔙 105°**

0496 오각형의 내각의 크기의 합은
$180° \times (5-2) = 540°$이므로
$(3x-10) + 125 + (x+20) + 140 + x = 540$
$5x = 265$ $\therefore x = 53$ **🔙 ①**

0497 $\angle ABO = \angle CBO = \angle a$, $\angle DCO = \angle BCO = \angle b$라
하면 사각형의 내각의 크기의 합은 $360°$이므로
$2(\angle a + \angle b) = 360° - (120° + 110°) = 130°$
$\therefore \angle a + \angle b = 65°$
$\triangle OBC$에서
$\angle x = 180° - (\angle a + \angle b) = 180° - 65° = 115°$ **🔙 115°**

0498 다각형의 외각의 크기의 합은 $360°$이므로
$(180° - 82°) + \angle x + (180° - 120°) + 67° + \angle y = 360°$
$\therefore \angle x + \angle y = 135°$ **🔙 ①**

0499 다각형의 외각의 크기의 합은 $360°$이므로
$40° + 95° + (180° - \angle x) + 114° = 360°$
$\therefore \angle x = 69°$ **🔙 ③**

0500 다각형의 외각의 크기의 합은 $360°$이므로
$3x + 90 + 90 + 2x + (180 - 105) = 360$
$5x = 105$ $\therefore x = 21$ **🔙 21**

0501 다각형의 외각의 크기의 합은 $360°$이므로
$90° + (180° - 125°) + 45° + (180° - \angle x) + 50° + 43° = 360°$
$\therefore \angle x = 103°$ **🔙 ②**

0502 대각선의 개수가 20개이므로 구하는 정다각형을 정n각형이라 하면
$\dfrac{n(n-3)}{2} = 20$, $n(n-3) = 40 = 8 \times 5$ $\therefore n=8$
따라서 구하는 다각형은 정팔각형이다.
① 한 내각의 크기는 $\dfrac{180° \times (8-2)}{8} = 135°$
② 내각의 크기의 합은 $180° \times (8-2) = 1080°$
③ 한 꼭짓점에서 대각선을 모두 그었을 때 생기는 삼각형의 개수는 $8-2=6$(개)
④ 한 외각의 크기는 $\dfrac{360°}{8} = 45°$
⑤ 한 꼭짓점에서 그을 수 있는 대각선의 개수는 $8-3=5$(개)

🔙 ①

0503 다각형의 외각의 크기의 합은 $360°$이므로 주어진 정다각형의 내각의 크기의 합은
$2160° - 360° = 1800°$
구하는 정다각형을 정 n각형이라 하면
$180° \times (n-2) = 1800°$
$n-2 = 10$ $\therefore n=12$
따라서 정십이각형의 한 외각의 크기는 $\dfrac{360°}{12} = 30°$ **🔙 30°**

0504 한 내각의 크기와 한 외각의 크기의 비가 $4:1$이므로 한 외각의 크기는
$180° \times \dfrac{1}{4+1} = 36°$
구하는 정다각형을 정n각형이라 하면
$\dfrac{360°}{n} = 36°$ $\therefore n=10$
따라서 정십각형의 내각의 크기의 합은
$a = 180 \times (10-2) = 1440$
정십각형의 외각의 크기의 합은 $b=360$
$\therefore a-b = 1440 - 360 = 1080$ **🔙 1080**

0505 한 내각의 크기와 한 외각의 크기의 비가 7 : 2이므로 한 외각의 크기는

$$180° \times \frac{2}{7+2} = 40°$$

구하는 정다각형을 정n각형이라 하면

$$\frac{360°}{n} = 40° \qquad \therefore n = 9$$

따라서 정구각형의 한 꼭짓점에서 그을 수 있는 대각선의 개수는

9−3=6(개)　　　　　　　　　　　　🔢 **6개**

0506 정오각형의 한 내각의 크기는

$$\frac{180° \times (5-2)}{5} = 108°$$

△ABC는 $\overline{BA} = \overline{BC}$인 이등변삼각형이므로

$$\angle BAC = \frac{1}{2} \times (180° - 108°) = 36°$$

또, △ABE는 $\overline{AB} = \overline{AE}$인 이등변삼각형이므로

$$\angle ABE = \frac{1}{2} \times (180° - 108°) = 36°$$

따라서 △ABF에서

$$\angle x = \angle BAC + \angle ABE = 36° + 36° = 72°$$　🔢 ②

0507 정오각형의 한 내각의 크기는

$$\frac{180° \times (5-2)}{5} = 108°$$

△ABC는 $\overline{BA} = \overline{BC}$인 이등변삼각형이므로

$$\angle BCA = \frac{1}{2} \times (180° - 108°) = 36°$$

$$\therefore \angle x = 108° - 36° = 72°$$　　　　　🔢 ③

0508 ∠EDF는 정오각형의 한 외각이므로

$$\angle x = \frac{360°}{5} = 72°$$

∠DEF도 정오각형의 한 외각이므로 ∠DEF=72°

$$\therefore \angle y = 180° - (72° + 72°) = 36°$$

$$\therefore \angle x - \angle y = 72° - 36° = 36°$$　　　🔢 ④

0509 ∠x는 정오각형의 한 외각의 크기와 정육각형의 한 외각의 크기의 합이므로

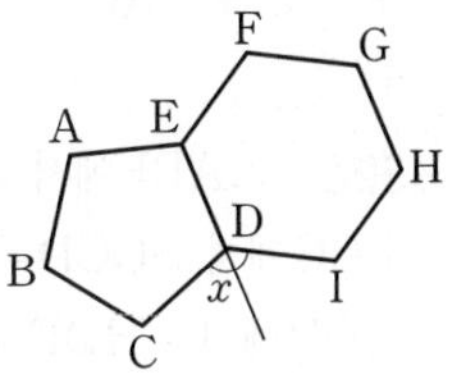

$$\angle x = \frac{360°}{5} + \frac{360°}{6}$$
$$= 72° + 60° = 132°$$　🔢 ⑤

0510 정육각형의 한 내각의 크기는

$$\frac{180° \times (6-2)}{6} = 120°$$

△ABC는 $\overline{BA} = \overline{BC}$인 이등변삼각형이므로

$$\angle BCA = \angle BAC = \frac{1}{2} \times (180° - 120°) = 30°$$

△BCD는 $\overline{CB} = \overline{CD}$인 이등변삼각형이므로

$$\angle CBD = \angle CDB = \frac{1}{2} \times (180° - 120°) = 30°$$

따라서 △BCG에서

$$\angle x = \angle CBD + \angle BCA = 30° + 30° = 60°$$　🔢 ③

0511 정오각형의 한 내각의 크기는

$$\frac{180° \times (5-2)}{5} = 108°$$

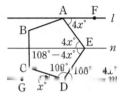

∠CDG=x°라 하면 ∠FAE=4x°

이때 오른쪽 그림과 같이 점 E를 지나고 두 직선 l, m에 평행한 직선 n을 그으면

$$x + 108 + (108 - 4x) = 180$$

$$3x = 36 \qquad \therefore x = 12$$

$$\therefore \angle CDG = 12°$$　🔢 ②

본문 p.77

📐 유형 UP

0512 오른쪽 그림과 같이 보조선을 그으면

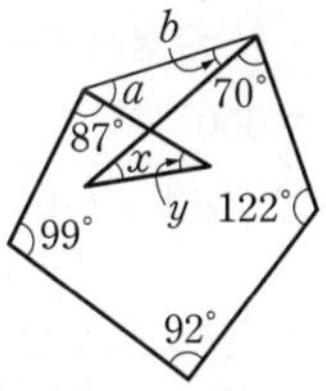

∠a+∠b=∠x+∠y

오각형의 내각의 크기의 합은

$$180° \times (5-2) = 540°$$이므로

$$(\angle a + 87°) + 99° + 92° + 122° + (70° + \angle b)$$
$$= 540°$$

$$\angle a + \angle b = 540° - 470° = 70°$$

$$\therefore \angle x + \angle y = \angle a + \angle b = 70°$$　🔢 ⑤

0513 오른쪽 그림과 같이 보조선을 그으면

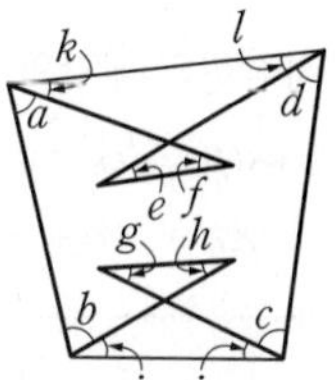

∠g+∠h=∠i+∠j

∠e+∠f=∠k+∠l

사각형의 내각의 크기의 합은 360°이므로

$$\angle a + \angle b + \angle c + \angle d + \angle e + \angle f + \angle g + \angle h$$
$$= \angle a + \angle b + \angle c + \angle d + \angle k + \angle l + \angle i + \angle j$$
$$= 360°$$　🔢 **360°**

0514 오른쪽 그림과 같이 선분 CG, 선분 FD를 그으면

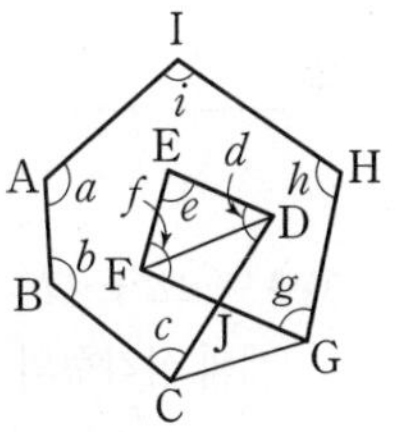

∠JFD+∠JDF=∠JCG+∠JGC 이므로

$$\angle a + \angle b + \angle c + \angle d + \angle e$$
$$+ \angle f + \angle g + \angle h + \angle i$$
$$= (삼각형의 내각의 크기의 합) + (육각형의 내각의 크기의 합)$$
$$= 180° + 180° \times (6-2) = 900°$$　🔢 **900°**

0515 오른쪽 그림과 같이 선분 AD, 선분 EG를 그으면 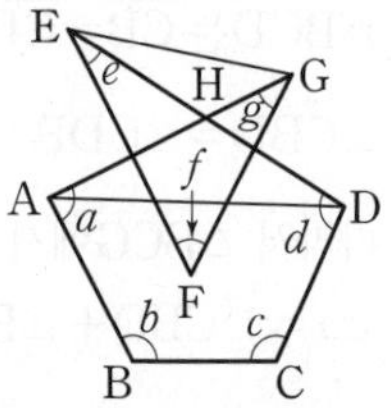
$\angle HEG + \angle HGE = \angle HAD + \angle HDA$
이므로
$\angle a + \angle b + \angle c + \angle d + \angle e + \angle f + \angle g$
$=$(삼각형의 내각의 크기의 합)$+$(사각형의 내각의 크기의 합)
$=180° + 360° = 540°$

🅐 **540°**

0516 $\triangle AGE$에서 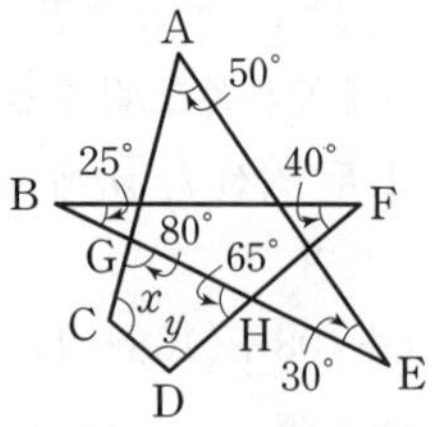
$\angle CGH = 50° + 30° = 80°$
$\triangle BHF$에서
$\angle BHD = 25° + 40° = 65°$
사각형의 내각의 크기의 합은 $360°$이므로
$\angle x + \angle y + 65° + 80° = 360°$
$\therefore \angle x + \angle y = 215°$

🅐 ②

0517 오른쪽 그림에서
$(\angle a + 46°) + (\angle b + \angle c)$
$+ (\angle d + \angle e) + (\angle f + \angle g)$
$=$(사각형의 외각의 크기의 합)
$=360°$
$\therefore \angle a + \angle b + \angle c + \angle d + \angle e + \angle f + \angle g = 314°$

🅐 **314°**

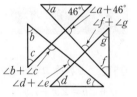

0518 $\triangle ABH$에서
$\angle GHE = \angle a + \angle b$

───────────────── ㉮

$\triangle CDG$에서 $\angle HGF = \angle c + \angle d$

───────────────── ㉯

사각형의 내각의 크기의 합은 $360°$이므로
$(\angle a + \angle b) + (\angle c + \angle d) + \angle e + 40° = 360°$
$\therefore \angle a + \angle b + \angle c + \angle d + \angle e = 320°$

───────────────── ㉰

🅐 **320°**

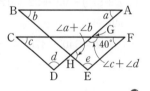

단계	채점요소	배점
㉮	$\angle GHE = \angle a + \angle b$임을 알기	30%
㉯	$\angle HGF = \angle c + \angle d$임을 알기	30%
㉰	$\angle a + \angle b + \angle c + \angle d + \angle e$의 크기 구하기	40%

0519 $\angle a + \angle b + \angle c + \angle d + \angle e + \angle f + \angle g$
$=$(7개의 삼각형의 내각의 크기의 합)
　　　　$-$(칠각형의 외각의 크기의 합)$\times 2$
$=180° \times 7 - 360° \times 2$
$=1260° - 720° = 540°$

🅐 **540°**

34 정답과 풀이

0520 ④ 다각형의 한 꼭짓점에서 내각과 외각의 크기의 합은 평각이므로 항상 $180°$이다.
⑤ n각형의 외각의 크기의 합은 항상 $360°$이다.

🅐 ④, ⑤

0521 ④ 한 꼭짓점에서 그을 수 있는 대각선의 개수는
$15 - 3 = 12$(개)이다.
⑤ 한 꼭짓점에서 대각선을 모두 그었을 때 생기는 삼각형의 개수는 $15 - 2 = 13$(개)이다.

🅐 ④, ⑤

0522 구하는 다각형을 n각형이라 하면
$\dfrac{n(n-3)}{2} = 27$, $n(n-3) = 54 = 9 \times 6$　$\therefore n = 9$
따라서 구각형의 한 꼭짓점에서 그을 수 있는 대각선의 개수는
$a = 9 - 3 = 6$
구각형의 한 꼭짓점에서 대각선을 모두 그었을 때 생기는 삼각형의 개수는
$b = 9 - 2 = 7$
$\therefore b - a = 7 - 6 = 1$

🅐 **1**

0523 구하는 도로의 개수는 팔각형의 변의 개수와 대각선의 개수의 합과 같으므로
$8 + \dfrac{8 \times (8-3)}{2} = 8 + 20 = 28$(개)

🅐 **28개**

0524 $(x+10) + 30 = 3x - 10$, $2x = 50$
$\therefore x = 25$

🅐 ④

0525 $\triangle ABC$에서
$66° + 2\angle ACD = 126°$
$\therefore \angle ACD = 30°$
$\triangle ADC$에서
$\angle x = 66° + \angle ACD = 66° + 30° = 96°$

🅐 ④

0526 $\triangle ABF$에서 $\angle FBC = 35° + 20° = 55°$
$\triangle BCG$에서 $\angle GCD = 55° + 20° = 75°$
$\triangle CDH$에서 $\angle HDE = 75° + 20° = 95°$
$\triangle DEI$에서 $\angle x = 95° + 20° = 115°$

🅐 ③

0527 $\triangle ABC$에서
$\angle ABC + \angle ACB = 180° - 84° = 96°$
$\therefore \angle IBC + \angle ICB = \dfrac{1}{2}(\angle ABC + \angle ACB)$
$= \dfrac{1}{2} \times 96° = 48°$

따라서 △IBC에서
$\angle x = 180° - (\angle IBC + \angle ICB)$
$\qquad = 180° - 48° = 132°$ 답 ⑤

0528 △ABC에서
$\angle ABC = 180° - (62° + 40°) = 78°$
$\therefore \angle DBC = \dfrac{1}{2}\angle ABC = \dfrac{1}{2} \times 78° = 39°$
$\angle ACE = 180° - 40° = 140°$이므로
$\angle DCE = \dfrac{1}{2}\angle ACE = \dfrac{1}{2} \times 140° = 70°$
따라서 △DBC에서
$70° = 39° + \angle x$ $\therefore \angle x = 31°$ 답 **31°**

0529 △ABC는 $\overline{AB} = \overline{AC}$인 이등변삼각형이므로
$\angle ACB = \angle ABC = \angle x$
$\therefore \angle CAD = \angle x + \angle x = 2\angle x$
△CDA는 $\overline{CA} = \overline{CD}$인 이등변삼각형이므로
$\angle CDA = \angle CAD = 2\angle x$
이때 △DBC에서
$\angle DCE = \angle x + 2\angle x = 3\angle x$ ……㉠
△DCE는 $\overline{DC} = \overline{DE}$인 이등변삼각형이므로
$\angle DEC = \angle DCE = 78°$ ……㉡
㉠, ㉡에서 $3\angle x = 78°$ $\therefore \angle x = 26°$ 답 **26°**

0530 오른쪽 그림과 같이 선분 BD를 그으면 △ABD에서
$\angle CBD + \angle CDB$
$= 180° - (85° + 15° + 20°)$
$= 60°$
따라서 △CBD에서
$\angle x = 180° - (\angle CBD + \angle CDB)$
$\qquad = 180° - 60° = 120°$ 답 **120°**
다른풀이
$\angle x = 85° + 15° + 20° = 120°$

0531 △FBD에서
$\angle EFG = 35° + 42° = 77°$
△ACG에서
$\angle EGF = 45° + 22° = 67°$
△EFG에서
$\angle x + \angle EFG + \angle EGF = 180°$
$\angle x + 77° + 67° = 180°$
$\therefore \angle x = 36°$ 답 ③

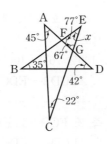

0532 $\angle BAC + \angle BCA = 180° - 70° = 110°$이므로
$\angle EAC + \angle FCA = (180° - \angle BAC) + (180° - \angle BCA)$
$\qquad = 360° - (\angle BAC + \angle BCA)$
$\qquad = 360° - 110°$
$\qquad = 250°$
$\angle DAC + \angle DCA = \dfrac{1}{2}(\angle EAC + \angle FCA)$
$\qquad = \dfrac{1}{2} \times 250°$
$\qquad = 125°$
△ACD에서
$\angle ADC = 180° - (\angle DAC + \angle DCA)$
$\qquad = 180° - 125° = 55°$ 답 ③
다른풀이
$\angle ADC = 90° - \dfrac{1}{2} \times 70° = 55°$

0533 오른쪽 그림과 같이 선분 CE를 그으면 사각형의 내각의 크기의 합은 360°이므로
$\angle DEC + \angle DCE$
$= 360° - (100° + 72° + 35° + 48°)$
$= 105°$
△DCE에서
$\angle x = 180° - (\angle DEC + \angle DCE)$
$\qquad = 180° - 105° = 75°$ 답 ②

0534 조건 ㈎, ㈏에서 모든 변의 길이가 같고, 외각의 크기가 모두 같으므로 정다각형이다.
조건 ㈐에서 구하는 정다각형을 정n각형이라 하면 내각의 크기의 합이 900°이므로
$180° \times (n-2) = 900°$, $n - 2 = 5$ $\therefore n = 7$
따라서 구하는 정다각형은 정칠각형이다. 답 **정칠각형**

0535 사각형의 내각의 크기의 합은 360°이므로
$132° + 2\angle ABE + 68° + 2\angle ADE = 360°$
$2\angle ABE + 2\angle ADE = 160°$
$\therefore \angle ABE + \angle ADE = 80°$
사각형 ABED에서
$132° + 80° + (360° - \angle x) = 360°$
$\therefore \angle x = 212°$ 답 **212°**

0536 다각형의 외각의 크기의 합은 360°이므로
⑴ $107° + 68° + \angle x + 60° + (180° - 140°) = 360°$
$\therefore \angle x = 85°$

(2) $(180°-∠x)+60°+(180°-100°)+(180°-120°)+80°$
$\quad=360°$
$\quad∴ ∠x=100°$ 　　　　　　　　　　　　답 (1) **85°** (2) **100°**

0537 세 외각의 크기의 비가 2 : 3 : 4이므로 가장 큰 외각의
크기는
$$360°×\frac{4}{2+3+4}=160°$$
따라서 가장 작은 내각의 크기는 $180°-160°=20°$ 　　답 **20°**

0538 정칠각형의 내각의 크기의 합은
$180°×(7-2)=900°$
정팔각형의 내각의 크기의 합은
$180°×(8-2)=1080°$
이므로 구하는 정다각형은 정팔각형이다.
따라서 정팔각형의 한 외각의 크기는 $\dfrac{360°}{8}=45°$이고,
한 내각의 크기는 $180°-45°=135°$이므로
$135 : 45=3 : 1$ 　　　　　　　　　　　　　　　　답 ②

0539 정오각형의 한 내각의 크기는
$$\frac{180°×(5-2)}{5}=108°$$
$△ABC$는 $\overline{BA}=\overline{BC}$인 이등변삼각형이므로
$$∠BCA=\frac{1}{2}×(180°-108°)=36°$$
마찬가지 방법으로 $∠DCE=36°$이므로
$∠x=108°-(36°+36°)=36°$ 　　　　　　　　　답 **36°**

0540 정오각형의 한 내각의 크기는
$$\frac{180°×(5-2)}{5}=108°$$
오른쪽 그림과 같이 점 B를 지나고
두 직선 l, m에 평행한 직선 n을
그으면
$∠ABS=∠PAB=3x°$(엇각)
$∴ ∠SBC=∠BCQ=108°-3x°$
이때 평각은 $180°$이므로
$(108-3x)+108+x=180$
$2x=36 ∴ x=18$ 　　　　　　　　　　답 **18**

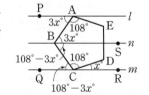

0541 오른쪽 그림과 같이 $\overline{AD}$와 $\overline{BE}$의
교점을 G라 하고, 선분 AE와 선분 BD를
그으면 $△AGE$와 $△GBD$에서
$∠GAE+∠GEA=∠GBD+∠GDB$
이므로

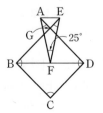

$∠A+∠B+∠C+∠D+∠E+25°$
$=(△BCD의 내각의 크기의 합)+(△FAE의 내각의 크기의 합)$
$=180°+180°=360°$
$∴ ∠A+∠B+∠C+∠D+∠E=360°-25°$
$\qquad\qquad\qquad\qquad\qquad=335°$ 　　　　　　　답 **335°**

0542 오른쪽 그림의 $△BGF$에서
$∠HGD=30°+∠b$
$△ACH$에서
$∠GHE=∠a+∠c$
이때 사각형 $GDEH$의 내각의 크
기의 합은 $360°$이므로 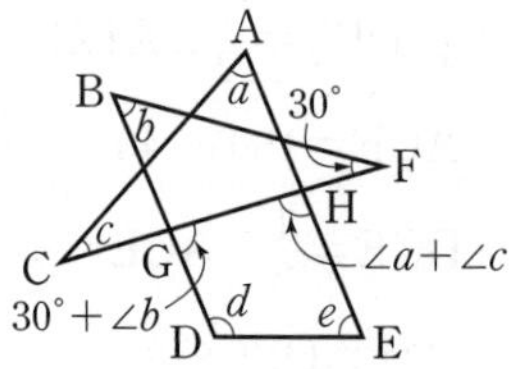
$(30°+∠b)+∠d+∠e+(∠a+∠c)=360°$
$∴ ∠a+∠b+∠c+∠d+∠e=330°$ 　　　　답 **330°**

0543 $△ABC$에서
$∠ACE=∠ABC+∠x=3∠DBC+∠x$이고
$∠DCE=\dfrac{1}{3}∠ACE=\dfrac{1}{3}×(3∠DBC+∠x)$
$\qquad\quad=∠DBC+\dfrac{1}{3}∠x$ 　　　　　　……㉠
　　　　　　　　　　　　　　　　　　　　　　　㉮

$△DBC$에서
$∠DCE=∠DBC+20°$ 　　　　　　……㉡
　　　　　　　　　　　　　　　　　　　　　　　㉯

㉠, ㉡에서 $∠DBC+\dfrac{1}{3}∠x=∠DBC+20°$
$\dfrac{1}{3}∠x=20°$ $∴ ∠x=60°$
　　　　　　　　　　　　　　　　　　　　　　　㉰
　　　　　　　　　　　　　　　　　　　답 **60°**

단계	채점요소	배점
㉮	$△ABC$에서 $∠DCE$의 크기를 $∠DBC$에 대한 식으로 나타내기	40%
㉯	$△DBC$에서 $∠DCE$의 크기를 $∠DBC$에 대한 식으로 나타내기	40%
㉰	$∠x$의 크기 구하기	20%

0544 오각형의 내각의 크기의 합은 $180°×(5-2)=540°$이
므로
$(180°-76°)+100°+∠BCD+∠EDC+118°=540°$
$∴ ∠BCD+∠EDC=218°$
　　　　　　　　　　　　　　　　　　　　　　　㉮

즉, $2∠FCD+2∠FDC=218°$
$∴ ∠FCD+∠FDC=109°$
　　　　　　　　　　　　　　　　　　　　　　　㉯

△FCD에서

$\angle x+(\angle FCD+\angle FDC)=180°$

$\therefore \angle x=180°-109°=71°$

··········· ⓓ

답 **71°**

단계	채점요소	배점
㉮	∠BCD+∠EDC의 크기 구하기	40%
㉯	∠FCD+∠FDC의 크기 구하기	30%
㉰	∠x의 크기 구하기	30%

0545 구하는 정다각형을 정n각형이라 하면 한 내각의 크기와 한 외각의 크기의 합은 180°이므로 한 외각의 크기는

$180° \times \dfrac{2}{3+2}=72°$

··········· ㉮

정n각형의 한 외각의 크기는 $\dfrac{360°}{n}$이므로

$\dfrac{360°}{n}=72°$ $\quad \therefore n=5$

따라서 구하는 정다각형은 정오각형이므로

··········· ㉯

대각선의 개수는

$\dfrac{5 \times (5-3)}{2}=5$(개)

··········· ㉰

답 **5개**

단계	채점요소	배점
㉮	한 외각의 크기 구하기	40%
㉯	어떤 다각형인지 구하기	40%
㉰	대각선의 개수 구하기	20%

0546 정육각형의 한 내각의 크기는

$\dfrac{180° \times (6-2)}{6}=120°$

··········· ㉮

△BCA는 $\overline{BC}=\overline{BA}$인 이등변삼각형이므로

$\angle BAC=\dfrac{1}{2} \times (180°-120°)=30°$

··········· ㉯

△ABF는 $\overline{AB}=\overline{AF}$인 이등변삼각형이므로

$\angle ABF=\dfrac{1}{2} \times (180°-120°)=30°$

··········· ㉰

따라서 △ABG에서

$\angle AGB=180°-(30°+30°)=120°$

$\therefore \angle x=\angle AGB=120°$(맞꼭지각)

··········· ㉱

답 **120°**

단계	채점요소	배점
㉮	정육각형의 한 내각의 크기 구하기	20%
㉯	∠BAC의 크기 구하기	30%
㉰	∠ABF의 크기 구하기	30%
㉱	∠x의 크기 구하기	20%

0547 △ABP는 $\overline{AB}=\overline{AP}$인 이등변삼각형이므로

$\angle ABP=\angle APB$

한편, $\angle PAB=60°+90°=150°$이므로

$\angle ABP=\dfrac{1}{2} \times (180°-150°)=15°$

△ABQ에서

$15°+\angle x+90°=180°$ $\quad \therefore \angle x=75°$

답 **75°**

0548 오른쪽 그림에서

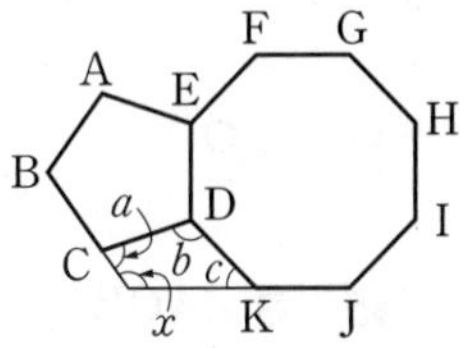

$\angle a=\dfrac{360°}{5}=72°$

$\angle b=$(정오각형의 한 외각의 크기)
$\qquad +$(정팔각형의 한 외각의 크기)

$\quad =\dfrac{360°}{5}+\dfrac{360°}{8}$

$\quad =72°+45°=117°$

$\angle c=\dfrac{360°}{8}=45°$

$\therefore \angle x=360°-(\angle a+\angle b+\angle c)$
$\qquad =360°-(72°+117°+45°)=126°$

답 **126°**

0549 오른쪽 그림과 같이 선분 BC와 선분 EG를 그으면 맞꼭지각의 성질에 의하여

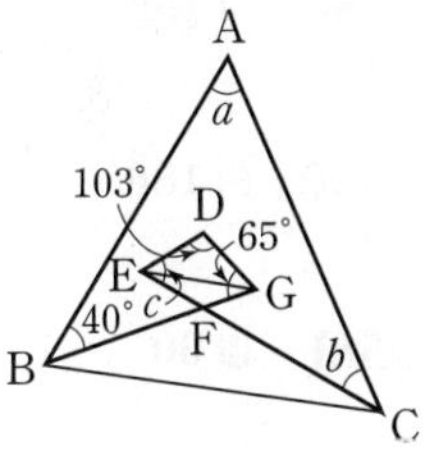

$\angle FBC+\angle FCB=\angle FEG+\angle FGE$

이므로

$\angle a+40°+\angle b+\angle c+65°+103°$
$\quad =2 \times$(삼각형의 내각의 크기의 합)
$\quad =360°$

$\therefore \angle a+\angle b+\angle c=152°$

답 **152°**

0550 오른쪽 그림과 같이 점 C를 지나고 $\overline{AB}$에 평행한 직선 n을 그으면 구하는 각의 크기는 사각형 CDGH의 내각의 크기의 합과 같다.

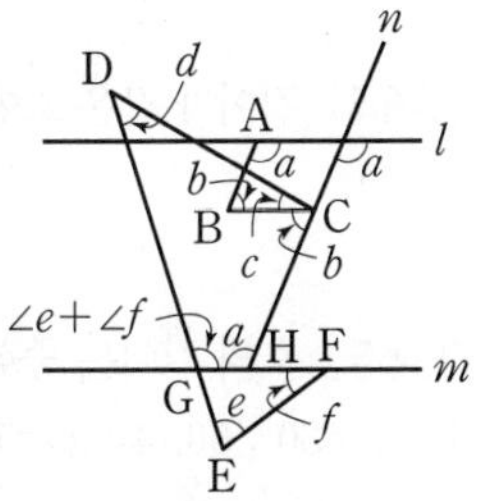

$\therefore \angle a+\angle b+\angle c+\angle d+\angle e+\angle f$
$\quad =360°$

답 ③

교과서문제 정복하기
본문 p.83, 85

0551

📄 **풀이 참조**

0552 📄 ×

0553 📄 ×

0554 📄 ○

0555 📄 $\angle AOB$

0556 📄 $\overset{\frown}{BC}$

0557 📄 $\overline{CD}$

0558 📄 **부채꼴**

0559 📄 **활꼴**

0560 📄 **180°**

0561 📄 **60°**

0562 📄 **180°**

0563 크기가 같은 중심각에 대한 호의 길이는 같으므로
$x=6$
📄 **6**

0564 길이가 같은 호에 대한 중심각의 크기는 같으므로
$x=60$
📄 **60**

0565 호의 길이는 중심각의 크기에 정비례하므로
$4:x=30:60,\ 4:x=1:2$
$\therefore x=8$
📄 **8**

0566 $5:15=40:x,\ 1:3=40:x$
$\therefore x=120$
📄 **120**

0567 크기가 같은 중심각에 대한 부채꼴의 넓이는 같으므로
$x=10$
📄 **10**

0568 넓이가 같은 부채꼴에 대한 중심각의 크기는 같으므로
$x=70$
📄 **70**

0569 부채꼴의 넓이는 중심각의 크기에 정비례하므로
$40:160=x:24,\ 1:4=x:24$
$4x=24 \quad \therefore x=6$
📄 **6**

0570 $50:x=6:12,\ 50:x=1:2$
$\therefore x=100$
📄 **100**

0571 크기가 같은 중심각에 대한 현의 길이는 같으므로
$x=5$
📄 **5**

0572 길이가 같은 현에 대한 중심각의 크기는 같으므로
$x=20$
📄 **20**

0573 📄 (1) ○ (2) ×

0574 (원의 둘레의 길이)$=2\pi \times 5=10\pi(\text{cm})$
(원의 넓이)$=\pi \times 5^2=25\pi(\text{cm}^2)$
📄 **둘레의 길이 : 10π cm, 넓이 : 25π cm^2**

0575 (원의 둘레의 길이)$=2\pi \times 4=8\pi(\text{cm})$
(원의 넓이)$=\pi \times 4^2=16\pi(\text{cm}^2)$
📄 **둘레의 길이 : 8π cm, 넓이 : 16π cm^2**

0576 원의 반지름의 길이를 r cm라 하면
$2\pi r=6\pi \quad \therefore r=3$
따라서 구하는 반지름의 길이는 3 cm이다.
📄 **3 cm**

0577 원의 반지름의 길이를 r cm라 하면
$2\pi r=12\pi \quad \therefore r=6$
따라서 구하는 반지름의 길이는 6 cm이다.
📄 **6 cm**

0578 원의 반지름의 길이를 r cm라 하면
$\pi r^2=36\pi,\ r^2=36 \quad \therefore r=6$
따라서 구하는 반지름의 길이는 6 cm이다.
📄 **6 cm**

0579 원의 반지름의 길이를 r cm라 하면
$\pi r^2=49\pi,\ r^2=49 \quad \therefore r=7$
따라서 구하는 반지름의 길이는 7 cm이다.
📄 **7 cm**

0580 (색칠한 부분의 둘레의 길이)$=2\pi\times7+2\pi\times4$
$$=14\pi+8\pi$$
$$=22\pi(\text{cm})$$
(색칠한 부분의 넓이)$=\pi\times7^2-\pi\times4^2=49\pi-16\pi$
$$=33\pi(\text{cm}^2)$$

🗒 둘레의 길이 : 22π cm, 넓이 : 33π cm^2

0581 (색칠한 부분의 둘레의 길이)
$$=2\pi\times1+2\pi\times3+2\pi\times4$$
$$=2\pi+6\pi+8\pi$$
$$=16\pi(\text{cm})$$
(색칠한 부분의 넓이)$=\pi\times4^2-(\pi\times1^2+\pi\times3^2)$
$$=16\pi-(\pi+9\pi)$$
$$=6\pi(\text{cm}^2)$$

🗒 둘레의 길이 : 16π cm, 넓이 : 6π cm^2

0582 $l=2\pi\times9\times\dfrac{60}{360}=3\pi(\text{cm})$
$S=\pi\times9^2\times\dfrac{60}{360}=\dfrac{27}{2}\pi(\text{cm}^2)$

🗒 $l=3\pi$ cm, $S=\dfrac{27}{2}\pi$ cm^2

0583 $l=2\pi\times8\times\dfrac{45}{360}=2\pi(\text{cm})$
$S=\pi\times8^2\times\dfrac{45}{360}=8\pi(\text{cm}^2)$

🗒 $l=2\pi$ cm, $S=8\pi$ cm^2

0584 $l=2\pi\times3\times\dfrac{240}{360}=4\pi(\text{cm})$
$S=\pi\times3^2\times\dfrac{240}{360}=6\pi(\text{cm}^2)$

🗒 $l=4\pi$ cm, $S=6\pi$ cm^2

0585 $l=2\pi\times6\times\dfrac{270}{360}=9\pi(\text{cm})$
$S=\pi\times6^2\times\dfrac{270}{360}=27\pi(\text{cm}^2)$

🗒 $l=9\pi$ cm, $S=27\pi$ cm^2

0586 (색칠한 부분의 둘레의 길이)
$$=2\pi\times6\times\dfrac{60}{360}+2\pi\times3\times\dfrac{60}{360}+3+3$$
$$=2\pi+\pi+6=3\pi+6(\text{cm})$$
(색칠한 부분의 넓이)
$$=\pi\times6^2\times\dfrac{60}{360}-\pi\times3^2\times\dfrac{60}{360}$$
$$=6\pi-\dfrac{3}{2}\pi=\dfrac{9}{2}\pi(\text{cm}^2)$$

🗒 둘레의 길이 : $(3\pi+6)$ cm, 넓이 : $\dfrac{9}{2}\pi$ cm^2

0587 (색칠한 부분의 둘레의 길이)
$$=2\pi\times7\times\dfrac{1}{2}+2\pi\times4\times\dfrac{1}{2}+2\pi\times3\times\dfrac{1}{2}$$
$$=7\pi+4\pi+3\pi$$
$$=14\pi(\text{cm})$$
(색칠한 부분의 넓이)
$$=\pi\times7^2\times\dfrac{1}{2}-\left(\pi\times4^2\times\dfrac{1}{2}+\pi\times3^2\times\dfrac{1}{2}\right)$$
$$=\dfrac{49}{2}\pi-\left(8\pi+\dfrac{9}{2}\pi\right)$$
$$=12\pi(\text{cm}^2)$$

🗒 둘레의 길이 : 14π cm, 넓이 : 12π cm^2

0588 (부채꼴의 넓이)$=\dfrac{1}{2}\times9\times2\pi$
$$=9\pi(\text{cm}^2)$$

🗒 9π cm^2

0589 (부채꼴의 넓이)$=\dfrac{1}{2}\times12\times8\pi$
$$=48\pi(\text{cm}^2)$$

🗒 48π cm^2

📘 유형 익히기

0590 ④ $\overline{AB}$와 $\overset{\frown}{AB}$로 둘러싸인 도형은 활꼴이고, $\overline{OA}$, $\overline{OB}$와 $\overset{\frown}{AB}$로 둘러싸인 도형은 부채꼴이다. **🗒 ④**

0591 부채꼴과 활꼴이 같아지는 경우는 반원일 때이므로 중심각의 크기는 $180°$이다. **🗒 $180°$**

0592 ② 원 위의 두 점을 양 끝 점으로 하는 원의 일부분은 호이다.
⑤ 크기가 같은 중심각에 대한 호와 현으로 이루어진 도형은 활꼴이다. **🗒 ②, ⑤**

0593 호의 길이는 중심각의 크기에 정비례하므로
$30:45=4:x$에서
$2:3=4:x$, $2x=12$　∴ $x=6$
$30:y=4:8$에서
$30:y=1:2$　∴ $y=60$ **🗒 ③**

0594 $x:20=30:120$이므로
$x:20=1:4$　∴ $x=5$ **🗒 ②**

05. 원과 부채꼴　**39**

0595 $6:12=(x+40):(140-x)$이므로

$1:2=(x+40):(140-x)$

$140-x=2(x+40)$

$140-x=2x+80$

$3x=60$

$\therefore x=20$ 　　　答 ①

0596 원 O의 둘레의 길이를 x cm라 하면 원의 중심각의 크기는 $360°$이므로

$6:x=60:360$

$6:x=1:6$　　$\therefore x=36(\text{cm})$ 　　答 **36 cm**

0597 $\overparen{AB}:\overparen{BC}:\overparen{CA}=4:5:6$이므로

$\angle AOB:\angle BOC:\angle AOC=4:5:6$

$\therefore \angle AOC=360°\times\dfrac{6}{4+5+6}=144°$ 　　答 ④

0598 $\overparen{BC}=4\overparen{AC}$에서 $\overparen{BC}:\overparen{AC}=4:1$이므로

$\angle BOC:\angle AOC=4:1$

$\therefore \angle AOC=180°\times\dfrac{1}{4+1}=36°$ 　　答 **36°**

0599 $\overparen{AC}:\overparen{BC}=4:5$이므로

$\angle AOC:\angle BOC=4:5$

$\therefore \angle AOC=180°\times\dfrac{4}{4+5}=80°$ 　　答 **80°**

0600 $\angle AOC=180°$, $\overparen{AB}:\overparen{BC}=5:1$이므로

$\angle AOB:\angle BOC=5:1$

$\therefore \angle BOC=180°\times\dfrac{1}{5+1}=30°$

$\overparen{BC}:\overparen{DE}=1:2$이므로

$\angle BOC:\angle DOE=1:2$

$\therefore \angle DOE=2\angle BOC=2\times30°=60°$ 　　答 **60°**

0601 오른쪽 그림에서 $\overline{AD}\,/\!/\,\overline{OC}$이므로

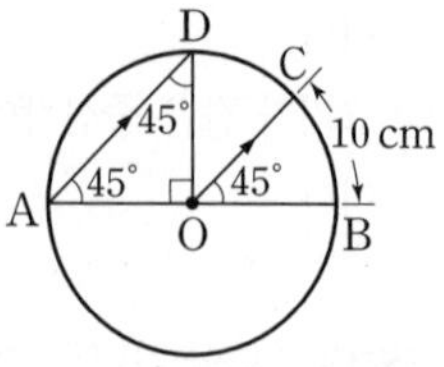

$\angle DAO=\angle COB=45°$(동위각)

$\overline{OD}$를 그으면 △AOD에서

$\overline{OA}=\overline{OD}$(반지름)이므로

$\angle ADO=\angle DAO=45°$

△DAO에서

$\angle AOD=180°-(45°+45°)=90°$

호의 길이는 중심각의 크기에 정비례하므로

$\overparen{AD}:10=90:45$

$\overparen{AD}:10=2:1$

$\therefore \overparen{AD}=20$ cm 　　答 **20 cm**

0602 오른쪽 그림에서 $\overline{AD}\,/\!/\,\overline{CO}$이므로

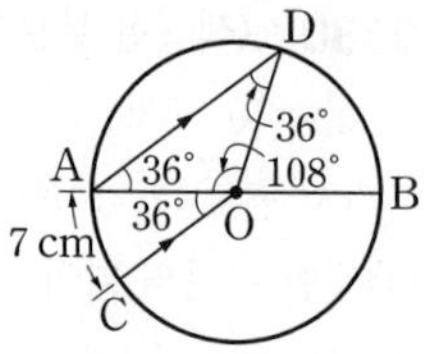

$\angle DAO=\angle AOC=36°$(엇각)

$\overline{OD}$를 그으면 △AOD에서

$\overline{OA}=\overline{OD}$(반지름)이므로

$\angle ODA=\angle OAD=36°$

$\therefore \angle AOD=180°-(36°+36°)=108°$

이때 $7:\overparen{AD}=36:108$이므로

$7:\overparen{AD}=1:3$　　$\therefore \overparen{AD}=21$ cm 　　答 ④

0603 오른쪽 그림에서 $\overline{OC}$를 그으면

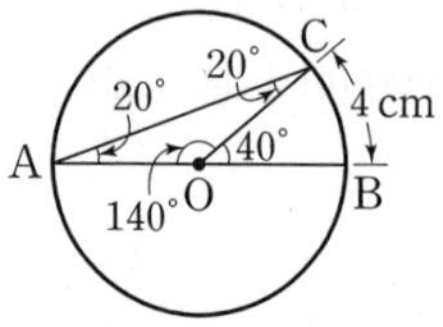

△AOC에서 $\overline{OA}=\overline{OC}$(반지름)이므로

$\angle OCA=\angle OAC=20°$

······························ ㉮

$\therefore \angle COB=20°+20°=40°$

······························ ㉯

이때 $\overparen{AC}:4=140:40$이므로

$\overparen{AC}:4=7:2$　　$\therefore \overparen{AC}=14$ cm

······························ ㉰

　　答 **14 cm**

단계	채점요소	배점
㉮	$\angle OCA$의 크기 구하기	40%
㉯	$\angle COB$의 크기 구하기	20%
㉰	$\overparen{AC}$의 길이 구하기	40%

0604 오른쪽 그림에서 $\overline{OC}\,/\!/\,\overline{BD}$이므로

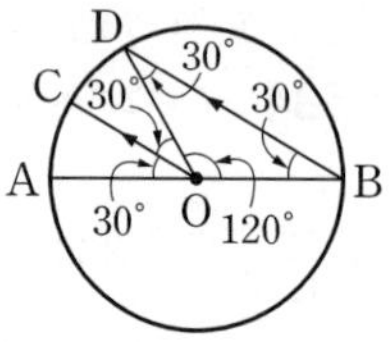

$\angle OBD=\angle AOC=30°$(동위각)

$\overline{OD}$를 그으면 △DOB에서

$\overline{OB}=\overline{OD}$(반지름)이므로

$\angle ODB=\angle OBD=30°$

$\therefore \angle BOD=180°-(30°+30°)=120°$

이때 $\angle COD=180°-30°-120°=30°$이므로

$\overparen{AC}:\overparen{CD}:\overparen{DB}=30:30:120=1:1:4$ 　　答 **1:1:4**

0605 한 원에서 부채꼴의 넓이는 중심각의 크기에 정비례하므로 부채꼴 AOB의 넓이를 x cm²라 하면

$10:x=40:100$, $10:x=2:5$

$2x=50$　　$\therefore x=25$

따라서 부채꼴 AOB의 넓이는 25 cm²이다. 　　答 ④

0606 $\angle COD=x°$라 하면

$40:x=13:26$이므로

$40:x=1:2$　　$\therefore x=80$

$\therefore \angle COD=80°$ 　　答 ③

0607 원 O의 넓이를 S cm²라 하면

$6:S=30:360$, $6:S=1:12$ ∴ $S=72$

따라서 원 O의 넓이는 72 cm²이다.   **답 ④**

0608 한 원에서 부채꼴의 호의 길이는 중심각의 크기에 정비례하므로

$\angle AOB:\angle COD=\overset{\frown}{AB}:\overset{\frown}{CD}=2:5$

<hr>⑦

한 원에서 부채꼴의 넓이는 중심각의 크기에 정비례하므로 부채꼴 AOB의 넓이를 x cm²라 하면

$x:40=2:5$, $5x=80$ ∴ $x=16$

따라서 부채꼴 AOB의 넓이는 16 cm²이다.

<hr>⑪

답 16 cm²

단계	채점요소	배점
⑦	중심각의 크기의 비 구하기	50%
⑪	부채꼴 AOB의 넓이 구하기	50%

0609 길이가 같은 현에 대한 중심각의 크기는 같다.

$\overline{AB}=\overline{BC}$이므로 $\angle AOB=\angle BOC$

∴ $\angle AOB=\dfrac{1}{2}\angle AOC=50°$

$\overline{AB}=\overline{ED}$이므로

$\angle EOD=\angle AOB=50°$ **답 50°**

0610 크기가 같은 중심각에 대한 현의 길이는 같으므로

$\overline{CD}=\overline{AB}=7$ cm   **답 7 cm**

0611 호의 길이와 부채꼴의 넓이는 중심각의 크기에 정비례한다.

$\angle AOB=\dfrac{1}{3}\angle COD$이므로

① $\overset{\frown}{AB}=\dfrac{1}{3}\overset{\frown}{CD}$ ∴ $3\overset{\frown}{AB}=\overset{\frown}{CD}$

⑤ (부채꼴 OAB의 넓이)$=\dfrac{1}{3}\times$(부채꼴 OCD의 넓이)

따라서 옳은 것은 ①, ⑤이다.   **답 ①, ⑤**

0612 ② 현의 길이는 중심각의 크기에 정비례하지 않으므로

$\overline{EF}\ne\dfrac{1}{2}\overline{AC}$ **답 ②**

0613 $\overline{OA}=\overline{OB}$(반지름)이므로

$\angle OAB=\angle OBA=\dfrac{1}{2}\times(180°-120°)=30°$

$\overline{AB}/\!/\overline{CD}$이므로

$\angle AOC=\angle OAB=30°$(엇각)

호의 길이는 중심각의 크기에 정비례하므로

$\overset{\frown}{AB}:\overset{\frown}{AC}=120:30$, $12:\overset{\frown}{AC}=4:1$

$4\overset{\frown}{AC}=12$ ∴ $\overset{\frown}{AC}=3$ cm   **답 ②**

0614 $\overline{AB}/\!/\overline{CO}$이므로

$\angle OAB=\angle AOC=40°$(엇각)

△OAB에서 $\overline{OA}=\overline{OB}$(반지름)이므로

$\angle OBA=\angle OAB=40°$

∴ $\angle AOB=180°-(40°+40°)=100°$

이때 $\overset{\frown}{AB}:6=100:40$이므로

$\overset{\frown}{AB}:6=5:2$ ∴ $\overset{\frown}{AB}=15$ cm   **답 15 cm**

0615 오른쪽 그림에서 $\overline{DO}=\overline{DP}$이므로

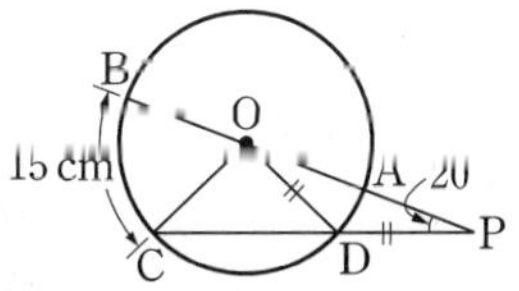

$\angle DOP=\angle DPO=20°$

△ODP에서 삼각형의 외각의 성질에 의하여

$\angle ODC=20°+20°=40°$

△OCD에서 $\overline{OC}=\overline{OD}$(반지름)이므로

$\angle OCD=\angle ODC=40°$

<hr>⑦

△OCP에서 삼각형의 외각의 성질에 의하여

$\angle BOC=40°+20°=60°$

<hr>⑪

호의 길이는 중심각의 크기에 정비례하므로

$15:\overset{\frown}{AD}=60:20$, $15:\overset{\frown}{AD}=3:1$

∴ $\overset{\frown}{AD}=5$ cm

<hr>⑭

답 5 cm

단계	채점요소	배점
⑦	∠OCD의 크기 구하기	40%
⑪	∠BOC의 크기 구하기	20%
⑭	$\overset{\frown}{AD}$의 길이 구하기	40%

0616 $\angle OPD=\angle x$라 하면 $\overline{DO}=\overline{DP}$이므로 $\angle DOP=\angle x$

∴ $\angle ODC=\angle OPD+\angle DOP=2\angle x$

△OCD에서 $\overline{OC}=\overline{OD}$(반지름)이므로

$\angle OCD=\angle ODC=2\angle x$

∴ $\angle AOC=\angle OCP+\angle OPC=3\angle x$

이때 $4:\overset{\frown}{AC}=\angle x:3\angle x$이므로

$4:\overset{\frown}{AC}=1:3$ ∴ $\overset{\frown}{AC}=12$ cm   **답 12 cm**

0617 (1) (색칠한 부분의 둘레의 길이)

$=2\pi\times6\times\dfrac{1}{2}+2\pi\times4\times\dfrac{1}{2}+2\pi\times2\times\dfrac{1}{2}$

$=6\pi+4\pi+2\pi$

$=12\pi$(cm)

(2) (색칠한 부분의 넓이)

　＝(지름의 길이가 12 cm인 반원의 넓이)

　　　　＋(지름의 길이가 4 cm인 반원의 넓이)

　　　　－(지름의 길이가 8 cm인 반원의 넓이)

　＝$\pi \times 6^2 \times \dfrac{1}{2} + \pi \times 2^2 \times \dfrac{1}{2} - \pi \times 4^2 \times \dfrac{1}{2}$

　＝$18\pi + 2\pi - 8\pi$

　＝$12\pi(\text{cm}^2)$　　　　　　📋 (1) **12π cm** (2) **12π cm^2**

0618 (색칠한 부분의 둘레의 길이)＝$2\pi \times 7 + 2\pi \times 5$

　　　　　　　　　　　　　　＝$14\pi + 10\pi$

　　　　　　　　　　　　　　＝$24\pi(\text{cm})$

(색칠한 부분의 넓이)＝$\pi \times 7^2 - \pi \times 5^2 = 49\pi - 25\pi$

　　　　　　　　　　　　＝$24\pi(\text{cm}^2)$

📋 **둘레의 길이 : 24π cm, 넓이 : 24π cm^2**

0619 가장 큰 원의 지름의 길이가 $2 \times 2 + 2 \times 6 = 16(\text{cm})$이

므로 반지름의 길이는 8 cm이다.

(1) (색칠한 부분의 둘레의 길이)

　＝$2\pi \times 8 + 2\pi \times 6 + 2\pi \times 2$

　＝$32\pi(\text{cm})$

──────────────────────── ㉮

(2) (색칠한 부분의 넓이)

　＝(가장 큰 원의 넓이)－(작은 원 2개의 넓이)

　＝$\pi \times 8^2 - (\pi \times 6^2 + \pi \times 2^2)$

　＝$24\pi(\text{cm}^2)$

──────────────────────── ㉯

📋 (1) **32π cm** (2) **24π cm^2**

단계	채점요소	배점
㉮	색칠한 부분의 둘레의 길이 구하기	50%
㉯	색칠한 부분의 넓이 구하기	50%

0620 $\overline{AB} = \overline{BC} = \overline{CD} = 8$ cm이고

$\overparen{AB} = \overparen{CD}$, $\overparen{AC} = \overparen{BD}$이므로

(색칠한 부분의 둘레의 길이)

＝$2(\overparen{AB} + \overparen{AC})$

＝$2\left(2\pi \times 4 \times \dfrac{1}{2} + 2\pi \times 8 \times \dfrac{1}{2}\right)$

＝$2(4\pi + 8\pi) = 24\pi(\text{cm})$　　　📋 ④

0621 (호의 길이)＝$2\pi \times 12 \times \dfrac{150}{360}$

　　　　　　　＝$24\pi \times \dfrac{5}{12}$

　　　　　　　＝$10\pi(\text{cm})$

(넓이)＝$\pi \times 12^2 \times \dfrac{150}{360}$

　　　＝$144\pi \times \dfrac{5}{12}$

　　　＝$60\pi(\text{cm}^2)$　　　📋 **호의 길이 : 10π cm, 넓이 : 60π cm^2**

0622 (1) $\dfrac{1}{2} \times 6 \times 8\pi = 24\pi(\text{cm}^2)$

(2) 부채꼴의 반지름의 길이를 r cm라 하면

$\dfrac{1}{2} \times r \times 6\pi = 45\pi$　　$\therefore r = 15$

따라서 부채꼴의 반지름의 길이는 15 cm이다.

(3) 호의 길이를 l cm라 하면

$\dfrac{1}{2} \times 8 \times l = 20\pi$　　$\therefore l = 5\pi$

따라서 부채꼴의 호의 길이는 5π cm이다.

📋 (1) **24π cm^2** (2) **15 cm** (3) **5π cm**

0623 색칠한 부분을 모으면 중심각의 크기가

$30° + 40° + 30° + 20° = 120°$

인 부채꼴이 되므로

$\pi \times 9^2 \times \dfrac{120}{360} = 81\pi \times \dfrac{1}{3} = 27\pi(\text{cm}^2)$　　📋 **27π cm^2**

0624 (1) 부채꼴의 반지름의 길이를 r cm라 하면

$2\pi r \times \dfrac{240}{360} = 12\pi$, $2\pi r \times \dfrac{2}{3} = 12\pi$

$\therefore r = 9$

따라서 부채꼴의 반지름의 길이가 9 cm이므로

(부채꼴의 넓이)＝$\dfrac{1}{2} \times 9 \times 12\pi = 54\pi(\text{cm}^2)$

(2) 부채꼴의 반지름의 길이를 r cm, 중심각의 크기를 $x°$라 하면

$5\pi = \dfrac{1}{2} r\pi$　　$\therefore r = 10$

즉, 반지름의 길이가 10 cm이므로

$\pi = 2\pi \times 10 \times \dfrac{x}{360}$에서 $x = 18$

따라서 부채꼴의 중심각의 크기는 18°이다.

📋 (1) **54π cm^2** (2) **18°**

0625 (1) (색칠한 부분의 둘레의 길이)

　＝$2\pi \times 10 \times \dfrac{120}{360} + 2\pi \times (10 - 5) \times \dfrac{120}{360} + 2 \times 5$

　＝$\dfrac{20}{3}\pi + \dfrac{10}{3}\pi + 10$

　＝$10\pi + 10(\text{cm})$

(2) (색칠한 부분의 넓이)＝$\pi \times 10^2 \times \dfrac{120}{360} - \pi \times 5^2 \times \dfrac{120}{360}$

　　　　　　　　　　　　＝$\dfrac{100}{3}\pi - \dfrac{25}{3}\pi = 25\pi(\text{cm}^2)$

📋 (1) **$(10\pi + 10)$ cm** (2) **25π cm^2**

0626 (색칠한 부분의 넓이)$=\pi \times 12^2 \times \dfrac{60}{360} - \pi \times 6^2 \times \dfrac{60}{360}$

$$=18\pi(\text{cm}^2) \qquad \text{탑} \ ④$$

0627 (1) (색칠한 부분의 둘레의 길이)

$$=2\pi \times 8 \times \dfrac{45}{360} + 2\pi \times 4 \times \dfrac{45}{360} + 2 \times 4$$

$$=3\pi + 8(\text{cm})$$

(2) (색칠한 부분의 넓이)$=\pi \times 8^2 \times \dfrac{45}{360} - \pi \times 4^2 \times \dfrac{45}{360}$

$$=6\pi(\text{cm}^2)$$

$$\text{탑} \ (1) \ \boldsymbol{(3\pi+8)} \ \textbf{cm} \quad (2) \ \boldsymbol{6\pi} \ \textbf{cm}^2$$

0628 중심각의 크기를 $x°$라 하면

$$2\pi \times 9 \times \dfrac{x}{360} = 6\pi \qquad \therefore x=120$$

즉, 중심각의 크기는 $120°$이다.

———————————————————————— ㉮

$\therefore$ (색칠한 부분의 넓이)$=\pi \times 9^2 \times \dfrac{120}{360} - \pi \times 4^2 \times \dfrac{120}{360}$

$$=27\pi - \dfrac{16}{3}\pi = \dfrac{65}{3}\pi(\text{cm}^2)$$

———————————————————————— ㉯

$$\text{탑} \ \boldsymbol{\dfrac{65}{3}\pi} \ \textbf{cm}^2$$

단계	채점요소	배점
㉮	중심각의 크기 구하기	40%
㉯	색칠한 부분의 넓이 구하기	60%

0629 (색칠한 부분의 둘레의 길이)

$$=2\pi \times 6 \times \dfrac{1}{4} + \left(2\pi \times 3 \times \dfrac{1}{2}\right) \times 2$$

$$=3\pi + 6\pi = 9\pi(\text{cm}) \qquad \text{탑} \ \boldsymbol{9\pi} \ \textbf{cm}$$

0630 (색칠한 부분의 둘레의 길이)

$$=2\pi \times 5 \times \dfrac{1}{2} + 2\pi \times 10 \times \dfrac{1}{4} + 10$$

$$=5\pi + 5\pi + 10 = 10\pi + 10(\text{cm}) \qquad \text{탑} \ \boldsymbol{(10\pi+10)} \ \textbf{cm}$$

0631 색칠한 부분의 둘레의 길이는 반지름의 길이가 6 cm인 두 원의 둘레의 길이의 합과 같다.

$$\therefore (2\pi \times 6) \times 2 = 24\pi(\text{cm}) \qquad \text{탑} \ \boldsymbol{24\pi} \ \textbf{cm}$$

0632 (색칠한 부분의 둘레의 길이)

$$=\widehat{AB} + \widehat{CB} + \overline{AC}$$

$$=2\pi \times 6 \times \dfrac{1}{2} + 2\pi \times 12 \times \dfrac{30}{360} + 12$$

$$=6\pi + 2\pi + 12$$

$$=8\pi + 12(\text{cm}) \qquad \text{탑} \ \boldsymbol{(8\pi+12)} \ \textbf{cm}$$

0633 구하는 넓이는 오른쪽 그림에서 ㉠의 넓이의 8배와 같으므로

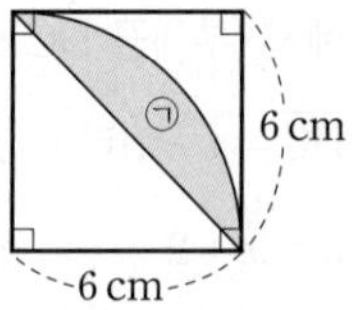

$$8 \times \left(\pi \times 6^2 \times \dfrac{1}{4} - \dfrac{1}{2} \times 6 \times 6\right)$$

$$=8 \times (9\pi - 18)$$

$$=72\pi - 144(\text{cm}^2) \qquad \text{탑} \ ⑤$$

0634 구하는 넓이는 오른쪽 그림에서 ㉠의 넓이의 16배와 같으므로

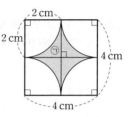

$$\left(2 \times 2 - \pi \times 2^2 \times \dfrac{1}{4}\right) \times 16$$

$$=64 - 16\pi(\text{cm}^2)$$

$$\text{탑} \ \boldsymbol{(64-16\pi)} \ \textbf{cm}^2$$

0635 구하는 넓이는 사다리꼴의 넓이에서 사분원의 넓이를 뺀 것과 같으므로

$$\dfrac{1}{2} \times (4+8) \times 4 - \pi \times 4^2 \times \dfrac{1}{4} = 24 - 4\pi(\text{cm}^2)$$

$$\text{탑} \ \boldsymbol{(24-4\pi)} \ \textbf{cm}^2$$

0636 오른쪽 그림에서 (색칠한 부분의 넓이)

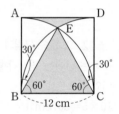

$$=(\text{정사각형 ABCD의 넓이})$$

$$\quad -(\text{부채꼴 ABE의 넓이}) \times 2$$

$$=12 \times 12 - \left(\pi \times 12^2 \times \dfrac{30}{360}\right) \times 2$$

$$=144 - 24\pi(\text{cm}^2) \qquad \text{탑} \ \boldsymbol{(144-24\pi)} \ \textbf{cm}^2$$

0637 (색칠한 부분의 넓이)

$$=(\text{부채꼴 B'AB의 넓이})$$

$$\quad +(\text{지름이 } \overline{AB'} \text{인 반원의 넓이}) - (\text{지름이 } \overline{AB} \text{인 반원의 넓이})$$

$$=\pi \times 10^2 \times \dfrac{60}{360} + \pi \times 5^2 \times \dfrac{1}{2} - \pi \times 5^2 \times \dfrac{1}{2}$$

$$=\dfrac{50}{3}\pi(\text{cm}^2) \qquad \text{탑} \ \boldsymbol{\dfrac{50}{3}\pi} \ \textbf{cm}^2$$

0638 (색칠한 부분의 넓이)

$$=(\text{지름이 } \overline{AB} \text{인 반원의 넓이}) + (\text{지름이 } \overline{AC} \text{인 반원의 넓이})$$

$$\quad +(\triangle ABC \text{의 넓이}) - (\text{지름이 } \overline{BC} \text{인 반원의 넓이})$$

$$=\pi \times 2^2 \times \dfrac{1}{2} + \pi \times \left(\dfrac{3}{2}\right)^2 \times \dfrac{1}{2} + \dfrac{1}{2} \times 4 \times 3 - \pi \times \left(\dfrac{5}{2}\right)^2 \times \dfrac{1}{2}$$

$$=2\pi + \dfrac{9}{8}\pi + 6 - \dfrac{25}{8}\pi = 6(\text{cm}^2) \qquad \text{탑} \ \boldsymbol{6} \ \textbf{cm}^2$$

0639 (색칠한 부분의 넓이)$=(\text{직사각형 ABCD의 넓이})$이므로 (직사각형 ABCD의 넓이)$+$(부채꼴 DCE의 넓이)

$$\qquad\qquad\qquad - (\triangle ABE \text{의 넓이})$$

$$=(\text{직사각형 ABCD의 넓이})$$

에서 (부채꼴 DCE의 넓이)=(△ABE의 넓이)

$\overline{BC}=x$ cm라 하면 $\pi\times2^2\times\dfrac{1}{4}=\dfrac{1}{2}\times(x+2)\times2$

$\pi=x+2$ $\therefore x=\pi-2$

$\therefore$ (색칠한 부분의 넓이)$=2x=2(\pi-2)(\text{cm}^2)$

답 $2(\pi-2)\ \text{cm}^2$

0640 (색칠한 부분의 넓이)

=(직사각형 ANOD의 넓이)+(부채꼴 DOM의 넓이)

$\qquad\qquad\qquad\qquad$ $-$(△ANM의 넓이)

$=2\times4+\pi\times2^2\times\dfrac{1}{4}-\dfrac{1}{2}\times6\times2$

$=8+\pi-6=2+\pi(\text{cm}^2)$ **답** $(2+\pi)\ \text{cm}^2$

0641 오른쪽 그림과 같이 이동하면 구하는 넓이는

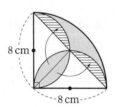

$\pi\times8^2\times\dfrac{1}{4}-\dfrac{1}{2}\times8\times8$

$=16\pi-32(\text{cm}^2)$

답 $(16\pi-32)\ \text{cm}^2$

0642 오른쪽 그림과 같이 이동하면 구하는 넓이는 직사각형 EBCF의 넓이와 같으므로

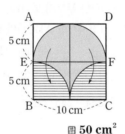

$10\times5=50(\text{cm}^2)$

답 $50\ \text{cm}^2$

0643 오른쪽 그림과 같이 반원을 이동하면 구하는 넓이는 한 변의 길이가 5 cm인 정사각형의 넓이의 2배와 같다.   **㉮**

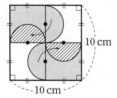

$\therefore (5\times5)\times2=50(\text{cm}^2)$ **㉯**

답 $50\ \text{cm}^2$

단계	채점요소	배점
㉮	도형의 일부분을 적당히 이동하기	60 %
㉯	색칠한 부분의 넓이 구하기	40 %

0644 오른쪽 그림과 같이 반원을 이동 하면 구하는 넓이는 가로의 길이가 8 cm, 세로의 길이가 16 cm인 직사각형의 넓이 와 같다.

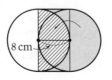

$\therefore 8\times16=128(\text{cm}^2)$ **답** $128\ \text{cm}^2$

0645 오른쪽 그림에서 곡선 부분의 길이는

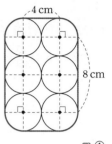

$\left(2\pi\times2\times\dfrac{1}{4}\right)\times4=4\pi(\text{cm})$

직선 부분의 길이는

$8+4+8+4=24(\text{cm})$

따라서 끈의 길이의 최솟값은

$4\pi+24=4(\pi+6)(\text{cm})$ **답** ①

0646 오른쪽 그림에서 곡선 부분의 길 이는

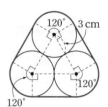

$2\pi\times3=6\pi(\text{cm})$

직선 부분의 길이는

$6+6+6=18(\text{cm})$

따라서 끈의 길이의 최솟값은

$(6\pi+18)\ \text{cm}$ **답** $(6\pi+18)\ \text{cm}$

0647

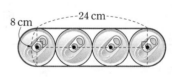
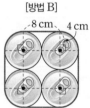

위의 그림에서

(방법 A의 끈의 길이의 최솟값)$=2\pi\times4+24+24$

$\qquad\qquad\qquad\qquad\qquad\quad =8\pi+48(\text{cm})$

(방법 B의 끈의 길이의 최솟값)$=2\pi\times4+8+8+8+8$

$\qquad\qquad\qquad\qquad\qquad\quad =8\pi+32(\text{cm})$

$\therefore$ (두 방법 A와 B의 끈의 길이의 차이)

$\qquad =(8\pi+48)-(8\pi+32)=16(\text{cm})$ **답** $16\ \text{cm}$

0648 원이 지나간 자리는 오른쪽 그림과 같고

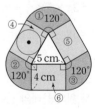

①+②+③$=\pi\times4^2=16\pi(\text{cm}^2)$

따라서 원이 지나간 자리의 넓이는

(①+②+③)+(④+⑤+⑥)

$=16\pi+(4\times5)\times3$

$=16\pi+60(\text{cm}^2)$ **답** $(16\pi+60)\ \text{cm}^2$

0649 원의 중심이 지나간 자리는 오른쪽 그림과 같고 곡선 부분의 길이는

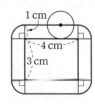

$2\pi\times1=2\pi(\text{cm})$

직선 부분의 길이는

$3+4+3+4=14(\text{cm})$

따라서 원의 중심이 움직인 거리는 $(2\pi+14)$ cm이다.

또, 오른쪽 그림과 같이 원이 지나간 자리의 넓이는

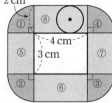

$(①+②+③+④)+(⑤+⑥+⑦+⑧)$
$=\pi\times2^2+(3\times2)\times2+(4\times2)\times2$
$=4\pi+28\,(\text{cm}^2)$

📖 $(2\pi+14)$ cm, $(4\pi+28)$ cm²

0650 오른쪽 그림과 같이
$\angle ABC=\angle A'BC'=60°$이므로
$\angle ABA'=180°-60°=120°$

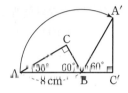

점 A가 움직인 거리는 중심각의 크기가 120°이고 반지름의 길이가 8 cm인 부채꼴의 호의 길이와 같으므로
$2\pi\times8\times\dfrac{120}{360}=\dfrac{16}{3}\pi\,(\text{cm})$

📖 $\dfrac{16}{3}\pi$ cm

0651

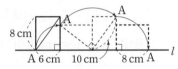

위의 그림에서 점 A가 움직인 거리는
$2\pi\times6\times\dfrac{1}{4}+2\pi\times10\times\dfrac{1}{4}+2\pi\times8\times\dfrac{1}{4}=3\pi+5\pi+4\pi$
$\qquad\qquad\qquad\qquad\qquad\qquad\quad=12\pi\,(\text{cm})$

📖 **12π cm**

📖 중단원 마무리하기   본문 p.94~98

0652 ④ 원 위의 두 점 A, B를 양 끝 점으로 하는 호는 $\overparen{AB}$, $\overparen{ACB}$의 2개이다.

📖 ④

0653 $(x-3):(x+16)=9:12$
$(x-3):(x+16)=3:4$
$3(x+16)=4(x-3)$
$3x+48=4x-12$ ∴ $x=60$

📖 **60**

0654 ㄱ. 현의 길이는 중심각의 크기에 정비례하지 않으므로
$\overline{BC}\neq2\overline{AB}$

ㄴ. $\overparen{AB}:\overparen{BC}:\overparen{CPA}=1:2:6$이므로
$\angle AOB=360°\times\dfrac{1}{1+2+6}=40°$

ㄷ. $4:\overparen{CPA}=1:6$ ∴ $\overparen{CPA}=24$ cm

ㄹ. (부채꼴 BOC의 넓이)$=\pi\times6^2\times\dfrac{80}{360}=8\pi\,(\text{cm}^2)$

따라서 옳은 것은 ㄴ, ㄷ이다.

📖 ③

0655 오른쪽 그림과 같이 $\overline{OC}$를 그으면 $\overline{OA}=\overline{OC}$이므로 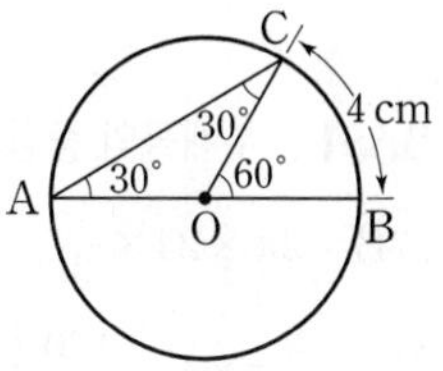
$\angle ACO=\angle OAC=30°$
∴ $\angle AOC=180°-(30°+30°)$
$\qquad\qquad\quad=120°$

$\triangle AOC$에서 $\angle COB=30°+30°=60°$

이때 $\overparen{AC}:\overparen{BC}=\angle AOC:\angle BOC$이므로
$\overparen{AC}:4=120:60$, $\overparen{AC}:4=2:1$ ∴ $\overparen{AC}=8$ cm

📖 ①

0656 $\overline{AC}\parallel\overline{OD}$이므로 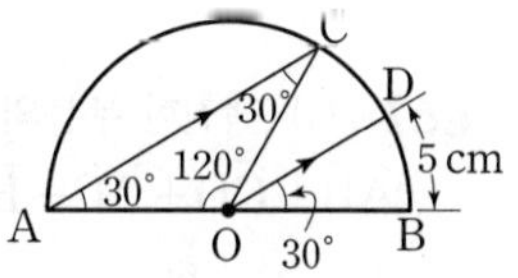
$\angle CAO=\angle DOB=30°$(동위각)

오른쪽 그림과 같이 $\overline{OC}$를 그으면
$\overline{AO}=\overline{CO}$이므로
$\angle ACO=\angle CAO=30°$
∴ $\angle AOC=180°-(30°+30°)=120°$

이때 $\overparen{AC}:5=120:30$이므로
$\overparen{AC}:5=4:1$ ∴ $\overparen{AC}=20$ cm

📖 **20 cm**

0657 ① 부채꼴의 넓이는 중심각의 크기에 정비례하므로
$48:12=\angle AOB:30°$, $4:1=\angle AOB:30°$
∴ $\angle AOB=120°$

④ 현의 길이는 중심각의 크기에 정비례하지 않으므로
$\overline{AB}\neq4\overline{EF}$

📖 ④

0658 $\overline{PC}=\overline{CO}$이므로 $\angle COP=\angle CPO=20°$

$\triangle PCO$에서 $\angle OCD=20°+20°=40°$

$\overline{OC}=\overline{OD}$이므로 $\angle ODC=\angle OCD=40°$

$\triangle OPD$에서 $\angle BOD=20°+40°=60°$

이때 $\overparen{AC}:\overparen{BD}=\angle AOC:\angle BOD$이므로
$5:\overparen{BD}=20:60$, $5:\overparen{BD}=1:3$
∴ $\overparen{BD}=15$ cm

📖 **15 cm**

0659 부채꼴의 반지름의 길이를 r cm라 하면
$6\pi=\dfrac{1}{2}\times r\times2\pi$ ∴ $r=6$

부채꼴의 중심각의 크기를 $x°$라 하면
$2\pi=2\pi\times6\times\dfrac{x}{360}$ ∴ $x=60$

따라서 부채꼴의 중심각의 크기는 60°이다.

📖 ④

0660 정오각형의 한 내각의 크기는
$\dfrac{180°\times(5-2)}{5}=108°$

따라서 구하는 넓이는 중심각의 크기가 $108°$이고 반지름의 길이가 $10\,cm$인 부채꼴의 넓이이므로

$$\pi \times 10^2 \times \frac{108}{360} = 30\pi\,(cm^2)$$

目 30π cm²

0661 부채꼴의 중심각의 크기를 $x°$, $\overline{CO}$의 길이를 $r\,cm$라 하면

$$\widehat{AB} = 2\pi \times 24 \times \frac{x}{360} = 16\pi \text{에서 } x = 120$$

$$\widehat{CD} = 2\pi \times r \times \frac{120}{360} = 12\pi \text{에서 } r = 18$$

이므로 부채꼴의 중심각의 크기는 $120°$, $\overline{CO} = 18\,cm$이다.

$$\therefore \text{(색칠한 부분의 넓이)} = \frac{1}{2} \times 24 \times 16\pi - \frac{1}{2} \times 18 \times 12\pi$$
$$= 84\pi\,(cm^2)$$

目 84π cm²

0662 (1) (색칠한 부분의 둘레의 길이)

$$= \widehat{AB} + \widehat{CD} + \overline{AC} + \overline{BD}$$

$$= 2\pi \times 8 \times \frac{60}{360} + 2\pi \times 4 \times \frac{60}{360} + 4 + 4$$

$$= 4\pi + 8\,(cm)$$

(2) (색칠한 부분의 넓이) $= \pi \times 8^2 \times \dfrac{60}{360} - \pi \times 4^2 \times \dfrac{60}{360}$

$$= \frac{32}{3}\pi - \frac{8}{3}\pi = 8\pi\,(cm^2)$$

目 (1) (4π+8) cm　(2) 8π cm²

0663 색칠한 부분의 넓이가 $\dfrac{9}{2}\pi\,cm^2$이므로

$$\frac{9}{2}\pi = (\pi \times 6^2 - \pi \times 3^2) \times \frac{x}{360},\ x = 60$$

$$\therefore \angle x = 60°$$

目 60°

0664 두 원의 반지름의 길이가 $12\,cm$이므로

$$\overline{OA} = \overline{O'A} = \overline{OO'} = 12\,cm$$

따라서 $\triangle AOO'$은 정삼각형이므로 $\angle AOO' = 60°$

마찬가지로 $\triangle BOO'$도 정삼각형이므로 $\angle BOO' = 60°$

$$\therefore \angle AOB = 120°$$

따라서 색칠한 부분의 둘레의 길이는 호 AB의 길이의 2배이므로

$$\left(2\pi \times 12 \times \frac{120}{360}\right) \times 2 = 16\pi\,(cm)$$

目 ⑤

0665 오른쪽 그림에서 $\triangle ABH$, $\triangle BCE$는 정삼각형이므로

$\angle ABH = 60°$에서

$\angle HBC = 90° - 60° = 30°$

$\angle EBC = 60°$에서

$\angle ABE = 90° - 60° = 30°$

$\therefore \angle EBH = 30°$

$$\therefore \widehat{EH} = 2\pi \times 9 \times \frac{30}{300} = \frac{3}{2}\pi\,(cm)$$

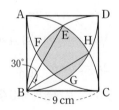

이때 색칠한 부분의 둘레의 길이는 $\widehat{EH}$의 길이의 4배이므로

$$\frac{3}{2}\pi \times 4 = 6\pi\,(cm)$$

目 6π cm

0666 $\overline{BC} = \overline{BE} = \overline{CE} = 4\,cm$이므로 $\triangle BCE$는 정삼각형이다.

이때 $\angle EBC = \angle ECB = 60°$이므로

$$\angle ABE = \angle DCE = 30°$$

$$\therefore \widehat{AE} = \widehat{ED} = 2\pi \times 4 \times \frac{30}{360} = \frac{2}{3}\pi\,(cm)$$

$\therefore$ (색칠한 부분의 둘레의 길이)

$$= \widehat{AE} + \widehat{ED} + \overline{AD} + (\triangle BCE\text{의 둘레의 길이})$$

$$= \frac{2}{3}\pi + \frac{2}{3}\pi + 4 + 3 \times 4 = 16 + \frac{4}{3}\pi\,(cm)$$

目 ④

0667 (색칠한 부분의 둘레의 길이)

$$= 2\pi \times \frac{13}{2} \times \frac{1}{2} + 2\pi \times 6 \times \frac{1}{2} + 2\pi \times \frac{5}{2} \times \frac{1}{2} = 15\pi\,(cm)$$

(색칠한 부분의 넓이)

$$= \frac{1}{2} \times 12 \times 5 + \pi \times 6^2 \times \frac{1}{2} + \pi \times \left(\frac{5}{2}\right)^2 \times \frac{1}{2} - \pi \times \left(\frac{13}{2}\right)^2 \times \frac{1}{2}$$

$$= 30\,(cm^2)$$

目 둘레의 길이 : 15π cm, 넓이 : 30 cm²

0668 오른쪽 그림에서

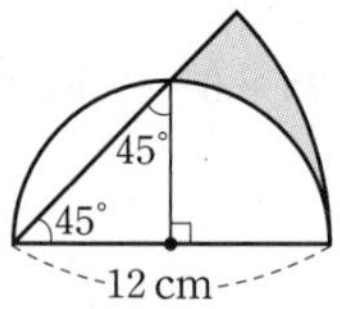

(색칠한 부분의 넓이)

$$= \pi \times 12^2 \times \frac{45}{360}$$

$$\qquad - \left(\frac{1}{2} \times 6 \times 6 + \pi \times 6^2 \times \frac{1}{4}\right)$$

$$= 18\pi - (18 + 9\pi) = 9\pi - 18\,(cm^2)$$

目 (9π−18) cm²

0669 색칠한 두 부분 ㈎와 ㈏의 넓이가 같으므로 직사각형 ABCD의 넓이와 부채꼴 BCE의 넓이는 같다.

즉, $10 \times \overline{AB} = \pi \times 10^2 \times \dfrac{1}{4}$

$$\therefore \overline{AB} = \frac{5}{2}\pi\,cm$$

目 $\dfrac{5}{2}$π cm

0670 (색칠한 부분의 넓이) = (직사각형 ABCD의 넓이)이므로

(직사각형 ABCD의 넓이) + (부채꼴 DCE의 넓이)

$$\qquad\qquad - (\triangle ABE\text{의 넓이})$$

$= $ (직사각형 ABCD의 넓이)

에서

(부채꼴 DCE의 넓이) = ($\triangle$ABE의 넓이)

$\overline{BC} = x\,cm$라 하면 $\pi \times 4^2 \times \dfrac{1}{4} = \dfrac{1}{2} \times (x+4) \times 4$

$$4\pi = 2x + 8 \quad \therefore x = 2\pi - 4$$

$\therefore$ (색칠한 부분의 넓이) $= 4x = 8\pi - 16\,(cm^2)$

目 (8π−16) cm²

0671 (색칠한 부분의 둘레의 길이)

$=\left(2\pi\times4\times\frac{1}{2}\right)\times2+8+8$

$=8\pi+16(\text{cm})$

오른쪽 그림과 같이 이동하면

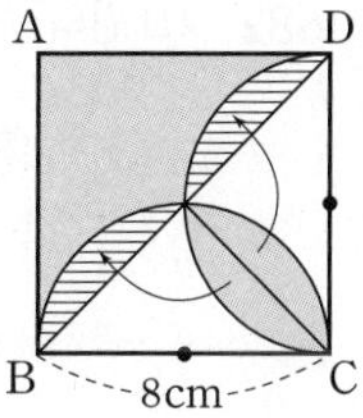

(색칠한 부분의 넓이) $=\frac{1}{2}\times8\times8$

$=32(\text{cm}^2)$

답 **둘레의 길이 : $(8\pi+16)$ cm, 넓이 : 32 cm²**

0672 오른쪽 그림과 같이 이동하면

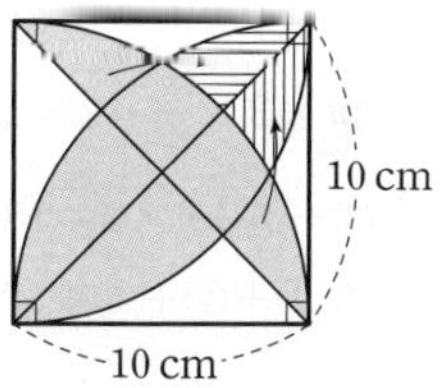

(색칠한 부분의 넓이)

$=\left(\pi\times10^2\times\frac{1}{4}-\frac{1}{2}\times10\times10\right)\times2$

$=(25\pi-50)\times2$

$=50\pi-100(\text{cm}^2)$

답 **$(50\pi-100)$ cm²**

0673 다음 그림과 같이 이동하면 색칠한 부분의 넓이는

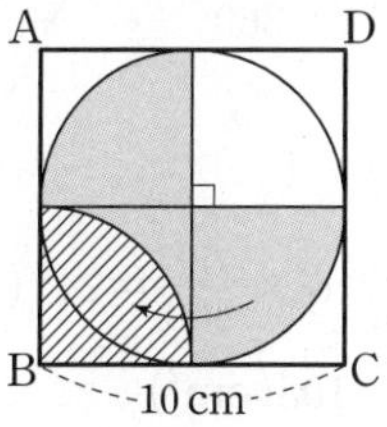

(반지름의 길이가 5 cm인 사분원의 넓이)

+(한 변의 길이가 5 cm인 정사각형의 넓이)

$=\pi\times5^2\times\frac{1}{4}+5^2$

$=\frac{25}{4}\pi+25(\text{cm}^2)$

답 **$\left(\frac{25}{4}\pi+25\right)$ cm²**

0674 오른쪽 그림에서

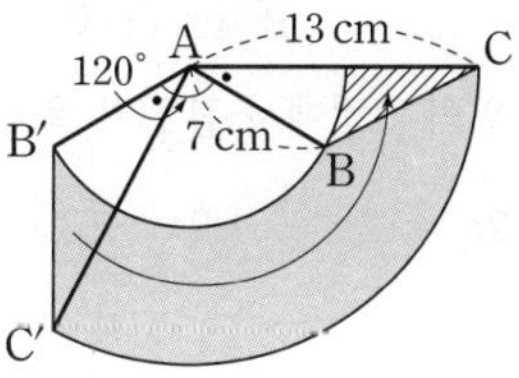

△AB′C′≡△ABC (SAS 합동)

이므로

(색칠한 부분의 넓이)

=(△AB′C′의 넓이)

+(부채꼴 AC′C의 넓이)−(△ABC의 넓이)

−(부채꼴 AB′B의 넓이)

=(부채꼴 AC′C의 넓이)−(부채꼴 AB′B의 넓이)

$=\pi\times13^2\times\frac{120}{360}-\pi\times7^2\times\frac{120}{360}$

$=\frac{169}{3}\pi-\frac{49}{3}\pi$

$=40\pi(\text{cm}^2)$

답 **40π cm²**

0675 강아지가 움직일 수 있는 영역은 오른쪽 그림의 색칠한 부분과 같다.

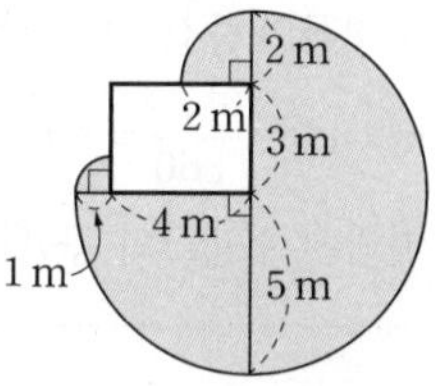

$\therefore$ (넓이) $=\pi\times5^2\times\frac{3}{4}+\pi\times1^2\times\frac{1}{4}$

$+\pi\times2^2\times\frac{1}{4}$

$=\frac{75}{4}\pi+\frac{\pi}{4}+\pi=20\pi(\text{m}^2)$

답 **20π m²**

0676 오른쪽 그림에서

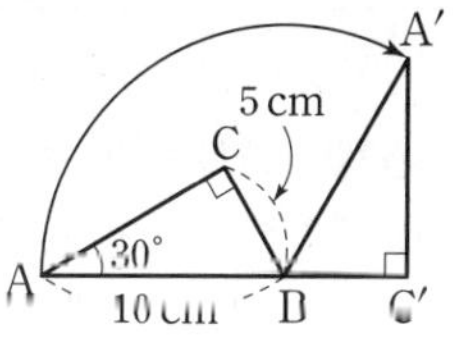

$\angle A'BC'=\angle ABC=60°$이므로

$\angle ABA'=180°-60°=120°$

점 A가 움직인 거리는 중심각의 크기가 120°이고 반지름의 길이가 10 cm인 부채꼴의 호의 길이와 같으므로

$2\pi\times10\times\frac{120}{360}=\frac{20}{3}\pi(\text{cm})$

답 **$\frac{20}{3}\pi$ cm**

0677 오른쪽 그림에서

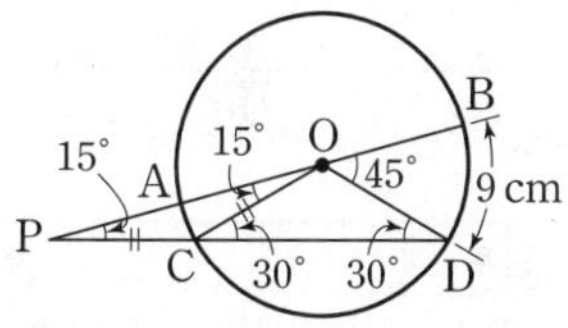

$\overline{PC}=\overline{OC}$이므로

$\angle COP=\angle CPO=15°$

………… ㉮

△PCO에서

$\angle OCD=15°+15°=30°$

………… ㉯

△OCD에서 $\overline{OC}=\overline{OD}$(반지름)이므로

$\angle ODC=\angle OCD=30°$

△OPD에서

$\angle BOD=15°+30°=45°$

………… ㉰

호의 길이는 중심각의 크기에 정비례하므로

$\widehat{AC}:9=15:45$, $\widehat{AC}:9=1:3$

$\therefore \widehat{AC}=3$ cm

………… ㉱

답 **3 cm**

단계	채점요소	배점
㉮	∠COP의 크기 구하기	20 %
㉯	∠OCD의 크기 구하기	20 %
㉰	∠BOD의 크기 구하기	20 %
㉱	$\widehat{AC}$의 길이 구하기	40 %

0678 부채꼴의 반지름의 길이를 r cm라 하면

$\frac{1}{2}\times r\times10\pi=50\pi \qquad \therefore r=10$

따라서 부채꼴의 반지름의 길이는 10 cm이다.

………… ㉮

부채꼴의 중심각의 크기를 $x°$라 하면

$\pi \times 10^2 \times \dfrac{x}{360} = 50\pi$ $\therefore x = 180$

따라서 부채꼴의 중심각의 크기는 $180°$이다.

-- ❹

답 10 cm, 180°

단계	채점요소	배점
㉮	부채꼴의 반지름의 길이 구하기	40%
㉯	부채꼴의 중심각의 크기 구하기	60%

0679 $\overline{AB} = \overline{BC} = \overline{CD} = 6$ cm이므로

(1) (색칠한 부분의 둘레의 길이) $= 2\pi \times 9 + 2\pi \times 6 + 2\pi \times 3$

$\qquad = 18\pi + 12\pi + 6\pi$

$\qquad = 36\pi (\text{cm})$

-- ㉮

(2) (색칠한 부분의 넓이) $= \pi \times 9^2 - \pi \times 6^2 + \pi \times 3^2$

$\qquad = 81\pi - 36\pi + 9\pi$

$\qquad = 54\pi (\text{cm}^2)$

-- ❹

답 (1) 36π cm (2) 54π cm²

단계	채점요소	배점
㉮	색칠한 부분의 둘레의 길이 구하기	50%
㉯	색칠한 부분의 넓이 구하기	50%

0680 (1) (색칠한 부분의 둘레의 길이)

$= 2\pi \times 6 \times \dfrac{240}{360} + 2\pi \times 3 + 6 \times 2$

$= 8\pi + 6\pi + 12 = 14\pi + 12 (\text{cm})$

-- ㉮

(2) (색칠한 부분의 넓이)

$= (\pi \times 6^2 - \pi \times 3^2) \times \dfrac{240}{360} + \pi \times 3^2 \times \dfrac{120}{360}$

$= 18\pi + 3\pi = 21\pi (\text{cm}^2)$

-- ❹

답 (1) $(14\pi + 12)$ cm (2) 21π cm²

단계	채점요소	배점
㉮	색칠한 부분의 둘레의 길이 구하기	50%
㉯	색칠한 부분의 넓이 구하기	50%

0681 (방법 A의 끈의 길이의 최솟값) $= 8 \times 2 + 2\pi \times 2$

$\qquad = 16 + 4\pi (\text{cm})$

(방법 B의 끈의 길이의 최솟값) $= 4 \times 3 + 2\pi \times 2$

$\qquad = 12 + 4\pi (\text{cm})$

$\therefore$ (두 방법 A와 B의 끈의 길이의 차이)

$= (16 + 4\pi) - (12 + 4\pi)$

$= 4(\text{cm})$

따라서 방법 A가 방법 B보다 끈이 4 cm 만큼 더 필요하다.

답 방법 A, 4 cm

0682 (1) 원의 중심이 지나간 자리는 다음 그림과 같다.

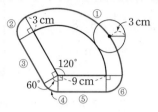

①: $2\pi \times 12 \times \dfrac{120}{360} = 8\pi (\text{cm})$

②+④+⑥:

$2\pi \times 3 \times \dfrac{1}{4} \times 2 + 2\pi \times 3 \times \dfrac{60}{360} = 4\pi (\text{cm})$

③+⑤: $9 \times 2 = 18 (\text{cm})$

$\therefore$ ①+②+③+④+⑤+⑥ $= 8\pi + 4\pi + 18$

$\qquad = 12\pi + 18 (\text{cm})$

(2) 원이 지나간 자리는 오른쪽 그림과 같다.

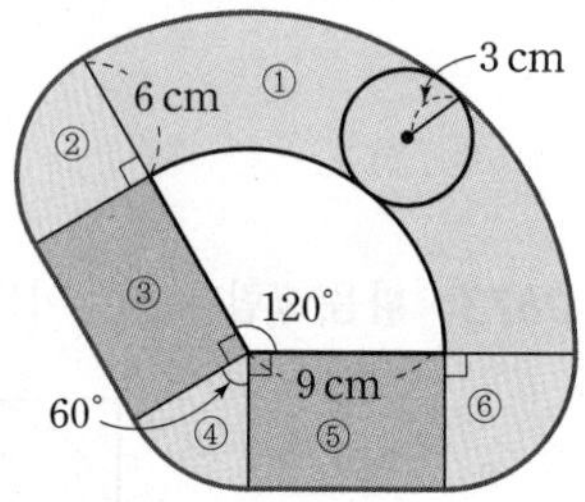

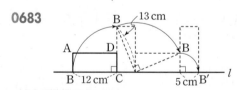

①: $\pi \times 15^2 \times \dfrac{120}{360}$

$\quad - \pi \times 9^2 \times \dfrac{120}{360}$

$= 48\pi (\text{cm}^2)$

②+④+⑥:

$\pi \times 6^2 \times \dfrac{1}{4} \times 2 + \pi \times 6^2 \times \dfrac{60}{360} = 24\pi (\text{cm}^2)$

③+⑤: $6 \times 9 \times 2 = 108 (\text{cm}^2)$

$\therefore$ ①+②+③+④+⑤+⑥ $= 48\pi + 24\pi + 108$

$\qquad = 72\pi + 108 (\text{cm}^2)$

답 (1) $(12\pi + 18)$ cm (2) $(72\pi + 108)$ cm²

0683

위의 그림에서 점 B가 움직인 거리는

$2\pi \times 12 \times \dfrac{1}{4} + 2\pi \times 13 \times \dfrac{1}{4} + 2\pi \times 5 \times \dfrac{1}{4} = 6\pi + \dfrac{13}{2}\pi + \dfrac{5}{2}\pi$

$\qquad = 15\pi (\text{cm})$

답 15π cm

06 다면체와 회전체

Ⅲ. 입체도형

📝 **교과서문제** 정복하기

본문 p.101, 103

0684 ㄱ. 원뿔, ㄴ. 구, ㄹ. 원기둥은 다각형인 면으로만 둘러싸인 입체도형이 아니다.
따라서 다면체인 것은 ㄷ, ㅁ이다. **답** ㄷ, ㅁ

0685 **답 5개, 오면체**

0686 **답 6개, 육면체**

0687 **답 7개**

0688 **답 10개**

0689 **답 사다리꼴**

0690 **답 5, 4, 5**

0691 **답 6, 4, 6**

0692 **답 9, 6, 9**

0693 **답 직사각형, 삼각형, 사다리꼴**

0694 **답 정다각형, 면**

0695 정다면체는 정사면체, 정육면체, 정팔면체, 정십이면체, 정이십면체의 5가지뿐이다. **답 ✕**

0696 한 꼭짓점에 정육각형이 세 개 모이면 평면이 된다.
따라서 면의 모양이 정육각형인 정다면체는 없다. **답 ✕**

0697 **답 ○**

0698 **답 정사면체, 정육면체, 정팔면체, 정십이면체, 정이십면체**

0699 **답 정십이면체**

0700 **답 정팔면체**

0701 주어진 전개도로 만든 입체도형
은 오른쪽 그림과 같다.

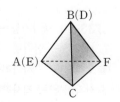

답 정사면체

0702 **답 점 E**

0703 **답** $\overline{DC}$

0704 회전체는 ㄴ. 구, ㄹ. 원기둥, ㅁ. 원뿔의 3개이다.
답 3개

0705 **답 회전체**

0706 **답 구**

0707 **답 원뿔대**

0708 **답**  **, 원뿔**

0709 **답** , 원기둥

0710 **답** , 원뿔대

0711 **답** , 구

0712 **답 원, 직사각형**

0713 **답 원, 이등변삼각형**

0714 **답 원, 등변사다리꼴**

0715 **답 원, 원**

0716 **답 ✕**

0717 **답 ✕**

06. 다면체와 회전체 **49**

0718 답 ○

0719 답

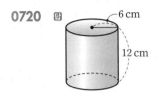
5 cm
3 cm

0720 답
6 cm
12 cm

본문 p.104~112

유형 익히기

0721 ② 오각형은 평면도형이다.
⑤ 원뿔은 다각형인 면으로만 둘러싸인 입체도형이 아니다.
답 ②, ⑤

0722 밑면이 2개, 옆면이 4개이므로 육면체이다. 답 **육면체**

0723 ① 직육면체 : 6개   ② 육각기둥 : 8개
③ 오각뿔 : 6개   ④ 칠각뿔대 : 9개
⑤ 정팔면체 : 8개
따라서 면의 개수가 가장 많은 것은 ④이다. 답 ④

0724 주어진 다면체의 면의 개수는 7개이다.
각 다면체의 면의 개수는 다음과 같다.
① 6개   ② 6개   ③ 7개   ④ 9개   ⑤ 20개
따라서 면의 개수가 7개인 것은 ③이다. 답 ③

0725 ① $3 \times 2 = 6$(개)   ② $4 + 1 = 5$(개)
③ $5 + 1 = 6$(개)   ④ $6 \times 2 = 12$(개)
⑤ $3 \times 2 = 6$(개) 답 ④

0726 ①, ②, ③, ④의 꼭짓점의 개수는 8개이고 ⑤의 꼭짓점의 개수는 5개이므로 나머지 넷과 다른 하나는 ⑤이다. 답 ⑤

0727 $a = 5 \times 2 = 10$, $b = 4 \times 3 = 12$이므로
$a + b = 10 + 12 = 22$ 답 **22**

0728 주어진 각기둥을 n각기둥이라 하면
$3n = 30$ $\therefore n = 10$

따라서 십각기둥의 면의 개수는 $10 + 2 = 12$(개)이므로 십이면체이다. 답 ④

0729 주어진 각뿔대를 n각뿔대라 하면
$3n = 27$ $\therefore n = 9$
따라서 구각뿔대의 면의 개수는
$x = 9 + 2 = 11$
꼭짓점의 개수는
$y = 9 \times 2 = 18$
$\therefore x + y = 11 + 18 = 29$ 답 ④

0730 주어진 각기둥을 n각기둥이라 하면
$2n = 14$ $\therefore n = 7$
따라서 칠각기둥의 면의 개수는
$x = 7 + 2 = 9$
모서리의 개수는
$y = 7 \times 3 = 21$
$\therefore x + y = 9 + 21 = 30$ 답 ⑤

0731 주어진 각뿔을 n각뿔이라 하면
$n + 1 = 6$ $\therefore n = 5$
⸺⸺⸺⸺⸺⸺⸺⸺⸺⸺⸺⸺⸺⸺ ㉮
따라서 오각뿔의 모서리의 개수는
$a = 5 \times 2 = 10$
꼭짓점의 개수는
$b = 5 + 1 = 6$
⸺⸺⸺⸺⸺⸺⸺⸺⸺⸺⸺⸺⸺⸺ ㉯
$\therefore a - b = 10 - 6 = 4$
⸺⸺⸺⸺⸺⸺⸺⸺⸺⸺⸺⸺⸺⸺ ㉰
답 **4**

단계	채점요소	배점
㉮	몇 각뿔인지 구하기	30%
㉯	a, b의 값 각각 구하기	60%
㉰	$a - b$의 값 구하기	10%

0732 주어진 각뿔을 n각뿔이라 하면
모서리의 개수는 $2n$개, 면의 개수는 $(n + 1)$개이므로
$2n + (n + 1) = 25$
$3n = 24$ $\therefore n = 8$
따라서 팔각뿔이므로 밑면은 팔각형이다. 답 ③

0733 ① 육각기둥 ― 직사각형
② 사각뿔 ― 삼각형
④ 오각뿔대 ― 사다리꼴
⑤ 사각기둥 ― 직사각형 답 ③

0734 밑면이 서로 평행하지만 합동이 아니므로 각뿔대이고, 밑면의 모양이 육각형이므로 육각뿔대이다.
또, 각뿔대의 옆면의 모양은 사다리꼴이다. **답 ③**

0735 옆면의 모양이 직사각형인 것은 각기둥이므로 ⑤이다.
답 ⑤

0736 옆면의 모양이 사각형인 것은
ㄱ. 정육면체 − 정사각형, ㄹ. 육각기둥 − 직사각형,
ㅁ. 사각뿔대 − 사다리꼴, ㅅ. 직육면체 − 직사각형,
ㅇ. 오각뿔대 − 사다리꼴
의 5개이다. **답 5개**

0737 조건 (개), (내)에서 이 입체도형은 각뿔대이다. 이 입체도형을 n각뿔대라 하면 조건 (대)에서
$2n=12$ ∴ $n=6$
따라서 구하는 입체도형은 육각뿔대이다. **답 육각뿔대**

0738 조건 (내)에서 이 입체도형은 각뿔이다. 이 입체도형을 n각뿔이라 하면 조건 (개)에서
$n+1=6$ ∴ $n=5$
따라서 구하는 입체도형은 오각뿔이다. **답 오각뿔**

0739 조건 (내), (대)에서 이 입체도형은 각기둥이다. 이 입체도형을 n각기둥이라 하면 조건 (개)에서 칠면체이므로
$n+2=7$ ∴ $n=5$
따라서 구하는 입체도형은 오각기둥이다. **답 오각기둥**

0740 조건 (개)에서 이 입체도형은 각뿔이다.
이때 조건 (내)에서 이 입체도형은 팔각뿔이다.
─────────────────────── **㉮**
따라서 $a=8+1=9$, $b=8\times2=16$이므로
─────────────────────── **㉯**
$a+b=25$
─────────────────────── **㉰**
답 25

단계	채점요소	배점
㉮	다면체 구하기	40%
㉯	a, b의 값 각각 구하기	50%
㉰	$a+b$의 값 구하기	10%

0741 ① 두 밑면은 서로 평행하지만 합동은 아니다.
④ 밑면에 수직으로 자른 단면의 모양은 여러 가지이다.
⑤ 십각뿔대의 면의 개수는 12개, 십각뿔의 면의 개수는 11개이므로 1개 더 많다. **답 ②, ③**

0742 ③ 각기둥의 옆면의 모양은 직사각형이다. **답 ③**

0743 ① 각뿔대의 옆면은 사다리꼴이다.
② 각뿔대의 두 밑면은 서로 평행하지만 합동이 아니다.
⑤ n각뿔대의 밑면은 n각형이므로 모서리의 개수는 $3n$이다. **답 ③, ④**

0744 ② 정사면체는 평행한 면이 없다. **답 ②**

0745 정다면체는 정사면체, 정육면체, 정팔면체, 정십이면체, 정이십면체의 다섯 가지뿐이다. **답 ③**

0746 **답 각 꼭짓점에 모인 면의 개수가 다르다.**

0747 각 면이 모두 합동인 정다각형이고 한 꼭짓점에 모인 면의 개수가 같은 다면체이므로 정다면체이다.
정다면체 중 한 꼭짓점에 모인 면의 개수가 4개인 것은 정팔면체이다. **답 ③**

0748 ④ 정십이면체 − 정오각형 − 3개 **답 ④**

0749 ③ 정다면체의 각 면은 정삼각형, 정사각형, 정오각형뿐이다.
⑤ 정삼각형이 한 꼭짓점에 3개 모인 정다면체는 정사면체이고, 정십이면체는 정오각형이 한 꼭짓점에 3개 모인 정다면체이다. **답 ③, ⑤**

0750 조건 (개), (내)를 만족시키는 입체도형은 정다면체이고 각 꼭짓점에 모인 면의 개수가 5개인 정다면체는 정이십면체이다.
정이십면체의 꼭짓점의 개수는 12개이므로 $a=12$
정이십면체의 모서리의 개수는 30개이므로 $b=30$
∴ $a+b=12+30=42$ **답 42**

0751 ㄱ. 4개 ㄴ. 12개 ㄷ. 6개 ㄹ. 20개 ㅁ. 30개
따라서 큰 수부터 차례로 나열하면 ㅁ, ㄹ, ㄴ, ㄷ, ㄱ이다.
답 ㅁ, ㄹ, ㄴ, ㄷ, ㄱ

0752 모든 면이 합동인 정오각형인 정다면체는 정십이면체이므로 $x=12$
정십이면체의 모서리의 개수는 30개이므로 $y=30$
∴ $x+y=12+30=42$ **답 42**

0753 주어진 전개도로 만들어지는 정다면체는 정이십면체이다.
③ 꼭짓점의 개수는 12개이다. **답 ③**

0754 주어진 전개도로 만든 정다면체는 정십이면체이므로 꼭짓점의 개수는 20개이다. **🖉 20개**

0755 ④ 오른쪽 그림의 색칠한 두 면이 겹치므로 정육면체가 만들어지지 않는다.

🖉 ④

0756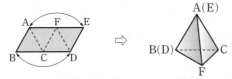

따라서 $\overline{AB}$와 꼬인 위치에 있는 모서리는 $\overline{CF}$이다. **🖉 $\overline{CF}$**

0757 주어진 전개도로 정팔면체를 만들면 오른쪽 그림과 같다.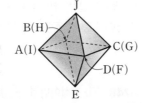

··· ㉮

(1) 점 A와 겹치는 꼭짓점은 점 I 이다.

··· ㉯

(2) $\overline{CD}$와 꼬인 위치에 있는 모서리는 $\overline{JA}$, $\overline{JB}$, $\overline{EI}$, $\overline{EH}$이다.

··· ㉰

🖉 (1) 점 I (2) $\overline{JA}$, $\overline{JB}$, $\overline{EI}$, $\overline{EH}$

단계	채점요소	배점
㉮	겨냥도 그리기	40%
㉯	점 A와 겹치는 꼭짓점 구하기	20%
㉰	$\overline{CD}$와 꼬인 위치에 있는 모서리 구하기	40%

0758 주어진 전개도로 만든 정다면체는 오른쪽 그림과 같은 정육면체이다. ④ $\overline{FG}$와 겹치는 모서리는 $\overline{DC}$이다.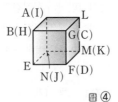

🖉 ④

0759 세 꼭짓점 B, D, H를 지나는 평면으로 자를 때 생기는 단면의 모양은 오른쪽 그림과 같은 직사각형이다.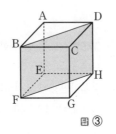

🖉 ③

0760 **🖉 ②**

0761 오른쪽 그림에서 단면은 △AFC 이고 세 변은 정육면체의 각 면의 대각선이므로 $\overline{AF}=\overline{FC}=\overline{AC}$이다. 즉, △AFC는 정삼각형이다. ∴ ∠AFC=60°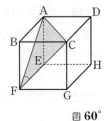

🖉 60°

0762 합동인 정삼각형의 각 변의 중점을 이은 선분의 길이는 같으므로 $\overline{EF}=\overline{FG}=\overline{GE}$ 따라서 △EFG는 세 변의 길이가 같으므로 정삼각형이다.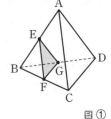

🖉 ①

0763 ① 직육면체, ④ 사각뿔은 다면체이다. **🖉 ①, ④**

0764 회전축을 갖는 입체도형은 회전체로 회전체가 아닌 것은 ①이다. **🖉 ①**

0765 회전체는 ㄴ, ㄹ, ㅇ, ㅈ의 4개이다. **🖉 4개**

0766 **🖉 ⑤**

0767 ②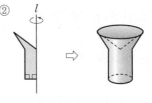

🖉 ②

0768 ① 반구 — 반원
④ 원뿔 — 이등변삼각형
⑤ 원뿔대 — 등변사다리꼴 **🖉 ②, ③**

0769 **🖉 ①**

0770 ③ 회전체의 단면의 모양은 오른쪽 그림과 같다. **🖉 ③**

0771 사다리꼴을 직선 l을 회전축으로 하여 1회전 시키면 원뿔대가 되며 회전축을 포함하는 평면으로 자를 때 생기는 단면은 오른쪽 그림과 같은 등변사다리꼴이다. 따라서 그 넓이는
$\frac{1}{2}\times(6+10)\times4=32(\text{cm}^2)$ **🖉 32 cm²**

0772 회전축을 포함하는 평면으로 잘랐을 때 가장 큰 단면인 직사각형이 나오며 그 넓이는

$12 \times 10 = 120 (cm^2)$ 답 **120 cm²**

0773 구하는 단면의 넓이는 주어진 삼각형의 넓이의 2배이므로

$\left(\dfrac{1}{2} \times 3 \times 4\right) \times 2 = 12 (cm^2)$ 답 ①

0774 직선 l을 회전축으로 하여 1회전 시킬 때 생기는 회전체는 오른쪽 그림과 같다. ·············· ㉮

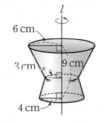

회전축에 수직인 평면으로 자른 단면은 원이 되고 넓이가 가장 작은 단면은 반지름의 길이가 3 cm인 원이므로 ·············· ㉯

$(넓이) = \pi \times 3^2 = 9\pi (cm^2)$ ·············· ㉰

답 **9π cm²**

단계	채점요소	배점
㉮	회전체 그리기	40 %
㉯	넓이가 가장 작은 단면인 원의 반지름의 길이 구하기	40 %
㉰	넓이 구하기	20 %

0775 답 ②

0776 전개도에서 부채꼴의 반지름의 길이는 원뿔의 모선의 길이와 같으므로 $a = 14$ ·············· ㉮

부채꼴의 호의 길이는 원뿔의 밑면인 원의 둘레의 길이와 같으므로

$2\pi \times b = 12\pi$ ∴ $b = 6$ ·············· ㉯

∴ $a - b = 14 - 6 = 8$ ·············· ㉰

답 **8**

단계	채점요소	배점
㉮	a의 값 구하기	40 %
㉯	b의 값 구하기	50 %
㉰	$a-b$의 값 구하기	10 %

0777 주어진 원뿔대의 전개도는 오른쪽 그림과 같다.

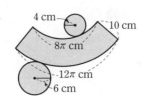

∴ (옆면의 둘레의 길이)
= (작은 원의 둘레의 길이) + (큰 원의 둘레의 길이)
+ 2 × (모선의 길이)
= $2 \times \pi \times 4 + 2 \times \pi \times 6 + 2 \times 10$
= $20\pi + 20 (cm)$ 답 **(20π+20) cm**

0778 ① 원뿔, 원뿔대를 회전축에 수직인 평면으로 자를 때 생기는 단면은 모두 원이지만 그 크기는 다르다.
⑤ 원뿔을 회전축을 포함하는 평면으로 자를 때 생기는 단면은 이 등변삼각형이다. 답 ①, ⑤

0779 ⑤ 구를 어떤 평면으로 잘라도 그 단면은 항상 원이지만 그 크기는 다르다. 답 ⑤

0780 ② 구의 전개도는 그릴 수 없다.
③ 원뿔을 회전축에 수직인 평면으로 자를 때 생기는 단면은 원이다.
④ 구의 중심을 지나는 직선은 모두 회전축이 되므로 구의 회전축은 무수히 많다. 답 ①, ⑤

 유형 UP 본문 p.113

0781 주어진 그림에서 꼭짓점의 개수는 $v = 7$
모서리의 개수는 $e = 12$
면의 개수는 $f = 7$
∴ $v - e + f = 7 - 12 + 7 = 2$ 답 **2**

0782 주어진 전개도로 만든 정다면체는 오른쪽 그림과 같은 정팔면체이다. 정팔면체의 꼭짓점, 모서리, 면의 개수는 각각 6개, 12개, 8개이므로
$v = 6$, $e = 12$, $f = 8$
∴ $v - e + f = 6 - 12 + 8 = 2$ 답 **2**

0783 $v - e + f = 2$에 $v = 16$, $e = 24$를 대입하면
$16 - 24 + f = 2$ ∴ $f = 10$ 답 ④

0784 꼭짓점의 개수를 v개, 모서리의 개수를 e개라 하면
$e = v + 13$이므로 $v - e + f = 2$에 대입하면
$v - (v + 13) + f = 2$ ∴ $f = 15$
따라서 이 다면체의 면의 개수는 15개이다. 답 **15개**

0785 ⑤ 정이십면체의 면의 개수는 20개이므로 정이십면체의 각 면의 한가운데 점을 연결하여 만든 입체도형은 꼭짓점의 개수가 20개인 정다면체, 즉 정십이면체이다. 답 ⑤

0786 정사면체의 면의 개수는 4개이고 정사면체의 각 면의 한 가운데 점을 연결하여 만든 입체도형은 꼭짓점의 개수가 4개이므로 구하는 정다면체는 정사면체이다. **달 정사면체**

0787 정십이면체의 면의 개수는 12개이므로 정십이면체의 각 면의 한가운데 점을 연결하여 만든 입체도형은 꼭짓점의 개수가 12개인 정이십면체이다. .... ㉮

따라서 구하는 입체도형의 모서리의 개수는 30개이다. .... ㉯

달 30개

단계	채점요소	배점
㉮	입체도형 구하기	60%
㉯	모서리의 개수 구하기	40%

0788 정육면체의 면의 개수는 6개이므로 정육면체의 각 면의 대각선의 교점, 즉 한가운데 점을 꼭짓점으로 하여 만든 입체도형은 꼭짓점의 개수가 6개인 정다면체인 정팔면체이다.
④ 정팔면체의 한 꼭짓점에 모인 면의 개수는 4개이다. **달 ④**

중단원 마무리하기

본문 p.114~117

0789 ② 원기둥, ④ 구는 회전체이다.
⑤ 팔각뿔대는 십면체이다. **달 ①, ③**

0790 ④ 삼각뿔대의 모서리의 개수는 9개이다. **달 ④**

0791 십각뿔의 꼭짓점의 개수는 11개이므로 $a=11$
모서리의 개수는 20개이므로 $b=20$
∴ $a+b=11+20=31$ **달 ④**

0792 ① 삼각뿔 — 삼각형
③ 오각기둥 — 직사각형
④ 육각뿔대 — 사다리꼴
⑤ 칠각뿔 — 삼각형 **달 ②**

0793 ⑤ n각뿔대의 꼭짓점의 개수는 $2n$개이다. **달 ⑤**

0794 ① 각뿔대의 두 밑면은 서로 합동이 아니다.
② 꼭짓점의 개수는 8개이다.
④ 옆면의 모양은 사다리꼴이다.
⑤ 사각뿔대는 육면체이다. **달 ③**

0795 ⑤ 한 꼭짓점에 모인 각의 크기의 합이 360°보다 작아야 한다. **달 ⑤**

0796 **달 정이십면체**

0797 ⑤ 정이십면체의 면의 모양은 정삼각형이다. **달 ⑤**

0798 ㄱ. 정사면체, ㄴ. 정육면체, ㄹ. 정십이면체는 한 꼭짓점에 모인 면의 개수가 3개이다.
ㄷ. 정팔면체의 한 꼭짓점에 모인 면의 개수는 4개이다.
ㅁ. 정이십면체의 한 꼭짓점에 모인 면의 개수는 5개이다. **달 ②**

0799 ① 정십이면체이다.
③ 모서리의 개수는 30개이다.
④ 한 꼭짓점에 모인 면의 개수는 3개이다. **달 ②, ⑤**
참고
서로 평행한 면끼리 짝지으면
1—9, 2—8, 3—7, 4—11, 5—10, 6—12
이다.

0800 정십이면체의 꼭짓점, 모서리, 면의 개수는 각각 20개, 30개, 12개이므로
$v=20$, $e=30$, $f=12$
∴ $v-e+f=20-30+12=2$ **달 2**

0801 ④ 오각뿔은 다면체이다. **달 ④**

0802 **달 ⑤**

0803 ⑤

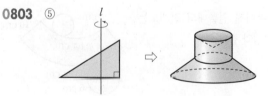

달 ⑤

0804 회전체를 회전축에 수직인 평면으로 자르면 단면은 항상 원이다. 🅰 ①

0805 원기둥의 전개도를 그리면 다음 그림과 같다.

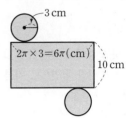

옆면인 직사각형의 가로의 길이는 밑면인 원의 둘레의 길이와 같으므로 ㄱ 길이는

$2\pi \times 3 = 6\pi (\mathrm{cm})$

세로의 길이는 원기둥의 높이와 같으므로 10 cm

따라서 직사각형의 넓이는

$6\pi \times 10 = 60\pi (\mathrm{cm}^2)$ 🅰 $60\pi \ \mathbf{cm}^2$

0806 회전축에 수직인 평면으로 자를 때 생기는 단면과 회전축을 포함하는 평면으로 자를 때 생기는 단면의 모양이 모두 원인 것은 ④ 구이다. 🅰 ④

0807 🅰 ③

0808 주어진 전개도로 만든 회전체는 원뿔대이다.

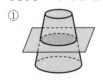

따라서 한 평면으로 자를 때 생기는 단면의 모양이 될 수 없는 것은 ③이다. 🅰 ③

0809 점 A에서 원뿔을 한 바퀴 팽팽하게 감은 실의 경로는 전개도에서 선분으로 나타내어진다. 🅰 ③

0810 ③ 원뿔, 원뿔대를 회전축에 수직인 평면으로 자를 때 생기는 단면은 항상 원이지만 그 크기는 다르다.

⑤ 원뿔대를 회전축에 수직인 평면으로 자를 때 생기는 단면은 원이다. 🅰 ③, ⑤

0811 주어진 각뿔대를 n각뿔대라 하면

$3n - (n+2) = 14$

$2n = 16$ ∴ $n = 8$

즉, 팔각뿔대이다. ㉮

따라서 팔각뿔대의 꼭짓점의 개수는

$8 \times 2 = 16$(개) ㉯

🅰 **16개**

단계	채점요소	배점
㉮	몇 각뿔대인지 구하기	60%
㉯	꼭짓점의 개수 구하기	40%

0812 주어진 전개도로 만들어지는 정다면체는 정이십면체이다. ㉮

면의 개수는 20개이므로 $a = 20$

꼭짓점의 개수는 12개이므로 $b = 12$

모서리의 개수는 30개이므로 $c = 30$

한 꼭짓점에 모인 면의 개수는 5개이므로 $d = 5$ ㉯

∴ $a + b + c + d = 20 + 12 + 30 + 5$
$= 67$ ㉰

🅰 **67**

단계	채점요소	배점
㉮	주어진 전개도로 만들어지는 정다면체 구하기	20%
㉯	a, b, c, d의 값 각각 구하기	70%
㉰	$a + b + c + d$의 값 구하기	10%

0813 밑면인 원의 반지름의 길이를 r cm라 하면

(부채꼴의 호의 길이)=(밑면인 원의 둘레의 길이)이므로 ㉮

$2\pi \times 9 \times \dfrac{120}{360} = 2\pi r$ ㉯

∴ $r = 3$

따라서 원뿔의 밑면인 원의 반지름의 길이는 3 cm이다. ㉰

🅰 **3 cm**

단계	채점요소	배점
㉮	길이가 같은 부분 찾기	30%
㉯	반지름의 길이 구하는 식 세우기	50%
㉰	반지름의 길이 구하기	20%

0814 주어진 평면도형을 직선 l을 회전축으로 하여 1회전 시키면 오른쪽 그림과 같은 회전체가 된다.

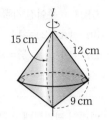

ⓐ

(1) 회전축을 포함하는 평면으로 잘랐을 때 생기는 단면은 합동인 두 직각삼각형이므로 그 넓이는

$$\left(\frac{1}{2} \times 12 \times 9\right) \times 2 = 108(\text{cm}^2)$$

ⓑ

(2) 회전축에 수직인 평면으로 잘랐을 때 생기는 단면인 원의 넓이가 가장 큰 경우는 오른쪽 그림과 같이 자를 때이므로 구하는 원의 반지름의 길이를 r cm라 하면

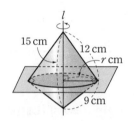

$$\frac{1}{2} \times 15 \times r = \frac{1}{2} \times 12 \times 9$$

$$\therefore r = \frac{36}{5}$$

따라서 구하는 반지름의 길이는 $\frac{36}{5}$ cm이다.

ⓒ

🔖 (1) **108 cm²** (2) $\dfrac{36}{5}$ **cm**

단계	채점요소	배점
ⓐ	회전체 그리기	30%
ⓑ	단면의 넓이 구하기	30%
ⓒ	반지름의 길이 구하기	40%

0815 주어진 각뿔을 n각뿔이라 하면 밑면은 n각형이므로

$$\frac{n(n-3)}{2} = 9, \ n(n-3) = 18$$

$$n(n-3) = 6 \times 3$$

$$\therefore n = 6$$

즉, 주어진 각뿔은 육각뿔이므로 면의 개수는 $6+1=7$

따라서 칠면체이다.　　　　　　　　🔖 **칠면체**

0816 $5v=2e$에서 $v=\dfrac{2}{5}e$　　…… ㉠

$3f=2e$에서 $f=\dfrac{2}{3}e$　　…… ㉡

그런데 $v-e+f=2$이므로

$$\frac{2}{5}e - e + \frac{2}{3}e = 2$$

$$\therefore e = 30$$

$e=30$을 ㉠, ㉡에 대입하면

$$v=12, \ f=20$$

따라서 구하는 정다면체는 정이십면체이다.　🔖 **정이십면체**

0817 정사면체는 모서리의 개수가 6개이므로 꼭짓점의 개수가 6개인 정팔면체가 만들어진다.

🔖 **정팔면체**

0818 회전체는 도넛 모양이고 원의 중심 O를 지나면서 회전축에 수직인 평면으로 자른 단면은 오른쪽 그림과 같다.

$$\therefore (\text{단면의 넓이}) = \pi \times 5^2 - \pi \times 1^2$$
$$= 25\pi - \pi$$
$$= 24\pi(\text{cm}^2)$$

🔖 **24π cm²**

본문 p.119, 121

0819 (정육면체의 겉넓이)=(밑넓이)×6
$$=(5×5)×6=150(cm^2)$$
답 150 cm²

0820 (겉넓이)=(밑넓이)×2+(옆넓이)
$$=\left(\frac{1}{2}×3×4\right)×2+(3+4+5)×6$$
$$=12+72=84(cm^2)$$
답 84 cm²

0821 답 ㉠ 5, ㉡ 10π, ㉢ 12

0822 (밑넓이)=$π×5^2=25π(cm^2)$
(옆넓이)=$10π×12=120π(cm^2)$
답 밑넓이 : 25π cm², 옆넓이 : 120π cm²

0823 (겉넓이)=$25π×2+120π=170π(cm^2)$
답 170π cm²

0824 (겉넓이)=(밑넓이)×2+(옆넓이)
$$=(π×6^2)×2+2π×6×10$$
$$=72π+120π=192π(cm^2)$$
답 192π cm²

0825 (겉넓이)=(밑넓이)×2+(옆넓이)
$$=(π×5^2)×2+2π×5×8$$
$$=50π+80π=130π(cm^2)$$ **답 130π cm²**

0826 $\frac{1}{2}×6×8×10=240(cm^3)$ **답 240 cm³**

0827 $4×3×5=60(cm^3)$ **답 60 cm³**

0828 $π×5^2×10=250π(cm^3)$ **답 250π cm³**

0829 $π×4^2×6=96π(cm^3)$ **답 96π cm³**

0830 $10×10=100(cm^2)$ **답 100 cm²**

0831 $\frac{1}{2}×10×12×4=240(cm^2)$ **답 240 cm²**

0832 $100+240=340(cm^2)$ **답 340 cm²**

0833 답 ㉠ 9, ㉡ 3

0834 $2π×3=6π(cm)$ **답 6π cm**

0835 (겉넓이)=(밑넓이)+(옆넓이)
$$=π×3^2+π×3×9$$
$$=9π+27π=36π(cm^2)$$ **답 36π cm²**

0836 (겉넓이)=(밑넓이)+(옆넓이)
$$=3×3+\frac{1}{2}×3×5×4$$
$$=9+30=39(cm^2)$$ **답 39 cm²**

0837 (겉넓이)=(밑넓이)+(옆넓이)
$$=π×3^2+π×3×5$$
$$=9π+15π=24π(cm^2)$$ **답 24π cm²**

0838 $π×3^2×8=72π(cm^3)$ **답 72π cm³**

0839 $\frac{1}{3}×π×3^2×8=24π(cm^3)$ **답 24π cm³**

0840 (원기둥의 부피) : (원뿔의 부피)=72π : 24π
$$=3 : 1$$ **답 3 : 1**

0841 (뿔의 부피)=$\frac{1}{3}×4×5×6=40(cm^3)$ **답 40 cm³**

0842 (뿔의 부피)=$\frac{1}{3}×π×7^2×9=147π(cm^3)$
답 147π cm³

0843 $\frac{1}{3}×π×9^2×12=324π(cm^3)$ **답 324π cm³**

0844 $\frac{1}{3}×π×3^2×4=12π(cm^3)$ **답 12π cm³**

0845 $324π-12π=312π(cm^3)$ **답 312π cm³**

0846 $4π×2^2=16π(cm^2)$ **답 16π cm²**

0847 $4π×6^2=144π(cm^2)$ **답 144π cm²**

0848 $\frac{1}{2}×(4π×6^2)+π×6^2=72π+36π=108π(cm^2)$
답 108π cm²

0849 $\dfrac{4}{3}\pi \times 3^3 = 36\pi\,(\text{cm}^3)$ **🖪 36π cm³**

0850 $\dfrac{4}{3}\pi \times 5^3 = \dfrac{500}{3}\pi\,(\text{cm}^3)$ **🖪 $\dfrac{500}{3}\pi$ cm³**

0851 반지름의 길이가 3 cm, 높이가 6 cm이므로
(원뿔의 부피)$=\dfrac{1}{3}\times \pi \times 3^2 \times 6 = 18\pi\,(\text{cm}^3)$ **🖪 18π cm³**

0852 (구의 부피)$=\dfrac{4}{3}\pi \times 3^3 = 36\pi\,(\text{cm}^3)$ **🖪 36π cm³**

0853 (원기둥의 부피)$=\pi \times 3^2 \times 6 = 54\pi\,(\text{cm}^3)$ **🖪 54π cm³**

0854 (원뿔의 부피) : (구의 부피) : (원기둥의 부피)
$=18\pi : 36\pi : 54\pi$
$=1 : 2 : 3$ **🖪 1 : 2 : 3**

🔖 유형 익히기 본문 p.122~133

0855 (겉넓이)
$=$(밑넓이)$\times 2 +$(옆넓이)
$=\left\{\dfrac{1}{2}\times(8+14)\times 4\right\}\times 2 + (8+5+14+5)\times 10$
$=88+320$
$=408\,(\text{cm}^2)$ **🖪 ④**

0856 (겉넓이)$=$(밑넓이)$\times 2 +$(옆넓이)
$=(3\times 5)\times 2 + (3+5+3+5)\times 10$
$=30+160=190\,(\text{cm}^2)$ **🖪 ⑤**

0857 정육면체의 한 모서리의 길이를 a cm라 하면 겉넓이는 6개의 정사각형의 넓이의 합이므로
$6a^2 = 216$ ∴ $a=6$
따라서 정육면체의 한 모서리의 길이는 6 cm이다. **🖪 6 cm**

0858 $\left(\dfrac{1}{2}\times 5\times 12\right)\times 2 + (13+12+5)\times h=240$
$60+30h=240$ ∴ $h=6$ **🖪 6**

0859 (겉넓이)$=$(밑넓이)$\times 2 +$(옆넓이)
$=\pi \times 6^2 \times 2 + 2\pi \times 6 \times 8$
$=72\pi + 96\pi = 168\pi\,(\text{cm}^2)$ **🖪 ①**

0860 (옆면의 가로의 길이)$=2\pi \times 2 = 4\pi\,(\text{cm})$
∴ (원기둥의 옆넓이)$=4\pi \times 5 = 20\pi\,(\text{cm}^2)$ **🖪 20π cm²**

0861 원기둥의 높이를 h cm라 하면
(겉넓이)$=$(밑넓이)$\times 2 +$(옆넓이)에서
$130\pi = (\pi \times 5^2)\times 2 + 2\pi \times 5 \times h$
$80\pi = 10\pi h$ ∴ $h=8$
따라서 원기둥의 높이는 8 cm이다. **🖪 8 cm**

0862 (칠해진 넓이)$=$(롤러의 옆면의 넓이)$\times 2$
$=2\pi \times 5 \times 30 \times 2$
$=600\pi\,(\text{cm}^2)$ **🖪 600π cm²**

0863 밑면인 사다리꼴의 넓이는
$\dfrac{1}{2}\times(8+4)\times 5 = 30\,(\text{cm}^2)$
∴ (부피)$=30\times 9 = 270\,(\text{cm}^3)$ **🖪 ④**

0864 (부피)$=$(밑넓이)$\times$(높이)
$=\left\{\dfrac{1}{2}\times 6\times 3 + \dfrac{1}{2}\times(6+4)\times 2\right\}\times 5$
$=19\times 5 = 95\,(\text{cm}^3)$ **🖪 95 cm³**

0865 사각기둥의 높이를 h cm라 하면
$\left\{\dfrac{1}{2}\times(6+4)\times 3\right\}\times h=150$
$15h=150$ ∴ $h=10$
따라서 사각기둥의 높이는 10 cm이다. **🖪 10 cm**

0866 두 삼각기둥 A, B의 밑넓이가 같고 높이의 비가 3 : 4이므로 부피의 비도 3 : 4이다.
A의 부피를 x cm³라 하면
$x : 108 = 3 : 4$ ∴ $x=81$
따라서 삼각기둥 A의 부피는 81 cm³이다. **🖪 81 cm³**

0867 (부피)$=\pi \times 5^2 \times 7 = 175\pi\,(\text{cm}^3)$ **🖪 ⑤**

0868 밑면인 원의 반지름의 길이를 r cm라 하면
$\pi r^2 \times 8 = 288\pi$, $r^2 = 36$ ∴ $r=6$
따라서 밑면인 원의 반지름의 길이는 6 cm이다. **🖪 6 cm**

0869 큰 원기둥의 밑면인 원의 반지름의 길이가 4 cm이므로 구하는 입체도형의 부피는
(큰 원기둥의 부피)$+$(작은 원기둥의 부피)
$=\pi \times 4^2 \times 3 + \pi \times 2^2 \times 3$
$=48\pi + 12\pi = 60\pi\,(\text{cm}^3)$ **🖪 60π cm³**

0870 (그릇 A의 부피)$=\pi\times6^2\times3=108\pi(\text{cm}^3)$ ㉮

(그릇 B의 부피)$=\pi\times3^2\times10=90\pi(\text{cm}^3)$ ㉯

따라서 그릇 A에 더 많은 양의 물을 담을 수 있다. ㉰

目 **A**

단계	채점요소	배점
㉮	그릇 A의 부피 구하기	40%
㉯	그릇 B의 부피 구하기	40%
㉰	더 많은 양의 물을 담을 수 있는 그릇 말하기	20%

0871 원기둥의 밑면인 원의 반지름의 길이를 r cm라 하면
$2\pi r=4\pi$ ∴ $r=2$
∴ (밑넓이)$=\pi\times2^2=4\pi(\text{cm}^2)$
∴ (겉넓이)$=$(밑넓이)$\times2+$(옆넓이)
$\qquad\qquad=4\pi\times2+4\pi\times7=36\pi(\text{cm}^2)$
(부피)$=$(밑넓이)$\times$(높이)
$\qquad\quad=4\pi\times7=28\pi(\text{cm}^3)$ 目 ①

0872 $\dfrac{1}{2}\times3\times4\times9=54(\text{cm}^3)$ 目 **54 cm³**

0873 전개도로 만들어지는 사각기둥
은 오른쪽 그림과 같으므로
(밑넓이)$=\dfrac{1}{2}\times(3+9)\times4$
$\qquad\qquad=24(\text{cm}^2)$
(옆넓이)$=(5+9+5+3)\times10$
$\qquad\qquad=220(\text{cm}^2)$
∴ (겉넓이)$=$(밑넓이)$\times2+$(옆넓이)
$\qquad\qquad=24\times2+220=268(\text{cm}^2)$
(부피)$=24\times10=240(\text{cm}^3)$

目 **겉넓이 : 268 cm², 부피 : 240 cm³**

0874 (부피)$=$(밑넓이)$\times$(높이)
$\qquad\quad=\pi\times4^2\times\dfrac{1}{4}\times8$
$\qquad\quad=32\pi(\text{cm}^3)$ 目 **32π cm³**

0875 (부채꼴의 호의 길이)$=2\pi\times6\times\dfrac{60}{360}=2\pi(\text{cm})$
∴ (겉넓이)$=$(밑넓이)$\times2+$(옆넓이)
$\qquad\qquad=\left(\pi\times6^2\times\dfrac{60}{360}\right)\times2+(6+6+2\pi)\times8$
$\qquad\qquad=12\pi+96+16\pi$
$\qquad\qquad=28\pi+96(\text{cm}^2)$ 目 ④

0876 $\left(\pi\times2^2\times\dfrac{270}{360}\right)\times h=36\pi$
$3\pi h=36\pi$ ∴ $h=12$ 目 ⑤

0877 (밑넓이)$=\pi\times6^2\times\dfrac{240}{360}=24\pi(\text{cm}^2)$ ㉮

(부채꼴의 호의 길이)$=2\pi\times6\times\dfrac{240}{360}=8\pi(\text{cm})$이므로
(옆넓이)$=(6+6+8\pi)\times7$
$\qquad\qquad=84+56\pi(\text{cm}^2)$ ㉯

∴ (겉넓이)$=$(밑넓이)$\times2+$(옆넓이)
$\qquad\qquad=24\pi\times2+84+56\pi$
$\qquad\qquad=104\pi+84(\text{cm}^2)$ ㉰

目 **$(104\pi+84)$cm²**

단계	채점요소	배점
㉮	밑넓이 구하기	40%
㉯	옆넓이 구하기	40%
㉰	겉넓이 구하기	20%

0878 주어진 입체도형의 겉넓이는 가로의 길이가 10 cm, 세
로의 길이가 13 cm, 높이가 10 cm인 직육면체의 겉넓이와 같으
므로
(겉넓이)$=$(밑넓이)$\times2+$(옆넓이)
$\qquad\qquad=(10\times13)\times2+(10+13+10+13)\times10$
$\qquad\qquad=260+460$
$\qquad\qquad=720(\text{cm}^2)$ 目 ③

0879 (부피)$=$(큰 정육면체의 부피)$-$(작은 직육면체의 부피)
$\qquad\quad=10\times10\times10-4\times5\times5$
$\qquad\quad=1000-100=900(\text{cm}^3)$ 目 **900 cm³**

0880 (밑넓이)$=12\times7-4\times2=76(\text{cm}^2)$ ㉮

(옆넓이)$=(12\times2+7\times2+2\times2)\times10$
$\qquad\qquad=420(\text{cm}^2)$ ㉯

∴ (겉넓이)$=$(밑넓이)$\times2+$(옆넓이)
$\qquad\qquad=76\times2+420=572(\text{cm}^2)$ ㉰

目 **572 cm²**

단계	채점요소	배점
㉮	밑넓이 구하기	40%
㉯	옆넓이 구하기	40%
㉰	겉넓이 구하기	20%

0881 (큰 원기둥의 밑넓이)$=\pi\times5^2=25\pi(\text{cm}^2)$

(작은 원기둥의 밑넓이)$=\pi\times2^2=4\pi(\text{cm}^2)$

(큰 원기둥의 옆넓이)$=2\pi\times5\times10=100\pi(\text{cm}^2)$

(작은 원기둥의 옆넓이)$=2\pi\times2\times10=40\pi(\text{cm}^2)$

$\therefore$ (겉넓이)

$=\{$(큰 원기둥의 밑넓이)$-$(작은 원기둥의 밑넓이)$\}\times2$

$\quad+$(큰 원기둥의 옆넓이)$+$(작은 원기둥의 옆넓이)

$=(25\pi-4\pi)\times2+100\pi+40\pi$

$=182\pi(\text{cm}^2)$ 　　　　　　　　　　　　🈺 ⑤

0882 (1) (큰 원기둥의 밑넓이)$=\pi\times6^2=36\pi(\text{cm}^2)$

(작은 원기둥의 밑넓이)$=\pi\times2^2=4\pi(\text{cm}^2)$

(큰 원기둥의 옆넓이)$=2\pi\times6\times11=132\pi(\text{cm}^2)$

(작은 원기둥의 옆넓이)$=2\pi\times2\times11=44\pi(\text{cm}^2)$

$\therefore$ (겉넓이)

$=\{$(큰 원기둥의 밑넓이)$-$(작은 원기둥의 밑넓이)$\}\times2$

$\quad+$(큰 원기둥의 옆넓이)$+$(작은 원기둥의 옆넓이)

$=(36\pi-4\pi)\times2+132\pi+44\pi$

$=240\pi(\text{cm}^2)$

(2) (부피)

$=$(큰 원기둥의 부피)$-$(작은 원기둥의 부피)

$=\pi\times6^2\times11-\pi\times2^2\times11$

$=396\pi-44\pi$

$=352\pi(\text{cm}^3)$ 　　🈺 (1) $\mathbf{240\pi\ cm^2}$ (2) $\mathbf{352\pi\ cm^3}$

0883 (밑넓이)$=6\times6-\pi\times2^2=36-4\pi(\text{cm}^2)$

(옆넓이)$=(6\times4)\times6+(2\pi\times2)\times6=144+24\pi(\text{cm}^2)$

$\therefore$ (겉넓이)$=(36-4\pi)\times2+144+24\pi=216+16\pi(\text{cm}^2)$

🈺 $\mathbf{(216+16\pi)cm^2}$

0884 (겉넓이)$=$(밑넓이)$\times2+$(큰 사각기둥의 옆넓이)

$\quad\quad\quad\quad+$(작은 사각기둥의 옆넓이)

$\quad\quad\quad=(5\times5-2\times2)\times2+(5\times4)\times8$

$\quad\quad\quad\quad+(2\times4)\times8$

$\quad\quad\quad=42+160+64=266(\text{cm}^2)$

$\therefore a=266$

━━━━━━━━━━━━━━━━━━━━━━━━ ㉮

(부피)$=$(큰 사각기둥의 부피)$-$(작은 사각기둥의 부피)

$\quad\quad\quad=5\times5\times8-2\times2\times8$

$\quad\quad\quad=200-32=168(\text{cm}^3)$

$\therefore b=168$

━━━━━━━━━━━━━━━━━━━━━━━━ ㉯

$\therefore a-b=266-168=98$

━━━━━━━━━━━━━━━━━━━━━━━━ ㉰

🈺 **98**

단계	채점요소	배점
㉮	a의 값 구하기	40%
㉯	b의 값 구하기	40%
㉰	$a-b$의 값 구하기	20%

0885 회전체는 오른쪽 그림과 같으므로

(부피)$=$(큰 원기둥의 부피)

$\quad\quad\quad-$(작은 원기둥의 부피)

$\quad\quad=\pi\times5^2\times6-\pi\times2^2\times6$

$\quad\quad=150\pi-24\pi=126\pi(\text{cm}^3)$

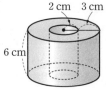

🈺 $\mathbf{126\pi\ cm^3}$

0886 회전체는 오른쪽 그림과 같다.

━━━━━━━━━━━━━━━━━━━━ ㉮

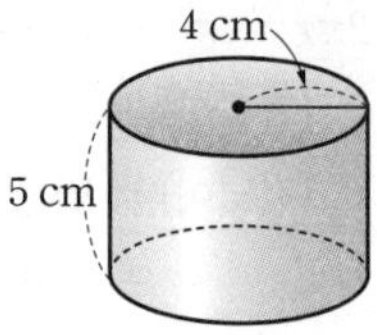

(1) (겉넓이)$=$(밑넓이)$\times2+$(옆넓이)

$\quad\quad\quad=\pi\times4^2\times2+2\pi\times4\times5$

$\quad\quad\quad=32\pi+40\pi=72\pi(\text{cm}^2)$

━━━━━━━━━━━━━━━━━━━━ ㉯

(2) (부피)$=$(밑넓이)$\times$(높이)

$\quad\quad\quad=\pi\times4^2\times5=80\pi(\text{cm}^3)$

━━━━━━━━━━━━━━━━━━━━ ㉰

🈺 (1) $\mathbf{72\pi\ cm^2}$ (2) $\mathbf{80\pi\ cm^3}$

단계	채점요소	배점
㉮	회전체 그리기	40%
㉯	겉넓이 구하기	30%
㉰	부피 구하기	30%

0887 회전체는 오른쪽 그림과 같으므로

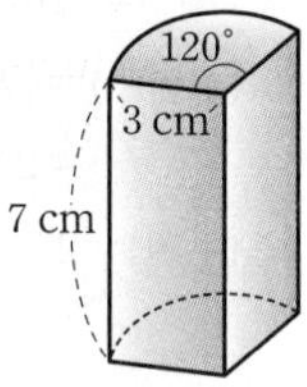

(겉넓이)$=$(밑넓이)$\times2+$(옆넓이)

$\quad\quad=\left(\pi\times3^2\times\dfrac{120}{360}\right)\times2$

$\quad\quad\quad+\left(3+3+2\pi\times3\times\dfrac{120}{360}\right)\times7$

$\quad\quad=6\pi+42+14\pi$

$\quad\quad=20\pi+42(\text{cm}^2)$ 　　🈺 $\mathbf{(20\pi+42)\ cm^2}$

0888 (겉넓이)$=$(밑넓이)$+$(옆넓이)

$\quad\quad\quad=6\times6+\left(\dfrac{1}{2}\times6\times10\right)\times4$

$\quad\quad\quad=36+120$

$\quad\quad\quad=156(\text{cm}^2)$ 　　　　　　🈺 ②

0889 (옆넓이)$=\left(\dfrac{1}{2}\times4\times5\right)\times5=50(\text{cm}^2)$ 　🈺 $\mathbf{50\ cm^2}$

0890 (겉넓이)=(밑넓이)+(옆넓이)

$$=7\times7+\left(\frac{1}{2}\times7\times10\right)\times4$$
$$=49+140$$
$$=189(cm^2)$$

目 189 cm²

0891 $10\times10+\left(\frac{1}{2}\times10\times x\right)\times4=320$

$100+20x=320,\ 20x=220$ $\quad\therefore x=11$

目 11

0892 (겉넓이)=(밑넓이)+(옆넓이)

$$=\pi\times2^2+\pi\times2\times6$$
$$=4\pi+12\pi$$
$$=16\pi(cm^2)$$

目 ②

0893 (겉넓이)=(작은 원뿔의 옆넓이)+(큰 원뿔의 옆넓이)

$$=\pi\times6\times10+\pi\times6\times12$$
$$=60\pi+72\pi$$
$$=132\pi(cm^2)$$

目 132π cm²

0894 모선의 길이를 l cm라 하면 겉넓이가 84π cm²이므로

$\pi\times6^2+\pi\times6\times l=84\pi$

$6\pi l=48\pi$ $\quad\therefore l=8$

따라서 모선의 길이는 8 cm이다.

目 8 cm

0895 밑면인 원의 반지름의 길이를 r cm라 하면 원뿔의 옆넓이가 21π cm²이므로

$21\pi=\pi\times r\times7$ $\quad\therefore r=3$

따라서 원뿔의 겉넓이는

$\pi\times3^2+21\pi=30\pi(cm^2)$

目 30π cm²

0896 $\frac{1}{3}\times5\times5\times6=50(cm^3)$

目 ②

0897 사각뿔의 부피는 사각기둥의 부피의 $\frac{1}{3}$이므로 사각기둥 모양의 그릇에 든 물의 높이는

$\frac{1}{3}\times15=5(cm)$

目 5 cm

0898 $\frac{1}{3}\times\left(\frac{1}{2}\times6\times4\right)\times5=20(cm^3)$

目 20 cm³

0899 정사각뿔의 높이를 h cm라 하면

$\frac{1}{3}\times8\times8\times h=192$ $\quad\therefore h=9$

따라서 정사각뿔의 높이는 9 cm이다.

目 9 cm

0900 $\frac{1}{3}\times\pi\times5^2\times12=100\pi(cm^3)$

目 100π cm³

0901 원뿔의 높이를 h cm라 하면

$\frac{1}{3}\times\pi\times6^2\times h=132\pi$ $\quad\therefore h=11$

따라서 원뿔의 높이는 11 cm이다.

目 11 cm

0902 (부피)$=\frac{1}{3}\times(\pi\times3^2)\times3+(\pi\times3^2)\times6$

$$=63\pi(cm^3)$$

目 63π cm³

0903 밑면의 반지름의 길이가 같으므로 부피의 비는 높이의 비와 같다

따라서 부피의 비는 4 : 7이다.

目 4 : 7

0904 (부피)$=\frac{1}{3}\times\triangle BCD\times\overline{CG}$

$$=\frac{1}{3}\times\left(\frac{1}{2}\times4\times3\right)\times4$$
$$=8(cm^3)$$

目 8 cm³

0905 (부피)$=\frac{1}{3}\times\left(\frac{1}{2}\times4\times3\right)\times2=4(cm^3)$

目 4 cm³

0906 (입체도형의 부피)

=(직육면체의 부피)-(삼각뿔의 부피)

$$=12\times12\times10-\frac{1}{3}\times\left(\frac{1}{2}\times7\times6\right)\times7$$
$$=1440-49=1391(cm^3)$$

目 1391 cm³

0907 (부피)=(삼각기둥의 부피)-(사각뿔의 부피)

$$=\left(\frac{1}{2}\times8\times4\right)\times10-\frac{1}{3}\times(4\times3)\times8$$
$$=160-32=128(cm^3)$$

目 128 cm³

0908 (남아 있는 물의 부피)

=(삼각뿔 B-EFG의 부피)

$$=\frac{1}{3}\times\triangle EFG\times\overline{BF}$$
$$=\frac{1}{3}\times\left(\frac{1}{2}\times15\times20\right)\times10=500(cm^3)$$

目 500 cm³

0909 (물의 부피)$=\frac{1}{3}\times$(밑넓이)$\times$(높이)

$$=\frac{1}{3}\times\left(\frac{1}{2}\times12\times5\right)\times x$$
$$=10x(cm^3)$$

이때 물의 부피가 30 cm³이므로

$10x=30$ $\quad\therefore x=3$

目 3

0910 (기울인 그릇에 담긴 물의 부피)$=\dfrac{1}{3}\times\left(\dfrac{1}{2}\times4\times6\right)\times6$
$$=24(\text{cm}^3)$$

(세운 그릇에 담긴 물의 부피)$=6\times4\times x$
$$=24x(\text{cm}^3)$$

이때 두 그릇에 담긴 물의 부피는 같으므로
$24x=24$　　$\therefore x=1$　　　　　　　**目 1**

0911 (원뿔 모양의 그릇의 부피)$=\dfrac{1}{3}\times\pi\times6^2\times9$
$$=108\pi(\text{cm}^3)$$

1분에 $4\pi\,\text{cm}^3$씩 물을 넣으므로 빈 그릇에 물을 가득 채우는 데
$108\div4\pi=27$(분)이 걸린다.　　　　**目 27분**

0912 (원뿔 모양의 그릇의 부피)$=\dfrac{1}{3}\times(\pi\times12^2)\times h$
$$=48\pi h(\text{cm}^3)$$

이때 1분에 $12\pi\,\text{cm}^3$씩 물을 넣어서 빈 그릇에 물을 가득 채우는
데 80분이 걸리므로
$48\pi h\div12\pi=80,\ 4h=80$　　$\therefore h=20$　　**目 20**

0913 (그릇에 담긴 물의 부피)$=\dfrac{1}{3}\times(\pi\times3^2)\times4$
$$=12\pi(\text{cm}^3)$$

즉, 이 그릇에 4 cm 높이까지 물을 채우는 데 4분이 걸렸으므로
1분에 $\dfrac{12\pi}{4}=3\pi(\text{cm}^3)$씩 물을 넣은 것이다.

(그릇의 부피)$=\dfrac{1}{3}\times(\pi\times9^2)\times12$
$$=324\pi(\text{cm}^3)$$

따라서 이 그릇에 물을 가득 채우는 데 $324\pi\div3\pi=108$(분)이
걸리므로 앞으로 $108-4=104$(분) 동안 물을 더 넣어야 한다.
　　　　　　　　　　　　　　　　　目 104분

0914 밑면인 원의 반지름의 길이를 r cm라 하면
$2\pi\times9\times\dfrac{120}{360}=2\pi r$　　$\therefore r=3$
$\therefore$ (겉넓이)$=\pi\times3^2+\pi\times3\times9$
$$=9\pi+27\pi$$
$$=36\pi(\text{cm}^2)$$　　　　**目 36π cm²**

0915 밑면인 원의 반지름의 길이를 r cm라 하면
$\pi\times r\times12=48\pi$　　$\therefore r=4$
따라서 밑면인 원의 반지름의 길이는 4 cm이다.　　**目 4 cm**

0916 $2\pi\times12\times\dfrac{x}{360}=2\pi\times5$

$x-150$　　$\therefore \angle x=150°$　　　　**目 150°**

62 정답과 풀이

0917 주어진 전개도로 만든 원뿔은 오
른쪽 그림과 같으므로 밑면인 원의 반지름
의 길이를 r cm라 하면
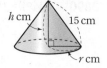

$2\pi\times15\times\dfrac{216}{360}=2\pi r$

$18\pi=2\pi r$　　$\therefore r=9$

───────────────────────── ㉮

이 원뿔의 높이를 h cm라 하면
(부피)$=\dfrac{1}{3}\times(\pi\times9^2)\times h$
$$=27\pi h(\text{cm}^3)$$
이때 이 원뿔의 부피가 $324\pi\,\text{cm}^3$이므로
$27\pi h=324\pi$　　$\therefore h=12$
따라서 이 원뿔의 높이는 12 cm이다.

───────────────────────── ㉯

　　　　　　　　　　　　　　目 12 cm

단계	채점요소	배점
㉮	밑면인 원의 반지름의 길이 구하기	50 %
㉯	원뿔의 높이 구하기	50 %

0918 회전체는 오른쪽 그림과 같으므로
(겉넓이)
$=$(밑넓이)$+$(원기둥의 옆넓이)
　$+$(원뿔의 옆넓이)
$=\pi\times5^2+2\pi\times5\times12+\pi\times5\times13$
$=25\pi+120\pi+65\pi$
$=210\pi(\text{cm}^2)$
(부피)$=$(원기둥의 부피)$-$(원뿔의 부피)
$$=\pi\times5^2\times12-\dfrac{1}{3}\times\pi\times5^2\times12$$
$$=200\pi(\text{cm}^3)$$
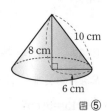

目 겉넓이 : 210π cm², 부피 : 200π cm³

0919 회전체는 오른쪽 그림과 같으므로
(부피)$=\dfrac{1}{3}\times\pi\times6^2\times8=96\pi(\text{cm}^3)$

　　　　　　　　　　　　　　目 ⑤

0920 회전체는 오른쪽 그림과 같으므로
(겉넓이)$=$(밑넓이)$+$(원기둥의 옆넓이)
　　　$+$(원뿔의 옆넓이)
$=\pi\times2^2+2\pi\times2\times4+\pi\times2\times3$
$=4\pi+16\pi+6\pi=26\pi(\text{cm}^2)$
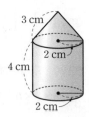

目 26π cm²

0921 회전체는 오른쪽 그림과 같으므로
(겉넓이)=(큰 원뿔의 옆넓이)
  +(작은 원뿔의 옆넓이)
$=\pi\times4\times8+\pi\times4\times5$
$=32\pi+20\pi=52\pi(\text{cm}^2)$

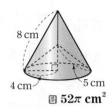

閏 **52π cm²**

0922 회전체는 오른쪽 그림과 같은 원뿔대이다.
∴ (겉넓이)=(밑넓이)+(옆넓이)
$=(\pi\times3^2+\pi\times9^2)$
  $+(\pi\times9\times15-\pi\times3\times5)$
$=90\pi+120\pi=210\pi(\text{cm}^2)$

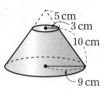

閏 ③

0923 (겉넓이)=(밑넓이)+(옆넓이)
$=(3\times3+7\times7)+\left\{\dfrac{1}{2}\times(3+7)\times5\right\}\times4$
$=58+100$
$=158(\text{cm}^2)$

閏 ⑤

0924 (옆넓이)$=\pi\times6\times10-\pi\times3\times5$
$=60\pi-15\pi=45\pi(\text{cm}^2)$ 閏 **45π cm²**

0925 (겉넓이)
=(반지름의 길이가 3 cm인 원뿔대의 밑면인 원의 넓이)
  +(원뿔대의 옆넓이)+(원기둥의 옆넓이)+(원기둥의 밑넓이)
$=\pi\times3^2+(\pi\times6\times8-\pi\times3\times4)+2\pi\times6\times5+\pi\times6^2$
$=9\pi+36\pi+60\pi+36\pi$
$=141\pi(\text{cm}^2)$ 閏 **141π cm²**

0926 (부피)=(큰 원뿔의 부피)−(작은 원뿔의 부피)
$=\dfrac{1}{3}\times\pi\times6^2\times16-\dfrac{1}{3}\times\pi\times3^2\times8$
$=192\pi-24\pi$
$=168\pi(\text{cm}^3)$ 閏 ④

0927 (부피)=(큰 사각뿔의 부피)−(작은 사각뿔의 부피)
$=\dfrac{1}{3}\times8\times6\times6-\dfrac{1}{3}\times4\times3\times3$
$=96-12$
$=84(\text{cm}^3)$ 閏 **84 cm³**

0928 (부피)=(큰 사각뿔의 부피)−(작은 사각뿔의 부피)
$=\dfrac{1}{3}\times15\times15\times18-\dfrac{1}{3}\times10\times10\times12$
$=1350-400$
$=950(\text{cm}^3)$ 閏 **950 cm³**

0929 주어진 사다리꼴을 직선 l을 회전축으로 하여 1회전 시킬 때 생기는 회전체는 원뿔대이므로
(부피)$=\dfrac{1}{3}\times\pi\times4^2\times6-\dfrac{1}{3}\times\pi\times2^2\times3$
$=32\pi-4\pi$
$=28\pi(\text{cm}^3)$

閏 **28π cm³**

0930 단면의 넓이가 최대일 때 단면인 원의 반지름의 길이를 r cm라 하면
$\pi r^2=25\pi$ ∴ $r=5$
따라서 반지름의 길이가 5 cm인 구의 겉넓이는
$4\pi\times5^2=100\pi(\text{cm}^2)$ 閏 ③

0931 (겉넓이)=(원의 넓이)+(구의 겉넓이)$\times\dfrac{1}{2}$
$=\pi\times5^2+4\pi\times5^2\times\dfrac{1}{2}$
$=25\pi+50\pi$
$=75\pi(\text{cm}^2)$ 閏 ②

0932 (한 조각의 넓이)$=\dfrac{1}{2}\times$(구의 겉넓이)
$=\dfrac{1}{2}\times4\pi\times4^2$
$=32\pi(\text{cm}^2)$

閏 **32π cm²**

0933 (겉넓이)=(원뿔의 옆넓이)+(구의 겉넓이)$\times\dfrac{1}{2}$
$=\pi\times3\times5+4\pi\times3^2\times\dfrac{1}{2}$
$=15\pi+18\pi$
$=33\pi(\text{cm}^2)$

閏 **33π cm²**

0934 (부피)=(반구의 부피)+(원기둥의 부피)
$=\left(\dfrac{4}{3}\pi\times6^3\right)\times\dfrac{1}{2}+\pi\times6^2\times10$
$=144\pi+360\pi$
$=504\pi(\text{cm}^3)$ 閏 ⑤

0935 반구의 반지름의 길이를 r cm라 하면
(반구의 겉넓이)$=\pi r^2+4\pi r^2\times\dfrac{1}{2}=3\pi r^2$
즉, $3\pi r^2=48\pi$에서 $r=4$
∴ (반구의 부피)$=\dfrac{4}{3}\pi\times4^3\times\dfrac{1}{2}=\dfrac{128}{3}\pi(\text{cm}^3)$

閏 **$\dfrac{128}{3}\pi$ cm³**

0936 (반지름의 길이가 2 cm인 쇠구슬 한 개의 부피)

$$=\frac{4}{3}\pi \times 2^3 = \frac{32}{3}\pi \, (cm^3)$$

⟶ ㉮

(반지름의 길이가 8 cm인 쇠구슬 한 개의 부피)

$$=\frac{4}{3}\pi \times 8^3 = \frac{2048}{3}\pi \, (cm^3)$$

⟶ ㉯

반지름의 길이가 8 cm인 쇠구슬 한 개를 만드는 데 필요한 반지름의 길이가 2 cm인 쇠구슬의 개수를 x개라 하면

$$\frac{32}{3}\pi \times x = \frac{2048}{3}\pi \qquad \therefore x = 64$$

따라서 반지름의 길이가 2 cm인 쇠구슬이 64개 필요하다.

⟶ ㉰

目 **64개**

단계	채점요소	배점
㉮	반지름의 길이가 2 cm인 쇠구슬 한 개의 부피 구하기	30 %
㉯	반지름의 길이가 8 cm인 쇠구슬 한 개의 부피 구하기	30 %
㉰	반지름의 길이가 2 cm인 쇠구슬이 몇 개 필요한지 구하기	40 %

0937 원뿔의 높이를 h cm라 하면

$$(구의 \, 부피) = \frac{4}{3}\pi \times 6^3 = 288\pi \, (cm^3)$$

$$(원뿔의 \, 부피) = \frac{1}{3} \times \pi \times 6^2 \times h = 12\pi h \, (cm^3)$$

구의 부피가 원뿔의 부피의 $\frac{3}{2}$배이므로

$$288\pi = \frac{3}{2} \times 12\pi h, \quad 288\pi = 18\pi h \qquad \therefore h = 16$$

따라서 원뿔의 높이는 16 cm이다.

目 **16 cm**

0938 잘라 낸 단면의 넓이의 합은 반지름의 길이가 3 cm인 원의 넓이와 같으므로 구하는 겉넓이는

$$\frac{3}{4} \times (4\pi \times 3^2) + \pi \times 3^2 = 27\pi + 9\pi$$

$$= 36\pi \, (cm^2)$$

目 **$36\pi \, \mathbf{cm^2}$**

0939 $(겉넓이) = \frac{1}{4} \times (4\pi \times 4^2) + \frac{1}{2} \times \pi \times 4^2 \times 2$

$$= 16\pi + 16\pi = 32\pi \, (cm^2)$$

$$(부피) = \frac{1}{4} \times \frac{4}{3}\pi \times 4^3 = \frac{64}{3}\pi \, (cm^3)$$

目 **겉넓이 : $32\pi \, \mathbf{cm^2}$, 부피 : $\frac{64}{3}\pi \, \mathbf{cm^3}$**

0940 $(겉넓이) = \frac{7}{8} \times (4\pi \times 6^2) + \left(\pi \times 6^2 \times \frac{90}{360}\right) \times 3$

$$= 126\pi + 27\pi = 153\pi \, (cm^2)$$

$$(부피) = \left(\frac{4}{3}\pi \times 6^3\right) \times \frac{7}{8} = 252\pi \, (cm^3)$$

目 **겉넓이 : $153\pi \, \mathbf{cm^2}$, 부피 : $252\pi \, \mathbf{cm^3}$**

0941 $\frac{120}{360} = \frac{1}{3}$이므로 주어진 입체도형은 반구의 $\frac{1}{3}$을 잘라 낸 입체도형이다. 즉, 구의 $\frac{1}{6}$을 잘라 낸 입체도형이다.

$\therefore (겉넓이)$

$$= \frac{5}{6} \times (4\pi \times 9^2) + \left(\pi \times 9^2 \times \frac{90}{360}\right) \times 2 + \pi \times 9^2 \times \frac{120}{360}$$

$$= 270\pi + \frac{81}{2}\pi + 27\pi$$

$$= \frac{675}{2}\pi \, (cm^2)$$

$$(부피) = \frac{5}{6} \times \left(\frac{4}{3}\pi \times 9^3\right) = 810\pi \, (cm^3)$$

目 **겉넓이 : $\frac{675}{2}\pi \, \mathbf{cm^2}$, 부피 : $810\pi \, \mathbf{cm^3}$**

0942 회전체는 오른쪽 그림과 같으므로 구하는 부피는 반지름의 길이가 각각 3 cm, 6 cm인 두 반구의 부피의 합과 같다.

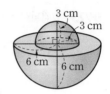

$$\therefore (부피) = \frac{4}{3}\pi \times 3^3 \times \frac{1}{2} + \frac{4}{3}\pi \times 6^3 \times \frac{1}{2}$$

$$= 18\pi + 144\pi$$

$$= 162\pi \, (cm^3)$$

目 **$162\pi \, \mathbf{cm^3}$**

0943 주어진 평면도형을 직선 l을 회전축으로 하여 1회전 시킬 때 생기는 회전체는 반지름의 길이가 3 cm인 반구이므로

$$(겉넓이) = \frac{1}{2} \times (구의 \, 겉넓이) + (원의 \, 넓이)$$

$$= \frac{1}{2} \times (4\pi \times 3^2) + \pi \times 3^2$$

$$= 18\pi + 9\pi = 27\pi \, (cm^2)$$

$$(부피) = \frac{1}{2} \times \frac{4}{3}\pi \times 3^3 = 18\pi \, (cm^3)$$

目 **겉넓이 : $27\pi \, \mathbf{cm^2}$, 부피 : $18\pi \, \mathbf{cm^3}$**

0944 회전체는 오른쪽 그림과 같으므로

$(겉넓이)$

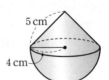

$$= (원뿔의 \, 옆넓이) + (구의 \, 겉넓이) \times \frac{1}{2}$$

$$= \pi \times 4 \times 5 + (4\pi \times 4^2) \times \frac{1}{2}$$

$$= 20\pi + 32\pi = 52\pi \, (cm^2)$$

目 **$52\pi \, \mathbf{cm^2}$**

0945 회전체는 오른쪽 그림과 같으므로

$(밑넓이) = \pi \times 6^2 - \pi \times 4^2$

$$= 36\pi - 16\pi = 20\pi \, (cm^2)$$

$$(원뿔의 \, 옆넓이) = \pi \times 6 \times 10 = 60\pi \, (cm^2)$$

$$(구의 \, 겉넓이) \times \frac{1}{2} = (4\pi \times 4^2) \times \frac{1}{2}$$

$$= 32\pi \, (cm^2)$$

$$\therefore (겉넓이) = 20\pi + 60\pi + 32\pi = 112\pi \, (cm^2)$$

$(부피) = \frac{1}{3} \times \pi \times 6^2 \times 8 - \frac{1}{2} \times \left(\frac{4}{3}\pi \times 4^3\right)$

$\qquad = 96\pi - \frac{128}{3}\pi = \frac{160}{3}\pi \, (\text{cm}^3)$

冝 겉넓이 : $112\pi \, \text{cm}^2$, 부피 : $\frac{160}{3}\pi \, \text{cm}^3$

유형 UP 본문 p.134

0946 구의 반지름의 길이를 r cm라 하면

$\frac{4}{3}\pi r^3 = 36\pi$, $r^3 = 27$ $\qquad \therefore r = 3$

$\therefore (원뿔의 부피) = \frac{1}{3} \times \pi \times 3^2 \times 6 = 18\pi \, (\text{cm}^3)$

$\quad (원기둥의 부피) = \pi \times 3^2 \times 6 = 54\pi \, (\text{cm}^3)$

冝 원뿔 : $18\pi \, \text{cm}^3$, 원기둥 : $54\pi \, \text{cm}^3$

0947 반구의 반지름의 길이를 r라 하면

$(원뿔의 부피) = \frac{1}{3} \times \pi r^2 \times r = \frac{1}{3}\pi r^3$

$(반구의 부피) = \frac{4}{3}\pi r^3 \times \frac{1}{2} = \frac{2}{3}\pi r^3$

$(원기둥의 부피) = \pi r^2 \times r = \pi r^3$

따라서 구하는 부피의 비는

$\frac{1}{3}\pi r^3 : \frac{2}{3}\pi r^3 : \pi r^3 = 1 : 2 : 3$

冝 $1 : 2 : 3$

0948 원기둥의 밑면의 반지름의 길이를 r cm라 하면 높이는 $6r$ cm이므로

$(원기둥의 부피) = \pi r^2 \times 6r = 6\pi r^3 \, (\text{cm}^3)$

$6\pi r^3 = 108\pi$ $\qquad \therefore r^3 = 18$

따라서 반지름의 길이가 r cm인 구 한 개의 부피는

$\frac{4}{3}\pi r^3 = \frac{4}{3}\pi \times 18 = 24\pi \, (\text{cm}^3)$

冝 $24\pi \, \text{cm}^3$

0949 구하는 정팔면체의 부피는 밑면의 대각선의 길이가 12 cm이고 높이가 6 cm인 정사각뿔의 부피의 2배와 같다.

이때 정사각뿔의 밑면은 오른쪽 그림과 같으므로

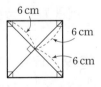

$(정사각뿔의 밑넓이) = \left(\frac{1}{2} \times 12 \times 6\right) \times 2 = 72 \, (\text{cm}^2)$

$\therefore (정팔면체의 부피) = (정사각뿔의 부피) \times 2$

$\qquad = \left(\frac{1}{3} \times 72 \times 6\right) \times 2$

$\qquad = 288 \, (\text{cm}^3)$

冝 $288 \, \text{cm}^3$

0950 $V_1 = \left(\frac{4}{3}\pi \times 6^3\right) \times \frac{1}{2} = 144\pi \, (\text{cm}^3)$

$V_2 = \frac{1}{3} \times (\pi \times 6^2) \times 6 = 72\pi \, (\text{cm}^3)$

$\therefore \frac{V_1}{V_2} = \frac{144\pi}{72\pi} = 2$

冝 2

0951 $(구의 겉넓이) = 4\pi \times 4^2 = 64\pi \, (\text{cm}^2)$

$(정육면체의 겉넓이) = (8 \times 8) \times 6 = 384 \, (\text{cm}^2)$

$\therefore (구의 겉넓이) : (정육면체의 겉넓이) = 64\pi : 384$

$\qquad = \pi : 6$

冝 ③

0952 구의 반지름의 길이를 r cm라 하면

$(원뿔의 부피) = \frac{1}{3} \times \pi r^2 \times r = 9\pi$

$r^3 = 27$ $\qquad \therefore r = 3$

$\therefore (구의 부피) = \frac{4}{3}\pi \times 3^3 = 36\pi \, (\text{cm}^3)$

冝 $36\pi \, \text{cm}^3$

중단원 마무리하기 본문 p.135~138

0953 $2 \times (2 \times 2) + (2+2+2+2) \times x = 48$

$8 + 8x = 48$, $8x = 40$ $\qquad \therefore x = 5$

冝 ③

0954 옆면이 10개 더 늘어나게 되므로

$(늘어난 겉넓이) = (6 \times 6) \times 10 = 360 \, (\text{cm}^2)$

冝 $360 \, \text{cm}^2$

0955 $(밑넓이) = \frac{1}{2} \times \pi \times 3^2 = \frac{9}{2}\pi \, (\text{cm}^2)$

$(옆넓이) = \left(\frac{1}{2} \times 2\pi \times 3\right) \times 7 + 6 \times 7 = 21\pi + 42 \, (\text{cm}^2)$

$\therefore (겉넓이) = (밑넓이) \times 2 + (옆넓이)$

$\qquad = 9\pi + 21\pi + 42$

$\qquad = 30\pi + 42 \, (\text{cm}^2)$

冝 ③

0956 오각기둥의 높이를 h cm라 하면

$168 = 24 \times h$ $\qquad \therefore h = 7$

따라서 오각기둥의 높이는 7 cm이다.

冝 ②

0957 밑면인 원의 반지름의 길이를 r cm라 하면

$2\pi r = 8\pi$ $\qquad \therefore r = 4$

$(밑넓이) = \pi \times 4^2 = 16\pi \, (\text{cm}^2)$

$(옆넓이) = 8\pi \times 10 = 80\pi \, (\text{cm}^2)$

$\therefore (겉넓이) = 16\pi \times 2 + 80\pi$

$\qquad = 112\pi \, (\text{cm}^2)$

冝 $112\pi \, \text{cm}^2$

0958 높이가 8 cm인 원기둥의 부피에서 높이가 5 cm인 원기둥의 부피의 $\frac{1}{2}$을 뺀 것과 같다.

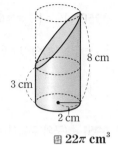

$\therefore$ (부피)$=\pi\times 2^2\times 8-\pi\times 2^2\times 5\times\frac{1}{2}$
$=32\pi-10\pi$
$=22\pi(\text{cm}^3)$

🖹 **22π cm³**

0959 (겉넓이)=(밑넓이)$\times 2$+(큰 사각기둥의 옆넓이)
　　　　+(작은 사각기둥의 옆넓이)
$=(5\times 6-2\times 2)\times 2+(6+5+6+5)\times 8$
　$+(2+2+2+2)\times 8$
$=52+176+64$
$=292(\text{cm}^2)$

🖹 ③

0960 회전체는 오른쪽 그림과 같으므로
(부피)=(큰 원기둥의 부피)
　　　$-$(작은 원기둥의 부피)
$=\pi\times 8^2\times 10-\pi\times 3^2\times 7$
$=640\pi-63\pi=577\pi(\text{cm}^3)$

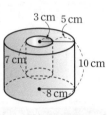

🖹 **577π cm³**

0961 (밑넓이)$=8\times 8=64(\text{cm}^2)$
(옆넓이)$=\left(\frac{1}{2}\times 8\times x\right)\times 4=16x(\text{cm}^2)$
$\therefore$ (겉넓이)=(밑넓이)+(옆넓이)$=64+16x(\text{cm}^2)$
이 정사각뿔의 겉넓이가 208 cm²이므로
$64+16x=208$　　$\therefore x=9$

🖹 ④

0962 주어진 정사각형을 접어서 생기는 입체도형은 밑면이 $\triangle$CFE이고 높이가 $\overline{\text{AB}}$인 삼각뿔이다.

$\therefore$ (부피)$=\frac{1}{3}\times\left(\frac{1}{2}\times 9\times 9\right)\times 18=243(\text{cm}^3)$　　🖹 **243 cm³**

0963 (큰 원기둥의 밑넓이)$=\pi\times 6^2=36\pi(\text{cm}^2)$
(큰 원기둥의 옆넓이)$=2\pi\times 6\times 4=48\pi(\text{cm}^2)$
(포개어지지 않은 부분의 넓이)$=\pi\times 6^2-\pi\times 3^2$
　　　　　　　　$=27\pi(\text{cm}^2)$
(작은 원기둥의 옆넓이)$=2\pi\times 3\times 4=24\pi(\text{cm}^2)$
(원뿔의 옆넓이)$=\pi\times 3\times 5=15\pi(\text{cm}^2)$
$\therefore$ (겉넓이)$=36\pi+48\pi+27\pi+24\pi+15\pi=150\pi(\text{cm}^2)$
　(부피)=(큰 원기둥의 부피)+(작은 원기둥의 부피)
　　　+(원뿔의 부피)
$=\pi\times 6^2\times 4+\pi\times 3^2\times 4+\frac{1}{3}\times\pi\times 3^2\times 4$
$=144\pi+36\pi+12\pi=192\pi(\text{cm}^3)$

🖹 **겉넓이 : 150π cm², 부피 : 192π cm³**

0964 (원뿔 모양의 그릇의 부피)$=\frac{1}{3}\times\pi\times 3^2\times 4$
　　　　　　　　　　$=12\pi(\text{cm}^3)$
빈 그릇에 물을 가득 채우는 데 x분이 걸린다고 하면
$\frac{\pi}{2}\times x=12\pi$　　$\therefore x=24$
따라서 빈 그릇에 물을 가득 채우는 데 24분이 걸린다.　🖹 **24분**

0965 (원뿔의 부피)$=\frac{1}{3}\times\pi\times 3^2\times 12=36\pi(\text{cm}^3)$
원기둥에 담긴 물의 높이를 x cm라 하면
(원기둥에 담긴 물의 부피)$=\pi\times 8^2\times x=64\pi x(\text{cm}^3)$
(원뿔의 부피)$\times 3$=(원기둥에 담긴 물의 부피)이므로
$36\pi\times 3=64\pi x$　　$\therefore x=\frac{27}{16}$
따라서 원기둥 모양의 그릇에 담긴 물의 높이는 $\frac{27}{16}$ cm이다.

🖹 **$\frac{27}{16}$ cm**

0966 부채꼴의 호의 길이는 밑면인 원의 둘레의 길이와 같으므로 부채꼴의 중심각의 크기를 $x°$라 하면
$2\pi\times 10\times\frac{x}{360}=2\pi\times 6$
$\therefore x=216$
따라서 부채꼴의 중심각의 크기는 216°이다.　🖹 ⑤

0967 회전체는 오른쪽 그림과 같으므로
(겉넓이)
$=\pi\times 4^2+\pi\times 6^2+\pi\times 6\times 15-\pi\times 4\times 10$
$=102\pi(\text{cm}^2)$

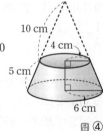

🖹 ④

0968 겉넓이가 144π cm²인 구의 반지름의 길이를 r cm라 하면
$4r^2=144\pi,\ r^2=36$　　$\therefore r=6$
$\therefore$ (구의 부피)$=\frac{4}{3}\pi\times 6^3=288\pi(\text{cm}^3)$　🖹 ④

0969 반구의 반지름의 길이를 r cm라 하면 반구의 부피는
$\frac{4}{3}\pi\times r^3\times\frac{1}{2}=18\pi,\ r^3=27$
$\therefore r=3$
$\therefore$ (반구의 겉넓이)=(구의 겉넓이)$\times\frac{1}{2}$+(원의 넓이)
$=4\pi\times 3^2\times\frac{1}{2}+\pi\times 3^2=27\pi(\text{cm}^2)$

🖹 **27π cm²**

0970 $(\text{겉넓이})=(4\pi\times10^2)\times\dfrac{7}{8}+\left(\pi\times10^2\times\dfrac{90}{360}\right)\times3$

$\qquad\qquad=350\pi+75\pi$

$\qquad\qquad=425\pi(\text{cm}^2)$ 🔲 ⑤

0971 $(\text{부피})=\dfrac{4}{3}\pi\times5^3-\dfrac{4}{3}\pi\times3^3$

$\qquad\qquad=\dfrac{500}{3}\pi-36\pi$

$\qquad\qquad=\dfrac{392}{3}\pi(\text{cm}^3)$ 🔲 $\dfrac{392}{3}\pi\ \text{cm}^3$

0972 구의 반지름의 길이를 r cm라 하면 원기둥의 높이는 $8r$ cm이므로

$(\text{원기둥의 부피})=\pi r^2\times8r=8\pi r^3(\text{cm}^3)$

$8\pi r^3=216\pi,\ r^3=27$ $\therefore r=3$

따라서 구 4개의 겉넓이의 합은

$(4\pi\times3^2)\times4=144\pi(\text{cm}^2)$ 🔲 $144\pi\ \text{cm}^2$

0973 정팔면체는 정사각뿔 두 개를 합쳐 놓은 것과 같고 정사각뿔의 밑넓이는 정육면체의 밑넓이의 $\dfrac{1}{2}$과 같으므로

$(\text{부피})=\left\{\dfrac{1}{3}\times\left(\dfrac{1}{2}\times6\times6\right)\times3\right\}\times2$

$\qquad\quad=36(\text{cm}^3)$ 🔲 ②

0974 구의 반지름의 길이를 r cm라 하면

$2\times\dfrac{1}{3}\times\left(\dfrac{1}{2}\times2r\times2r\right)\times r=36$

$\dfrac{4}{3}r^3=36,\ r^3=27$ $\therefore r=3$

따라서 구의 부피는

$\dfrac{4}{3}\pi\times3^3=36\pi(\text{cm}^3)$ 🔲 ⑤

0975 구의 반지름의 길이를 r cm라 하면

$\dfrac{4}{3}\pi r^3=\dfrac{32}{3}\pi,\ r^3=8$ $\therefore r=2$

$\therefore(\text{원뿔의 부피})=\dfrac{1}{3}\pi r^2\times2r=\dfrac{2}{3}\pi r^3$

$\qquad\qquad\qquad\qquad=\dfrac{2}{3}\pi\times8$

$\qquad\qquad\qquad\qquad=\dfrac{16}{3}\pi(\text{cm}^3)$ 🔲 $\dfrac{16}{3}\pi\ \text{cm}^3$

다른풀이

$(\text{원뿔의 부피}):(\text{구의 부피})=1:2$이므로

$(\text{원뿔의 부피}):\dfrac{32}{3}\pi=1:2$

$\therefore(\text{원뿔의 부피})=\dfrac{16}{3}\pi(\text{cm}^3)$

0976 $(\text{직육면체의 부피})=10\times20\times30=6000(\text{cm}^3)$

         ㉮

$(\text{정육면체의 부피})=5\times5\times5=125(\text{cm}^3)$

         ㉯

$6000\div125=48$

이므로 직육면체 모양의 상자에 정육면체 모양의 상자를 최대 48개까지 넣을 수 있다.

         ㉰

🔲 **48개**

단계	채점요소	배점
㉮	직육면체의 부피 구하기	30 %
㉯	정육면체의 부피 구하기	30 %
㉰	직육면체 모양의 상자에 정육면체 모양이 상자를 최대 몇 개까지 넣을 수 있는지 구하기	40 %

0977 $(\text{밑넓이})=\pi\times6^2\times\dfrac{120}{360}-\pi\times3^2\times\dfrac{120}{360}$

$\qquad\qquad=12\pi-3\pi=9\pi(\text{cm}^2)$

         ㉮

(옆넓이)

$=2\pi\times3\times\dfrac{120}{360}\times10+2\pi\times6\times\dfrac{120}{360}\times10+(3\times10)\times2$

$=20\pi+40\pi+60$

$=60\pi+60(\text{cm}^2)$

         ㉯

$\therefore(\text{겉넓이})=9\pi\times2+(60\pi+60)=78\pi+60(\text{cm}^2)$

         ㉰

$(\text{부피})=9\pi\times10=90\pi(\text{cm}^3)$

         ㉱

🔲 **겉넓이 : $(78\pi+60)\ \text{cm}^2$, 부피 : $90\pi\ \text{cm}^3$**

단계	채점요소	배점
㉮	밑넓이 구하기	20 %
㉯	옆넓이 구하기	40 %
㉰	겉넓이 구하기	10 %
㉱	부피 구하기	30 %

0978 $\overline{AC}$를 회전축으로 하여 1회전 시킬 때 생기는 입체도형은 밑면인 원의 반지름의 길이가 3 cm, 높이가 4 cm인 원뿔이므로

$(\text{부피})=\dfrac{1}{3}\times\pi\times3^2\times4=12\pi(\text{cm}^3)$

         ㉮

$\overline{BC}$를 회전축으로 하여 1회전 시킬 때 생기는 입체도형은 밑면인 원의 반지름의 길이가 4 cm, 높이가 3 cm인 원뿔이므로

$(\text{부피})=\dfrac{1}{3}\times\pi\times4^2\times3=16\pi(\text{cm}^3)$

         ㉯

따라서 두 입체도형의 부피의 비는

$12\pi : 16\pi = 3 : 4$

                ⬤ 🕒

          답 3 : 4

단계	채점요소	배점
㉮	$\overline{AC}$를 회전축으로 하여 1회전 시킬 때 생기는 입체도형의 부피 구하기	40%
㉯	$\overline{BC}$를 회전축으로 하여 1회전 시킬 때 생기는 입체도형의 부피 구하기	40%
㉰	두 입체도형의 부피의 비 구하기	20%

0979 회전체는 오른쪽 그림과 같으므로

(겉넓이)

$= (4\pi \times 5^2) \times \dfrac{1}{2} + (4\pi \times 7^2) \times \dfrac{1}{2}$

$\quad + (\pi \times 7^2 - \pi \times 5^2)$

$= 50\pi + 98\pi + 24\pi$

$= 172\pi (\text{cm}^2)$

                                                         ㉮

(부피) $= \left(\dfrac{4}{3}\pi \times 5^3\right) \times \dfrac{1}{2} + \left(\dfrac{4}{3}\pi \times 7^3\right) \times \dfrac{1}{2}$

$\quad\quad = \dfrac{250}{3}\pi + \dfrac{686}{3}\pi$

$\quad\quad = 312\pi (\text{cm}^3)$

                                                         ㉯

           답 겉넓이 : 172π cm², 부피 : 312π cm³

단계	채점요소	배점
㉮	겉넓이 구하기	50%
㉯	부피 구하기	50%

0980 직육면체의 세 모서리의 길이를 각각 a cm, b cm, c cm라 하면

$ab = 20 = 2^2 \times 5$ …… ㉠

$bc = 52 = 2^2 \times 13$ …… ㉡

$ca = 65 = 5 \times 13$ …… ㉢

㉠ × ㉡ × ㉢을 하면 $a^2b^2c^2 = 2^4 \times 5^2 \times 13^2$이므로

$abc = 2^2 \times 5 \times 13 = 260$

따라서 직육면체의 부피는

$abc = 260 (\text{cm}^3)$ **답 260 cm³**

0981 회전체는 오른쪽 그림과 같으므로

(겉넓이)

$= (밑넓이) \times 2$

$\quad + (원뿔대의 옆넓이) \times 2$

$= \pi \times 6^2 \times 2 + (\pi \times 6 \times 10 - \pi \times 3 \times 5) \times 2$

$= 72\pi + 90\pi = 162\pi (\text{cm}^2)$

(부피) = (원뿔대의 부피) × 2

$\quad\quad = \left(\dfrac{1}{3} \times \pi \times 6^2 \times 8 - \dfrac{1}{3} \times \pi \times 3^2 \times 4\right) \times 2$

$\quad\quad = 84\pi \times 2 = 168\pi (\text{cm}^3)$

    답 겉넓이 : 162π cm², 부피 : 168π cm³

0982 원뿔의 밑면인 원이 구른 거리는

$2\pi \times 4 \times \dfrac{9}{4} = 18\pi (\text{cm})$

원뿔의 모선의 길이를 l cm라 하면

(원 O의 둘레의 길이) $= 2\pi l (\text{cm})$

이때 원뿔의 밑면이 구른 거리는 원 O의 둘레의 길이와 같으므로

$2\pi l = 18\pi$ ∴ $l = 9$

∴ (원뿔의 옆넓이) $= \pi \times 4 \times 9 = 36\pi (\text{cm}^2)$ **답 36π cm²**

0983 (구의 부피) $= \dfrac{4}{3}\pi \times 3^3 = 36\pi (\text{cm}^3)$

원기둥에서 비어 있는 부분은 밑면인 원의 반지름의 길이가 6 cm, 높이가 2 cm인 원기둥의 절반이므로 그 부피는

$(\pi \times 6^2 \times 2) \times \dfrac{1}{2} = 36\pi (\text{cm}^3)$

∴ (물의 부피)

$= (원기둥의 부피) - (원기둥에서 비어 있는 부분의 부피)$

$\quad - (구의 부피)$

$= \pi \times 6^2 \times 10 - 36\pi - 36\pi$

$= 288\pi (\text{cm}^3)$ **답 288π cm³**

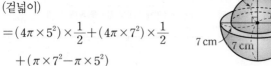

08 자료의 정리와 해석

IV. 통계

📝 교과서문제 정복하기

본문 p.141, 143

0984 📋 **2**

0985 📋 **0, 2, 4, 7**

0986 윗몸일으키기 횟수가 가장 많은 학생은 줄기 3에서 잎의 숫자가 가장 큰 39회이고, 가장 적은 학생은 줄기 1에서 잎의 숫자가 가장 작은 10회이다.

📋 **가장 많은 학생 : 39회, 가장 적은 학생 : 10회**

0987 📋

모은 우표 수

(1|0은 10장)

줄기	잎
1	0 3 4
2	1 2 2 5 6 7
3	3 5 5 7 8
4	0 1

0988 모은 우표 수가 25장 이상 30장 미만인 학생 수는 25장, 26장, 27장의 3명이다.

📋 **3명**

0989 모은 우표 수가 많은 학생의 우표 수부터 나열하면 41장, 40장, 38장, …, 10장이므로 모은 우표 수가 많은 쪽에서 3번째인 학생의 우표 수는 38장이다.

📋 **38장**

0990 모은 우표 수가 민주보다 더 많은 학생 수는 줄기 2에 3명, 줄기 3에 5명, 줄기 4에 2명이므로

$3+5+2=10$(명)

📋 **10명**

0991 📋 **20개**

0992 📋 **가장 작은 변량 : 3시간, 가장 큰 변량 : 16시간**

0993 📋

봉사 활동 시간(시간)		학생 수(명)
3^{이상}~ 6^{미만}	///	3
6 ~ 9	//// //	7
9 ~12	////	5
12 ~15	///	3
15 ~18	//	2
합계		20

0994 봉사 활동 시간이 12시간 이상인 학생 수는

$3+2=5$(명)

📋 **5명**

0995 📋 **30 kg 이상 40 kg 미만**

0996 📋 **10 kg, 5개**

0997 $A=30-(3+8+9+3)=7$

📋 **7**

0998 📋 **40 kg 이상 50 kg 미만**

0999 📋

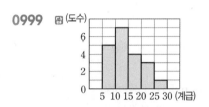

1000 📋 **5 m, 6개**

1001 전체 학생 수는

$1+2+6+11+7+3=30$(명)

📋 **30명**

1002 계급의 크기는 5 m이고, 도수가 가장 큰 계급의 도수는 11명이므로 구하는 직사각형의 넓이는

$5×11=55$

📋 **55**

1003

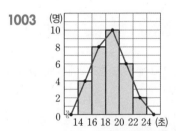

(도수분포다각형과 가로축으로 둘러싸인 부분의 넓이)

=(히스토그램의 직사각형의 넓이의 합)

=(계급의 크기)×(도수의 총합)

$=2×30=60$

📋 **풀이 참조, 60**

1004 📋 **2권, 6개**

1005 전체 학생 수는

$4+6+12+10+4+4=40$(명)

📋 **40명**

1006 📋 **4권 이상 6권 미만**

1007 도수의 총합은 200명이므로 각 계급의 상대도수를 차례로 구하면

$$\frac{12}{200}=0.06, \quad \frac{32}{200}=0.16, \quad \frac{68}{200}=0.34,$$

$$\frac{52}{200}=0.26, \quad \frac{36}{200}=0.18$$

᠍ **풀이 참조**

1008 상대도수의 총합은 1이다. ᠍ **1**

1009 ᠍
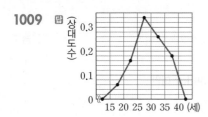

1010 도수의 총합은 50명이므로 각 계급의 도수를 차례로 구하면

$50 \times 0.08=4, \quad 50 \times 0.12=6, \quad 50 \times 0.24=12,$

$50 \times 0.36=18, \quad 50 \times 0.16=8, \quad 50 \times 0.04=2$

상대도수의 총합은 1이다. ᠍ **풀이 참조**

1011 윗몸일으키기 횟수가 30회 미만인 계급의 상대도수의 합이 $0.08+0.12=0.2$이므로

$0.2 \times 100=20(\%)$ ᠍ **20 %**

유형 익히기

본문 p.144~153

1012 (1) 전체 학생 수는 줄기 1에 3개, 줄기 2에 5개, 줄기 3에 6개, 줄기 4에 3개이므로

$3+5+6+3=17$(명)

(3) 기록이 가장 좋은 학생 : 49 m

기록이 가장 나쁜 학생 : 14 m

이므로 기록의 차는 $49-14=35$(m)

(4) 기록이 좋은 학생의 기록부터 차례로 나열하면

49 m, 48 m, 42 m, 39 m, 37 m, 36 m, …, 14 m

따라서 기록이 6번째로 좋은 학생의 기록은 36 m이다.

᠍ (1) **17명** (2) **3** (3) **35 m** (4) **36 m**

(5) 모든 자료들이 크기순으로 나열되어 있기 때문에 특정한 자료의 값의 상대적인 위치를 쉽게 파악할 수 있다.

1013 학원에 등록된 전체 원생의 수가

$3+4+6+2=15$(명)

나이가 18세 이하인 원생은 $3+3=6$(명)이므로

$\frac{6}{15} \times 100=40(\%)$ ᠍ **40 %**

1014 (1) 줄기가 2인 잎은 8, 4, 4, 2, 0, 2, 2, 3, 7의 9개이다.

(2) 줄기가 가장 큰 3인 잎 중 가장 큰 수는 9이므로 독서 시간이 가장 많은 학생의 독서 시간은 39시간이다.

(3) 독서 시간이 15시간 이상 33시간 이하인 학생은 16시간, 19시간, 20시간, 22시간, 24시간, 24시간, 28시간, 22시간, 22시간, 23시간, 27시간, 33시간의 12명이다.

᠍ (1) **9개** (2) **39시간** (3) **12명**

1015 은정이는 여학생 중 5번째로 줄넘기를 많이 하였으므로 줄넘기를 45회 하였고, 은정이보다 줄넘기를 많이 한 남학생은 47회, 53회, 54회, 63회, 63회, 67회의 6명이다. ᠍ **6명**

1016 (전체 학생 수)$=4+6+5=15$(명)

운동 시간이 상위 40 % 이내에 속하는 학생은

$15 \times \frac{40}{100}=6$(명)

이때 운동 시간이 6번째로 많은 학생의 운동 시간이 38분이므로 운모의 운동 시간은 최소 38분이다. ᠍ **38분**

1017 (3) $A=20-(2+6+5+3+1)=3$

(4) 키가 165 cm 이상인 학생이 $3+1=4$(명), 키가 160 cm 이상인 학생이 $5+3+1=9$(명)이므로 키가 큰 쪽에서 8번째인 학생이 속하는 계급은 160 cm 이상 165 cm 미만이고 계급값은

$\frac{160+165}{2}=162.5$(cm)

᠍ (1) **5 cm** (2) **155 cm 이상 160 cm 미만**

(3) **3** (4) **162.5 cm**

1018 ① 계급의 개수는 보통 5~15개가 적당하다. ᠍ **①**

1019 ② 연착 시간이 5분 이상 10분 미만인 계급의 계급값은

$\frac{5+10}{2}=7.5$(분)이다.

③ 연착 시간이 15분 이상인 비행기는 $\frac{6+1}{50} \times 100=14(\%)$이다.

④ 연착 시간이 10분 미만인 횟수는 $14+18=32$(회)이다.

⑤ 연착 시간이 가장 긴 비행기가 속하는 계급은 20분 이상 25분 미만이지만 정확한 시간은 알 수 없다. ᠍ **⑤**

1020 강수량이 60 mm 미만인 지역은 $4+6=10$(개)이므로 강수량이 10번째로 적은 지역이 속하는 계급은 30 mm 이상 60 mm 미만이다. ᠍ **30 mm 이상 60 mm 미만**

1021 $2+3x=\frac{2}{3}(7+3+x)$

$3(2+3x)=2(10+x)$

$6+9x=20+2x$

$7x=14 \qquad \therefore x=2$

⟨⟩ ·· ㉮

따라서 지영이네 반 전체 학생 수는

$2+6+7+3+2=20$(명)

·· ㉯

🔲 **20명**

단계	채점요소	배점
㉮	x의 값 구하기	70 %
㉯	지영이네 반 전체 학생 수 구하기	30 %

1022 인터넷 이용 시간이 60분 이상 80분 미만인 학생이 전체의 30 %이므로

$\dfrac{A}{30}\times100=30 \qquad \therefore A=9$

$\therefore B=30-(4+5+9+8)=4$

따라서 인터넷 이용 시간이 80분 이상인 학생 수는

$8+4=12$(명)

$\therefore \dfrac{12}{30}\times100=40(\%)$ 🔲 **40 %**

1023 몸무게가 55 kg 이상인 학생은 $7+1=8$(명)이고 전체 학생 수의 20 %이므로

$\dfrac{8}{(\text{전체 학생 수})}\times100=20 \qquad \therefore (\text{전체 학생 수})=40$(명)

따라서 몸무게가 45 kg 이상 50 kg 미만인 학생 수는

$40-(4+6+10+7+1)=12$(명)

이므로 전체의 $\dfrac{12}{40}\times100=30(\%)$ 🔲 **30 %**

1024 (1) 무게가 7 kg 미만인 귤 상자가 전체의 40 %이므로

$\dfrac{33+A}{200}\times100=40,\ 33+A=80 \qquad \therefore A=47$

·· ㉮

$\therefore B=200-(33+47+64+21)=35$

·· ㉯

(2) 무게가 8 kg 이상인 귤 상자는

$35+21=56$(개)

$\therefore \dfrac{56}{200}\times100=28(\%)$

·· ㉰

🔲 (1) $A=47,\ B=35$ (2) **28 %**

단계	채점요소	배점
㉮	A의 값 구하기	40 %
㉯	B의 값 구하기	30 %
㉰	무게가 8 kg 이상인 귤 상자는 전체의 몇 %인지 구하기	30 %

1025 (1) 몸무게가 55 kg 이상인 학생은 2명, 50 kg 이상인 학생은 $10+2=12$(명)이므로 몸무게가 무거운 쪽에서 10번째인 학생이 속하는 계급은 50 kg 이상 55 kg 미만이다.

(2) 전체 학생 수는 $6+13+19+10+2=50$(명)

몸무게가 50 kg 이상인 학생 수는 12명이므로

$\dfrac{12}{50}\times100=24(\%)$

🔲 (1) **50 kg 이상 55 kg 미만** (2) **24 %**

1026 전체 어린이 수는 $4+6+7+3=20$(명)이고, 48개월 이상인 어린이는 3명이므로 48개월 이상인 어린이는 전체의

$\dfrac{3}{20}\times100=15(\%)$이다. 🔲 **15 %**

1027 ㄱ. $2+6+10+6+5+1=30$(명)

ㄴ. 성적이 60점 미만인 학생 수는 $2+6=8$(명)

ㄷ. 성적이 80점 이상인 학생 수는 $5+1=6$(명)

성적이 70점 이상인 학생 수는 $6+5+1=12$(명)

따라서 성적이 좋은 쪽에서 12번째인 학생이 속하는 계급은 70점 이상 80점 미만이다.

ㄹ. 성적이 80점 이상인 학생은 $5+1=6$(명)이므로

$\dfrac{6}{30}\times100=20(\%)$

따라서 옳은 것은 ㄱ, ㄷ이다. 🔲 **ㄱ, ㄷ**

1028 계급의 크기가 10점이고 도수의 총합이

$3+5+9+6+2=25$(명)이므로

(직사각형의 넓이의 합)=(계급의 크기)×(도수의 총합)

$\qquad\qquad\qquad\quad =10\times25=250$ 🔲 ⑤

1029 ② 직사각형의 넓이의 합은

$2\times(4+8+6+4+2)=2\times24=48$이다. 🔲 ②

1030 계급의 크기는 2초이고 도수가 가장 큰 계급의 도수는 8명이므로 이 계급의 직사각형의 넓이는 $2\times8=16$

도수가 가장 작은 계급의 도수는 2명이므로 이 계급의 직사각형의 넓이는 $2\times2=4$

따라서 $16\div4=4$(배)이다. 🔲 **4배**

1031 던지기 기록이 37 m 이상 45 m 미만인 계급의 도수가 3명이므로

$\dfrac{3}{(\text{전체 학생 수})}\times100=10 \qquad \therefore (\text{전체 학생 수})=30$(명)

따라서 기록이 29 m 이상 37 m 미만인 학생 수는

$30-(3+10+8+3)=6$(명) 🔲 **6명**

1032 30권 이상 35권 미만인 계급의 도수를 x명이라 하면 25권 이상 30권 미만인 계급의 도수는 $(x-2)$명이다.

도수의 총합이 28명이므로

$2+3+(x-2)+x+5=28$, $2x=20$ ∴ $x=10$

따라서 읽은 책의 수가 30권 이상 35권 미만인 학생은 10명이다.

🔳 **10명**

1033 공부한 시간이 7시간 이상인 학생이 전체의 32 %이므로

$50 \times \dfrac{32}{100} = 16$(명)

7시간 이상 8시간 미만인 계급의 도수는

$16-(4+2)=10$(명)

7시간 미만인 학생 수는 $50-16=34$(명)

6시간 이상 7시간 미만인 계급의 도수는

$34-(8+12)=14$(명)

따라서 공부한 시간이 6시간 이상 8시간 미만인 학생은

$14+10=24$(명)

🔳 **24명**

1034 (3) 등교 시간이 25분 이상인 학생은 6명

등교 시간이 20분 이상인 학생은 $7+6=13$(명)

따라서 등교 시간이 10번째로 오래 걸리는 학생이 속하는 계급은 20분 이상 25분 미만이므로 이 계급의 도수는 7명이다.

🔳 (1) **5분** (2) **10분 이상 15분 미만** (3) **7명**

1035 $3+7+8+5+2=25$(명)

🔳 **①**

1036 도수가 가장 큰 계급은 도수가 15일인 670점 이상 680점 미만이므로 $a = \dfrac{670+680}{2} = 675$

점수가 660점 미만인 날수는 $b=2+8=10$

∴ $a+b=675+10=685$

🔳 **685**

1037 (도수분포다각형과 가로축으로 둘러싸인 부분의 넓이)

$=$(히스토그램의 직사각형의 넓이의 합)

$=$(계급의 크기)×(도수의 총합)

$=4 \times (4+5+10+6+5)$

$=4 \times 30 = 120$

🔳 **120**

1038 두 삼각형은 밑변의 길이와 높이가 각각 같으므로 넓이가 서로 같다.

따라서 $S_1 = S_2$이므로 $S_1 - S_2 = 0$

🔳 **③**

1039 ① 전체 학생 수는 $2+6+10+8+3+1=30$(명)이다.

② 도수분포다각형과 가로축으로 둘러싸인 부분의 넓이는

$10 \times 30 = 300$이다.

③ 운동 시간이 40분 이상인 학생은 전체의

$\dfrac{8+3+1}{30} \times 100 = 40$(%)이다.

④ 운동을 11번째로 오래 한 학생이 속하는 계급은 40분 이상 50분 미만이므로 이 계급의 도수는 8명이다.

⑤ 히스토그램의 직사각형의 넓이의 합과 도수분포다각형과 가로축으로 둘러싸인 부분의 넓이는 서로 같다.

🔳 **③**

1040 수학 성적이 70점 미만인 학생이 전체의 40 %이므로

$30 \times \dfrac{40}{100} = 12$(명)

따라서 수학 성적이 70점 이상 80점 미만인 학생은

$30-(12+5+3)=10$(명)

🔳 **10명**

1041 받은 점수가 8.5점 이상 9점 미만인 선수는

$50-(3+6+10+8+4)=19$(명)

따라서 받은 점수가 8.5점 이상 9점 미만인 선수는 전체의

$\dfrac{19}{50} \times 100 = 38$(%)

🔳 **38 %**

1042 자율 동아리 활동 시간이 2시간 미만인 학생이 7명이므로

$\dfrac{7}{(\text{전체 학생 수})} \times 100 = 17.5$

∴ (전체 학생 수)$=40$(명)

따라서 자율 동아리 활동 시간이 3시간 이상인 학생 수는

$40-(2+1+4+5+5)=23$(명)

🔳 **①**

1043 ① 여학생 수는 $4+5+6+8+6+1=30$(명)

남학생 수는 $2+3+10+7+6+1+1=30$(명)

따라서 여학생 수와 남학생 수는 같다.

② 기록이 190 cm 이상인 남학생 수는 $6+1+1=8$(명), 여학생 수는 1명이므로 그 비는 8 : 1이다.

③ 남학생의 그래프가 여학생의 그래프보다 오른쪽으로 더 치우쳐 있으므로 남학생의 기록이 여학생의 기록보다 좋은 편이다.

④ 계급값이 165 cm인 계급은 160 cm 이상 170 cm 미만이고 이 계급의 남학생은 3명, 여학생은 6명이므로 여학생이 남학생보다 3명 더 많다.

⑤ 기록이 2 m(=200 cm) 이상인 학생은 남학생 2명이다.

🔳 **②**

1044 ② 기온이 가장 낮은 날은 8월에 있다.

④ 7월과 8월 각각의 도수분포다각형과 가로축으로 둘러싸인 부분의 넓이는 $2 \times 31 = 62$로 같다.

🔳 **②, ④**

1045 (도수의 총합)$=\dfrac{13}{0.26}=50$이므로

$a=\dfrac{5}{50}=0.1$, $b=50\times0.12=6$

$\therefore a+b=6.1$　　　　　　　　　　　目 ③

1046 (도수의 총합)$=\dfrac{60}{0.2}=300$　　　　目 **300**

1047 ④ (도수의 총합)$=\dfrac{(\text{그 계급의 도수})}{(\text{어떤 계급의 상대도수})}$

　　　　　　　　　　　　　　　　　目 ④

1048 20%를 상대도수로 나타내면 $\dfrac{20}{100}=0.2$이므로

(전체 학생 수)$=\dfrac{32}{0.2}=160$(명)　　目 **160명**

1049 (전체 학생 수)$=1+3+4+6+9+4+2+1=30$(명)

도수가 가장 큰 계급은 30회 이상 35회 미만으로

(상대도수)$=\dfrac{9}{30}=0.3$　　　　　目 **0.3**

1050 봉사 활동 시간이 12시간인 학생이 속하는 계급은 12시간 이상 16시간 미만이고 이 계급의 도수는

$40-(4+8+11+5)=12$(명)이므로

(상대도수)$=\dfrac{12}{40}=0.3$　　　　　目 ③

1051 각 계급의 상대도수를 구하면 다음 표와 같다.

500 m 기록(초)	한 달 전	오늘
	상대도수	상대도수
$47.00^{이상}\sim47.20^{미만}$	$\dfrac{1}{25}=0.04$	$\dfrac{1}{20}=0.05$
$47.20 \quad\sim47.40$	$\dfrac{2}{25}=0.08$	$\dfrac{3}{20}=0.15$
$47.40 \quad\sim47.60$	$\dfrac{8}{25}=0.32$	$\dfrac{8}{20}=0.4$
$47.60 \quad\sim47.80$	$\dfrac{10}{25}=0.4$	$\dfrac{7}{20}=0.35$
$47.80 \quad\sim48.00$	$\dfrac{4}{25}=0.16$	$\dfrac{1}{20}=0.05$
합계	1	1

따라서 쇼트트랙 500 m 연습 기록의 비율이 낮아진 계급은 47.60초 이상 47.80초 미만, 47.80초 이상 48.00초 미만의 2개이다.　　　　　　　　　　　目 ②

1052 (1) $D=\dfrac{3}{0.1}=30$, $A=\dfrac{9}{30}=0.3$,

　　$B=30\times0.4=12$, $E=1$,

　　$C=1-(0.1+0.3+0.4)=0.2$

(2) 수면 시간이 7시간 이상 8시간 미만인 계급의 도수는

　$30-(3+9+12)=6$(명)

　따라서 도수가 가장 큰 계급은 6시간 이상 7시간 미만이고, 이 계급의 상대도수는 0.4이다.

(3) $(0.1+0.3)\times100=40(\%)$

　　　目 (1) $A=0.3$, $B=12$, $C=0.2$, $D=30$, $E=1$
　　　　(2) **0.4**　(3) **40 %**

1053 (1) 기록이 6회 미만인 계급의 상대도수의 합이 0.42이므로

　$A=0.42-0.18=0.24$

　상대도수의 총합은 1이므로

　$B=1-(0.18+0.24+0.3+0.12)=0.16$

(2) 기록이 0회 이상 3회 미만인 계급의 상대도수가 0.18이고, 그 계급의 도수가 9명이므로

　(도수의 총합)$=\dfrac{9}{0.18}=50$(명)

　따라서 기록이 12회 이상인 학생 수는

　$50\times0.12=6$(명)　　目 (1) $A=0.24$, $B=0.16$　(2) **6명**

1054 (도수의 총합)$=\dfrac{3}{0.04}=75$

이므로 40 이상 50 미만인 계급의 도수는

$75\times0.2=15$　　　　　　　　　目 **15**

1055 (도수의 총합)$=\dfrac{28}{0.175}=160$(명)이므로

$A=160\times0.375=60$

$B=\dfrac{24}{160}=0.15$

$\therefore A\times B=60\times0.15=9$　　　　目 ⑤

1056 (전체 학생 수)$=\dfrac{4}{0.2}=20$(명)

　　　　　　　　　　　　　　　　⑦

책을 10권 이상 읽은 학생이 전체의 65%이므로 5권 이상 10권 미만인 계급의 상대도수는

$1-(0.2+0.65)=0.15$

　　　　　　　　　　　　　　　　④

따라서 책을 5권 이상 10권 미만 읽은 학생 수는

$20\times0.15=3$(명)

　　　　　　　　　　　　　　　　⑤

　　　　　　　　　　　　　　目 **3명**

단계	채점요소	배점
⑦	전체 학생 수 구하기	40 %
④	5권 이상 10권 미만인 계급의 상대도수 구하기	30 %
⑤	책을 5권 이상 10권 미만 읽은 학생 수 구하기	30 %

1057 각 혈액형의 상대도수를 구하면 다음 표와 같다.

혈액형	상대도수	
	1반	전체
A	$\frac{10}{40}=0.25$	$\frac{56}{200}=0.28$
B	$\frac{12}{40}=0.3$	$\frac{54}{200}=0.27$
O	$\frac{12}{40}=0.3$	$\frac{60}{200}=0.3$
AB	$\frac{6}{40}=0.15$	$\frac{30}{200}=0.15$
합계	1	1

따라서 1반보다 전체의 상대도수가 더 큰 혈액형은 A형이다.

🔲 **A형**

1058 A동 : $\frac{2200}{4000}=0.55$

B동 : $\frac{2100}{3500}=0.6$

C동 : $\frac{1500}{3000}=0.5$

D동 : $\frac{1200}{2000}=0.6$

E동 : $\frac{700}{1000}=0.7$

따라서 P후보에 대한 지지도가 가장 높은 동은 E동이다. 🔲 **E동**

1059 $\frac{(0.2\times60)+(0.15\times40)}{100}=\frac{12+6}{100}=0.18$ 🔲 ②

1060 A반과 B반의 도수의 총합를 각각 $3a$, a라 하고, 어떤 계급의 도수를 각각 $2b$, $3b$라 하면 이 계급의 상대도수의 비는

$\frac{2b}{3a}:\frac{3b}{a}=2:9$ 🔲 ③

1061 A, B 두 회사의 20세 이상 30세 미만인 직원 수를 각각 $3a$명, $4a$명이라 하면 이 계급의 상대도수의 비는

$\frac{3a}{80}:\frac{4a}{70}=21:32$ 🔲 **21 : 32**

1062 두 학교의 남학생 수를 각각 a명이라 하면 두 학교의 남학생의 상대도수의 비는

$\frac{a}{400}:\frac{a}{500}=5:4$ 🔲 ⑤

1063 마을 전체 주민 수를 각각 $2a$명, $3a$명이라 하고, 10세 이상 20세 미만인 주민 수를 각각 b명이라 하면 상대도수의 비는

$\frac{b}{2a}:\frac{b}{3a}=3:2$ 🔲 ③

1064 (1) $40\times0.45=18$(명)

(2) 상대도수가 가장 큰 계급의 도수가 가장 크므로 도수가 가장 큰 계급의 상대도수는 0.45이다.

(3) 학생 수가 10명인 계급의 상대도수는 $\frac{10}{40}=0.25$이므로 구하는 계급은 6시간 이상 9시간 미만이다.

(4) $(0.05+0.25+0.45)\times100=0.75\times100=75(\%)$

🔲 (1) **18명** (2) **0.45**
(3) **6시간 이상 9시간 미만** (4) **75 %**

1065 전체의 10 %는 상대도수가 0.1이므로 상대도수가 0.1 이하인 계급은 2시간 이상 4시간 미만, 4시간 이상 6시간 미만, 12시간 이상 14시간 미만의 3개이다. 🔲 **3개**

1066 상대도수가 가장 큰 계급은 9시간 이상 12시간 미만이고, 상대도수가 0.4이므로 이 계급의 도수는
$20\times0.4=8$(명) 🔲 ②

1067 미세먼지 농도가 50 µg/m³ 이상 60 µg/m³ 미만인 계급의 상대도수의 합은
$1-(0.04+0.24+0.12+0.08+0.04)=0.48$
이고 미세먼지 농도가 50 µg/m³ 이상 55 µg/m³ 미만인 지역과 55 µg/m³ 이상 60 µg/m³ 미만인 지역의 상대도수의 비율이 2 : 1이므로 미세먼지 농도가 50 µg/m³ 이상 55 µg/m³ 미만인 계급의 상대도수는
$0.48\times\frac{2}{2+1}=0.32$
따라서 미세먼지 농도가 50 µg/m³ 이상 55 µg/m³ 미만인 지역 수는
$25\times0.32=8$(개) 🔲 **8개**

1068 전력 사용량이 250 kWh 이상 300 kWh 미만인 가구가 전체의 29 %이므로 이 계급의 상대도수는 0.29이다.
　　　　　　　　　　　　　　　　　　　　　⑦
전력 사용량이 300 kWh 이상 350 kWh 미만인 계급의 상대도수는 $1-(0.06+0.09+0.14+0.18+0.29)=0.24$
　　　　　　　　　　　　　　　　　　　　　④
따라서 전력 사용량이 300 kWh 이상 350 kWh 미만인 가구 수는 $300\times0.24=72$(가구)
　　　　　　　　　　　　　　　　　　　　　⑤
🔲 **72가구**

단계	채점요소	배점
⑦	전력 사용량이 250 kWh 이상 300 kWh 미만인 계급의 상대도수 구하기	20 %
④	전력 사용량이 300 kWh 이상 350 kWh 미만인 계급의 상대도수 구하기	40 %
⑤	전력 사용량이 300 kWh 이상 350 kWh 미만인 가구 수 구하기	40 %

1069 ① $(0.25+0.05)\times100=0.3\times100=30(\%)$

② B반의 그래프가 A반의 그래프보다 오른쪽으로 더 치우쳐 있으므로 A반보다 B반 학생들이 책을 더 많이 읽은 편이다.

③ 2권 이상 3권 미만인 계급에서 A반의 상대도수가 B반의 상대도수보다 크지만 A반, B반의 전체 학생 수를 알 수 없으므로 A반이 더 많다고 할 수 없다.

④ 3권 이상 5권 미만인 계급에서

(A반의 상대도수의 합)$=0.4+0.25=0.65$

(B반의 상대도수의 합)$=0.3+0.35=0.65$

이므로 책을 3권 이상 5권 미만 읽은 학생의 비율은 두 반이 서로 같다.

⑤ B반에서 3권 미만인 계급의 상대도수의 합은

$0.05+0.15=0.2$

이므로 B반의 학생 수가 50명이면 책을 3권 미만 읽은 학생 수는

$50\times0.2=10(명)$ **답 ③**

1070 (1) TV 시청 시간이 6시간 이상 8시간 미만인 계급의 남학생 수와 여학생 수를 각각 구하면

(남학생 수)$=100\times0.3=30(명)$

(여학생 수)$=150\times0.2=30(명)$

(2) TV 시청 시간이 12시간 이상인 여학생은 여학생 전체의

$(0.16+0.12)\times100=0.28\times100=28(\%)$

(3) 남학생의 비율보다 여학생의 비율이 더 높은 계급은 8시간 이상 10시간 미만, 10시간 이상 12시간 미만, 12시간 이상 14시간 미만, 14시간 이상 16시간 미만의 4개이다.

답 (1) 30명, 30명 (2) 28 % (3) 4개

1071 ① A중학교에서 도수가 가장 큰 계급은 6회 이상 8회 미만으로 이 계급의 학생 수는 $0.3\times200=60(명)$이다.

② 도서관 방문 횟수가 8회 이상 10회 미만인 학생 수는 A중학교는 $0.2\times200=40(명)$, B중학교는 $0.24\times100=24(명)$이므로 A중학교가 더 많다.

③ B중학교에서 도서관 방문 횟수가 12회 이상인 학생 수는

$(0.16+0.1)\times100=26(명)$

이므로 B중학교 전체 학생의 26 %이다.

④ 두 그래프와 가로축으로 둘러싸인 부분의 넓이는 서로 같다.

⑤ B중학교의 그래프가 오른쪽으로 더 치우쳐 있으므로 B중학교 학생들이 도서관을 더 많이 방문한 편이다. **답 ②**

1072 ① 여학생의 그래프가 남학생의 그래프보다 오른쪽으로 더 치우쳐 있으므로 여학생이 남학생보다 용돈을 더 많이 사용한 편이다.

② 용돈이 8천 원 이상인 남학생과 여학생은

$0.04\times150+0.06\times200=18(명)$이다.

③ 용돈이 5천 원 미만인 남학생의 비율은

$0.1+0.14+0.22=0.46$

여학생의 비율은 $0.04+0.1+0.16=0.3$이므로 남학생이 여학생보다 높다.

④ 용돈이 6천 원 이상 8천 원 미만인 남학생 수는

$(0.18+0.12)\times150=45(명)$이므로 남학생과 여학생 전체의

$\dfrac{45}{150+200}=\dfrac{9}{70}$이다.

⑤ 계급의 크기가 같고 상대도수의 총합도 1로 같으므로 두 그래프와 가로축으로 둘러싸인 부분의 넓이는 서로 같다. **답 ②**

1073 (전체 학생 수)$=3+5+6+2=16(명)$

기록이 35회 이상인 학생은 38회, 39회, 40회, 41회의 4명이므로 전체의

$\dfrac{4}{16}\times100=25(\%)$ **답 25 %**

1074 줄기가 2인 잎이 6개이고 이 수는 전체 학생 수의 $\dfrac{2}{5}$이므로 전체 학생 수를 x명이라 하면

$x\times\dfrac{2}{5}=6$ ∴ $x=15(명)$

따라서 보이지 않는 부분의 학생 수는

$15-(4+6)=5(명)$ **답 5명**

1075 턱걸이 기록이 9회 미만인 학생이 전체의 60 %이므로

$30\times\dfrac{60}{100}=18(명)$이다.

따라서 턱걸이 기록이 3회 이상 6회 미만인 계급의 도수는

$18-(4+8)=6(명)$이므로

$A=30-(4+6+8+7+1)=4$ **답 4**

1076 ① 앉은키가 80 cm 미만인 학생은

$3+6+9=18(명)$

② 지민이네 반 전체 학생 수는

$3+6+9+12+8+2=40(명)$

③ 앉은키가 가장 큰 학생이 속하는 계급은 84 cm 이상 86 cm 미만이지만 정확한 앉은키는 알 수 없다.

④ 도수가 가장 큰 계급은 80 cm 이상 82 cm 미만이고 이 계급에 속하는 학생 수는 12명이다.

⑤ 앉은키가 76 cm 이상 80 cm 미만인 학생은 전체의
$\dfrac{6+9}{40}\times100=37.5(\%)$이다. 답 ④

1077 운동 시간이 5시간 이상인 학생이 전체의 44 %이므로
4시간 이상 5시간 미만인 계급의 도수를 x라 하면
$1+2+3+9+x=50\times(1-0.44)$
$15+x=28$ ∴ $x=13$
따라서 전체의 $\dfrac{13}{50}\times100=26(\%)$이다. 답 **26 %**

1078 (1) 삼각형 ABC와 삼각형 CDE는 밑변의 길이와 높이
가 각각 같으므로 넓이가 서로 같다.
(2) (도수분포다각형과 가로축으로 둘러싸인 부분의 넓이)
=(히스토그램의 직사각형의 넓이의 합)
=(계급의 크기)×(도수의 총합)
$=3\times(1+6+12+10+3)=96$ 답 (1) ① (2) **96**

1079 통학 시간이 5분 이상 10분 미만인 학생은 2명이고 전
체 학생 수의 5 %이므로
$\dfrac{2}{(\text{전체 학생 수})}\times100=5$ ∴ (전체 학생 수)=40(명)
통학 시간이 15분 이상 20분 미만인 학생 수를 x명이라 하면 전
체 학생 수가 40명이므로 20분 미만인 학생 수는 20명이다.
$2+4+x=20$ ∴ $x=14$
따라서 구하는 학생 수는 14명이다. 답 **14명**

1080 ① 남학생 수와 여학생 수는 각각 25명으로 같다.
② 남학생의 그래프가 여학생의 그래프보다 왼쪽으로 더 치우쳐
있으므로 남학생의 기록이 여학생의 기록보다 좋은 편이다.
③ 남학생 중 기록이 가장 좋은 학생은 12초 이상 13초 미만인
계급에 속한다.
④ 여학생 중 기록이 5번째로 좋은 학생이 속하는 계급은 15초
이상 16초 미만이다.
⑤ 두 그래프와 가로축으로 둘러싸인 부분의 넓이는 서로 같다.
답 ①

1081 상대도수는 도수의 총합에 대한 그 계급의 도수의 비율
이므로 자료 전체의 개수가 다른 두 자료를 비교할 때 편리하다.
답 ④

1082 1반과 2반의 학생 수를 각각 $5a$명, $6a$명이라 하고, 생
일이 7월인 학생 수를 각각 $2b$명, $3b$명이라 하면 생일이 7월인
학생의 상대도수의 비는
$\dfrac{2b}{5a}:\dfrac{3b}{6a}=12:15=4:5$ 답 ③

1083 (1) (전체 학생 수)$=\dfrac{8}{0.2}=40$(명)
∴ $A=40\times0.05=2$, $B=\dfrac{10}{40}=0.25$
(2) 도수가 4명인 계급의 상대도수는
$\dfrac{4}{40}=0.1$ 답 (1) $A=2$, $B=0.25$ (2) **0.1**

1084 10세 이상 20세 미만인 계급의 상대도수는 남자가
$1-(0.14+0.32+0.28+0.1)=0.16$이고 이 계급의 도수는
$50\times0.16=8$(명)
여자가 $1-(0.2+0.25+0.3+0.15)=0.1$이고 이 계급의 도수는
$40\times0.1=4$(명)
∴ $\dfrac{8+4}{50+40}=\dfrac{12}{90}=\dfrac{2}{15}$ 답 ②

1085 이날 샌드위치를 먹은 사람은 전체의 $\dfrac{50}{100}=0.5$이므로
일찍 출근한 쪽에서 상대도수의 합이 0.5 이하인 계급에 속하는
사람은 샌드위치를 받았다.
출근 시간이 7시 40분 이상 7시 50분 미만인 계급의 상대도수는
0.1, 7시 50분 이상 8시 미만인 계급의 상대도수는 0.4이고
$0.1+0.4=0.5$이므로 샌드위치를 받은 사람의 출근 시간은 8시
전이다. 답 ②

1086 기온이 15 ℃ 이상 16 ℃ 미만인 계급의 도수가 1일이
므로 $a=\dfrac{1}{0.04}=25$
상대도수가 가장 큰 계급인 18 ℃ 이상 19 ℃ 미만의 상대도수가
0.44이므로 이 계급의 도수는 $b=25\times0.44=11$
∴ $a+b=25+11=36$ 답 **36**

1087 수학 성적이 40점 이상 50점 미만인 계급의 상대도수는
0.2이므로 (전체 학생 수)$=\dfrac{8}{0.2}=40$(명)
수학 성적이 60점 이상 70점 미만인 계급의 상대도수는
$1-(0.2+0.15+0.2+0.15+0.05)=0.25$
이므로 이 계급의 학생 수는
$40\times0.25=10$(명) 답 **10명**

1088 ㄱ. 2학년의 그래프가 1학년의 그래프보다 오른쪽으로
더 치우쳐 있으므로 2학년이 1학년보다 키가 더 큰 편이다.
ㄴ. 키가 160 cm 이상 165 cm 미만인 학생은 1학년이
$50\times0.18=9$(명), 2학년이 $100\times0.12=12$(명)이므로 2학
년이 더 많다.
ㄷ. 계급의 크기가 같고 상대도수의 총합도 1로 같으므로 두 그래
프와 가로축으로 둘러싸인 부분의 넓이는 서로 같다.
따라서 옳은 것은 ㄱ, ㄷ이다. 답 ③

1089 각 계급의 도수를 구하여 표로 나타내면 다음과 같다.

평균 점심 식사 시간(분)	A중학교	B중학교
10^{이상} ~ 12^{미만}	16	18
12 ~ 14	48	36
14 ~ 16	52	42
16 ~ 18	40	78
18 ~ 20	24	60
20 ~ 22	12	36
22 ~ 24	8	30
합계	200	300

A중학교의 학생 수가 B중학교의 학생 수보다 많은 계급은 12분 이상 14분 미만, 14분 이상 16분 미만의 2개이다. **🖪 2개**

1090 ① 주어진 그래프에서 도수의 총합은 알 수 없다.
② 도수의 총합을 알 수 없으므로 운동 시간이 80분 이상인 학생 수를 비교할 수 없다.
③ 운동 시간이 50분 이상 70분 미만인 학생의 비율은 축구부는 $0.24+0.28=0.52$, 농구부는 $0.22+0.3=0.52$이므로 서로 같다.
④ 축구부의 그래프가 농구부의 그래프보다 왼쪽으로 더 치우쳐 있으므로 축구부 학생들의 운동 시간이 더 적은 편이다.
⑤ 운동 시간이 50분 미만인 학생은 농구부 전체의 $(0.04+0.06)\times100=10(\%)$이다. **🖪 ⑤**

1091 전체 학생 수는 잎의 개수이므로 $5+13+7=25$(명) **㉮**

기록이 67회 이상인 학생은 10명이므로 $\dfrac{10}{25}\times100=40(\%)$ **㉯**

🖪 40 %

단계	채점요소	배점
㉮	전체 학생 수 구하기	40 %
㉯	기록이 67회 이상인 학생이 전체의 몇 %인지 구하기	60 %

1092 기록이 13 m 이상 17 m 미만인 계급을 제외한 나머지 계급의 학생 수의 합은 $2+3+2+1=8$(명) **㉮**

이 학생이 전체의 40 %이므로

$\dfrac{8}{(전체\ 학생\ 수)}\times100=40$ ∴ (전체 학생 수)$=20$(명) **㉯**

🖪 20명

단계	채점요소	배점
㉮	기록이 13 m 이상 17 m 미만인 계급을 제외한 나머지 계급의 학생 수의 합 구하기	30 %
㉯	전체 학생 수 구하기	70 %

1093 턱걸이 횟수가 4회 이상 6회 미만인 계급의 상대도수를 x라 하면 턱걸이 횟수가 6회 이상 8회 미만인 계급의 상대도수는 $4x$이므로

$0.225+x+4x+0.3+0.15+0.075=1$
$0.75+5x=1$ ∴ $x=0.05$ **㉮**

턱걸이 횟수가 6회 미만인 계급의 상대도수의 합은
$0.225+0.05=0.275$ **㉯**

이므로 턱걸이 횟수가 6회 미만인 학생 수는
$40\times0.275=11$(명) **㉰**

🖪 11명

단계	채점요소	배점
㉮	턱걸이 횟수가 4회 이상 6회 미만인 계급의 상대도수 구하기	50 %
㉯	턱걸이 횟수가 6회 미만인 계급의 상대도수의 합 구하기	20 %
㉰	턱걸이 횟수가 6회 미만인 학생 수 구하기	30 %

1094 하루 동안 보낸 문자 메세지가 8건 미만인 학생 수가 $250-(75+40+60)=75$(명)
보낸 문자 메세지가 4건 이상 8건 미만인 학생 수는

$75\times\dfrac{4}{1+4}=60$(명)

따라서 보낸 문자 메세지가 4건 이상 8건 미만인 학생은 전체의

$\dfrac{60}{250}\times100=24(\%)$ **🖪 24 %**

1095 1학년 전체에서 과학 관련 도서를 12권 이상 15권 미만으로 읽은 학생 수는 $200-(12+91+47+28)=22$(명)
과학 동아리에서 과학 관련 도서를 9권 이상 12권 미만으로 읽은 학생 수는 $20-(1+3+5+2)=9$(명)
과학 관련 도서를 9권 이상 읽은 학생의 비율을 각각 구하면

1학년 전체는 $\dfrac{28+22}{200}=0.25$

과학 동아리는 $\dfrac{9+2}{20}=0.55$

따라서 과학 동아리가 더 높다. **🖪 과학 동아리**

1096 A학원의 전체 학생 수는
$1+6+10+14+7+2=40$(명)
B학원의 전체 학생 수는 $3+4+6+10+4+3=30$(명)
A학원에서 상위 5 % 이내에 드는 학생은 $40\times\dfrac{5}{100}=2$(등) 이내이므로 국어 성적은 90점 이상이다.
따라서 B학원에서 90점 이상인 학생은 3명이므로
$\dfrac{3}{30}\times100=10(\%)$ 이내에 드는 성적이다. **🖪 10 %**

01 기본 도형

본문 160~161쪽

01 오른쪽 그림과 같이 $\overrightarrow{AE}$ 와 만나지 않는 것은 $\overrightarrow{DC}$, $\overrightarrow{BD}$ 의 2개이다.

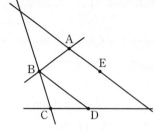

답 ②

02 5개의 점이 한 직선 위에 있을 때 직선의 개수가 최소이므로 $a=1$

5개의 점 중 어느 세 점도 한 직선 위에 있지 않을 때 직선의 개수가 최대이므로 5개의 점을 A, B, C, D, E라 하면 만들 수 있는 서로 다른 직선은 $\overrightarrow{AB}$, $\overrightarrow{AC}$, $\overrightarrow{AD}$, $\overrightarrow{AE}$, $\overrightarrow{BC}$, $\overrightarrow{BD}$, $\overrightarrow{BE}$, $\overrightarrow{CD}$, $\overrightarrow{CE}$, $\overrightarrow{DE}$의 10개이다.   ∴ $b=10$

∴ $a+b=11$

답 ①

03 $\overline{CR}=\overline{CD}-\overline{RD}=\dfrac{1}{3}\overline{AD}-\dfrac{1}{4}\overline{AD}=\dfrac{1}{12}\overline{AD}=2$

∴ $\overline{AD}=24$

∴ $\overline{PC}=\overline{AC}-\overline{AP}=\dfrac{2}{3}\overline{AD}-\dfrac{1}{4}\overline{AD}=\dfrac{5}{12}\overline{AD}$

$=\dfrac{5}{12}\times 24=10$

답 10

04 $\overline{AC}=\overline{AB}+\overline{BC}=3\overline{AB}=36$이므로

$\overline{AB}=12$, $\overline{BC}=24$

$\overline{AB}=\overline{AD}+\overline{DB}=3\overline{DB}+\overline{DB}=4\overline{DB}$이므로 $\overline{DB}=3$

$\overline{BE}=\dfrac{1}{3}\overline{BC}=\dfrac{1}{3}\times 24=8$

∴ $\overline{DE}=\overline{DB}+\overline{BE}=3+8=11$

답 11

05 ① 예를 들면 $30°+70°=100°$(둔각)이다.

② 예를 들면 $150°-20°=130°$(둔각)이다.

③ $90°<$(둔각)$<180°$, (직각)$=90°$이므로

$0°<$(둔각)$-$(직각)$<90°$

④ (평각)$=180°$, $0°<$(예각)$<90°$이므로

$90°<$(평각)$-$(예각)$<180°$

⑤ $0°<$(예각)$<90°$, (직각)$=90°$이므로

$90°<$(예각)$+$(직각)$<180°$

답 ③

06 $\angle AOC=\angle AOB+\angle BOC$

$=\dfrac{3}{2}\angle BOC+\angle BOC=\dfrac{5}{2}\angle BOC$

즉, $\angle BOC=\dfrac{2}{5}\angle AOC$

$\angle COD=\angle COE-\angle DOE$

$=\angle COE-\dfrac{3}{5}\angle COE=\dfrac{2}{5}\angle COE$

∴ $\angle BOD=\angle BOC+\angle COD$

$=\dfrac{2}{5}\angle AOC+\dfrac{2}{5}\angle COE=\dfrac{2}{5}(\angle AOC+\angle COE)$

$=\dfrac{2}{5}\times 180°=72°$

답 72°

07 $\angle AOB:\angle BOC:\angle COD:\angle DOE=1:2:4:8$이므로

$\angle BOD=180°\times\dfrac{2+4}{1+2+4+8}=72°$

답 72°

08 오른쪽 그림에서

$90+(x-10)+(3x+40)=180$

이므로

$4x=60$ ∴ $x=15$

∴ $y=x+25=40$

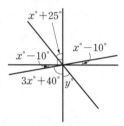

답 40

09 (삼각형 ABC의 넓이)$=\dfrac{1}{2}\times 12\times 10=60(\text{cm}^2)$

(삼각형 DEF의 넓이)$=\dfrac{1}{2}\times 7.5\times\overline{DH}=60(\text{cm}^2)$

∴ $\overline{DH}=16$ cm

답 16 cm

10 (육각형 AQRBSP의 넓이)

$=$(사각형 AQOP의 넓이)

$+$(삼각형 QRO의 넓이)

$+$(사각형 RBSO의 넓이)

$+$(삼각형 SPO의 넓이)

$=15+10+8+3=36$

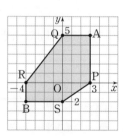

답 36

11 시침과 분침이 일치하는 시각을 2시 x분이라 하면

(시침이 움직인 각도)$=30°\times 2+0.5°\times x=60°+0.5°\times x$

(분침이 움직인 각도)$=6°\times x$

$60°+0.5°\times x=6°\times x$이므로 $5.5°\times x=60°$

∴ $x=\dfrac{120}{11}=10\dfrac{10}{11}$

따라서 구하는 시각은 2시 $10\dfrac{10}{11}$분이다.

답 2시 $10\dfrac{10}{11}$분

12 $\angle x:\angle y=2:3$이므로 $\angle y=\dfrac{3}{2}\angle x$

$\angle x:\angle z=4:5$이므로 $\angle z=\dfrac{5}{4}\angle x$

따라서 $\angle x:\angle y:\angle z=4:6:5$이므로

$$\angle y + \angle z = 180° \times \frac{6+5}{4+6+5} = 132°$$

目 132°

13 $\overline{AQ} = \frac{1}{2}\overline{AP} = \frac{1}{2} \times \frac{1}{2}\overline{AB} = \frac{1}{4}\overline{AB}$

$\overline{QB} = \overline{AB} - \overline{AQ} = \overline{AB} - \frac{1}{4}\overline{AB} = \frac{3}{4}\overline{AB}$

$\overline{PR} = \overline{PB} - \overline{RB} = \frac{1}{2}\overline{AB} - \frac{1}{2}\overline{QB} = \frac{1}{2}\overline{AB} - \frac{1}{2} \times \frac{3}{4}\overline{AB}$

$= \left(\frac{1}{2} - \frac{3}{8}\right)\overline{AB} = \frac{1}{8}\overline{AB} = 9(\text{cm})$

$\therefore \overline{AB} = 72 \text{ cm}$

目 72 cm

Ⅰ. 기본 도형

02 위치 관계
본문 162~163쪽

01 ① 한 직선에 수직인 서로 다른 두 직선은 평행하거나 만나 거나 꼬인 위치에 있다.

⑤ 한 평면 위에 있는 서로 만나지 않는 두 직선은 평행하다.

目 ①, ⑤

02 $\overline{DH}$와 꼬인 위치에 있는 모서리는
$\overline{AB}, \overline{BF}, \overline{FE}, \overline{AE}, \overline{FG}, \overline{EI}$의 6개이므로 $a=6$
$\overline{GH}$와 꼬인 위치에 있는 모서리는
$\overline{AB}, \overline{AD}, \overline{BF}, \overline{AE}, \overline{DI}$의 5개이므로 $b=5$
$\therefore ab = 6 \times 5 = 30$

目 30

03 오른쪽 그림에서
① $\overline{BM}$과 $\overline{CN}$은 한 점에서 만난다.
③ $\overline{BD}$와 $\overline{DN}$은 한 점에서 만나지만 수직은 아니다.
⑤ 면 CMD와 면 DMN은 한 선분에 서 만나지만 수직은 아니다.

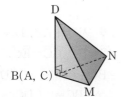

目 ②, ④

04 오른쪽 그림과 같이 두 직선 l, m에 평행한 직선 p를 그으면
$180 - (70 + 2x) + 3x + 60 = 180$
$\therefore x = 10$

目 10

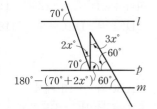

05 오른쪽 그림에서
$\angle a + \angle b + \angle c$
$+ \angle d + \angle e + \angle f$
$= 180°$

目 180°

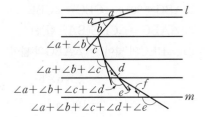

---

06 오른쪽 그림과 같이 점 G를 지나 면서 두 직선 AB, CD에 평행한 직선 을 긋고 $\angle BEG = \angle a$, $\angle DFG = \angle b$ 라 하면
$\angle GEF = 2\angle a$, $\angle GFE = 2\angle b$
두 직선이 평행하면 엇각의 크기가 같으므로
$\angle x = \angle a + \angle b$
따라서 $\triangle EFG$에서 $3\angle a + 3\angle b = 180°$
$\therefore \angle a + \angle b = 60°$ $\therefore \angle x = 60°$

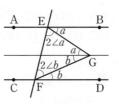

目 ②

07

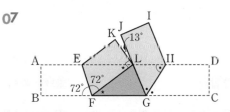

위의 그림에서 $EFB = \angle EFL = 72°$(접은 각)이고
$\angle ELF = \angle LFG = 180° - 2 \times 72° = 36°$이므로
$\angle KLE = 90° - 36° = 54°$
또, $\angle HLG = \angle JLE = 13° + 54° = 67°$
$\therefore \angle LHG = \angle HGC = \angle LGH = (180° - 67°) \div 2 = 56.5°$

目 56.5°

08 오른쪽 그림과 같이 점 C를 지나 고 두 직선 l, m에 평행한 직선 p를 그으면 삼각형 ABC는 정삼각형이므 로
$\angle CBD = 180° - 110° - 60° = 10°$
$\angle BCE = \angle CBD = 10°$ (엇각)
$\therefore \angle x = \angle ACE = 60° - 10° = 50°$ (엇각)

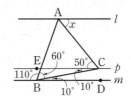

目 ④

09 서로 다른 세 평면에 의하여 나누어지는 공간의 개수는 다 음과 같다.

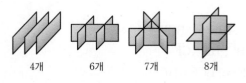

따라서 $a=4$, $b=8$이므로 $b-a=4$

目 ③

10 주어진 전개도로 만든 입체도형은 다음 그림과 같다.

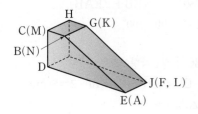

따라서 $\overline{CD}$와 꼬인 위치에 있는 모서리는
$\overline{HG}$, $\overline{GJ}$, $\overline{JE}$, $\overline{IJ}$, $\overline{BG}$의 5개이다. 답 ③

11 ⑤ 다음 그림과 같이 한 직선에 평행한 두 평면은 만나거나 평행하다.

답 ⑤

Ⅰ. 기본 도형

03 작도와 합동 본문 164~165쪽

01 ㄱ, ㄴ. ∠C의 크기를 알고 있으므로 ∠A, ∠B 중 하나의 크기를 알면 나머지 하나의 각의 크기도 알 수 있다.
ㄹ. ∠C가 끼인각이 되는 나머지 한 변의 길이를 알면 하나의 삼각형으로 정할 수 있다. 답 ④

02 두 변의 길이와 그 끼인각이 주어진 삼각형의 작도는 한 변의 길이 → 끼인각 → 나머지 한 변의 길이 또는 끼인각 → 한 변의 길이 → 나머지 한 변의 길이의 순서로 작도한다.
⑤ $\overline{BC}$의 길이는 알 수 없으로 작도할 수 없다. 답 ②, ⑤

03 (가장 긴 변의 길이)<(나머지 두 변의 길이의 합)이므로
$\triangle$PAB에서 $\overline{AB}<\overline{PA}+\overline{PB}=1100\,(m)$
$\triangle$PBC에서 $\overline{BC}<\overline{PB}+\overline{PC}=1200\,(m)$
$\triangle$PCA에서 $\overline{CA}<\overline{PA}+\overline{PC}=900\,(m)$
$\therefore \overline{AB}+\overline{BC}+\overline{CA}<1100+1200+900=3200\,(m)$
$=3.2\,(km)$
따라서 총 거리는 3.2 km보다 작아야 하므로 가능하지 않다.
답 **가능하지 않다.**

04 $\triangle$ABE와 $\triangle$BCF에서
$\overline{AB}=\overline{BC}$, $\overline{BE}=\overline{CF}$
$\angle$ABE$=\angle$BCF$=90°$
$\therefore \triangle$ABE$\equiv\triangle$BCF(SAS 합동)
$\angle$FBC$=\angle$EAB이므로
$\angle$AGF$=180°-(\angle$AEB$+\angle$FBC$)$
$=180°-(\angle$AEB$+\angle$EAB$)$
$=180°-90°=90°$ 답 ④

05 $\triangle$ABC가 정삼각형이므로
$\overline{DC}=\overline{BC}-\overline{BD}=\overline{AB}-\overline{BD}=10-2=8\,(cm)$
$\triangle$ABD와 $\triangle$ACE에서

$\overline{AB}=\overline{AC}$, $\overline{AD}=\overline{AE}$
$\angle$BAD$=60°-\angle$DAC$=\angle$CAE
$\therefore \triangle$ABD$\equiv\triangle$ACE(SAS 합동)
따라서 $\overline{CE}=\overline{BD}=2\,cm$이므로
$\overline{DC}+\overline{CE}=8+2=10\,(cm)$ 답 **10 cm**

06 $\triangle$CAD와 $\triangle$ABE에서
$\overline{AD}=\overline{BE}$, $\overline{AC}=\overline{BA}$
$\angle$CAD$=\angle$ABE
$\therefore \triangle$CAD$\equiv\triangle$ABE(SAS 합동)
$\angle$BAE$=\angle$ACD$=21°$이므로
$\angle$PAC$=60°-21°=39°$
$\therefore \angle$DPE$=\angle$APC
$=180°-(21°+39°)=120°$ 답 **120°**

07 $\triangle$ABC와 $\triangle$FBE에서
$\overline{AB}=\overline{FB}$, $\overline{BC}=\overline{BE}$
$\angle$ABC$=60°-\angle$EBA$=\angle$FBE
$\therefore \triangle$ABC$\equiv\triangle$FBE(SAS 합동)
$\overline{EF}=\overline{AC}=7\,cm$
$\triangle$ABC와 $\triangle$DEC에서
$\overline{AC}=\overline{DC}$, $\overline{BC}=\overline{EC}$
$\angle$ACB$=60°-\angle$ECA$=\angle$DCE
$\therefore \triangle$ABC$\equiv\triangle$DEC(SAS 합동)
$\overline{DE}=\overline{AB}=5\,cm$
따라서 구하는 둘레의 길이는
$9+7+5+7+5=33\,(cm)$ 답 **33 cm**

08 사각형 ABCD와 사각형 EFGC가 정사각형이므로
$\overline{BC}=\overline{DC}$, $\overline{GC}=\overline{EC}$
$\angle$BCG$=90°-\angle$GCD$=\angle$DCE
$\therefore \triangle$GBC$\equiv\triangle$EDC(SAS 합동)
$\angle$GBC$=90°-64°=26°$이므로
$\triangle$GBC에서 $\angle$BGC$=180°-(26°+36°)=118°$
따라서 $\angle$DEC$=\angle$BGC$=118°$이므로
$\angle$DEF$=\angle$DEC$-90°=118°-90°=28°$ 답 **28°**

09 오른쪽 그림과 같이 $\overline{AG}$를 그으면
$\triangle$ABG와 $\triangle$CBE에서
$\overline{AB}=\overline{CB}$, $\overline{BG}=\overline{BE}$
$\angle$ABG$=90°-\angle$GBC$=\angle$CBE
$\therefore \triangle$ABG$\equiv\triangle$CBE(SAS 합동)
$\therefore$ ($\triangle$BEC의 넓이)$=$($\triangle$ABG의 넓이)
$=\dfrac{1}{2}\times6\times6$
$=18\,(cm^2)$ 답 **18 cm²**

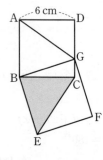

10 △AED와 △CGD에서 $\overline{AD}=\overline{CD}$, $\overline{DE}=\overline{DG}$

$\angle ADE=90°+\angle CDE=\angle CDG$

$\therefore$ △AED≡△CGD(SAS 합동)

① $\angle DAE=\angle DCG$

② $\angle AED=\angle DGC=\angle GCE$ ($\because$ $\overline{DG}$ // $\overline{CF}$)

③ △HCE에서 $\angle HCE+\angle HEC=\angle AED+\angle AEC=90°$

$\therefore \angle CHE=180°-(\angle HCE+\angle HEC)=90°$

답 ④

11 △ABD와 △BCE에서

$\angle ABD=90°-\angle CBE=\angle BCE$

$\angle CBE=90°-\angle DCE=90°$ $\angle ABD=\angle BAD$

$\therefore$ △ABD≡△BCE(ASA 합동)

$\overline{AD}=\overline{BE}$이므로

$\overline{CE}=\overline{BD}=\overline{DE}+\overline{BE}=5+3=8(cm)$

답 **8 cm**

12 $a\le b\le c$이므로 $a+b+c\le 3c$, $12\le 3c$ $\therefore 4\le c$

$c<a+b$에서 $2c<a+b+c$, $2c<12$

$\therefore c<6$

즉, $4\le c<6$이므로

(ⅰ) $c=4$일 때, $a+b=8$, $a\le b\le 4$이므로 $b=4$

삼각형은 $(4, 4, 4)$의 1개

(ⅱ) $c=5$일 때, $a+b=7$, $a\le b\le 5$이므로 $b=4, 5$

삼각형은 $(3, 4, 5)$, $(2, 5, 5)$의 2개

따라서 삼각형의 개수는 $1+2=3$(개)

답 **3개**

Ⅱ. 평면도형

04 다각형

본문 166~167쪽

01 두 정다각형의 변의 개수를 각각 $3n$개, $4n$개라 하면

$\dfrac{180°\times(3n-2)}{3n}:\dfrac{180°\times(4n-2)}{4n}=8:9$

$\dfrac{180°\times(4n-2)}{4n}\times 8=\dfrac{180°\times(3n-2)}{3n}\times 9$

$360\times(4n-2)=540\times(3n-2)$ $\therefore n=2$

따라서 변의 개수가 각각 6개, 8개인 정다각형은 정육각형, 정팔각형이다.

답 **정육각형, 정팔각형**

02 $ab=8(a>b)$이므로 $a=8$, $b=1$ 또는 $a=4$, $b=2$

(ⅰ) $a=8$, $b=1$인 경우, X=십일각형, Y=사각형

$c=\dfrac{11\times(11-3)}{2}=44$, $d=\dfrac{4\times(4-3)}{2}=2$

에서 $cd=88$이므로 조건을 만족시키지 않는다.

(ⅱ) $a=4$, $b=2$인 경우, X=칠각형, Y=오각형

$c=\dfrac{7\times(7-3)}{2}=14$, $d=\dfrac{5\times(5-3)}{2}=5$

에서 $cd=70$이므로 조건을 만족시킨다.

답 **X : 칠각형, Y : 오각형**

03 △DEF에서 $\angle FDE=\angle FED=\angle x$이므로

$\angle DEC=2\angle x$

△DCF에서 $\angle DCE=\angle DEC=2\angle x$이므로 $\angle CDA=3\angle x$

△ACF에서 $\angle CAD=\angle CDA=3\angle x$이므로 $\angle ACB=4\angle x$

△ABF에서 $\angle FAB=\angle FBA=4\angle x$이므로 $\angle BAC=\angle x$

$4\angle x+4\angle x+\angle x=180°$이므로 $\angle x=20°$ 답 **20°**

04 $\angle EAB=\angle a$, $\angle CBA=\angle CBD=\angle DBE=\angle b$라 하자.

△GEB에서 $2\angle b+30°=98°$ $\therefore \angle b=34°$

△GAB에서 $\angle a+\angle b+98°=180°$, $\angle a+34°+98°=180°$

$\therefore \angle a=48°$

$\angle FAE=\dfrac{180°-48°}{3}=44°$이므로

$\angle CFA=\angle FAB+\angle FBA$

$=(44°+48°)+34°=126°$ 답 **126°**

05 오른쪽 그림의 △AGF에서

$\angle FGD=\angle a+\angle d$

△BCH에서

$\angle GHE=\angle b+80°$

사각형 DEHG에서

$75°+\angle c+(\angle b+80°)+(\angle a+\angle d)$

$=360°$

$\therefore \angle a+\angle b+\angle c+\angle d=205°$ 답 **205°**

06 직각삼각형의 가장 짧은 변으로 만들어지는 정다각형의 한 내각의 크기는 $90°+60°=150°$이므로 이 정다각형을 정 n각형이라 하면

$\dfrac{180°\times(n-2)}{n}=150°$ $\therefore n=12$

따라서 정십이각형이 만들어지므로 직각삼각형은 12개이다.

답 **12개**

07 $\angle DAE=\angle BAE=\angle a$, $\angle BCE=\angle DCE=\angle b$라 하자.

사각형 ABCD에서

$2(\angle a+\angle b)+75°+115°=360°$

$\therefore \angle a+\angle b=85°$

사각형 ABCE에서

$85° + 115° + \angle AEC = 360°$

$\therefore \angle AEC = 160°$

$\therefore \angle x = 360° - 160° = 200°$

🖉 200°

08 $\angle F = 40°$이므로

$\angle FCB + \angle FBC = 180° - 40° = 140°$

$\angle FCE + \angle FBD = 140° \times \dfrac{1}{2} = 70°$

$\angle ACB + \angle ABC = 360° - (140° + 70°) = 150°$

△ABC에서 $\angle x = 180° - 150° = 30°$

🖉 30°

09 오른쪽 그림과 같이 점 E를 지나고 직선 l, m에 평행한 직선을 긋는다. 정오각형의 한 내각의 크기는 $108°$이므로

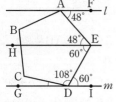

$\angle FAE = \angle AEH = 48°$(엇각),

$\angle HED = \angle EDI = 108° - 48° = 60°$(엇각)

$\therefore \angle CDG = 180° - 60° - 108° = 12°$

🖉 12°

10 오른쪽 그림과 같이 $\overline{AE}$, $\overline{GF}$를 그으면

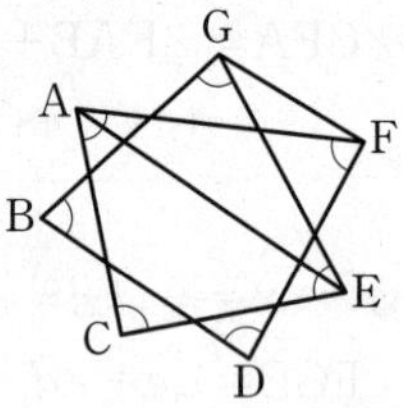

$\angle FAE + \angle GEA = \angle GFA + \angle FGE$

$\therefore \angle A + \angle B + \angle C + \angle D + \angle E$
$\quad + \angle F + \angle G$

$= $(삼각형 ACE의 내각의 크기의 합)

$\qquad + $(사각형 BDFG의 내각의 크기의 합)

$= 180° + 360° = 540°$

🖉 540°

11 $\overline{AB}$를 긋고, $\angle FBG = \angle GBC = \angle a$,
$\angle FAG = \angle GAC = \angle b$라 하자.

△ABF에서 $\angle FAB + \angle FBA = 180° - 110° = 70°$

△ABG에서 $70° + (\angle a + \angle b) + 80° = 180°$

$\therefore \angle a + \angle b = 30°$

△ABC에서 $70° + 2(\angle a + \angle b) + \angle x = 180°$

$\therefore \angle x = 50°$

🖉 50°

12 한 내각의 크기가 정수일 때, 한 외각의 크기도 정수이다.

정n각형의 한 외각의 크기는 $\dfrac{360°}{n}$이므로 n의 값은 360의 약수이어야 한다.

$360 = 2^3 \times 3^2 \times 5$이므로 약수의 개수는

$(3+1) \times (2+1) \times (1+1) = 24$(개)이다.

이때 $n \geq 3$이어야 하므로 정다각형의 개수는 22개이다.

🖉 22개

05 원과 부채꼴

01 오른쪽 그림에서

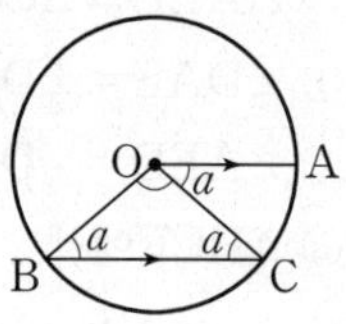

$\angle OCB = \angle OBC = \angle AOC = \angle a$라 하면

$\angle BOC = 180° - 2\angle a$

이때 $\angle a : (180° - 2\angle a) = 2 : 5$에서

$\angle a = 40°$

$\therefore \angle BOC = 180° - 2 \times 40° = 100°$

🖉 100°

02 $\overline{EB} = \overline{BC} = \overline{CE}$이므로 삼각형 BCE는 정삼각형이고,

$\angle ABE = \angle DCE = 30°$

$\therefore$ (색칠한 부분의 둘레의 길이)

$= \widehat{AE} + \widehat{ED} + \overline{AD} + \overline{BE} + \overline{BC} + \overline{CE}$

$= \left(2\pi \times 3 \times \dfrac{30}{360}\right) \times 2 + 3 \times 4 = \pi + 12 \text{(cm)}$

🖉 $(\pi + 12)$ cm

03 구하는 넓이는 반지름의 길이가 각각 3 cm, 6 cm, 9 cm 이고 중심각의 크기가 $60°$인 세 부채꼴의 넓이의 합과 같으므로

$\pi \times 3^2 \times \dfrac{60}{360} + \pi \times 6^2 \times \dfrac{60}{360} + \pi \times 9^2 \times \dfrac{60}{360} = 21\pi \text{(cm}^2)$

🖉 21π cm²

04 $\overline{BC} = \overline{AB} = \overline{BF} = \overline{CD} = \overline{CF}$이므로 △BCF는 정삼각형이고 정오각형의 한 내각의 크기는 $108°$이므로

$\angle ABF = 108° - 60° = 48°$

$\therefore$ (색칠한 부분의 넓이) $= \left(\pi \times 30^2 \times \dfrac{48}{360}\right) \times 2 = 240\pi \text{(cm}^2)$

🖉 240π cm²

05 겹쳐진 부분의 넓이를 C cm²라 하면

$A - B = (A + C) - (B + C)$

$\qquad\quad = \pi \times 3^2 - 4 \times 4 = 9\pi - 16$

🖉 $9\pi - 16$

06 (색칠한 부분의 넓이)

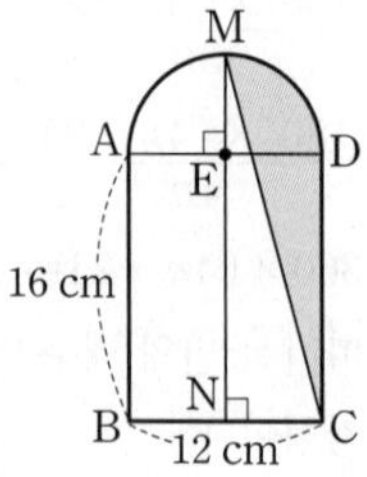

$= $(사각형 ENCD의 넓이)

$\qquad\qquad + $(부채꼴 EDM의 넓이)

$\qquad\qquad - $(삼각형 MNC의 넓이)

$= (6 \times 16) + \left(\pi \times 6^2 \times \dfrac{1}{4}\right)$

$\qquad - \left(\dfrac{1}{2} \times 22 \times 6\right)$

$= 9\pi + 30 \text{(cm}^2)$

🖉 $(9\pi + 30)$ cm²

07 $\overline{OA} = r$, $\angle COF = \angle a$라 하면

(부채꼴 AOD의 넓이)$=\pi r^2 \times \dfrac{a}{360}$,

(부채꼴 BOE의 넓이)$=\pi \times (3r)^2 \times \dfrac{a}{360}=9\pi r^2 \times \dfrac{a}{360}$,

(부채꼴 COF의 넓이)$=\pi \times (5r)^2 \times \dfrac{a}{360}=25\pi r^2 \times \dfrac{a}{360}$

이므로

(네 점 B, E, F, C로 둘러싸인 부분의 넓이)

$=$(부채꼴 COF의 넓이)$-$(부채꼴 BOE의 넓이)

$=16\pi r^2 \times \dfrac{a}{360}=80$

$\therefore$ (네 점 A, D, E, B로 둘러싸인 부분의 넓이)

$\quad =$(부채꼴 BOE의 넓이)$-$(부채꼴 AOD의 넓이)

$\quad =8\pi r^2 \times \dfrac{a}{360}=\dfrac{1}{2}\left(16\pi r^2 \times \dfrac{a}{360}\right)=\dfrac{1}{2}\times 80$

$\quad =40$ 　　　　　　　　　　　　　　　**国 40**

08 $\overline{AO'}$을 그으면 $\overline{AO}=\overline{AO'}=\overline{OO'}$이므로 삼각형 AOO'은 정삼각형이다.

이때 $\angle AOB=\angle AO'C=180°-60°=120°$이므로

$\triangle AOB \equiv \triangle AO'C$(SAS 합동)

$\therefore$ (색칠한 부분의 넓이)$=$(부채꼴 AO'C의 넓이)

$\quad\quad\quad\quad\quad\quad\quad =\pi \times 9^2 \times \dfrac{120}{360}=27\pi(\text{cm}^2)$

　　　　　　　　　　　　　　国 27π cm²

09 오른쪽 그림에서 원이 움직일 수 있는 부분은 그림의 색칠한 부분과 같으므로 구하는 넓이는

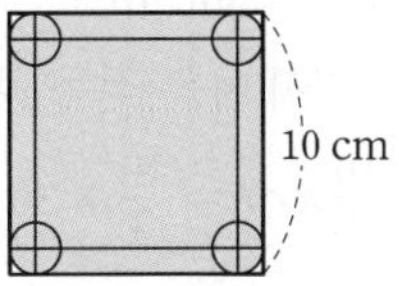

$\left(\dfrac{1}{4}\times \pi \times 1^2\right)\times 4+(1\times 8)\times 4+(8\times 8)$

$=\pi+96(\text{cm}^2)$ 　　　　**国 $(\pi+96)$ cm²**

10 오른쪽 그림에서

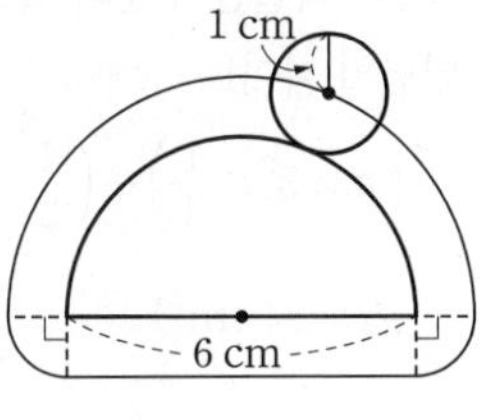

(작은 원의 중심이 지나간 부분의 거리)

$=2\pi \times 4 \times \dfrac{1}{2}$

$\quad +\left(2\pi \times 1 \times \dfrac{1}{4}\right)\times 2+6$

$=5\pi+6(\text{cm})$ 　　　　**国 $(5\pi+6)$ cm**

11 $\angle AOB:360°=49:210$ 　　 $\therefore \angle AOB=84°$

$\triangle ABO$에서

$\angle OAB+\angle OBA=180°-84°=96°$ 　　**国 96°**

12 부채꼴 A의 반지름을 r_A, 부채꼴 B의 반지름을 r_B라 하자. 중심각의 크기를 각각 $3k°, 5k°(k>0)$라 하면 두 부채꼴의 호의 길이의 비가 4 : 5이므로

$\left(2\pi \times r_A \times \dfrac{3k}{360}\right):\left(2\pi \times r_B \times \dfrac{5k}{360}\right)=4:5$

$15r_A=20r_B$ 　　 $\therefore r_A:r_B=4:3$ 　　**国 4 : 3**

06 다면체와 회전체　본문 170~171쪽

01 주어진 각뿔대를 n각뿔대라 하면 밑면은 n각형이므로

$\dfrac{n(n-3)}{2}=20$, $n(n-3)=40=8\times 5$ 　　 $\therefore n=8$

따라서 팔각뿔대의 면의 개수는 $8+2=10$(개)이므로 십면체이다. 　　　　　　　　　　　　　　**国 ③**

02 주어진 전개도로 만들어지는 입체도형은 오른쪽 그림과 같은 사각뿔대이다.

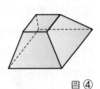

④ 이 다면체의 면의 개수는 6개이고, 육각뿔의 면의 개수는 7개이다. 　　**国 ④**

03

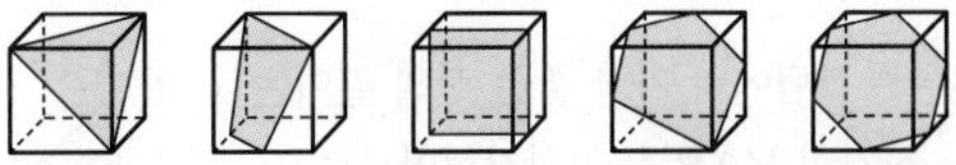

삼각형　사다리꼴　정사각형　오각형　정육각형

위의 그림에서 오각형은 가능하나 정오각형은 될 수 없다. 　　**国 ④**

04 a와 마주 보는 면에 적힌 숫자는 10이므로 $a=5$

b와 마주 보는 면에 적힌 숫자는 7이므로 $b=8$

c와 마주 보는 면에 적힌 숫자는 4이므로 $c=11$

$\therefore 2a-b+c=10-8+11=13$ 　　**国 13**

05 5개의 정다면체 중에서 $2v=e$, $2e=3f$를 만족시키는 정다면체는 $v=6$, $e=12$, $f=8$인 정팔면체이다. 　　**国 ③**

06 $\overline{AB}$, $\overline{BC}$, $\overline{CA}$를 회전축으로 하여 각각 1회전 시켰을 때 생기는 회전체는 다음 그림과 같다.

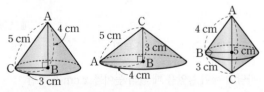

이때 회전체를 회전축에 수직인 평면으로 자른 단면은 모두 원이고, 그 넓이가 가장 클 때의 반지름의 길이는 각각 3 cm, 4 cm, $\dfrac{12}{5}$ cm이다.

따라서 구하는 넓이는 반지름의 길이가 4 cm일 때의 넓이이므로

$\pi \times 4^2=16\pi(\text{cm}^2)$ 　　**国 16π cm²**

07 주어진 전개도는 다음 그림과 같은 회전체의 전개도이다.

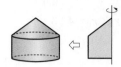

目 ③

08 ② $\overline{DE}$를 회전축으로 회전시킨 회전체이다.
④ $\overline{AB}$, $\overline{BC}$를 회전축으로 회전시킨 회전체이다.
⑤ $\overline{AE}$, $\overline{CD}$를 회전축으로 회전시킨 회전체이다.

目 ①, ③

09
 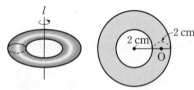

회전체는 위의 그림과 같은 도넛 모양이고 회전축에 수직인 평면으로 자른 단면은 반지름의 길이가 4 cm인 원에서 반지름의 길이가 2 cm인 동심원을 뺀 부분이다.
따라서 구하는 넓이는
$\pi \times 4^2 - \pi \times 2^2 = 12\pi(\text{cm}^2)$

目 **12π cm²**

10 오른쪽 그림에서 가장 짧은 선의 길이는 $\overline{PP'}$이다. 삼각형 PAP'는 정삼각형이므로
$\overline{PP'} = 6$ cm

目 **6 cm**

11 축구공 한 개에 있는 정오각형의 개수를 a개라 하면 정육각형의 개수는 $(32-a)$개이다.
한 모서리에 2개의 면이 모이므로 모서리의 개수는
$\dfrac{5a+6(32-a)}{2} = 90$(개) $\therefore a = 12$

이때 축구공의 꼭짓점의 개수는 정오각형의 꼭짓점의 개수와 같으므로 $5 \times 12 = 60$(개)

目 **60개**

Ⅲ. 입체도형

07 입체도형의 겉넓이와 부피   본문 172~173쪽

01 바닥에 세워 놓았을 때 물의 높이를 x cm라 하면
$\dfrac{1}{3} \times \left(\dfrac{1}{2} \times 12 \times 8\right) \times 6 = 12 \times 8 \times x$

$\therefore x = 1$

따라서 구하는 높이는 1 cm이다.

目 **1 cm**

02 주어진 정팔면체는 대각선의 길이가 8 cm인 정사각형을

밑면으로 하고 높이가 4 cm인 정사각뿔 두 개를 맞대어 놓은 것과 같다.
따라서 구하는 부피는
$\left(\dfrac{1}{3} \times 8 \times 8 \times \dfrac{1}{2} \times 4\right) \times 2 = \dfrac{256}{3}(\text{cm}^3)$

目 $\dfrac{256}{3}$ **cm³**

03 (천장과 벽면의 넓이)
=(반구의 겉넓이)+(원기둥의 옆넓이)
$= 4\pi \times 3^2 \times \dfrac{1}{2} + 6\pi \times 4 = 42\pi(\text{m}^2)$

따라서 페인트는 총 $42\pi \div 8.4\pi = 5$(통)이 필요하다.   目 **5통**

04 처음 금속의 원뿔의 높이를 h라 하면 원기둥의 높이는 $3h$이고, 새로 만들어진 원뿔의 높이는 $4h$이다.
밑면인 원의 반지름의 길이를 r라 하면
(처음 금속의 부피)
$= \left(\dfrac{1}{3} \times \pi r^2 \times h\right) + (\pi r^2 \times 3h) = \dfrac{10}{3}\pi r^2 h$

(깎아낸 후의 원뿔의 부피)
$= \dfrac{1}{3} \times \pi r^2 \times 4h = \dfrac{4}{3}\pi r^2 h$

이때 감소한 부피는
$\dfrac{10}{3}\pi r^2 h - \dfrac{4}{3}\pi r^2 h = 2\pi r^2 h = 60(\text{cm}^3)$이므로
$\pi r^2 h = 30(\text{cm}^3)$

따라서 처음 금속의 부피는
$\dfrac{10}{3}\pi r^2 h = \dfrac{10}{3} \times 30 = 100(\text{cm}^3)$

目 **100 cm³**

05 구하는 입체도형의 밑면은 오른쪽 그림의 색칠한 부분과 같으므로
(밑면의 넓이)

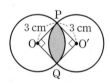

$= \left\{\left(\pi \times 3^2 \times \dfrac{1}{4}\right) - \left(\dfrac{1}{2} \times 3 \times 3\right)\right\} \times 2$
$= \dfrac{9}{2}\pi - 9(\text{cm}^2)$

(옆면의 넓이)$= \left\{\left(2\pi \times 3 \times \dfrac{1}{4}\right) \times 12\right\} \times 2 = 36\pi(\text{cm}^2)$

$\therefore$ (겉넓이)$= \left(\dfrac{9}{2}\pi - 9\right) \times 2 + 36\pi = 45\pi - 18(\text{cm}^2)$

目 **(45π−18) cm²**

06 다음 그림과 같은 회전체에서

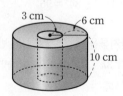

(회전체의 겉넓이)
=(밑면의 넓이)×2+(외부의 옆넓이)+(뚫린 내부의 옆넓이)
=$(\pi \times 9^2 - \pi \times 3^2) \times 2 + (2\pi \times 9 \times 10) + (2\pi \times 3 \times 10)$
=$384\pi \, (cm^2)$

目 $384\pi \, cm^2$

07 오른쪽 그림과 같이 회전체는 밑면인 원의 반지름의 길이가 $\dfrac{12}{5}$ cm인 원뿔 두 개가 맞닿아 있는 것과 같다.

이때 큰 원뿔의 높이를 a cm, 작은 원뿔의 높이를 b cm라 하면 구하는 회전체의 부피는

$\dfrac{1}{3} \times \pi \times \left(\dfrac{12}{5}\right)^2 \times a + \dfrac{1}{3} \times \pi \times \left(\dfrac{12}{5}\right)^2 \times b$

$= \dfrac{1}{3} \times \pi \times \left(\dfrac{12}{5}\right)^2 \times (a+b)$

$= \dfrac{1}{3} \times \pi \times \left(\dfrac{12}{5}\right)^2 \times 5$

$= \dfrac{48}{5}\pi \, (cm^3)$

目 $\dfrac{48}{5}\pi \, cm^3$

08 구의 반지름의 길이를 r라 하면 원기둥과 원뿔의 높이는 $2r$이므로

(원기둥의 부피) : (구의 부피) : (원뿔의 부피)

$= (\pi \times r^2 \times 2r) : \left(\dfrac{4}{3}\pi \times r^3\right) : \left(\dfrac{1}{3} \times \pi \times r^2 \times 2r\right)$

$= 2\pi r^3 : \dfrac{4}{3}\pi r^3 : \dfrac{2}{3}\pi r^3$

$= 3 : 2 : 1$

目 $3 : 2 : 1$

09 회전체는 반지름의 길이가 6 cm인 구 안에 반지름의 길이가 3 cm인 구가 비어있는 입체도형의 $\dfrac{1}{4}$에 해당하는 만큼이 상하로 나누어져 있는 것이므로

$\left(\dfrac{1}{4} \times \dfrac{4}{3}\pi \times 6^3\right) - \left(\dfrac{1}{4} \times \dfrac{4}{3}\pi \times 3^3\right) = 63\pi \, (cm^3)$

目 $63\pi \, cm^3$

10 원뿔의 밑면인 원의 반지름의 길이를 r cm라 하면

$\dfrac{4}{3}\pi \times 3^3 = \left(\pi r^2 \times 8 \times \dfrac{1}{3}\right) \times \dfrac{3}{2}$

$\therefore r = 3$

따라서 구하는 반지름의 길이는 3 cm이다.

目 $3 \, cm$

11 만들 수 있는 쇠구슬의 최대 개수를 x개라 하면

$\dfrac{4}{3}\pi \times 18^3 = \left(\dfrac{4}{3}\pi \times 3^3\right) \times x$

$\therefore x = 216$

따라서 만들 수 있는 최대 개수는 216개이다.

目 216개

12

(위에서 보이는 정사각형의 개수)=6(개)
(옆면에서 보이는 정사각형의 개수)=6(개)
(정면에서 보이는 정사각형의 개수)=21(개)
(밑면의 정사각형의 개수)=6(개)
이므로 전체 정사각형의 개수는 6+6×2+21×2+6=66(개)
$\therefore$ (겉넓이)=$66 \times 2^2 = 264 \, (cm^2)$

目 $264 \, cm^2$

Ⅳ. 통계

08 **자료의 정리와 해석** 본문 174~175쪽

01 기록이 160 cm 이상 180 cm 미만인 계급의 학생 수를 x명이라 하면 기록이 140 cm 이상인 학생 수는

$12 + x + 3 = 15 + x$(명)이므로

$\dfrac{1}{4}(15 + x) = x$ $\therefore x = 5$

$\therefore$ (전체 학생 수)=$2 + 8 + 12 + 5 + 3 = 30$(명)

따라서 기록이 180 cm 이상 200 cm 미만인 학생은 전체의

$\dfrac{3}{30} \times 100 = 10 \, (\%)$

目 10 %

02 봉사 시간이 25시간 이상 30시간 미만인 학생 수는

$3 \times 3 = 9$(명)

전체 학생 수는 $3 + 6 + 10 + 9 + 4 + 3 = 35$(명)

상위 20 %인 학생은 $35 \times \dfrac{20}{100} = 7$(명)이므로 봉사 시간이 30시간 이상 40시간 미만에 해당한다.

따라서 상을 받으려면 최소한 30시간 이상 봉사 활동을 해야 한다.

目 30시간

03 세로축 한 칸의 크기를 a명이라 하면 색칠한 부분의 넓이는

$\dfrac{5}{2} \times 3a = 30$ $\therefore a = 4$

따라서 도수가 가장 큰 계급은 기록이 30분 이상 35분 미만이므로 이 계급의 학생 수는 $4 \times 17 = 68$(명)

目 68명

04 한 달 도시가스 사용량이 6 m³ 이상인 가구의 수는

$7 + 3 + 2 = 12$(가구)이므로

$\dfrac{12}{\text{(전체 가구 수)}} \times 100 = 24$ $\therefore$ (전체 가구 수)=50(가구)

目 50가구

05 한 달 도시가스 사용량이 $2\,m^3$ 이상 $4\,m^3$ 미만인 가구의 수를 a가구라 하면 $4\,m^3$ 이상인 가구의 수는 $(2a-1)$가구이므로 $a+(2a-1)=50$에서 $a=17$

즉, 사용량이 $4\,m^3$ 이상인 가구의 수는

$2a-1=2\times17-1=33$(가구)

따라서 사용량이 $4\,m^3$ 이상 $6\,m^3$ 미만인 가구의 수는

$33-(7+3+2)=21$(가구)

이므로 전체의 $\dfrac{21}{50}\times100=42\,(\%)$ 　　　　**🖪 42 %**

06 (A반의 전체 학생 수)$=2+6+12+8+5+2=35$(명)

(B반의 전체 학생 수)$=1+4+8+13+6+3=35$(명)

A반에서 성적이 $20\,\%$ 이내인 학생은 $35\times\dfrac{20}{100}=7$(명)이므로

성적은 80점 이상 100점 미만에 해당한다.

B반에서 성적이 80점 이상 100점 미만인 학생은

$6+3=9$(명)

이므로 B반에서 상위 $\dfrac{9}{35}\times100=25.714\cdots$, 즉 $25.71\,\%$ 이내

이다. 　　　　**🖪 25.71 %**

07 (A반에서의 왼쪽의 넓이)

$=\dfrac{1}{2}\times2\times10+\dfrac{1}{2}\times(2+6)\times10+\dfrac{1}{2}\times(6+12)\times10=140$

(B반에서의 왼쪽의 넓이)

$=\dfrac{1}{2}\times1\times10+\dfrac{1}{2}\times(1+4)\times10+\dfrac{1}{2}\times(4+8)\times10$

$\qquad\qquad\qquad\qquad\qquad+\dfrac{1}{2}\times(8+13)\times10$

$=195$

따라서 구하는 넓이는 비는

$140:195=28:39$ 　　　　**🖪 28 : 39**

08 각 반의 여학생 수는

1반 : $\dfrac{5}{4}x\times2a=\dfrac{5}{2}ax$(명)

2반 : $x\times\left(a+\dfrac{3}{2}b\right)=\left(a+\dfrac{3}{2}b\right)x$(명)

3반 : $\dfrac{3}{4}x\times b=\dfrac{3}{4}bx$(명)

이므로 전체 여학생 수는

$\dfrac{5}{2}ax+\left(a+\dfrac{3}{2}b\right)x+\dfrac{3}{4}bx=\dfrac{7}{2}ax+\dfrac{9}{4}bx$(명)

한편, 전체 학생 수는

$\dfrac{5}{4}x+x+\dfrac{3}{4}x=3x$(명)

이므로 1학년 전체 학생에 대한 여학생의 상대도수는

$\dfrac{\dfrac{7}{2}ax+\dfrac{9}{4}bx}{3x}=\dfrac{7}{6}a+\dfrac{3}{4}b$ 　　　　**🖪 $\dfrac{7}{6}a+\dfrac{3}{4}b$**

09 B상자의 과일의 수를 x개라 하면 A상자의 과일의 수는 $3x$개이다. A, B 두 상자에서 무게가 $150\,g$ 이상 $250\,g$ 미만인 과일이 총 43개이므로

$3x\times(0.3+0.2)+x\times(0.35+0.3)=43$

$2.15x=43$　　　$\therefore\ x=20$

따라서 B상자에서 판매할 수 있는 과일은

$20\times0.85=17$(개) 　　　　**🖪 17개**

10 (1학년 4반 학생 수)$=\dfrac{5}{0.025+0.1}=40$(명)

(1학년 전체 학생 수)$=\dfrac{21}{0.032+0.052}=250$(명)

$40\times0.05=2$(명)이므로 1학년 4반에서 2등 안에 드는 학생은 점수가 90점 이상 100점 미만인 계급에 해당한다.

1학년 전체에서 점수가 90점 이상 100점 미만인 계급의 학생 수는 $250\times0.064=16$(명)이므로 적어도 16등 안에 든다고 할 수 있다. 　　　　**🖪 16등**

11 이용 횟수가 20회 이상 40회 미만인 학생은 $5+9=14$(명)이므로

$\dfrac{14}{(전체\ 학생\ 수)}\times100=35\,(\%)$　　　$\therefore$ (전체 학생 수)$=40$(명)

이때 이용 횟수가 40회 이상 50회 미만인 학생 수는

$40-(3+5+9+8+4+1)=10$(명)이다.

이용 횟수가 30회 이상 45회 미만인 학생 12명 중 9명은 이용 횟수가 30회 이상 40회 미만인 학생이므로 이용 횟수가 40회 이상 45회 미만인 학생 수는 3명이고, 이용 횟수가 45회 이상 50회 미만인 학생 수는 $10-3=7$(명)이다.

따라서 이용 횟수가 45회 이상 70회 미만인 학생 수는

$7+8+4=19$(명) 　　　　**🖪 19명**

12 전체 학생 수는 $\dfrac{2}{0.0625}=32$(명)

몸무게가 $50\,kg$ 이상 $60\,kg$ 미만인 학생의 상대도수는

$1-(0.125+0.1875+0.0625)=0.625$이므로

몸무게가 $50\,kg$ 이상 $60\,kg$ 미만인 학생 수는

$32\times0.625=20$(명)

이 중 $50\,kg$ 이상 $55\,kg$ 미만인 학생 수는

$20\times\dfrac{2}{5}=8$(명)

따라서 몸무게가 $45\,kg$ 이상 $55\,kg$ 미만인 학생 수는

$32\times0.1875+8=6+8=14$(명) 　　　　**🖪 14명**

MEMO

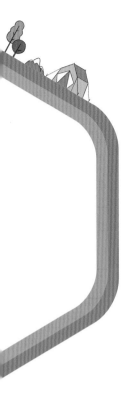

개념원리

RPM

중학 수학 1-2